SERONS-NOUS IMMORTELS ?

Oméga 3, nanotechnologies, clonage...

Ray Kurzweil

Terry Grossman

Traduit de l'américain par le

Dr Serge Weinman

DUNOD

L'édition originale de cet ouvrage a été publiée aux États-Unis par Rodale, sous le titre : *Fantastic Voyage - Live long enought to live forever. First published in the United States by Rodale.*

Note de l'éditeur
Les notes de l'édition française de cet ouvrage correspondant aux sources scientifiques et à leurs références bibliographiques, sont disponibles sur le site www.dunod.com

Illustration de couverture : BSIP®

ISBN 978-2-10-049419-4

I
Vous pouvez vivre assez longtemps pour vivre éternellement

« Ne vous engagez pas paisiblement dans cette bonne nuit,
La vieillesse doit être torride et déchaînée à la tombée du jour ;
Soyez en fureur, soyez en rage contre l'extinction de la lumière.

DYLAN THOMAS

« Je ne veux pas parvenir à l'immortalité par mon œuvre.
Je veux parvenir à l'immortalité en ne mourant pas. »

WOODY ALLEN

Écrit au plus fort de la Guerre Froide, en 1966, le roman de science-fiction d'Isaac Asimov, *Fantastic Voyage* (Un fantastique voyage) a détourné la fascination du public pour les voyages dans l'espace vers un voyage encore plus fascinant à l'intérieur du corps humain. Dans ce roman, des scientifiques du « monde libre », ainsi que des scientifiques « de l'autre bord », non désignés nommément, ont développé une technologie de miniaturisation qui promet la victoire à qui pourra la réaliser le premier. Cependant, cette technologie a un grave défaut : la miniaturisation disparaît rapidement.

Le Professeur Benes a eu une idée pour surmonter cette difficulté, mais avant qu'il ait pu communiquer cette avancée cruciale, la formation d'un caillot sanguin potentiellement fatal dans son cerveau le plonge dans le coma. Sur fond d'intrigue internationale, nos scientifiques miniaturisent, pour un temps toujours limité, un sous-marin et une équipe de cinq personnes pour voyager à l'intérieur du corps de Benes et détruire le caillot sanguin.

L'équipe est constituée d'Owens, le capitaine du sous-marin *Protéus* (maintenant de la taille d'une cellule sanguine), Duvall, le brillant neurochirurgien en charge de la mission médicale, Peterson, sa belle assistante (interprétée par Raquel Welch dans la version filmée à grand succès), Michaels, l'expert en circulation sanguine et Grant, le chef de mission de l'agence centrale de renseignements. Tout au long du drame, les lecteurs ou les cinéphiles sont conviés à un voyage vraiment fantastique à travers le corps humain où l'intrépide équipe lutte contre d'énormes cellules blanches du sang (les globules blancs), des anticorps insidieux, des plaquettes gênantes et d'innombrables autres dangers alors que ses membres se battent pour atteindre leur but avant que la miniaturisation ne prenne fin, entraînant une catastrophe.

Un fantastique voyage et ce livre ont plusieurs points communs. Tout d'abord, nous espérons vous convier, vous lecteurs, à un fantastique voyage à l'intérieur du corps humain. Notre compréhension des processus complexes à l'origine de la vie, des maladies et de la vieillesse a considérablement progressé depuis 1966. Nous avons maintenant une capacité sans précédent à comprendre notre biologie au niveau des plus fines structures de nos molécules. Nous pouvons également accroître considérablement notre longévité et notre bien-être et développer notre capacité à communiquer avec le monde qui nous entoure.

La fascination d'Asimov pour la miniaturisation était prophétique. Nous en sommes maintenant aux premières étapes d'une profonde évolution au cours de laquelle nous amenons en fait notre technologie au niveau moléculaire. Nous développons actuellement des sous-marins, de la taille d'une cellule sanguine, appelés nanorobots (robots dont les caractéristiques clé sont mesurées en nanomètres, ou milliardièmes de mètre) et destinés à être envoyés dans le corps humain pour des missions vitales concernant notre santé. Bien que nous n'aurons pas le pouvoir de nous miniaturiser pour entrer dans ces nanorobots, comme imaginé dans le conte d'Asimov (du moins pas dans les prochaines décennies), nous serons capables de nous placer dans des environnements quasi-réels et de voir par les yeux de ces petits robots. Nous pourrons contrôler leurs mouvements comme si nous étions à l'intérieur, tout comme les militaires télécommandent les systèmes d'armes intelligentes.

L'immortalité est à portée de main

Avons-nous aujourd'hui les connaissances et les moyens nécessaires pour vivre éternellement ? Au cas où le développement de toutes les sciences et de toutes les technologies prendrait soudainement fin, la réponse serait non. Pour lutter efficacement contre les maladies et le vieillissement, nous avons beaucoup plus de moyens que le pensent la plupart des gens, mais pas encore toutes les techniques nécessaires pour allonger indéfiniment la vie humaine. Cependant, il est évident que, loin de s'arrêter, le rythme des découvertes scientifiques et technologiques s'accélère.

Selon les modèles que Ray a créés, la vitesse de notre décalage paradigmatique, la vitesse des progrès techniques, double à chaque décennie et l'accessibilité (diminution de prix, capacité et rapidité) des technologies de l'information double chaque année[1] *. La réponse à notre question est donc un oui sans appel : si elles sont résolument appliquées, les connaissances existent pour que vous ralentissiez suffisamment le vieillissement et les processus pathologiques pour être en bonne santé, physique et intellectuelle, lorsque des technologies plus performantes d'allongement et d'amélioration de la vie seront disponibles dans les quelques décennies à venir.

L'expert en longévité et gérontologue Aubrey de Grey utilise la comparaison avec l'entretien d'une maison pour expliquer ce concept clé. Combien de temps une maison dure-t-elle ? La réponse dépend évidemment de la façon dont vous l'entretenez. Si vous ne faites rien, le toit fuira avant longtemps, l'eau et les éléments s'infiltreront et il s'ensuivra une dégradation de la maison. Mais si vous prenez grand soin de la structure, réparez tous les dommages, luttez contre tous les dangers et reconstruisez ou rénovez certaines parties de temps en temps en utilisant de nouveaux matériaux et de nouvelles technologies, la vie de votre maison peut être prolongée pratiquement sans limite.

Cela est vrai aussi pour notre corps et notre cerveau. La seule différence est que nous connaissons parfaitement les méthodes d'entretien d'une maison, alors que nous ne connaissons pas encore complètement tous les principes biologiques de la vie. Cependant, avec la progression rapide de notre compréhension du génome

* Les notes sont disponibles sur le site www.dunod.com. Elles donnent les sources des informations présentées (NdE).

humain, des protéines exprimées par ce dernier (protéome) et des processus biochimiques et des voies de notre métabolisme, nous allons acquérir rapidement cette connaissance. Nous commençons à comprendre le vieillissement, non comme une progression inexorable mais comme un groupe de processus biologiques apparentés. Des stratégies pour inverser chacune des progressions impliquées dans le vieillissement, mettant à profit diverses combinaisons de méthodes biotechnologiques, sont en train d'apparaître. Nombre de scientifiques, y compris les auteurs de ce livre, croient que nous aurons les moyens d'arrêter et même d'inverser le processus du vieillissement dans les deux prochaines décennies. En attendant, nous pouvons ralentir considérablement tous les processus du vieillissement en utilisant les méthodes exposées dans ce livre.

Le but de l'extension de la longévité peut donc être atteint en trois étapes, que nous nommerons « Ponts »*. Ce livre est conçu afin de servir de guide pour vivre suffisamment longtemps en bonne santé physique et psychique, ce qui est l'objet du Pont Un, et pour tirer avantage du développement complet de la révolution biotechnologique, ce qui est l'objet du Pont Deux. Cela conduira alors à la révolution des nanotechnologies-IA (intelligence artificielle), qui permettra de vivre indéfiniment, ce qui est l'objet du Pont Trois.

Ainsi, en partant de ce principe, nous allons traiter tout au long de notre livre de la façon d'entretenir notre « maison » biologique et d'accroître sans limites sa longévité et sa vitalité, ce qui est à portée de main. Nous vous dirons comment utiliser les vastes connaissances que nous avons aujourd'hui pour rester en bonne santé en inversant la marche (par le décodage et la compréhension des principales méthodes) de nos processus biologiques.

Le XXIe siècle vaut la peine d'être vécu !

Au XXIe siècle, la plupart de nos conceptions de la vie humaine seront complètement bouleversées. L'adage selon lequel la mort et les impôts sont inévitables n'est pas la moindre d'entre elles. Nous laisserons à d'autres le problème de l'avenir des impôts, mais la façon dont la perspective d'une mort inévitable va changer rapidement est le thème principal de ce livre. Étant donné que nous

* *Bridges* dans l'édition originale (NdT).

avons réussi à comprendre le génome et le protéome, des avancées très importantes dans le traitement des maladies et même dans l'inversion du processus du vieillissement vont apparaître. Les deux premières décennies du XXIe siècle seront l'âge d'or de la biotechnologie.

Protéus, un prototype

Une équipe de UCLA (*University of California at Los Angeles*, université de Californie à Los Angeles), dirigée par l'ingénieur biomédical Carlo Montemagno, est en train de construire un « sous-marin » de la taille d'une cellule du sang conçu pour effectuer des opérations médicales critiques à l'intérieur du corps humain. « Dans les systèmes vivants, les molécules effectuent des fonctions répétitives de la même façon que les machines », explique Montemagno. « Certaines molécules récupèrent de la matière ou des informations et les déplacent d'un lieu à un autre, alors que d'autres les filtrent ou les pompent. Je cherche à récupérer des pièces de ces machines moléculaires puis à les incorporer dans des machines hybrides. Cela conduit à des appareils qui sont tout à la fois vivants et non vivants ; ils possèdent toutes les fonctionnalités que vous trouvez dans les systèmes vivants, mais ce sont des artefacts fabriqués de toutes pièces. » L'équipe a déjà créé ce qu'elle appelle un nanocoptère (un hélicoptère dont les dimensions sont de l'ordre du nanomètre), avec une hélice en nickel et un moteur de la taille d'un virus qui utilise le propre ATP (adénosine triphosphate, molécule complexe qui stocke l'énergie) de l'organisme comme source d'énergie.

Le virologue Peixuan Guo de l'Université Purdue aux États-Unis a créé un nanomoteur télécommandé constitué d'ARN et d'ADN d'origine virale et alimenté par l'énergie chimique de l'organisme. Guo a déjà envoyé cet appareil dans des cellules pour y détruire le virus de l'hépatite.

Une autre équipe de l'Université de Californie à Irvine met à profit un budget alloué par le *National Institutes of Health* (Institut National de la Santé) de 2,9 millions de dollars pour développer un vaisseau microscopique susceptible d'être guidé par les chirurgiens à travers l'œsophage, l'estomac, l'intestin grêle et le côlon afin d'y détecter de petites tumeurs dont il effectuerait immédiatement la biopsie. En fin de compte, il serait capable de détruire les tumeurs qu'il découvre.

Les résultats de cette révolution technologique iront beaucoup plus loin que le maintien de la santé pour inclure une large expansion de notre potentiel humain.

Nombre d'experts croient qu'avant une décennie, nous augmenterons chaque année l'espérance de la vie humaine de plus d'un an. Ainsi, pour chaque année passée, votre espérance de vie restante se décalera dans le futur. (Aubrey de Grey croit que nous arrêterons le vieillissement chez les souris, qui partagent 99 % de notre code génétique, dans les dix années à venir, et que les traitements destinés à arrêter et à inverser le vieillissement chez l'Homme suivront cinq à dix ans plus tard). Une minorité de « baby boomers » âgés en feront l'expérience, passé ce prochain seuil critique. Vous pouvez en faire partie. Les auteurs de ce livre sont de cette génération et ont bien l'intention de vivre au-delà de ce seuil, sains de corps et d'esprit. Malheureusement, la plupart des « baby-boomers » demeurent inconscients des processus dégénératifs cachés dans leur corps et mourront inutilement jeunes.

Quel que soit l'intérêt vraisemblable des deux premières décennies de ce siècle, celles qui suivront devraient conduire à des changements encore plus profonds. Ray a consacré plusieurs décennies à l'étude et la modélisation des tendances technologiques et à leur impact sur la société. Son observation peut-être la plus significative est que la vitesse des changements s'accélère. Cela veut dire que le passé n'est pas un guide sûr pour le futur. Le XXe siècle ne correspond pas à 100 ans de progrès à la vitesse actuelle, mais à 20 années environ. Et nous ferons 20 autres années de progrès à la vitesse actuelle, équivalentes à l'ensemble du XXe siècle, dans les 14 prochaines années, puis en 7 années seulement. En raison de cette croissance exponentielle, le XXIe siècle correspondra à 20 000 années de progrès à la vitesse actuelle, 1 000 fois supérieure à celle dont nous avons été les témoins au XXe siècle, qui lui-même n'a pas été en retard en ce qui concerne les changements.

Il en résultera de profonds changements dans tous les aspects de notre vie, allant de notre santé et de notre longévité à notre économie et à notre société, et même dans notre conception de ce que nous sommes et de ce que cela signifie d'être un être humain. Dans quelques décennies, nous disposerons des connaissances nécessaires pour affermir notre santé, étendre le champ de nos expériences, telles qu'une intense sensation d'exister impliquant tous nos sens, une conscience augmentée et une intelligence et une capacité humaines accrues, puis élargir nos horizons.

Lorsque nous pénétrerons encore plus avant dans le XXIe siècle, la nanotechnologie nous rendra capables de reconstruire et d'agrandir notre corps et notre cerveau et de créer pratiquement tous les produits à partir d'une information simple, ce qui se traduira par des gains remarquables de prospérité. Nous inventerons des moyens pour développer considérablement nos capacités physiques et psychiques en interfaçant directement nos systèmes biologiques et une technologie créée par l'Homme.

Bien que la capacité humaine à diriger le cours de la vie et de la mort soit controversée, nous croyons que à la possibilité d'élargir nos horizons est un attribut spécifique et enviable de notre espèce. Nous sommes convaincus que cela vaut la peine de faire l'effort de rester en bonne santé et en vie aujourd'hui pour vivre ce remarquable siècle qui se présente à nous.

Une marche de plusieurs décennies vers la santé, ou la maladie

Les principales causes de mort : maladies cardiaques, cancers, accidents vasculaires cérébraux, maladies respiratoires, maladies des reins, maladies du foie, diabète[2], ne sont pas apparues par hasard. Elles sont le résultat final de processus en cours d'évolution depuis des décennies. Pour vous aider à comprendre comment des déséquilibres de longue date de processus métaboliques à la base de fonctions vitales peuvent conduire à une maladie, nous avons développé le « Programme de longévité de Ray & Terry », présenté tout au long de ce livre. (Notre programme est le Pont Un, comme il a été mentionné ci-dessus ; les Pont Deux et Trois sont exposés en détail dans le chapitre 2.) Les conseils que nous vous donnons pour garder votre corps en bonne santé, de ce que vous devez lui apporter (« Aliments et eau », chapitre 4) à ce que vous avez à faire pour maintenir son équilibre (« Stress et équilibre », chapitre 23), vous permettront de maîtriser votre propre état de santé et vous apprendront à effectuer les actions correctrices éventuellement nécessaires. Notre programme demande du temps et de la volonté, mais les bénéfices en sont considérables :

- amélioration significative de votre état général par le soulagement de divers inconforts, correction de votre fonctionnement gastro-intestinal, votre sommeil, votre humeur, diminution de votre fatigue puis atteinte de votre poids optimal ;

- amélioration importante de votre sensation de bien-être et augmentation de votre énergie ;
- satisfaction de savoir que vous êtes sur le chemin d'une santé à long terme tout en réduisant significativement le risque de maladies chroniques telles que maladies cardiaques, accidents vasculaires cérébraux, diabète de type 2 et cancer.

Les soins médicaux conventionnels sont adaptés au traitement des processus dégénératifs à long terme uniquement lorsque ces derniers sont apparus sous la forme d'une maladie cliniquement avancée ; cependant, il est alors souvent trop tard. Comme lorsque vous vous approchez d'une falaise à reculons, vous avez besoin de savoir que vous vous êtes près du bord pour vous arrêter. Lorsque vous êtes tombé, il est difficile de faire quelque chose pour vous. Cet ouvrage est conçu pour vous apporter la connaissance et vous faire effectuer les démarches nécessaires pour accroître votre durée de vie, votre vitalité et votre bien-être avant qu'il ne soit trop tard.

Un programme important à tout âge

Le programme de longévité que nous exposons dans ce livre est valable pour toutes les générations :

- Pour les adultes jeunes, de 20 à 30 ans, c'est le bon moment pour mettre en pratique un parcours de santé. Il est plus facile d'éviter la progression des maladies que d'en réparer les dommages plus tard.
- Pour la moitié la plus jeune de la génération des « baby boomers », maintenant dans la quarantaine, c'est une époque critique pendant laquelle les processus morbides s'accélèrent.
- Les plus âgés d'entre eux, maintenant à la cinquantaine, constituent un groupe central, vivant à la charnière. Ils représentent la dernière génération dont l'immense majorité des représentants mourront plus ou moins selon la manière « ancienne », habituellement de maladies progressivement débilitantes qui interfèrent gravement avec la qualité de la vie.
- Pour la génération des seniors, les gens de 60 ans et plus, il n'est pas trop tard pour revenir sur des décennies de dommages et accroître significativement leur longévité et leur vitalité.

Qui est l'ennemi ?

Il est sage de considérer comme une guerre le processus permettant de faire reculer une progression dangereuse de la maladie et de la gagner. Comme dans toute guerre, lorsque l'ennemi est à votre porte ou pire qu'il l'a franchie, il est important de mobiliser tous les moyens de renseignement et d'armement susceptibles d'être exploités. Les dangers les plus menaçants doivent être combattus sur de multiples fronts. Par exemple, nous parlerons des dix approches à pratiquer simultanément pour prévenir les maladies cardiaques, tout particulièrement chez ceux qui présentent des facteurs de risque élevés.

Mais si combattre la maladie et accroître la longévité et la vitalité est une guerre, qui est l'ennemi ? En tête de liste, nous devrions nous placer nous-mêmes. Bien sûr, les problèmes de santé retiennent notre attention au moment où la maladie frappe cliniquement, mais la plupart des gens ne se préoccupent pas de la prévention et de l'amélioration de leur santé d'une façon programmée avant que les symptômes se déclarent. Malheureusement, la profession médicale est orientée vers la détection et le traitement des maladies uniquement après qu'elles ont atteint un point de crise (médecine de contrôle des symptômes), et donc la plupart des gens ne reçoivent des professionnels que des conseils limités pour la prévention des maladies. Vous ne devez pas attendre que d'autres vous montrent le chemin vers la santé ; la seule personne qui puisse en prendre la responsabilité est vous-même.

Votre deuxième ennemi est la maladie. Votre corps a évolué lorsqu'il n'était pas bénéfique pour la survie de l'espèce que les gens vivent au-delà des années de reproduction et entrent en compétition avec les autres membres de la tribu ou de la communauté pour la nourriture ou d'autres ressources limitées. Il y a à peine un siècle et demi, l'espérance de vie était de 37 ans[3]. Si nous désirons rester en vie aussi longtemps que possible, nous ne pouvons pas nous fier simplement à l'ordre naturel hérité de l'évolution biologique.

Le troisième ennemi est un ensemble grandissant d'opinions qui s'opposent à l'accroissement de la longévité humaine en arguant que cela violerait les soi-disant fondements de la nature humaine. Un auteur tel que Francis Fukuyama, par exemple, considère que les recherches qui pourraient accroître la longévité humaine au-delà de ses 80 années actuelles sont immorales[4]. L'opposition à certaines technologies biologiques telles que la recherche sur les cellules souches retarde des traitements vitaux de nombreuses maladies. Signalons toutefois que ce ne sont pas les penseurs eux-mêmes qu'il faut considérer comme nos adversaires, mais plutôt leurs idées rétrogrades. La nature propre à l'espèce humaine est de se développer et d'élargir ses frontières. En fin de compte, une telle opposition finira comme de pauvres pierres jetées dans un torrent d'innovations, avec le flux continu des progrès contournant ces obstacles. Mais des retards même mineurs se traduiront par la souffrance et la mort de millions de gens.

Les recommandations de santé publique sont, au départ, un compromis

Beaucoup de gens pensent que les recommandations de santé publique, telle la « pyramide alimentaire du *Department of Agriculture**, traduisent le meilleur de notre sagesse collective. Typiquement, les gens continuent à modifier (affaiblir) ces recommandations suffisamment pour qu'elles satisfassent leurs propres priorités et s'accommodent aux circonstances, sans réaliser qu'elles sont déjà un compromis. Il en résulte des recommandations alimentaires inefficaces et une santé doublement mise en danger.

Les recommandations concernant les apports en vitamines, par exemple, continuent à être influencées par le système RDA (de *recommended dietary allowance*, ration ou apport nutritionnel recommandé), mais elles ne correspondent qu'à des taux minimaux permettant d'éviter des carences vitaminiques spécifiques et non pas à ceux requis pour maintenir un état de santé optimal. Les recommandations nutritionnelles en général sont gravement édulcorées. Par exemple, pour l'alimentation de personnes présentant un diabète de type 2, les lignes directrices ne recommandent pas la réduction drastique des glucides[5], et celles concernant la consommation des graisses sont les mêmes que pour la population générale. Les recommandations de l'*American Diabetes Association* (Association américaine contre le diabète) sont complètement inefficaces ; elles ignorent même le fait que la maladie, en particulier dans ses débuts, peut être en grande partie contrôlée par la nutrition. On peut faire les mêmes observations en ce qui concerne les recommandations nutritionnelles destinées à éviter les maladies cardiaques, le tueur numéro un aux États-Unis[6].

* L'équivalent de notre ministère de l'Agriculture (NdT).

Lorsque nous discutons avec certains professionnels de santé de l'inefficacité des recommandations publiques concernant la nutrition, ils nous répliquent que leurs patients n'observent même pas ces dernières qui sont peu contraignantes et en suivraient encore moins de plus strictes. Nous répondons à cela que les gens ne suivent pas les recommandations peu contraignantes précisément parce qu'elles sont inefficaces. En réalité, en suivre de plus strictes est plus facile, et cela pour différentes raisons.

Prenez l'exemple des glucides. Consommer des glucides, particulièrement ceux dont l'index glycémique est élevé [ceux qui se convertissent rapidement en sucre (glucose) dans le sang], en provoque une demande encore plus importante. Tenter de réduire « modérément » la consommation des glucides s'avère très difficile, parce qu'une réduction modérée ne supprime nullement les besoins. C'est comme de suggérer aux fumeurs de réduire simplement le nombre des cigarettes qu'ils fument chaque jour. En revanche, réduire drastiquement les glucides, en particulier ceux dont l'index glycémique est élevé, supprime efficacement les besoins, tout comme d'arrêter complètement de fumer. Il est beaucoup plus motivant de suivre un programme susceptible d'apporter une différence considérable dans votre bien-être immédiat ou à long terme.

Prenons un autre exemple. La recommandation de santé publique pour les suppléments en acide folique est de 400 microgrammes (mcg), ce qui peut être considéré comme raisonnable. Cependant, pour quelqu'un dont le taux d'homocystéine est élevé, ce qui est une cause majeure de maladie cardiovasculaire, une recommandation qui reste fixée à 400 mcg par jour est insuffisante pour réduire un taux dangereux d'homocystéine. En revanche, un supplément d'acide folique de 2 500 mcg par jour, ou même davantage, est correct et efficace pour réduire le taux d'homocystéine (tout comme d'autres recommandations, qui seront discutées ultérieurement)[7].

On se retrouve dans la même situation en ce qui concerne les recommandations concernant les taux « optimaux » des lipides (graisses) dans le sang. La recommandation de santé publique établit que le cholestérol total doit être en dessous de 200 milligrammes par décilitre de sang (2 grammes par litre) et que le rapport du cholestérol total au cholestérol HDL doit être inférieur à 4,6. Cependant, même les gens qui atteignent de tels taux « optimaux » font des infarctus du myocarde.

Loin des yeux, loin de l'esprit ?

Un nombre important de cardiaques reçoivent le premier avertissement leur apprenant que quelque chose ne va pas lorsqu'ils font un infarctus du myocarde, dont un tiers est mortel et un autre tiers laisse des séquelles. L'athérosclérose, qui provoque des dépôts de cholestérol dans les artères, est rarement détectée avant qu'elle ne produise un infarctus du myocarde ou, chez les patients « chanceux » des douleurs angineuses ou un test d'effort anormal. Arrivée à ce point, la maladie des artères coronaires est déjà avancée. Plus de 1 250 000 Américains font un infarctus du myocarde chaque année et 710 000 meurent de maladies cardiaques ; la plupart de ces décès survient à la suite d'une longue période d'invalidité.

L'hypertension, c'est-à-dire une pression sanguine élevée, bien que facilement diagnostiquée, ne conduit pas à des symptômes évidents. Les accidents vasculaires cérébraux provoquent typiquement des lésions du cerveau sans prévenir. Souvent, le cancer n'est pas détecté avant qu'il ait métastasé (qu'il se soit disséminé dans tout l'organisme)[8]. En fait, la plupart des processus biologiques dégénératifs qui se traduisent par des maladies cliniquement dévastatrices sont invisibles et silencieux, et pourtant la plupart d'entre eux, de même que les décès et les souffrances qu'ils causent, peuvent être prévenus ou significativement retardés.

Quelle est l'incidence de l'infarctus du myocarde chez les sujets qui maintiennent en permanence un profil lipidique vraiment souhaitable ? La réponse est que cette dernière est proche de zéro. Cependant, pour la plupart des gens, de tels niveaux sont-ils atteignables ? La réponse est oui, ils le sont. Alors, pourquoi ne pas les prendre pour objectif ?

Notre philosophie est d'apporter des recommandations optimales fondées sur les dernières recherches. On connaît beaucoup de moyens pour modifier les tendances qui, à la longue, ruinent la santé et se traduisent par un grand nombre de décès ou de maladies chroniques. Nous vous présenterons nos meilleures connaissances en ce qui concerne les mesures efficaces, et vous pourrez décider vous-même des changements que vous souhaitez réaliser.

Tests dynamiques et tests statiques

Un autre aspect spécifique de notre programme est la large utilisation, chaque fois que cela est possible, de tests dynamiques, et non pas de tests statiques, en vue de la détection précoce des anomalies. Les tests dynamiques mesurent la réponse de l'organisme à des modifications des conditions physiologiques en des conditions de « stress », alors que les tests statiques apportent simplement une mesure dans les conditions basales (de repos). Le test d'effort, habituellement réalisé sur un tapis roulant (ou une bicyclette) pour évaluer la fonction cardiaque, est un exemple de test dynamique courant. Dans ce cas, l'électrocardiogramme (ECG) est enregistré au repos puis dans les conditions d'un travail accru. Grâce à un test d'effort, on peut détecter une maladie cardiaque débutante chez beaucoup plus de patients qu'on aurait pu le faire au moyen d'un ECG au repos (statique) seul. Un autre test dynamique courant effectué par les médecins généralistes est le test de tolérance au glucose pour le diagnostic du diabète, car il est beaucoup plus sensible que le simple dosage du glucose sanguin à jeun. Cependant, comme nous le verrons au chapitre 9 « Le problème du sucre (et de l'insuline) », le test standard ne mesure que le taux du glucose sanguin en réponse à une simple ingestion de glucose et souvent ne permet pas de détecter de nombreux cas de diabètes débutants. En mesurant aussi le taux d'insuline, et donc en utilisant le test de tolérance au glucose et à l'insuline que nous recommandons, on peut diagnostiquer de nombreux cas supplémentaires de diabète et d'intolérance aux glucides. Lorsque nous franchissons une étape supplémentaire et que nous ajoutons un test de tolérance à l'insuline, test effectué seulement par une poignée de médecins dans notre pays, il devient possible de détecter de nombreux cas de résistance à l'insuline, l'un des plus dangereux facteurs de risque pour toute une série de maladies chroniques affectant une part importante de la population.

Dans le chapitre 13, « La méthylation est extrêmement importante pour votre santé », nous discutons d'un métabolisme anormal de l'homocystéine, facteur de risque pour les maladies cardiaques, les accidents vasculaires cérébraux et la maladie d'Alzheimer qui atteint plus d'un tiers de la population adulte. Cependant, de nombreux cardiologues n'effectuent même pas encore le test statique chez leurs patients pour déterminer le niveau de risque, et la plupart des grandes villes des États-Unis n'ont pas un seul cardiologue qui, hors des hôpitaux universitaires, effectue le test d'effort à l'homocystéine, beaucoup plus précis et peu onéreux, que nous recommandons.

La détection précoce des facteurs de risque est une caractéristique de notre programme. En effectuant des tests dynamiques d'effort lorsqu'ils sont appropriés, vous pouvez augmenter considérablement l'efficacité de votre dépistage.

Les piliers de notre programme de longévité

Nous avons organisé le programme de longévité de Ray et Terry autour des activités et des processus physiques et métaboliques essentiels qui conduisent soit à l'apparition d'une maladie, soit au maintien de la santé. Notre programme associe le meilleur de la médecine conventionnelle et de la médecine douce. Beaucoup pensent que la médecine conventionnelle est scientifique, alors que la médecine douce reflète des traditions populaires non vérifiées. En réalité, de nombreuses pratiques de la médecine conventionnelle n'ont jamais été vérifiées scientifiquement, alors que de nombreuses pratiques de médecine douce ont été confortées par une recherche importante et des vérifications.

La médecine douce n'est pas une méthodologie unique intégrée. Bien au contraire, elle constitue un large réseau d'idées qui se situent en dehors de la pratique médicale conventionnelle. En fait, nombre de ces dernières ne sont pas fondées sur la science ou sur des résultats pratiques. Nous avons fondé nos principes sur le meilleur de la médecine conventionnelle, des pratiques médicales douces fondées sur des recherches de sécurité et d'efficacité convaincantes et des développements de pointe en biotechnologie et en nanotechnologie.

Partenariat avec vos professionnels de santé

Il est difficile de suivre un programme d'une telle ampleur sans avoir un guide personnel. Notre philosophie a été de tirer, de façon impartiale, le meilleur de la médecine conventionnelle et des écoles de pensées alternatives. Ainsi, pour suivre notre programme, vous devrez accéder à ces deux mondes.

Votre médecin personnel est formé pour diagnostiquer et traiter les maladies catastrophiques, mais la plupart des médecins ne sont pas préparés à guider leurs patients dans le type de prévention active des maladies que nous envisageons dans ce livre. Malheureusement, la prévention des maladies n'est pas le but majeur de la médecine officielle. De plus, le problème crucial de la nutrition n'est l'objet de presque aucune attention dans les écoles de médecine des États-Unis. Une approche idéale est de trouver un médecin qui associe le meilleur de traditions multiples.

De plus en plus de médecins ont pris conscience des limites de la médecine conventionnelle orthodoxe. Ils ont commencé à se libérer du profond conditionnement de leurs années d'études médicales et à penser librement. Nombre d'entre eux ont rejoint les associations professionnelles qui les forment aux traitements médicaux fondés sur des connaissances de pointe en nutrition et offrent un enseignement théorique et des examens permettant d'assurer la compétence de chacun. Même dans le domaine de la nutrition, nous sommes consternés de constater combien de médecins nutritionnistes suivent de façon rigide des recommandations de santé publique qui ne sont que de grossiers compromis.

Le principe le plus important : l'exploration continue

Les connaissances présentées ici sont, par nature, dynamiques. Ce n'est pas un programme fixe qu'on adopte une fois pour toute. Son principe le plus important est une exploration active continue de nouvelles connaissances issues de sources multiples :

- diagnostic et options de traitement nouvellement disponibles issus de la révolution des biotechnologies émergentes ;
- nouvelles connaissances acquises pour les traitement naturels ;
- votre propre connaissance personnelle croissante des informations disponibles en ce qui concerne la santé ;
- nouvelles connaissances personnelles concernant votre propre état ;
- nous projetons d'actualiser l'information contenue dans ce livre dans notre site Web (voir Fantastic-Voyage.net) où apparaît une liste des ressources.

La plupart des livres traitant de la santé n'offrent qu'une ou deux idées nouvelles. Le nôtre est différent car il en apporte des dizaines, intégrées dans un programme unique. Fondées sur notre recherche, nous pensons que nos recommandations vous permettront de réduire considérablement le risque de maladies dans l'avenir, tout en augmentant rapidement votre bien-être dans le présent. Notre idée centrale est que nous avons maintenant les connaissances pour déterminer où se situe chacun de nous dans la progression de processus dégénératifs qui s'étalent sur plusieurs décennies, puis d'inverser ces derniers.

À la base de ce concept, il y a des décennies d'investigations et des années de collaboration. La plupart des idées simples présentées dans d'autres livres contemporains traitant de la santé sont saines, mais il n'existe pas de baguette magique qui puisse résoudre tous les problèmes clé, étant donnée la complexité de notre organisme et de notre cerveau. Typiquement, les autres livres dédiés à la santé présentent une ou deux idées associées à beaucoup de prédications. Tout au contraire, nous apportons une densité élevée d'idées sur la façon d'exploiter les connaissances actuelles concernant la longévité afin de transformer notre santé.

Les idées ont un immense pouvoir pour transformer la réalité, mais uniquement lorsqu'elles sont mises en pratique. Il y a deux façons d'utiliser ce livre :

- Sélectionner les idées que vous trouvez attrayantes et ajoutez-les à votre programme de santé personnel. Nous pensons que de nombreux lecteurs bénéficieront alors de ce livre.
- Suivre toutes les recommandations du programme de longévité de Ray et Terry, conçu comme une approche intégrée et complète de la nutrition, des changements de styles de vie et des traitements médicaux de pointe.

La santé n'est pas seulement l'absence de maladie diagnostiquée ; c'est une voie vers un bien-être physique, émotionnel et spirituel toujours croissant. Il est toujours possible d'améliorer votre propre santé.

2
Les ponts à venir

« L'espérance de vie sera de quelque 5 000 ans... à partir de l'an 2100. »

AUBREY DE GREY

Les systèmes biologiques sont remarquables par leur ingéniosité. Au XVe siècle, Léonard de Vinci écrivait :

> « L'ingéniosité humaine peut faire toutes sortes d'inventions, mais elle n'en concevra jamais de plus belles, plus simples, plus adaptées que celles faites par la Nature, parce que dans les inventions de cette dernière, rien ne manque et rien n'est superflu. »

En ce qui concerne la biologie, nous partageons le profond respect de Léonard de Vinci pour la Nature, mais nous ne sommes pas d'accord avec lui quant à notre incapacité à l'améliorer. Léonard de Vinci ne connaissait pas les nanotechnologies et il s'est avéré que la Nature, en dépit de toute son apparente imagination créatrice, est largement en dessous de ce qui serait optimal. Par exemple, dans notre cerveau, les connexions des neurones n'effectuent que 200 opérations par seconde, soit des millions de fois moins rapidement que les circuits électroniques actuels.

En dépit de l'élégance avec laquelle les cellules rouges (globules rouges) du sang transportent l'oxygène dans notre circulation et le délivrent à nos tissus, ce n'est là qu'un système lent et encombrant, et des robots de remplacement (respirocytes), déjà à l'étude, seraient des milliers de fois plus efficaces que les cellules rouges du sang. La réalité est que la biologie ne sera jamais capable de rivaliser avec ce que nous serons susceptibles de fabriquer, une fois que nous aurons complètement compris les principes biologiques à la base d'une opération.

Un autre aspect essentiel de la révolution à venir est la nanotechnologie moléculaire qui, à la limite, nous permettra de repenser et de reconstruire, molécule par molécule, notre corps et notre cerveau[1]. Les programmations dans le temps de ces deux révolutions que sont la biotechnologie et la nanotechnologie se recoupent, mais la révolution biotechnologique précède la réalisation complète de la nanotechnologie d'une décennie ou deux. C'est la raison pour laquelle nous les nommons « deuxième pont » et « troisième pont » vers l'allongement radical de la vie, respectivement. L'essentiel de ce livre est constitué du matériel du Pont Un qui présente les moyens de tirer le maximum d'avantages des tests diagnostiques les plus avancés et des stratégies de prévention actuellement disponibles ; il vous permet d'atteindre les Ponts Deux et Trois.

D'un pont à un autre, puis à un autre…

Ce livre décrit trois ponts.

1. Le premier Pont, le Programme de longévité de Ray et Terry, est constitué des traitements et des lignes de conduite actuelles qui vous garderons en bonne santé suffisamment longtemps pour que vous tiriez tous les avantages de la construction du deuxième Pont.
2. Le deuxième pont est la révolution biotechnologique. Au fur et à mesure que nous déchiffrons les codes génomique et protéomique de notre biologie, nous acquérons les moyens de mettre fin aux maladies et au vieillissement, alors que nous tirons profit de la totalité de notre potentiel humain. Ce deuxième pont, à son tour, nous conduira à un troisième.
3. Le troisième pont est la révolution de la nanotechnologie-IA (intelligence artificielle). Cette dernière nous permettra de reconstruire notre organisme et notre cerveau au niveau moléculaire.

Ces transformations technologiques émergentes introduiront des outils nouveaux et puissants permettant d'améliorer votre santé et d'accroître les pouvoirs de l'Homme. À terme, les connaissances présentées dans ce livre seront automatisées en vous. Cependant, aujourd'hui, vous devrez encore les appliquer vous-même. Nous parlerons de chacun de ces trois ponts lorsqu'ils seront en rapport avec les sujets en discussion. Dans chaque chapitre, nous commencerons par les stratégies du Pont Un que vous pouvez appliquer dès aujourd'hui. Lorsque cela sera opportun, nous jetterons un coup d'œil sur ce que les Ponts Deux et Trois devraient vous offrir dans un proche avenir.

Pont deux : la révolution biotechnologique

Lorsque nous comprenons comment l'information est transformée en processus biologiques, de nombreuses stratégies naissent pour triompher de la maladie et des processus du vieillissement. Ici, nous passerons en revue certaines des approches les plus prometteuses puis, dans les chapitres à venir, nous discuterons de quelques exemples de façon plus approfondie. Une puissante approche est de commencer par le génome, le pilier de l'information biologique. Avec les technologies de la génétique, nous sommes actuellement sur le point d'acquérir la capacité de contrôler la façon dont s'expriment les gènes. À la limite, nous serons parfois réellement capables de modifier les gènes eux-mêmes.

Nous mettons déjà en œuvre les technologies de la génétique chez d'autres espèces. Grâce à une méthode connue sous le nom de « technologie recombinante », utilisée commercialement pour produire de nombreux médicaments nouveaux, les gènes d'organismes allant des bactéries aux animaux de ferme sont modifiés afin de produire les protéines dont nous avons besoin pour combattre les maladies humaines.

Une autre ligne d'attaque importante est de faire en sorte que nos cellules, nos tissus et même nos organes tout entiers se développent, puis d'introduire ces derniers dans notre corps sans le secours de la chirurgie. Un bénéfice majeur de cette technique de clonage thérapeutique est que nous serons capables de créer des tissus ou des organes nouveaux à partir de versions de nos cellules créées quand nous étions plus jeunes ; c'est le domaine émergeant de la médecine du rajeunissement.

Au fur et à mesure que nous comprenons les processus d'information à la base de la biologie, nous concevons des moyens de maîtriser ces derniers pour triompher des maladies et du vieillissement et accroître le potentiel humain. Autrefois, la découverte des médicaments consistait à trouver des substances produisant certains effets bénéfiques sans trop d'effets secondaires. Ce processus était identique à celui de la découverte des outils par les premiers Hommes ; il se limitait tout simplement à trouver des pierres ou des matériaux naturels qui puissent être d'une aide quelconque. Maintenant que nous pouvons concevoir des médicaments susceptibles d'effectuer des missions précises au niveau moléculaire, nous sommes en mesure de dépasser les misères de la vieillesse. Le champ et l'étendue de ces efforts sont larges ; les exemples présentés dans ce livre ne sont qu'un échantillon très limité des idées les plus prometteuses. Nous aborderons des cas très importants dans les chapitres qui vont suivre.

Pas seulement des bébés médicaments, mais aussi des baby boomers médicaments

Les technologies de la génétique vont évoluer selon trois phases : (1) influence sur l'expression métabolique des gènes, (2) blocage ou modification de l'expression des gènes puis (3) pratique de la thérapie génique somatique. Voyons comment ces technologies imminentes pourraient avoir un impact sur votre voyage personnel dans le futur.

Influence sur l'expression métabolique des gènes

La science n'a pas encore la possibilité de changer vos gènes (bien que cela commence à être étudié). En connaissant les gènes que vous possédez, vous pouvez choisir un style de vie adapté et vous engager dans des stratégies préventives pour modifier leur impact. Comme nous en discuterons au chapitre 11, vous avez déjà les instruments pour lire une partie de votre propre capital génétique et utiliser cette information pour orienter votre style de vie et choisir vos aliments et compléments alimentaires. Vous pouvez utiliser cette information pour concevoir un protocole personnalisé afin d'éviter les maladies et les états progressivement dégénératifs auxquels vous êtes génétiquement prédisposés.

Blocage ou modification de l'expression des gènes

Bien que vous n'ayez pas encore les moyens de modifier les gènes eux-mêmes, vous commencez à être capable de modifier leur expression. L'expression des gènes est le processus par lequel votre carte génétique est lue et ses instructions exécutées. Chaque cellule de votre organisme possède un ensemble complet de vos gènes. Mais une cellule spécifique, telle qu'une cellule de la peau ou d'un îlot pancréatique, tire ses caractéristiques d'une petite fraction seulement de tout le matériel génétique qu'elle comporte, la partie de l'information génétique en rapport avec le type particulier de cellule[2]. Étant donné qu'il est possible de contrôler ce processus hors du noyau de la cellule, il est plus facile de mettre en œuvre ces stratégies de blocage génétique que d'effectuer des thérapies qui nécessitent un accès à la partie interne du noyau.

L'expression des gènes est contrôlée par des *peptides*, molécules constituées de séquences d'aminoacides et de courts brins d'ARN. Les scientifiques commencent tout juste à comprendre comment s'effectuent ce processus[3]. De nombreuses thérapies nouvelles, actuellement en développement ou en essai, sont fondées sur la manipulation d'un tel processus d'expression des gènes, soit pour *inhiber* l'expression de gènes à l'origine d'une maladie, soit pour *déclencher* l'expression de gènes souhaités qui, par ailleurs, pourraient ne pas être exprimés dans un type particulier de cellules.

Deux thérapies en cours d'évolution pour bloquer ou modifier l'expression des gènes sont la thérapie anti-sens et l'interférence d'ARN. La cible de tels traitements est l'ARN messager (ARNm), transcrit (copié) à partir de l'ADN, puis traduit en protéine. Dans le cas des gènes endommagés ou mutés, les chercheurs sont à la recherche de moyens permettant de bloquer les ARNm créés à partir de ces gènes, de façon telle que ces derniers soient incapables de produire des protéines non désirées. Le processus de réparation fait appel à des séquences d'ARN, vues dans un miroir, appelées ARN anti-sens. Ces dernières se collent à l'ARN codant pour une protéine anormale, ce qui empêche ce dernier d'être exprimé[4].

Dans l'approche de l'interférence d'ARN (ARNi), les chercheurs construisent de courts segments d'ARN à double brin, contenant à la fois les brins « sens » et les brins « anti-sens ». Ils s'apparient, pour les bloquer, à des parties d'ARN transcrit à partir de gènes mutés. Ce blocage de la capacité de segment d'ARN natif à créer des protéines réduit efficacement au silence le gène anormal. Dans des études récentes, utiliser de cette façon les deux brins d'ARN s'est révélé beaucoup plus efficace que de mettre en œuvre le seul brin anti-sens. Dans de nombreuses maladies génétiques, seule une copie d'un gène donné est anormale. Étant donné que vous obtenez deux copies de chaque gène, une venant de chacun des deux parents, cette approche permet au gène sain de fabriquer la protéine nécessaire[5].

Thérapie génique somatique

C'est le saint Graal de la biotechnologie. Cette troisième étape changera efficacement les gènes à l'intérieur du noyau en « infectant » le noyau par un nouvel ADN et en créant en fin de compte de nouveaux gènes. Le concept consistant à changer le capital génétique des humains est souvent associé à l'idée de

« bébés médicaments ». Cependant, la promesse réelle de la thérapie génique est plutôt de changer nos gènes *adultes.* Ces nouveaux gènes peuvent être conçus pour bloquer des gènes à l'origine d'une maladie indésirable ou produire de nouveaux gènes ralentissant ou inversant les processus du vieillissement.

Les études sur l'animal ont commencé dans les années 1970 et 1980, et aujourd'hui toute une série d'animaux « transgéniques » tels que du bétail, des poulets, des lapins et des oursins de mer ont été produits avec succès. L'année 1990 a été marquée par les premières tentatives de thérapie génique humaine. Le problème est toujours de transférer l'ADN thérapeutique dans les cellules cible, de telle façon que ce dernier y soit exprimé en quantité suffisante et au bon moment.

Voyons tout d'abord comment transférer un nouveau matériel génétique. Un virus est souvent le véhicule de choix. Depuis longtemps, les virus ont développé la capacité à délivrer leur matériel génétique aux cellules humaines, ce qui se traduit souvent par une maladie. Actuellement, les chercheurs éliminent du virus les gènes dangereux et insèrent à leur place les gènes thérapeutiques ; le virus infecte alors les cellules humaines avec des gènes bénéfiques. Cette approche est relativement directe, mais les gènes viraux sont souvent trop gros pour pénétrer dans de nombreux types de cellules, telles que celles du cerveau. D'autres limitations de ce processus incluent la longueur de l'ADN susceptible d'être transféré. La localisation précise du nouvel ADN viral intégré dans la séquence d'ADN de la cellule cible a, elle aussi, été difficile à contrôler. De plus, de telles « infections » peuvent déclencher une réponse immunitaire se traduisant par le rejet du nouveau matériel génétique[6].

Ces dernières années, le décès de deux patients participants à des essais de thérapie génique a provoqué un arrêt temporaire des recherches mais depuis ces dernières ont repris. Un patient est mort d'une réponse immunitaire contre le virus vecteur. Le second patient, qui était atteint de la maladie des « enfants-bulle », c'est-à-dire qui était dépourvu de système immunitaire, a développé une leucémie déclenchée par l'insertion incorrecte du gène transféré dans ses cellules. Ce second décès a attiré l'attention sur deux obstacles majeurs à surmonter pour qu'une thérapie génique soit effectuée avec succès : comment positionner correctement le nouveau matériel génétique dans les brins d'ADN du patient ?, et comment contrôler l'expression des gènes ? Une solution possible est de délivrer avec le gène thérapeutique un gène « reporter ». Ce dernier fournit des signaux qui permettent à la thérapie génique d'être étroitement contrôlée. Le processus n'est autorisé à s'effectuer que lorsque l'emplacement du nouveau gène s'est avéré correct[7].

L'injection (la micro-injection) d'ADN dans les cellules est possible, mais d'un prix prohibitif. Des avancées prometteuses ont récemment été faites quant à d'autres moyens de transfert. Par exemple, de petites sphères lipidiques avec une partie interne aqueuse, appelées liposomes, peuvent être utilisées comme cheval de Troie moléculaire pour apporter des gènes à des cellules du cerveau. Cela ouvre la porte au traitement de maladies telles que le Parkinson ou l'épilepsie. Des impulsions électriques peuvent aussi être utilisées pour faire pénétrer dans une cellule toute une série de médicaments tels que des protéines, des ARN ou de l'ADN[8].

Une option consiste à placer l'ADN dans des nanobilles ultrafines (25 nanomètres) en vue d'un impact maximum. Cette approche est déjà en cours d'essai chez des patients présentant une mucoviscidose. Des chercheurs ont publié une étude faisant état d'une « augmentation de 6 000 fois de l'expression d'un gène empaqueté de cette façon, comparativement à l'ADN inclus dans des liposomes ».

La thérapie génique se met en place

Une équipe conduite par un chercheur de l'Université de Glasgow (Écosse), le Dr. Andrew H. Baker, a utilisé avec succès des adénovirus pour éviter le foie et « infecter » des organes spécifiques ou certaines régions au sein d'organes. Par exemple, les chercheurs ont pu diriger la thérapie génique vers les cellules endothéliales qui bordent la partie interne des vaisseaux sanguins. Baker a déclaré que ce travail pourrait « améliorer la sélectivité, l'efficacité et la sécurité de la délivrance de gènes au système cardiovasculaire ».

Une autre approche est en cours d'étude par une équipe dirigée par Craig Venter, le chef de l'entreprise privée ayant réussi à transcrire le génome humain. Elle a déjà démontré la possibilité de créer des virus synthétiques à partir d'une information génétique[23]. Une application essentielle est la conception de virus permettant de délivrer une nouvelle information génétique en vue d'une thérapie génique.

Une autre approche utilise de l'ADN associé à des bulles microscopiques. Des ultrasons sont utilisés pour comprimer les bulles, ce qui les rend alors susceptibles de passer à travers les membranes cellulaires.

Technologie recombinante : parier sur la pharme familiale

Nous utilisons déjà la thérapie génique pour d'autres espèces que la nôtre. En modifiant les gènes des bactéries, des plantes et des animaux, nous pouvons les amener à créer les substances dont nous avons besoin pour combattre les maladies humaines. Les protéines recombinantes obtenues en associant l'ADN venant de nombreux organismes sont maintenant fabriquées par des bactéries. Cette nouvelle biotechnologie est appelée, d'un nom bien choisi, *pharming**. Dans la technologie recombinante, le matériel génétique codant pour la protéine recherchée est inséré dans l'ADN de certaines espèces de bactéries qui travaillent ensuite pour fabriquer cette protéine. Étant donnée la rapidité avec laquelle se multiplient les bactéries, il est facile de créer d'importantes quantités de protéine par ce moyen. L'insuline a été la première molécule synthétisée par la technologie recombinante et les diabétiques insulino-dépendants ne sont alors plus astreints à s'injecter de l'insuline bovine ou porcine. Nombre d'entre eux développaient des réactions allergiques ou fabriquaient des taux élevés d'anticorps contre les protéines étrangères présentes dans les préparations d'insuline extraite du pancréas de bœuf ou de porc. Avec l'insuline humaine recombinante, ce n'est plus un problème.

Les enfants qui manquent d'hormone de croissance (les nains) étaient habitués à faire confiance à des injections d'hGH (*human growth hormone*, hormone de croissance humaine) extraite de l'hypophyse de cadavres humains. Il fallait beaucoup de cadavres pour apporter suffisamment d'hGH à un seul enfant pendant une année. Il existait aussi un risque d'infection. L'hGH recombinante a résolu le problème et a considérablement diminué le prix du traitement. De plus, elle a permis aux adultes souffrant d'un déficit d'hormone de croissance d'être traités, eux aussi.

* Jeu sur l'orthographe et la prononciation des mots *farm* (agriculture) et *pharmaceutical* (pharmaceutique) (NDT).

On a également introduit des gènes de protéines dans des cellules rénales humaines « immortalisées » et ces dernières sont maintenant « pharmées » pour créer des protéines qui se sont avérées utiles dans le traitement de patients ayant souffert d'accidents vasculaires cérébraux, ainsi que dans le traitement de nombreuses autres maladies[9]. Certains patients présentant une affection rénale chronique manquent d'une protéine fabriquée par le rein appelée érythropoïétine. En l'absence d'érythropoïétine une anémie sévère apparaît et des transfusions fréquentes s'avèrent nécessaires. En insérant les gènes codant pour cette protéine dans des cellules de hamster, des laboratoires pharmaceutiques ont été capables de produire des quantités d'érythropoïétine suffisantes pour éviter à de nombreux patients dialysés d'être transfusés.

De nouvelles méthodes impliquant les animaux de ferme traditionnels sont en cours de découverte. La vache produit de grandes quantités de lait et donc l'insertion d'ADN dans les gènes codant pour le lait est une technique précieuse. L'ADN codant pour la protéine de l'œuf est maintenant utilisé afin que les œufs de poules transgéniques (qui contiennent un gène ou des gènes d'une espèce différente insérés artificiellement) contiennent des protéines utiles. Dans un proche avenir, nous aurons des *pharmes* où les gènes des animaux auront été modifiés de telle façon que le lait, les œufs ou même le sperme produiront des protéines recombinantes afin de contribuer au traitement de maladies actuellement non traitables ou traitables seulement de façon partielle, telles que la sclérose en plaques, la maladie de Parkinson, la maladie d'Alzheimer, l'hépatite C ou le SIDA. Les *pharmiers* ne se limiteront pas à l'utilisation d'animaux. Les plantes, en particulier celles qui ont une teneur élevée en protéines, telles que le maïs ou le tabac, peuvent être reprogrammées pour produire des substances précieuses. Au Japon, par exemple, une souche de riz génétiquement modifié contient une protéine qui tuera le virus de l'hépatite B.

Clonage thérapeutique

Une des plus puissantes méthodes pour mettre en œuvre notre propre machinerie vitale afin d'améliorer et d'allonger la vie implique l'exploitation des mécanismes biologiques de reproduction sous forme de clonage. Le clonage est une technologie extrêmement importante, non pas pour le clonage d'êtres humains tout entiers, mais pour l'allongement de la vie. Le clonage thérapeutique crée de nouveaux tissus destinés à remplacer des tissus ou des organes défectueux.

Tous les spécialistes responsables, y compris les auteurs de ce livre, considèrent qu'à l'heure actuelle le clonage humain est contraire aux règles de l'éthique, même si nos raisons ont peu de rapport avec les faux problèmes de la manipulation de la vie humaine. De plus, la technologie actuelle n'est tout simplement pas fiable. Elle implique de fusionner le noyau d'une cellule d'un donneur et un ovocyte récepteur en utilisant une étincelle électrique, ce qui provoque beaucoup d'erreurs génétiques[10].

C'est la raison essentielle pour laquelle, jusqu'à présent, la plupart des fœtus créés de cette façon ne sont pas arrivés à terme. Ceux qui survivent ont des altérations génétiques. La chèvre Dolly a développé un problème d'obésité dans sa période adulte et la plupart des animaux clonés produits jusqu'à présent ont eu d'imprévisibles problèmes de santé. Les chercheurs ont beaucoup d'idées pour perfectionner ce processus ; parmi ces dernières, figure l'utilisation d'autres moyens pour fusionner le noyau et l'ovocyte sans faire appel à une étincelle électrique destructrice. Cependant, tant que l'innocuité de la technologie n'aura pas été démontrée, il sera contraire à l'éthique de créer une vie humaine avec une probabilité aussi élevée de graves problèmes de santé.

Cependant, les applications les plus précieuses de la technologie du clonage concernent non pas le projet de cloner des êtres humains entiers, mais de créer des organes humains tels que le cœur ou le rein. Cette technique utilise les cellules germinales qui se trouvent au stade préfœtal (avant l'implantation du fœtus). Ces dernières se différencient et peuvent ensuite se développer en organes spécifiques. Étant donné que la différenciation s'effectue lors du stade préfœtal, la plupart des spécialistes pensent que ce processus ne soulève pas de problèmes éthiques, bien que cette conception soit très contestée[11].

Une équipe de chercheurs conduite par Woo Suk Hwang et Shin Yong Moon de la *Seoul National University* (Université Nationale de Séoul) en Corée du Sud ont fait un important bond en avant dans le perfectionnement de cette technologie. Dans un article publié dans *Science*, ils ont annoncé qu'ils avaient cloné avec succès une lignée de cellules souches pluripotentes humaines ayant la possibilité de se différencier en n'importe quel type de cellule dont a besoin l'organisme. Leur lignée cellulaire s'est déjà reproduite 70 fois sans incident[12]. Ce résultat prépare la voie à des avancées significatives dans la production de tissus ou d'organes humains sains de remplacement à partir d'une lignée de cellule souche clonée.

Triompher de la mort cellulaire programmée

Le clonage thérapeutique a un lien avec les télomères, ces chapelets d'un code répétitif situés à l'extrémité de chaque brin d'ADN. Ces derniers seraient comme un collier où une « perle » tombe chaque fois qu'une cellule se divise. Cela impose une limite dite de Hayflick au nombre de réplications d'une cellule. Une fois ces perles d'ADN parties, la cellule est programmée pour la mort. Récemment, on a découvert qu'une enzyme appelée télomérase peut accroître le nombre des perles du télomère, dépassant alors la limite de Hayflick. Les cellules de la lignée germinale créent de la télomérase et sont immortelles. Les cellules du cancer produisent elles aussi de la télomérase, ce qui leur permet de se répliquer indéfiniment. L'identification de cette enzyme crée d'importantes occasions de manipuler le processus, soit pour prolonger la longévité des cellules saines, soit pour abréger celle des cellules pathologiques telles que les cellules cancéreuses.

Il est intéressant de méditer sur la remarquable stabilité des cellules immortelles de la lignée germinale qui, sur la Terre, lient toute vie fondée sur des cellules. Les cellules de la lignée germinale échappent à la destruction grâce à l'enzyme télomérase qui reconstruit la chaîne du télomère après chaque division cellulaire. Cette enzyme les rend immortelles. En fait, elles ont survécu depuis l'apparition de la vie sur la Terre, il y a des milliards d'années. Cette découverte ouvre la possibilité de futures thérapies géniques qui rendraient aux cellules leur jeunesse grâce à la télomérase. Des expérimentations animales ont montré que la télomérase pouvait être relativement sans danger, bien que d'autres aient conduit à des taux accrus de cancer.

Le transfert de la télomérase dans les noyaux des cellules pose aussi des problèmes, bien que la technologie de la thérapie génique requise soit en train de faire d'importants progrès. Des chercheurs tels que Michael West, Président directeur général de *Advanced Cell Technology Inc.* (Technologie cellulaire avancée) ont exprimé leur confiance dans de nouvelles techniques qui apporteraient la possibilité de transférer la télomérase dans les noyaux cellulaires tout en évitant le problème du cancer. La thérapie génique par la télomérase représente la promesse de cellules humaines somatiques (n'appartenant pas à la lignée germinale) indéfiniment rajeunies, c'est-à-dire de toutes les cellules humaines.

Devenir plus jeune

Des scientifiques de l'*European Molecular Biology Laboratory* (Laboratoire de Biologie Moléculaire Européen) et de l'Université de Rome ont identifié une protéine appelée mIGF-1 qui oblige les cellules souches venant d'autres parties du corps à migrer rapidement vers des muscles atteints d'une maladie ou lésés. Notre capacité à produire la mIGF-1 diminue avec l'âge, mais ce processus du vieillissement peut être inversé en administrant la protéine. Cela pourrait être une étape clé dans la thérapie par les cellules souches.

Encore plus passionnant est le projet de substituer à des organes et des tissus d'une personne des remplaçants « jeunes » sans faire appel à une intervention chirurgicale. Des cellules clonées dont les télomères ont été multipliés, introduites dans un organe s'intégreront d'elles-mêmes à côté des cellules plus âgées. Grâce à des traitements répétés pendant un certain temps, l'organe finit par être dominé par les cellules plus jeunes. Nous remplaçons normalement nos propres cellules régulièrement. Pourquoi donc ne le ferions-nous pas avec des cellules jeunes dont les télomères sont allongés au lieu de le faire avec des cellules plus âgées dont les télomères ont été raccourcis ? Il n'y a aucune raison pour que nous ne puissions faire cela avec chaque organe ou chaque tissu de notre organisme. Nous deviendrions par conséquent progressivement plus jeunes.

Des progrès dans la formation de nouveaux tissus ou organes à partir de cellules souche se développent rapidement. L'équipe de Robert Langer, au *MIT* (*Massachusetts Institute of Technology*, Institut de technologie du Massachusetts), a développé des versions primitives d'organes humains tels que le foie, le cartilage et le tissu nerveux. Leur technique fait intervenir des cellules en croissance sur des échafaudages de polymères biodégradables spécifiquement conçus, de structure spongieuse, présentant la forme approximative de l'organe désiré. Langer et son équipe écrivent : « Nous voyons ici pour la première fois que les échafaudages de polymère favorisent la prolifération, la différenciation et l'organisation des cellules souches humaines embryonnaires dans une structure 3D. »

Un des problèmes rencontrés dans la croissance de nouveaux organes humains employant cette technique est la création d'un système fonctionnel de nouveaux vaisseaux sanguins. Les chercheurs du *MIT* et ceux de la *Harvard Medical School* (l'École de Médecine de Harvard) ont construit un système vasculaire synthétique fonctionnel en utilisant deux polymères biodégradables assemblés par ordinateur, pour créer des capillaires d'une largeur de 10 microns (millionièmes de mètre), ainsi que des artères et des veines 300 fois plus larges.

La parthénogenèse, ou « naissance à partir d'une vierge », est une approche intéressante qui évite la controverse éthique portant sur l'utilisation de tissus fœtaux tout en apportant, elle aussi, une source importante de cellules souches actuellement en quantités limitées. L'addition de certains produits à des ovocytes humains non fécondés peut les amener à l'état d'embryon qui pourrait alors servir de source pour de nouvelles cellules souches. Ces embryons, appelés parthénotes, ne peuvent jamais devenir des enfants et il ne saurait donc y avoir de problème éthique dans la destruction de tissus qui de toute façon sont destinés à être éliminés. Une autre idée fascinante est, pour une femme, de créer des parthénotes à partir de ses propres ovocytes afin de créer des cellules souche possédant son propre ADN, évitant ainsi le rejet possible de cellules étrangères par son système immunitaire.

Manipulation des cellules somatiques humaines

Cette approche encore plus prometteuse évite la controverse de l'utilisation de cellules souches embryonnaires. Ces technologies émergentes, appelées aussi trans-différenciation, créent de nouveaux tissus possédant le propre ADN du patient en convertissant une cellule d'un type donné (telle qu'une cellule de la peau) directement en une cellule d'un autre type (telle qu'une cellule d'un îlot pancréatique ou une cellule cardiaque) sans utiliser les cellules souches embryonnaires[13]. Il y a des développements récents dans ce domaine. Aux États-Unis et en Norvège des chercheurs ont converti avec succès des cellules de la peau humaine directement en cellules du système immunitaire et en cellules nerveuses[14]. Hématech, compagnie spécialisée dans les biotechnologies, a reprogrammé des fibroblastes en un état primordial à partir duquel ils peuvent être convertis en d'autres types de cellules.

Considérez la question suivante : Quelle différence y a-t-il entre une cellule de la peau et une cellule d'un autre type d'un même organisme ? Après tout, elles possèdent toutes le même ADN. Comme il a été remarqué précédemment, les différences se situent dans les facteurs de signalisation concernant l'expression des protéines. Ces derniers incluent un court fragment d'ADN et des peptides que nous commençons maintenant à comprendre. En manipulant ces protéines, nous pouvons transformer un type de cellule en un autre.

Perfectionner cette technologie désamorcerait un problème éthique et politique controversé, mais offrirait aussi une solution idéale d'un point de vue scientifique. Si vous aviez besoin de cellules pour un îlot pancréatique ou du tissu rénal, ou même pour un nouveau cœur entier, afin d'éviter les réactions auto-immunes, vous préféreriez les produire à partir de votre propre ADN, et non pas à partir de l'ADN des cellules de la lignée germinale de quelqu'un d'autre. Et cette approche utilise votre propre stock de cellules de la peau et non pas celui de vos cellules souches rares et précieuses.

Ce procédé permettrait à un organe de se développer directement avec votre capital génétique et ce nouvel organe pourrait avoir des télomères aussi longs que ceux de sa jeunesse, ce qui le rajeunirait[15]. Cela signifie qu'un homme de 80 ans pourrait voir son cœur remplacé par le même cœur que celui qu'il avait, disons à 25 ans.

Le gène maître qui permet aux cellules souche de rester jeunes et pluripotentes (capables de se différencier en pratiquement n'importe quel type d'autres cellules) a été découvert et dénommé *nanog* par une équipe de l'*Institute for Stem Cell Research* (Institut de Recherche sur les Cellules Souches) à Édimbourg, en Écosse. « Nanog semble être un gène maître qui fait que les cellules souche embryonnaires se développent au laboratoire » dit Ian Chambers, un des chercheurs de l'équipe. « En effet, ce [gène] rend les cellules souches immortelles. » Cette découverte est un grand pas dans la compréhension de la façon dont n'importe quelle cellule, une cellule de la peau par exemple, peut devenir une cellule pluripotente qui se transformera ensuite en n'importe quel autre type de cellule.

Inverser le vieillissement humain

Notre compréhension des principales composantes du vieillissement humain progresse rapidement. Des stratégies ont été identifiées pour arrêter et inverser chacun des processus du vieillissement. L'avocat peut être le plus énergique et le plus efficace pour l'arrêt du processus du vieillissement est Aubrey de Grey, un chercheur du Département de génétique de l'Université de Cambridge. De Grey présente son objectif comme « la création d'une sénescence négligeable », nous empêchant de devenir plus fragiles et plus sensibles aux maladies lorsque nous prenons de l'âge[16].

Selon de Grey, « L'ensemble des connaissances nécessaires pour développer la création d'une sénescence négligeable est déjà en notre possession ; ces connaissances ont simplement besoin d'être assemblées. » Il croit que nous produirons dans les 10 années à venir des souris « fortement rajeunies », souris qui seront fonctionnellement plus jeunes qu'avant le traitement, avec un allongement de la vie pour le prouver ; il attire l'attention sur le fait que cette démonstration aura un effet considérable sur l'opinion publique. Montrer que nous pourrons inverser le processus du vieillissement chez un animal qui partage 99 % de nos gènes transformera profondément la croyance commune selon laquelle le vieillissement et la mort sont inévitables. Une fois démontré chez un animal, un vigoureux rajeunissement chez l'homme prendra probablement 5 à 10 ans de plus, mais le devenir des souris rajeunies créera une énorme pression compétitive pour traduire ces résultats en thérapie humaine.

Au début de l'évolution de notre espèce (et de celles qui l'ont précédé), la survie n'était pas favorisée ; en fait, elle aurait été mise à mal par des individus vivant longtemps après leurs années de reproduction. En conséquence, les gènes en faveur d'un allongement de la vie ont été éliminés. Dans notre ère moderne d'abondance, toutes les générations peuvent contribuer à l'expansion en cours de la connaissance humaine. « Notre espérance de vie sera de l'ordre de 5 000 ans d'ici l'année 2100 », dit de Grey. En suivant les trois ponts décrits dans ce livre, vous devriez être capable d'atteindre l'année 2100, puis, selon de Grey, de prolonger indéfiniment votre longévité.

De Grey décrit sept processus clé du vieillissement qui, actuellement, favorisent la sénescence et il a identifié des stratégies pour inverser chacun d'eux. Nous en présentons ici quatre.

Mutations et « épimutations » chromosomiques (nucléaires)[17]

Presque tout notre ADN est dans nos chromosomes, dans le noyau de la cellule (le reste étant dans les mitochondries, nous y viendrons dans un moment.) Avec le temps, des mutations apparaissent, c'est-à-dire que la séquence de l'ADN est endommagée. De plus, les cellules accumulent des changements concernant l'information épigénétique qui détermine quels gènes seront exprimés dans les différentes cellules. Ces changements posent aussi des problèmes parce qu'ils forcent les cellules à se comporter de façon inappropriée quant aux tissus où elles se trouvent. La plupart d'entre eux (ou des changements de même type) sont inoffensifs ou ne conduisent qu'à la mort de la cellule qui est remplacée par la division d'une cellule voisine. Ceux qui posent problème sont essentiellement ceux qui se traduisent par un cancer. Cela signifie que si nous voulons traiter le cancer, les mutations nucléaires et les épimutations doivent être anodines. La stratégie proposée par de Grey pour le traitement du cancer est préventive ; elle met en œuvre l'utilisation de la thérapie génique pour éliminer de toutes nos cellules les gènes que les cancers doivent mettre en œuvre pour maintenir leurs télomères lorsqu'ils se divisent. Cela n'empêchera pas les cancers d'être initiés par des mutations mais cela les fera s'éteindre avant qu'ils ne se soient suffisamment disséminés pour nous tuer. Des stratégies de délétion des gènes sont déjà disponibles et en cours de perfectionnement rapide.

Cellules toxiques

Parfois, les cellules parviennent à un état qui n'est pas cancéreux mais tel qu'il serait préférable pour l'organisme qu'elles meurent. La sénescence des cellules en est un exemple, et l'excès de cellules adipeuses en est un autre. Dans ces cas, il nous faut tuer ces cellules (ce qui est habituellement plus facile que de les ramener à l'état sain). Des méthodes sont en cours de développement pour adresser des « gènes suicide » à de telles cellules et aussi pour faire en sorte que le système immunitaire les tue.

Bloquer l'enzyme télomérase est l'une des nombreuses stratégies suivies pour lutter contre le cancer. Réaliser cela empêcherait les cellules cancéreuses de se répliquer au-delà d'un certain nombre de fois et annihilerait effectivement la capacité du cancer à se disséminer. De nombreuses autres stratégies sont suivies activement pour vaincre le cancer. Les vaccins contre le cancer conçus pour inciter le système immunitaire à attaquer les cellules cancéreuses sont particulièrement prometteurs. Ils pourraient être utilisés comme traitement de première intention pour prévenir le cancer, ou encore pour éliminer les cellules cancéreuses à la suite d'autres traitements[18]. Nous discuterons les stratégies du Pont Deux contre le cancer avec plus de détail dans le chapitre 16, « La prévention et la détection précoce du cancer ».

Mutations mitochondriales

Un autre processus du vieillissement identifié par de Grey est l'accumulation de mutations dans les 13 gènes des mitochondries où se crée l'énergie nécessaire à la cellule[19]. Les gènes mitochondriaux subissent plus de mutations que ceux du noyau et ils sont essentiels au fonctionnement efficace de nos cellules. Lorsque nous maîtriserons la thérapie génique somatique, nous pourrons introduire de nombreuses copies de ces 13 gènes dans la relative sécurité du noyau des cellules, apportant ainsi une redondance (copies de réserve) pour cette information génétique vitale. Le mécanisme existe déjà dans les cellules pour les protéines codées par le noyau qui doivent être importées dans les mitochondries et il n'est donc pas nécessaire que ces protéines soient produites dans les mitochondries elles-mêmes. En fait, la plupart des protéines nécessaires à la fonction mitochondriale sont déjà codées par l'ADN nucléaire. À ce jour, des recherches fructueuses de transfert des gènes mitochondriaux dans le noyau de cellules en culture ont déjà été réalisées.

Perte de cellules et atrophie

Les tissus de notre organisme ont les moyens de remplacer les cellules épuisées mais, selon de Grey, au niveau de certains organes, cette capacité est limitée. Par exemple, lorsqu'il vieillit, le cœur est incapable de remplacer les cellules aussi rapidement qu'il serait nécessaire et donc il compense en augmentant le volume des cellules survivantes grâce à du matériel fibreux. Avec le temps, il en résulte que le cœur devient moins souple et moins réactif. Une stratégie essentielle est ici de développer un clonage thérapeutique de nos propres cellules, comme il a été décrit page 28.

Les résultats du projet « génome humain » indiquent que pas plus de quelques centaines de gènes sont impliquées dans le processus du vieillissement. En manipulant ces gènes, un allongement radical de la vie a déjà été réalisé chez les animaux les plus simples. Par exemple, en modifiant les gènes du ver *Caenorhabditis elegans* qui contrôlent l'insuline et modifient le taux des hormones sexuelles, la durée de vie de ces animaux a été augmentée six fois, ce qui équivaut à une durée de vie de 500 ans pour l'homme. Au fur et à mesure que nous acquérerons la capacité de comprendre et de reprogrammer l'expression des gènes, la reprogrammation du processus du vieillissement de l'Homme deviendra de plus en plus accessible. L'idée selon laquelle le vieillissement et la mort sont inévitables est profondément enracinée, mais cette conception ancestrale changera progressivement lorsque les thérapies géniques auront été couronnées de succès au cours des deux prochaines décennies.

Pont trois : nanotechnologie et intelligence artificielle

Au fur et à mesure que nous « ferons de l'ingénierie inverse » (c'est-à-dire que nous comprendrons les principes de fonctionnement en les remontant) avec notre biologie, nous appliquerons notre technologie pour développer et repenser notre corps et notre cerveau afin d'augmenter radicalement notre longévité, améliorer notre santé et accroître notre intelligence et notre expérience. L'essentiel de ce développement technologique résultera des recherches en nanotechnologie, terme originellement créé par K. Eric Drexler dans les années 1970 pour décrire l'étude d'objets dont les plus petites caractéristiques sont inférieures à 100 nanomètres (milliardièmes de mètre). Un nanomètre est, en gros, égal au diamètre de cinq atomes de carbone.

Robert A. Freitas Jr., un théoricien de la nanotechnologie, écrit :

> « La connaissance totale de la structure moléculaire humaine si péniblement acquise au cours du XXe siècle et au début du XXIe siècle sera utilisée dans le XXIe siècle pour concevoir des machines microscopiques médicalement actives. Ces dernières, bien plus que d'être destinées essentiellement à des voyages de découverte pure, seront en fait le plus souvent envoyées en mission d'inspection, de réparation et de reconstruction des cellules. »[20]

Freitas attire l'attention sur le fait que si « l'idée de placer des millions de nanorobots autonomes (robots de la taille d'une cellule sanguine construits molécule par molécule) dans le corps de quelqu'un pourrait sembler étrange, voire inquiétante, le fait est qu'un très grand nombre de nanomachines mobiles fourmillent déjà dans l'organisme ».

Une panoplie de traitements émergents

Une grande variété de stratégies biotechnologiques hybrides est en train d'apparaître. Considérez ces quelques recherches en cours :

• Les chimistes du *Scripps Research Institute* (Institut de Recherche Scripp) ont identifié une molécule qu'ils appellent réversine ; elle semble reprogrammer les cellules vieillissantes pour en faire de plus jeunes. Ce pourrait être une alternative au traitement par les cellules souches pour régénérer les cellules et les tissus qui ont besoin d'être remplacés.

• Des chercheurs ont décrit une méthode pour créer des cellules souches déshydratées qui peuvent être régénérées simplement en ajoutant de l'eau ; ce procédé apporte des cellules dont la conservation est indéfinie et qui peuvent être utilisées pour recréer des tissus tels que l'os, le sang ou d'autres organes.

• Un des problèmes majeurs de la médecine est d'apporter des nutriments, des compléments et des médicaments dans la circulation sanguine sans avoir à passer par le tractus gastro-intestinal, ce qui interfère souvent de façon importante avec l'efficacité des médicaments (et peut aussi provoquer des troubles digestifs). De nombreux médicaments, tels que l'insuline, l'hormone de croissance humaine et l'ADN thérapeutique, doivent être introduits au moyen d'injections journalières douloureuses, ce qui affecte considérablement la qualité de vie des patients. Des chercheurs de la *Johns Hopkins University* (Université Johns Hopkins) ont développé des sphères en polymères qui entourent de petites doses de médicament et peuvent être inhalées. Le polymère se dissout dans les poumons, ce qui libère la charge thérapeutique à un rythme correct. Tous les matériaux utilisés sont déjà approuvés par la FDA* (*Food and Drug Administration*), et il est donc probable que le processus d'acceptation de cette application sera simplifié. Enfin, nous aurons les moyens d'envoyer facilement des doses optimales de tous les nutriments directement dans le flux sanguin, sans avoir recours à des pilules ou à des injections.

• Le génome humain fixé sur une puce à ADN est maintenant disponible. Une puce génique intégrée permet aux chercheurs de déterminer exactement quels sont les gènes exprimés dans un organe malade, comparativement à un organe sain, ce qui va grandement accélérer la découverte de médicaments et la prédiction des effets de ces derniers.

* Équivalent de l'Afssaps (Agence française de sécurité sanitaire des produits de santé (NdT).

• Nous sommes dans les premières étapes de la création d'une biologie simulée, et nous serons capables de découvrir et de tester des médicaments et d'autres traitements *in silico* (sur des « puces »). Il existe déjà des systèmes qui peuvent reproduire des organes tels que le cœur, en utilisant des simulations cellule par cellule. La *Defense Advanced Research Projects Agency* (DARPA, Agence des projets de recherche avancés pour la défense) développe un programme qui apportera une armée de sujets virtuels pour tester automatiquement des médicaments, des procédés et même des armes. Le but est de simuler certains aspects du corps humain en y incorporant toute l'information génétique et protéomique (expression des protéines) au niveau moléculaire. Un des objectifs de la DARPA est de placer une version digitale du corps complet de chaque soldat sur une « dog tag* ». Si ce soldat avait besoin d'un traitement d'urgence, les « toubibs » accéderaient au programme virtuel du soldat porté sur sa plaque d'identité pour prendre immédiatement les décisions susceptibles de lui sauver la vie. Howard Asher, directeur des sciences globales de la vie pour *Sun Microsystems*, déclare : « Nous croyons que dans 10 ans nous pourrons nous passer de toutes les études animales, nous pourrons éliminer la phase un et la phase deux des études cliniques et donc, grâce à l'ordinateur, nous pourrons modéliser un médicament ou un agent thérapeutique dans l'ordinateur en regard des renseignements génomiques. »

La biologie elle-même apporte la preuve que la nanotechnologie est réalisable. Rita Colwell, directrice de *la National Science Foundation* (Fondation Nationale pour les Sciences) a dit que « La vie est une nanotechnologie qui a réussi. » Les macrophages (cellules blanches du sang) et les ribosomes (« machines » moléculaires qui créent des chapelets d'aminoacides selon l'information contenue dans les brins d'ARN) sont essentiellement des nanorobots conçus au cours de la sélection naturelle. Lorsque nous fabriquerons nos propres nanorobots pour réparer et élargir notre biologie, nous ne serons pas limités par la boîte à outils de la biologie. La biologie utilise un groupe limité de protéines pour toutes ses créations, alors que nous pouvons créer des structures considérablement plus fortes, plus larges et plus complexes.

* Plaque d'identité métallique portée par tous les soldats américains (NdT).

Une application, dont nous discuterons de façon plus approfondie au chapitre 7 consacré à la digestion, est la dissociation du plaisir de manger de son objectif biologique qui est d'obtenir une nutrition optimale. Des milliards de petits nanorobots du tractus digestif et de la circulation sanguine pourraient extraire intelligemment les nutriments dont nous avons précisément besoin, commander des nutriments additionnels et des suppléments par l'intermédiaire du réseau local sans fil de notre propre organisme (nanorobots communiquant les uns avec les autres) et éliminer le reste des aliments que nous avons consommé.

BioMEMS

Si cela semble particulièrement futuriste, gardez présent à l'esprit que des machines intelligentes sont déjà injectées aujourd'hui dans notre circulation sanguine. Actuellement, des dizaines de projets créent des systèmes microélectroniques mécaniques biologiques (bioMEMS, de *biological microelectromechanical systems*) localisés dans la circulation sanguine avec toute une série d'applications diagnostiques ou thérapeutiques[21]. Quatre grandes conférences ont déjà été consacrées à ces projets. Les machines bioMEMS sont conçues pour éliminer intelligemment les agents pathogènes et dispenser des médicaments de façon précise.

Par exemple, des machines nanostructurées transportées par le sang, susceptibles de délivrer des hormones telles que l'insuline, ont été testées chez des animaux[22]. Des systèmes semblables pourraient délivrer la dopamine de façon précise au cerveau des patients atteints de la maladie de Parkinson, les facteurs de la coagulation sanguine aux malades atteints d'hémophilie et les médicaments anticancéreux directement dans les sites tumoraux. Une nouvelle machine comporte plus de 20 réservoirs séparés susceptibles de libérer dans l'organisme des substances différentes à des temps et des localisations programmés[23].

Kensall Wise, professeur d'ingénierie électrique à l'Université du Michigan, a développé une petite sonde neurale qui donne un contrôle précis de l'activité électrique chez des patients atteints de maladies du système nerveux. De futures machines sont attendues pour délivrer des médicaments au niveau de localisations précises du cerveau. Kazushi Ishiyama, à l'Université Tohoku au Japon, a développé des micromachines qui utilisent des rouets pour délivrer des médicaments directement dans des petites tumeurs cancéreuses[24]. Une machine particulièrement innovante développée par les Sandia National Labs comporte de véritables microdents sur une mâchoire qui s'ouvre et se ferme pour attraper individuellement les cellules puis leur implanter des substances telles que de l'ADN, des protéines ou des médicaments.

Des structures complexes au niveau moléculaire ont déjà été construites. Dans certains cas, les modules de construction sont empruntés à la nature. En fait, copier ou manipuler des molécules trouvées dans la nature en vue d'accomplir des tâches spécifiques est une pierre angulaire de la recherche nanotechnologique actuelle. L'ADN s'est révélé être un outil structural utile parce que les brins déroulés peuvent être organisés en structures telles que des cubes, des octaèdres et même des objets plus compliqués. Une équipe de l'Université Cornell a utilisé une partie d'une enzyme naturelle, l'ATPase, pour construire un moteur à l'échelle nanométrique. Une autre équipe d'un institut du CNRS à Strasbourg a utilisé avec succès des nanotubes de carbone pour délivrer un peptide dans le noyau des fibroblastes. De nombreuses approches sont en cours de développement pour créer des machines à l'échelle micrométrique ou nanométrique en vue d'effectuer une grande variété de tâches dans l'organisme et dans la circulation sanguine.

Sang programmable

Notre sang est un système dont les effets se font ressentir partout ; il a déjà été largement repensé. Au chapitre 15, « Quelle est la cause réelle des maladies cardiaques et comment les prévenir ?», nous discuterons de plusieurs projets remarquables de Freitas pour le remplacement des globules rouges, des globules blancs et des plaquettes de notre sang par des robots. Des analyses détaillées de ces projets démontrent que ces petits robots pourraient être des centaines ou des milliers de fois plus efficaces que leurs contreparties naturelles.

Nanoénergie

Le développement de sources d'énergie pour ces petites machines a déjà beaucoup retenu l'attention. La technologie des MEMS (*microelectromechanical systems,* systèmes microélectroniques mécaniques) est en cours d'élaboration. Elle créera des cellules à hydrogène microscopiques susceptibles d'apporter l'énergie aux systèmes électroniques portables et, en dernière limite, aux nanorobots que nous introduirons dans l'organisme humain. Une stratégie consiste à utiliser les mêmes sources, le glucose et l'ATP, que celles qui apportent l'énergie à nos nanorobots naturels, tels que les macrophages, type de cellules blanches conçues pour détruire les bactéries et les virus pathogènes. Une équipe de recherche japonaise a développé un bionanogénérateur qui crée de l'énergie à partir du glucose dans le sang. Une autre équipe à l'Université du Texas à Austin a développé une cellule énergétique qui utilise le glucose et l'oxygène du sang humain.

Contrôle continu

Des capteurs constitués de nanofils de silicone ont montré qu'il était possible de détecter des maladies presque instantanément. En utilisant un fluide corporel, tel que l'urine, la salive ou le sang, des maladies, y compris le cancer, peuvent être détectées à un stade très précoce. Selon le directeur de l'étude, Charles M. Lieber, professeur de chimie à l'Université Harvard, cette technologie vous permettra de « donner une goutte de sang venant d'une piqûre au bout du doigt et, en quelques minutes, de découvrir que vous avez un virus particulier ou une maladie génétique, ou encore que vous êtes à risque pour diverses maladies ou interactions médicamenteuses ». Cette approche peut aussi être utilisée pour la détection des menaces du bioterrorisme.

D'ici quelques années, nous aurons les moyens de contrôler continûment l'état de notre organisme afin d'adapter nos programmes de santé ou de donner un avertissement précoce concernant des urgences telles que l'infarctus du myocarde. Les auteurs sont en train de travailler sur ce type de système avec la compagnie biomédicale *United Therapeutics*, en utilisant des capteurs miniaturisés, des ordinateurs et des systèmes de communication sans fil. Les chercheurs de l'Université d'Édimbourg développent actuellement des nano-ordinateurs « spray-on » pour contrôler la santé. Leur objectif est d'élaborer un appareil de la taille d'un grain de sable qui associe un ordinateur, un système de communication sans fil et des capteurs pour la température, la pression, la lumière, les champs magnétiques et les courants électriques. Par ailleurs, une équipe de recherche conduite par Garth Ehrlich de l'*Allegheny Singer Research Institute* (Institut de Recherche Allegheny Singer) à Pittsburg est en train de développer des robots capteurs fondés sur des MEMS susceptibles d'être implantés à l'intérieur du corps pour détecter une infection, identifier l'agent pathogène puis dispenser l'antibiotique approprié à partir de compartiments internes à la machine.

Exploiter la chaleur du Soleil

Des expérimentations conduites par une équipe de Harvard dirigée par le physicien Eric Mazur ont montré qu'il était possible d'utiliser le faisceau d'un laser étroitement focalisé pour effectuer des interventions chirurgicales à partir de l'extérieur du patient, y compris la destruction de petites structures à l'intérieur des cellules sans affecter ces dernières par ailleurs. « C'est un type de scénario à la James Bond, au niveau microscopique » selon un participant au projet, le biologiste cellulaire de Harvard, Donald Ingber. « Cela crée la chaleur du Soleil, mais seulement pendant quelques quintillionièmes (10^{-18}) de seconde et dans un espace très réduit. » L'équipe avait déjà démontré la possibilité d'effectuer de la nanochirurgie au laser à partir de l'extérieur d'un animal et avait manipulé avec succès le sens de l'odorat chez le ver *Caenorhabditis elegans.*

Une application envisagée est la prévention des infections bactériennes, cause majeure d'échec de la prothèse de hanche. Ehrlich attire l'attention sur le fait qu'aujourd'hui, « le seul recours pour de tels patients est le retrait de l'implant, ce qui se traduit par un traumatisme, une perte osseuse supplémentaire, une destruction étendue des tissus mous, des mois de repos forcé au lit avec des antibiotiques intraveineux et une importante diminution de la qualité de la vie due à une perte totale de la mobilité ».

Nanochirurgie

Les nanorobots seront de grands chirurgiens. Des équipes de millions de nanorobots seront capables de restructurer les os et les muscles, de détruire cellule après cellule les excroissances non désirées telles que les tumeurs et de nettoyer les artères tout en les restructurant à partir des tissus sains. Les nanorobots seront des milliers de fois plus précis que les instruments chirurgicaux les plus fins utilisés aujourd'hui, ne laisseront pas de cicatrices et pourront apporter un suivi continu après certaines interventions chirurgicales. Les nanorobots chirurgiens pourraient même effectuer des interventions chirurgicales sur des structures situées au sein des cellules, par exemple la réparation de l'ADN à l'intérieur du noyau. Les nanorobots auront besoin d'une intelligence « distribuée ». Comme des fourmis dans une fourmilière, leurs actions devront nécessairement être parfaitement coordonnées et la colonie entière des nanorobots devra faire preuve d'une intelligence souple. Des systèmes distribués possédant une coordination intelligente sont un des objectifs clé de la recherche en intelligence artificielle, grâce au développement d'ordinateurs tentant d'égaler l'intelligence humaine.

Un des projets les plus avancés de Freitas est un robot pour réparer l'ADN. Des milliards ou même des billions de tels robots peuvent pénétrer à l'intérieur de toutes nos cellules et effectuer des réparations ou encore des améliorations de l'ADN des gènes. Freitas attire l'attention sur le fait qu'il pourrait être plus efficace de remplacer tout l'ADN d'un gène par une nouvelle copie corrigée plutôt que de tenter d'effectuer le changement de certains nucléotides.

Ici, une idée originale apparaît : remplacer l'ensemble de la machinerie génétique (le noyau cellulaire, les ribosomes et les structures apparentées) par un petit robot informatisé. L'ordinateur posséderait le code génétique qui n'est que de 800 méga-octets environ, ou encore 30 méga-octets environ si on utilise la compression des données. Le système informatisé remplaçant le noyau effectuerait alors la fonction des ribosomes en assemblant directement des chapelets d'aminoacides selon l'information génétique informatisée. Ces ordinateurs, mis en réseau local sans fil, permettraient donc de télécharger rapidement des améliorations du code génétique à partir d'Internet. Il ne serait pas nécessaire que l'ordinateur remplaçant chaque noyau cellulaire ait une copie complète du code génétique, étant donné que les ordinateurs seraient capables de partager leur information. Un avantage majeur de cette approche est que des processus de réplication indésirables, par exemple ceux de virus pathologiques ou de cellules cancéreuses, pourraient être rapidement interrompus.

Cellules intelligentes

Selon un scénario hybride impliquant la biotechnologie et la nanotechnologie, on envisage de transformer les cellules biologiques en ordinateurs. Ces cellules à « intelligence accrue » pourraient ensuite détecter et détruire les cellules cancéreuses et les agents pathogènes, ou même reconstruire certaines parties du corps humain telles que des organes ou des membres. Le biochimiste Ron Weiss, de Princeton, a modifié des cellules pour y incorporer une série de fonctions logiques utilisées dans les ordinateurs de base. Timothy Gardner, de l'Université de Boston, a développé un commutateur cellulaire logique, autre module de base pour transformer les cellules en ordinateurs. Et des scientifiques du *Media Lab* du *MIT* ont développé des moyens permettant d'utiliser une communication sans fil pour envoyer des messages, y compris des séquences complexes d'instructions, à des ordinateurs situés à l'intérieur de cellules modifiées. En attachant des cristaux d'or contenant moins de 100 atomes à de l'ADN, ils ont pu utiliser l'or comme antenne et obligé sélectivement l'ADN double brin à se désenrouler sans affecter les molécules voisines. La technique pourrait en fin de compte être utilisée pour contrôler l'expression des gènes au moyen d'une télécommande. Weiss attire l'attention sur le fait « qu'une fois que vous avez la capacité de programmer les cellules, vous ne devez plus être limité par ce que les cellules savent déjà faire. Vous pouvez les programmer pour qu'elles fassent de nouvelles choses selon de nouveaux schémas ».

Nous réalisons également des progrès exponentiels dans la compréhension des principes du fonctionnement du cerveau humain. Nos outils pour scruter l'intérieur du cerveau sont de moins en moins coûteux et leur capacité à voir de petites structures et de grands événements s'accélère. Une génération émergente d'outils pour scanner le cerveau est en train d'apporter les moyens de contrôler pour la première fois les connexions entre des neurones isolés en temps réel dans des ensembles de dizaines de milliers de neurones. Nous avons déjà des modèles détaillés et des simulations de plusieurs douzaines de régions du cerveau humain, et nous croyons que c'est une projection modeste qui permet d'anticiper l'ensemble de l'ingénierie inverse des centaines de régions du cerveau au cours des deux prochaines décennies. Ce développement nous apportera des informations clé sur la façon dont le cerveau humain effectue ses reconnaissances et ses fonctions cognitives. Ces informations, à leur tour, accéléreront considérablement le développement de l'intelligence artificielle dans des systèmes non biologiques tels que les nanorobots. Avec intelligence, les nanorobots qui se déplaceront dans notre circulation sanguine, les organes de notre corps et notre cerveau seront capables de surmonter pratiquement tous les obstacles afin de nous garder en bonne santé. Enfin, nous fusionnerons notre pensée biologique et l'intelligence artificielle avancée pour étendre considérablement notre capacité de penser, de créer et d'expérimenter.

3
Nos voyages personnels

« Combattre une maladie après qu'elle se soit déclarée est comme essayer de creuser un puits lorsque l'on est assoiffé ou forger une arme une fois que la guerre a éclaté. »

THE YELLOW EMPEROR'S CLASSIC OF INTERNAL MEDICINE
(TRAITÉ DE MÉDECINE CHINOISE)

Avant que nous nous embarquions ensemble pour notre « Fantastique voyage » qui commence au chapitre suivant, nous voudrions vous livrer un peu de notre propre histoire. Dans ce chapitre, nous expliquons comment chacun de nous est parvenu au point où partager ces informations sur la santé est devenu une priorité et comment nous en sommes venus à nous croiser et à écrire ce livre.

Ray

Mon histoire commence dans les faubourgs de Vienne, en Autriche, en 1924, avec la mort de mon grand-père paternel à la suite d'un infarctus du myocarde alors que mon père avait 12 ans. Mon père continua à s'adonner à ses deux passions : le scoutisme et la musique. En 1938, son talent musical attira l'attention d'un mécène américain qui l'aida à s'échapper de l'Europe hitlérienne. Cela lui permit d'émigrer aux États-Unis où il se fit une réputation nationale de brillant pianiste concertiste, de chef d'orchestre et de professeur de musique.

Je suis venu au monde en 1948 et j'ai eu la chance d'étudier la musique avec mon père dès l'âge de 6 ans. Lorsque j'avais 15 ans, mon père a eut une maladie cardiaque. C'était le genre d'homme qui, lorsqu'il rencontrait des idées (alors nouvelles) concernant la santé, par exemple la suppression du sel, les adoptait immédiatement sans hésitation. Malheureusement, dans les années 1960, nous n'avions que très peu d'informations sur les maladies cardiaques et mon père mourut d'un infarctus du myocarde en 1970 à l'âge de 58 ans. J'avais alors 22 ans.

Je suis demeuré douloureusement conscient de cet héritage concernant la santé de notre famille, qui planait au-dessus de moi comme un nuage. À l'âge de 35 ans, on m'a diagnostiqué un diabète de type 2. On m'a prescrit un traitement conventionnel par l'insuline, mais cela n'a fait qu'aggraver les choses en provoquant un gain substantiel de poids, ce qui s'est alors traduit par un besoin apparent de plus d'insuline. Comme cela est habituel chez les personnes qui présentent un diabète de type 2, j'avais déjà un taux élevé d'insuline et en fait, ce traitement était une très mauvaise idée.

Ici, une digression s'impose. Depuis l'âge de 8 ans, je suis un admirateur passionné de Tom Swift Jr. et j'ai lu tous les livres disponibles de cette série populaire. Dans chaque volume, Tom Swift et ses amis se mettaient dans un terrible pétrin (et habituellement, le reste du monde avec eux). Tom se retirait dans son laboratoire pour réfléchir à la façon dont il pourrait surmonter ce problème apparemment insoluble. Invariablement, il revenait avec une idée intelligente et ingénieuse qui sauvait la situation. La morale de ces contes était simple : il n'y a pas de problème si grave qu'on ne puisse en venir à bout grâce à une pensée humaine créatrice. Ce paradigme simple a inspiré tous mes efforts ultérieurs.

Ainsi, à l'image de Tom Swift, j'ai décidé de prendre mes affaires en main et j'ai abordé le problème du diabète à partir des vues de la littérature scientifique disponible. J'ai tenté d'entraîner mon médecin dans une discussion sur les problèmes posés, mais avec un succès limité. Alors qu'il me parlait, de toute évidence, il ne me manifestait que peu d'intérêt et, il faut en convenir, ma demande était inhabituelle. Finalement, exaspéré par mes questions insistantes, il me dit : « Écoutez, je n'ai vraiment pas de temps pour cela ; j'ai des patients qui sont en train de mourir et je dois me rendre auprès d'eux. »

Peu sensible à cet appel à mon sens de la culpabilité, je ne pouvais m'empêcher de me demander si ces patients mourants n'auraient pas pu bénéficier d'examens précoces susceptibles d'empêcher leur maladie. J'ai décidé de changer de médecin et, heureusement, j'en ai trouvé un, le Docteur Steve Flier ; il avait un esprit ouvert et, étant donné qu'il venait tout juste se s'installer, il disposait d'un peu de temps. Mon examen personnel, aidé par mes discussions avec Steve, me conduisit à un ensemble d'idées sur ma santé qui m'ont permis de supprimer l'insuline et de contrôler mon diabète simplement en adaptant mon régime alimentaire, en pratiquant des activités physiques et en gérant mon stress. J'ai perdu plus de 20 kilos et je ne m'étais jamais senti mieux. J'ai continué à exprimer ces idées dans *The 10% Solution for a Healthy Live* (Crown Books) en 1993, qui est devenu un best-seller.

Les idées exprimées dans ce livre m'ont maintenu en bonne santé et sans traitement de mon diabète pendant la décennie suivante. C'est alors qu'en 1999, lors d'une conférence organisée par le *Foresight Institute* sur le futurisme, j'ai rencontré un compagnon de voyage, brillant et à l'esprit ouvert, Terry Grossman, Docteur en Médecine. Terry et moi avons engagé la conversation et nous nous sommes découverts toute une série d'intérêts communs, particulièrement en ce qui concernait la santé et l'allongement de la vie. Notre entretien a évolué rapidement vers une étroite amitié et une intense collaboration sur toute une série de problèmes de santé, y compris quelques problèmes futuristes ; cette amitié et cette collaboration ont perduré et elles se sont même développées jusqu'à ce jour. J'ai beaucoup appris de Terry et j'espère qu'en retour, j'ai apporté ma contribution à notre partenariat par des idées et des conceptions.

Nos relations ont été un voyage d'exploration et de découverte exceptionnellement fructueux sur le plan intellectuel. En premier lieu, j'ai été fasciné par les problèmes scientifiques qui sont à la base de la santé humaine, particulièrement maintenant que nous commençons à comprendre les voies génétiques et métaboliques dans le langage des sciences de l'information. Pour quelqu'un qui se passionne pour le XXIe siècle et toutes les merveilles qu'il promet d'apporter, j'apprécie particulièrement les potentialités de cette connaissance qui nous permettra de vivre réellement pour voir le remarquable siècle à venir (et pour nous en réjouir !).

Ce livre présente les résultats de notre collaboration qui s'est édifiée sur chacune de nos décennies d'étude des problèmes de la santé. Comme tout travail en cours, il sera toujours incomplet. Mes propres recherches sur les tendances technologiques indique que la connaissance humaine s'accroît exponentiellement et que la vitesse du progrès s'accélère. Cette conception n'est nulle part plus évidente que dans le domaine de la santé. Il apparaît que Terry et moi découvrons chaque semaine au moins une nouvelle conception fascinante concernant la santé (nous en sommes peut-être maintenant à une tous les six jours !). Ainsi, nombre de nos idées ont évolué significativement au cours de la période de deux années nécessaire à la réalisation de ce livre.

Je continue à consacrer une part importante de mon énergie intellectuelle et physique au maintien de ma santé personnelle et à l'avancée de mes conceptions sur la santé en général. Dans cet effort, tout comme dans ma carrière de chercheur en reconnaissance des formes et inventeur, je suis à même d'utiliser la même méthode scientifique et les mêmes connaissances en science de l'information, et je trouve le sujet aussi satisfaisant intellectuellement.

Chemin faisant, j'ai rencontré deux conflits inattendus. Lorsque vous voyez quelqu'un se tenir en équilibre précaire sur un rebord, inconscient du danger d'une grande chute, vous vous sentez obligé de l'informer de la situation critique qu'il ne réalise pas. Lorsque ce dernier est en plus quelqu'un dont vous avez la charge, l'urgence est même encore plus grande. Je n'ai pas à regarder bien loin pour trouver de nombreuses personnes qui ont désespérément besoin des connaissances que j'ai acquises. Typiquement, ce sont des amis adultes avec un taux de cholestérol élevé, d'importants antécédents familiaux de maladies cardiaques (ou même chez lesquels on a diagnostiqué une maladie cardiaque) et peut-être quelques centimètres en trop à la ceinture. D'autres sont des amis adultes avec des antécédents familiaux (ou leur propre diagnostic) de cancer.

Invariablement, je suis impliqué dans de longues conversations sur la préservation de la santé et du bien-être par la nutrition et le style de vie. Souvent, l'entretien se prolonge, car pour traiter le cas, je me sens obligé d'apporter des preuves. Ensuite, on aborde des problèmes plus subtils : « *Pourquoi les recommandations médicales standard ne sont-elles pas suffisamment bonnes ? C'est essentiellement génétique, n'est-ce pas ? Qu'en est-il de la modération ?* »

Si je m'engage dans ces problèmes, on me demande inévitablement de répondre à la grande question de l'acceptabilité. « *Bien sûr, vous vivrez longtemps, mais qui veut vivre ainsi ? Si vous mangez de cette façon, peut-être que le temps vous semblera bien long !* » Je maintiens que cela peut être une façon agréable, et même libératrice, de manger et de vivre, mais cela nécessite quelques explications.

Le second conflit se rapporte au prosélytisme. En tant que scientifique et sceptique convaincu, j'ai toujours été rebuté par les gens qui proposent un programme extraordinaire. Ceux qui sont résolus à sauver mon âme ou même tout simplement ma santé et mon bien-être m'ont toujours paru fortement suspects. Par conséquent, je suis très mal à l'aise quand je dis aux autres comment ils devraient manger ou vivre. Reconnaissant ma propre résistance à ce type de messages, j'ai réalisé qu'il n'est pas facile d'amener les gens à adopter sérieusement ces idées.

En fin de compte, j'ai la responsabilité de partager mes connaissances sur ces problèmes, mais je dois adopter un détachement bienveillant lorsqu'il arrive à des gens de choisir leur propre façon de se nourrir et leur propre style de vie. Ce n'est pas un équilibre facile à atteindre. Impossible de ne pas ressentir une certaine fierté lorsque quelqu'un accepte nos idées puis partage avec moi la joie d'avoir perdu 15 kilos ou 50 points de cholestérol. De telles expériences montrent que j'ai réussi à faire passer mes idées.

J'en suis venu à considérer qu'il était de ma responsabilité de laisser les gens choisir leurs propres priorités et d'établir leurs propres compromis. C'est ce que je reproche aux recommandations de santé publique. Elles sont toutes faites comme si les Américains étaient incapables de prendre leurs propres décisions dans ces domaines. Comme on dit, « Ne me tentez pas, je peux le faire moi-même. » Nous pouvons délivrer un message complet et les lecteurs peuvent le prendre en considération selon leur propre interprétation et au moment de leur choix. La suite dépend d'eux.

Toutefois, même cet objectif limité de communication efficace est problématique. Par nécessité, nous avons tous érigé de formidables barrières contre les messages de santé. Nous pourrions difficilement survivre si nous permettions aux milliers de messages qui nous bombardent chaque jour de nous parvenir. Il est particulièrement difficile de comprendre les fausses opinions, les craintes et le folklore, sans même mentionner les avis opposés des experts, qui sont à la base de la compréhension (ou de l'incompréhension) de la nutrition et de la santé. La nourriture et ses représentations sont profondément impliquées dans nos rites, nos fantasmes et nos rapports sociaux. Bien que la plupart des gens admettent leur ignorance dans les domaines de la nutrition et de la santé, presque tout le monde a des idées fortement ancrées sur le sujet et ses rapports avec les autres aspects de notre vie. Retenir l'attention des gens, ne serait-ce que pour élargir réellement leurs perspectives, n'est pas tâche facile. Mais là est le problème de tout écrivain.

J'ai déjà convaincu de nombreuses personnes d'adopter nos idées afin d'améliorer leur santé, alors que Terry motive de nombreux patients au cours de sa pratique médicale à Denver en ce qui concerne leur longévité. Les résultats physiques et médicaux obtenus par des amis, des parents, des collaborateurs et de nombreuses autres personnes sont profondément gratifiants. En ce qui me concerne, j'ai le sentiment que le nuage que j'avais perçu si fortement lorsque j'avais 20 ou 30 ans s'est dissipé, et je m'attends à une vie longue et saine, en fait pour voir le siècle à venir (et en jouir). Il est regrettable que je ne puisse pas revenir en arrière et partager cette connaissance avec mon père. Contrairement à beaucoup de gens, il acceptait facilement les conseils concernant la santé et la nutrition. Malheureusement, les connaissances n'ont pas été disponibles à temps pour l'aider. Si cela avait été, il pourrait être en vie aujourd'hui.

Terry

J'ai commencé ma carrière médicale il y a quelque 24 années, comme médecin généraliste. Mais après 15 ans de pratique, je me suis senti attiré vers la médecine « intégrative », « le domaine des soins qui se concentre sur la compréhension de la façon dont la personnalité biochimique, l'équilibre métabolique, le contexte écologique, la prédisposition génétique, le style de vie et d'autres facteurs ont le pouvoir d'influencer fortement la physiologie humaine et l'alternance des périodes de santé et de maladie. » Lorsque j'ai commencé à étudier la santé d'un point de vue intégratif, j'ai été fasciné par les perspectives de correction des déséquilibres de la physiologie humaine à un niveau plus personnel. En 1994, j'ai réalisé qu'il y avait des voies disponibles pour que je puisse aider mes patients, en plus des soins médicaux conventionnels. Se concentrer essentiellement sur le contrôle des symptômes des patients, ce qui est la base fondamentale de ce qui m'avait été enseigné à l'école de médecine, n'était plus suffisant.

Après avoir terminé mes études à l'école de médecine de Floride, je me suis établi dans le Colorado, puis je me suis déplacé vers les montagnes, à l'ouest de Denver. Au cours des 15 années où j'y ai exercé mon métier, j'ai travaillé comme le faisait un jeune généraliste d'autrefois. À l'hôpital local, j'ai mis au monde des enfants, j'ai été le médecin de la prison et j'ai donné à tous les garçons de la classe de cinquième le cours annuel sur la façon dont « se font les bébés ». J'exerçais la médecine comme un généraliste typique d'une petite ville et, dans l'ensemble, j'étais satisfait des soins que je prodiguais. J'ai réalisé que la plupart des gens que je « traitais » n'allaient pas réellement mieux, bien qu'ils aient reçu des soins conventionnels de haute qualité. Grâce à la prescription de médicaments, j'étais à même de mettre sous contrôle les symptômes de l'hypertension, du diabète ou des maladies cardiaques. Bien que cela se traduisait par le fait que nombre de mes patients se sentaient mieux (la tension ou la glycémie était plus basse, ou encore les douleurs d'angine de poitrine étaient moindres) les processus sous-jacents à la maladie n'étaient toujours pas contrôlés. Cela me gênait.

La vie est un apprentissage continu et, en tant que médecin, j'en suis venu à considérer la douleur comme le plus dur, mais le plus efficace, des enseignants de la vie. Grâce à une grave blessure du genou faite sur une piste de ski locale quelques années auparavant, j'ai découvert le rôle de malade pour la première fois de ma vie, et je me suis tourné vers les soins médicaux conventionnels. J'ai consulté le meilleur chirurgien orthopédiste, un collègue que je tenais en grande considération.

Après plusieurs traitements conventionnels, je me suis retrouvé avec des douleurs persistantes du genou, et j'en suis venu à ce que nombre de mes patients avaient fait depuis de longues années, j'ai commencé à prendre en considération les médecines alternatives. En plus des expériences de la vie, il arrive parfois qu'un ange gardien nous apparaisse aux endroits et aux moments les plus inattendus. Mon ange s'est manifesté sous les traits d'un patient partisan des médecines alternatives. Par son insistance, il m'a forcé à ouvrir les yeux sur le monde parallèle, entièrement nouveau pour moi, de ce type de médecine.

Dans ma famille, les médecins étaient traités avec un certain respect et les soins médicaux conventionnels étaient la *seule* possibilité. Cependant, mon patient partisan des médecines alternatives, et mon ange, m'a appris qu'un paradigme entièrement différent de soins médicaux était disponible, totalement séparé du monde des médicaments sur prescription et de la chirurgie où j'avais vécu pendant de si longues années. J'ai appris que des vitamines et des plantes pouvaient effectivement être utilisés pour *traiter* les maladies. Il m'a convaincu d'essayer de soigner mon genou douloureux par une préparation végétale dérivée de l'écorce interne d'un certain type de pin qui ne poussait que dans le sud de la France.

Avec le sentiment d'être quelque peu un traître, un peu comme Adam et Ève grignotant le fruit défendu, j'ai commencé, d'un air dégoûté, à prendre des capsules d'écorce de pin. J'en ai pris pendant plus de trois mois, mais à ma grande surprise et à ma grande satisfaction, la douleur que j'avais ressentie dans mon genou depuis plus d'un an et demi avait complètement disparu. En tant que scientifique, j'ai décidé d'effectuer une expérience pour voir si mon amélioration était réellement le résultat du mélange végétal, un effet placebo ou tout simplement une coïncidence. J'ai cessé d'en prendre. La douleur de mon genou est revenue. J'ai recommencé à prendre de l'extrait d'écorce de pin et, en quelques semaines, la douleur a à nouveau disparu. J'ai répété une fois de plus la séquence : je cesse de prendre l'extrait nutritionnel et la douleur réapparaît ; je recommence à prendre de l'extrait et la douleur s'estompe. En tant que médecin, je suis parfaitement conscient des effets placebo, mais ces derniers s'épuisent après un certain temps. J'ai continué à prendre de l'extrait et, après quelques années, j'ai constaté que la douleur avait disparu, que je suive ou non le traitement. J'ai pensé que ce n'était peut-être que l'évolution naturelle du processus de guérison ; néanmoins, l'extrait nutritionnel semblait m'avoir apporté le premier soulagement et mon intérêt pour les médecines alternatives s'était éveillé.

J'ai entrepris une étude sérieuse de la médecine intégrative en mettant l'accent sur la médecine nutritionnelle. J'ai commencé par apprendre comment traiter les maladies avec des vitamines et d'autres nutriments plutôt que par des médicaments sur prescription, ou en associant les deux. Et plus j'apprenais, plus je voulais savoir. J'ai assisté à de nombreuses conférences sur la médecine complémentaire et j'ai lu tout ce que je pouvais trouver sur la médecine nutritionnelle. Il y avait tant à apprendre que j'avais l'impression d'être revenu sur les bancs de l'école de médecine.

Étant donné que mes connaissances et ma compréhension augmentaient, j'ai progressivement commencé à offrir à mes patients le choix de continuer avec les traitements conventionnels que je leur avais conseillés (dans la plupart des cas, avec des médicaments sur prescription) ou la possibilité d'essayer des traitements impliquant des changements diététiques ou des suppléments nutritionnels, soit en remplacement soit en plus du traitement conventionnel. J'ai été surpris de découvrir que l'immense majorité de mes patients souhaitaient tirer avantage de ces options[1].

À la suite d'un traitement combiné, mes patients se sont sentis bien mieux qu'ils l'étaient uniquement avec des médicaments sur prescription. Au cours des dix dernières années, j'ai traité des milliers de patients qui souffraient de graves maladies chroniques au moyen des protocoles nutritionnels que j'avais appris et modifiés selon mon expérience. Par exemple, j'ai vu un grand nombre de gens présentant une maladie des artères coronaires ; la plupart de ces patients étaient venus à moi pour chercher une alternative à une chirurgie cardiaque qui leur avait été recommandée. Pour certains, j'ai travaillé en collaboration avec leur cardiologue et recommandé une intervention chirurgicale immédiate parce que la maladie était trop avancée. Cependant, pour un nombre important d'entre eux, j'ai constaté que le programme de nutrition et de style de vie que je recommandais pour les maladies cardiaques, impliquant régime, activité physique, suppléments actifs, détoxication et gestion du stress, de concert avec les médicaments sur prescription lorsque cela était nécessaire, évitait la chirurgie cardiaque. En même temps, j'étais capable de suivre les améliorations quantifiables des maladies de ces patients, par exemple en passant d'un test d'effort cardiaque anormal à un test normal, la disparition des douleurs d'angine de poitrine et l'amélioration de l'endurance à l'activité physique.

J'ai eu la satisfaction toute particulière de traiter avec succès des gens pour lesquels la pratique médicale conventionnelle avait peu à offrir pour prendre en charge leur maladie. La dégénérescence maculaire sénile (DMS) est la cause majeure de la perte de la vision chez les personnes âgées de ce pays, et actuellement il n'y a pas de médicaments sur prescription ou de procédés chirurgicaux qui puissent contribuer à empêcher l'inexorable évolution vers la cécité. À leur crédit, les ophtalmologistes conventionnels ont récemment commencé à recommander des suppléments plurivitaminiques et minéraux à leurs patients présentant une DMS en s'appuyant sur l'AREDS (*Age Related Eye Disease Study*, étude sur les maladies oculaires séniles), sponsorisée par le *National Institutes of Health* (l'Institut National de la Santé)[2].

Cependant, tout comme Ray, j'ai constaté que les recommandations conventionnelles de suppléments étaient un compromis insuffisant, particulièrement depuis que j'ai un cas familial de dégénérescence maculaire, et je n'ai pas le sentiment que le ralentissement de la perte de vision soit suffisant. Je veux que la vision de mes patients s'améliore. Cela nécessite une approche nutritionnelle plus active : association de stratégies diététiques et de doses beaucoup plus importantes de vitamines et de minéraux, et efforts pour corriger les perturbations du système digestif qui inhibent l'absorption des nutriments. En utilisant cette approche, il est possible de stabiliser les patients et même d'améliorer leur vision[3]. On atteint rarement ce résultat avec seulement une ou deux pilules par jour de suppléments.

Une des plus grandes douleurs pour les parents jeunes est d'apprendre que leur enfant souffre de l'une des maladies regroupées sous le terme d'autisme. Cependant, j'ai obtenu l'immense satisfaction de traiter des enfants chez lesquels on avait diagnostiqué de telles maladies. J'ai la plus grande admiration pour les pédiatres spécialisés, le personnel soignant qui les assiste et les enseignants qui ont consacré leur vie à travailler avec ces enfants. Cependant, je suis attristé par l'inefficacité de leur approche qui modifie rarement la progression de ces processus pathologiques.

Notre programme implique un régime particulier (éviter le blé et les produits laitiers), un apport actif de suppléments nutritionnels, une correction des troubles digestifs et des stratégies de détoxication[4]. La majorité des enfants que nous traitons avant l'âge de 6 ans présentent un certain degré d'amélioration avec ce régime.

Il existe une longue liste d'affections pour lesquelles la médecine conventionnelle seule n'apporte qu'un bénéfice limité : maladies neurologiques dégénératives chroniques, telles que la maladie de Parkinson et la sclérose en plaques, les troubles digestifs, y compris le syndrome d'irritation de l'intestin, la colite et la maladie de Crohn, et les maladies généralisées telles que les fibromyalgies et le syndrome de fatigue chronique. Pour de telles affections, une approche intégrée, utilisant des traitements complémentaires, est un bénéfice considérable. Des dizaines de millions d'adultes américains souffrent de diabète de type 2, d'obésité, d'hypertension et d'augmentation du cholestérol. Dans la majorité des cas, selon mon expérience, lorsque notre programme est suivi rigoureusement, les médicaments sur prescription, utilisés pour traiter ces maladies, peuvent être réduits ou même totalement supprimés.

Étant donné que les années s'écoulent et que j'ai acquis plus d'expérience dans la médecine nutritionnelle, j'ai décidé d'écrire un livre pour partager ce que j'ai appris avec ceux qui ne sont pas de ma spécialité. Avec l'aide de plusieurs collègues médecins et amis, j'ai terminé en avril 2000 *The Baby Boomers' Guide for Living Forever* (Le Guide des « baby boomers » pour vivre éternellement). Au cours de mes recherches sur les nanotechnologies en vue de ce livre, j'ai rencontré Ray à la *Foresight Institute Conference* (Conférence de l'Institut de Prévision), en 1999, à Palo Alto, Californie. Il était là en tant que l'un des futuristes les plus en vue du pays. En entendant par hasard Ray parler de son intérêt pour les suppléments nutritionnels et les autres traitements d'allongement de la vie, j'ai engagé la conversation. Je lui ai demandé de jeter un coup d'œil au manuscrit de mon livre, et d'écrire un paragraphe « de recommandation » pour la quatrième de couverture, ce qu'il a gentiment accepté de faire. Quelques mois plus tard, il s'envolait de sa résidence de Boston pour ma clinique de Denver et y subir le bilan de santé complet et l'évaluation de la longévité que nous offrons.

Ma pratique médicale nutritionnelle à Denver a son lot de patients célèbres, et Ray Kurzweil est l'un d'eux. Ray est unique en ce sens que je consacre davantage de mon temps à m'occuper de ses problèmes de santé que de ceux d'une douzaine de mes patients, célèbres ou pas, mis ensemble. Cependant, à nouveau, Ray est prompt à admettre qu'il est inhabituellement demandeur. Je ne suis pas surpris que Ray ait été déconcerté par un médecin précédant qui préférait passer son temps avec des patients « mourants ».

Pour ma part, je n'ai aucun regret en ce qui concerne le temps consacré à travailler avec Ray sur ses problèmes de santé personnels ou le fait que je doive défendre chaque opinion ou suggestion que je lui présente. Ray est un autre ange qui est entré dans ma vie pour me guider dans la bonne direction. Je me sens investi d'une mission particulière pour l'aider à rester en vie et en forme pour de nombreuses années encore, car c'est une personne exceptionnellement créative et douée qui a déjà donné au monde tant de merveilleuses conceptions ou inventions, et a encore tant à partager. Il m'a aussi aidé à affiner mon objectif et à ne pas laisser ma recherche médicale inachevée.

De plus, d'autres avantages ont résulté de notre travail commun. Au cours de l'ajustement de son programme de santé personnel, lui et moi avons commencé à explorer nombre de sujets en rapport avec la santé, y compris le régime, les suppléments nutritionnels, l'activité physique, les traitements de détoxication, la substitution hormonale et même la protection contre le terrorisme NBC (nucléaire, biologique et chimique). Nous avons tiré tous deux beaucoup de choses de notre intense collaboration sur les problèmes de santé. Nos douzaines d'e-mails, aller et retour, sont devenus des centaines et se comptent maintenant en dizaines de milliers. Tant d'information a circulé entre nous que nous avons décidé de l'organiser comme base d'un livre.

En tant que membres de la génération des « baby boomers », Ray et moi avons plus qu'un intérêt fortuit en ce qui concerne notre programme. Étant donné que nous sommes tous deux dans la cinquantaine, l'analyse démographique suggérerait que normalement, nous avons chacun peut-être 25 ans encore à vivre, avec une vitalité et une santé se dégradant progressivement. En suivant les avis présentés dans ce livre, et avec l'aide des technologies en pleine évolution dont parle Ray, nous espérons être non seulement en vie, mais en bonne santé et « jeunes », dans un quart de siècle, juste au moment où des perspectives d'un véritable allongement radical de la vie apparaîtront vraisemblablement. Nous espérons fermement (avec l'appui d'une recherche approfondie) qu'en suivant les suggestions présentées dans ce livre, nous et nos lecteurs seront capables d'augmenter considérablement leurs chances d'être en vie lorsqu'une longévité extrême deviendra une chose banale. À ce noble but, nous portons un toast (de jus de légumes fraîchement pressés !) avec l'espoir que nous pourrons nous retrouver avec nos lecteurs pour célébrer le XXIIe siècle.

4
Nourriture et eau

« Pourquoi l'Homme tue-t-il ? Il tue pour la nourriture. Et pas seulement pour la nourriture. Fréquemment, il doit y avoir une boisson. »

WOODY ALLEN

Qu'est-ce que la nourriture ? La réponse dépend de celui à qui vous posez la question. Demandez à un(e) biologiste spécialiste de l'évolution et il (ou elle) vous répondra que la nourriture est l'élément déterminant principal de la survie de pratiquement toutes les espèces. D'autres ressources sont elles aussi nécessaires, mais trouver le prochain repas (sans toutefois devenir le prochain repas d'un prédateur) représente l'activité dominante et la plus importante de la plupart des organismes. Aucune espèce ne peut survivre si sa source de nourriture est interrompue de façon persistante. Notre avantage d'être humain est de pouvoir utiliser notre intelligence et l'opposition de nos pouces pour agir sur notre environnement et créer de nouvelles sources de nourriture lorsque cela est nécessaire.

Parlez à un anthropologue et vous découvrirez que jusqu'à une époque récente, les êtres humains passaient le plus clair de leur temps à chasser, fourrager, élever, cultiver et préparer la nourriture. Avant le XXe siècle, les familles passaient de nombreuses heures à travailler dur pour composer chaque repas. Jusqu'à une époque aussi récente que les années 1900, aux États-Unis, un tiers des emplois étaient localisés dans les fermes où l'on produisait de la nourriture et davantage d'emplois encore étaient consacrés à la distribuer et à la préparer.

Parlez à un praticien de la nutrition averti des problèmes de santé et vous apprendrez que les trois causes majeures de décès : les maladies cardiaques, le cancer et les accidents vasculaires cérébraux, résultent essentiellement d'une mauvaise nutrition. Bien que des facteurs génétiques vous prédisposent à développer ces maladies selon des vitesses différentes, vous pouvez soit accélérer les processus des maladies dégénératives soit les inverser, essentiellement en fonction de vos choix concernant votre nourriture. L'obésité, l'hypertension et le diabète de type 2 sont eux aussi déterminés principalement par votre stratégie nutritionnelle.

Un chimiste vous dira que la nourriture est très simple. Elle est constituée essentiellement de quatre types d'atomes : le carbone, l'azote, l'oxygène et l'hydrogène, avec quelques traces de minéraux. La majeure partie est de l'eau. Cependant, un biochimiste vous fera aussi remarquer la très grande complexité des molécules formées à partir de ces éléments, complexité que reflète celle de votre corps.

Un chef cuisinier vous décrira la complexité de la nourriture d'un point de vue plus humain, bien sûr. En fait, en ce qui concerne la cuisine, nous sommes tous des connaisseurs. Nous attachons une grande émotion et une signification culturelle à la nourriture que nous consommons. Nous nous réconfortons nous-mêmes et les uns les autres avec la nourriture. Nous célébrons et nous partageons des moments particuliers de la vie avec la nourriture. Elle est présente notamment dans les histoires racontées dans nos textes religieux et elle joue un rôle important dans l'identité sociale et ethnique. Choisir le programme nutritionnel le meilleur pour notre santé est donc plus compliqué que de choisir simplement le mélange optimal d'énergies nécessaires à notre machinerie biologique.

Dans ce livre, nous envisagerons la nourriture du point de vue de la santé, tout en gardant à l'esprit le rôle important et universel qu'elle joue dans notre vie. En raison des fortes influences culturelles et sociales sur le mode d'alimentation de chacun et de l'immense diversité des préférences et des aversions personnelles, nous éviterons de donner des plans de repas spécifiques. À la place, nous espérons apporter une compréhension plus profonde du rôle susceptible d'être joué par la nourriture dans la création des conditions conduisant à la maladie ou à la santé et nous espérons aussi partager avec vous des principes que vous pourrez appliquer à votre propre situation.

Commençons par considérer le constituant le plus commun de la nourriture : l'eau.

L'eau et la santé

La plupart des voies selon lesquelles nos régimes ont évolué à partir de ceux de nos ancêtres primitifs ne sont pas saines. Par exemple, l'évolution ne vous a pas formé pour manger de grandes tranches de viande riche en graisses saturées, ni pour manger de grandes quantités de grains épurés qui, très rapidement, se convertissent en sucre (glucose) dans votre sang. L'évolution ne vous a pas formé pour consommer des boissons extrêmement acides comme les boissons à base de cola. De tels choix de nourriture, parmi de nombreux autres, sont à l'origine de l'épidémie de maladies dégénératives des temps modernes.

Cependant, nous ne pouvons pas simplement supposer que l'évolution biologique est de notre côté, du moins pas après l'enfance. Du point de vue de l'évolution biologique, les générations les plus âgées sont tout simplement gênantes ; elles consomment les ressources matérielles limitées qui pourraient être utilisées par les membres plus jeunes et plus vitaux pour la société. L'évolution biologique s'est développée dans une ère de rareté où une durée de vie limitée était favorisée. Cependant, nous vivons maintenant dans une ère où le fer de lance de l'évolution est technologique beaucoup plus que biologique. C'est une période d'abondance croissante, même si des régions du monde ne partagent pas encore correctement ces ressources matérielles. Aujourd'hui, nous avons l'occasion de dépasser l'héritage de notre évolution et de permettre à toutes les générations de contribuer à nos ressources intellectuelles.

Il y a trois problèmes de santé vitaux concernant l'eau : l'équilibre acide-base, les impuretés et l'infrastructure. L'équilibre acide-base est fondé sur le taux d'ionisation. Ionisation signifie que des molécules perdent ou gagnent des électrons et donc acquièrent une charge électrique globale. Lorsqu'une molécule d'eau s'ionise, elle se scinde en deux parties : un ion hydrogène chargé positivement (H^+) et un ion hydroxyde chargé négativement (OH^-). Ces ions peuvent alors se combiner avec d'autres substances dissoutes dans l'eau telles que des minéraux pour effectuer des réactions chimiques. L'ionisation est essentielle à la plupart des réactions chimiques de notre organisme.

Lorsque les ions hydrogène et hydroxyde sont en nombre égal, l'eau est considérée comme neutre. À la température ambiante, l'eau neutre a une molécule sur 10 millions (10^{-7}) à l'état ionisé, c'est-à-dire scindée en un ion hydrogène et un ion hydroxyde. Cette eau a un pH (proportion d'hydrogène) de 7 (l'exposant négatif de 10 pour les ions hydrogène). Lorsque nous ajoutons un acide minéral – par exemple, de l'acide sulfurique, de l'acide chlorhydrique ou de l'acide phosphorique – à de l'eau, l'acide capte les électrons des atomes d'hydrogène, créant alors un plus grand nombre d'ions hydrogène (H^+). Lorsque la proportion des ions hydrogène augmente dix fois, cette eau acide aura tout juste une molécule sur un million (10^6) sous forme d'ion hydrogène, ou un pH de 6. Le pH est mesuré sur une échelle logarithmique. Augmenter ou diminuer le pH de 1 revient à multiplier ou à diviser le nombre d'ions hydrogène par 10.

Qu'est-ce que l'eau ?

L'eau est la substance la plus abondante trouvée sur notre planète, dans notre corps et dans notre nourriture ; elle entre pour 70 à 90 % dans la composition des substances naturelles. Les liquides, particulièrement les eaux de différentes qualités que nous consommons, ont aussi un profond impact sur tout un ensemble de problèmes de santé. L'eau est beaucoup plus complexe qu'on ne le croit généralement.

Comme le savent les écoliers de tous les niveaux, l'eau est composée de molécules contenant 2 atomes d'hydrogène et un atome d'oxygène : H_2O. Dans l'eau à l'état liquide, les deux atomes d'hydrogène font un angle de 104,5° avec l'atome d'oxygène ; cet angle augmente jusqu'à 109,5° lorsque l'eau gèle. Les molécules d'eau sont donc plus étalées dans la glace, ce qui donne à cette dernière une densité plus faible que celle de l'eau liquide ; c'est pourquoi la glace flotte.

Bien que la molécule d'eau dans son ensemble soit électriquement neutre, la localisation des électrons crée une différence. Le côté de la molécule où se situent les atomes d'hydrogène a une charge électrique légèrement positive, alors que celui où se situe l'atome d'oxygène est légèrement négatif. Ainsi, les molécules d'eau se combinent les unes aux autres pour former des petits groupes présentant, typiquement, des formes pentagonales ou hexagonales[1]. Ces structures multimoléculaires peuvent passer alternativement d'une configuration hexagonale à une configuration pentagonale 100 milliards de fois par seconde. À température ambiante, seulement 3 % des agrégats sont hexagonaux, mais ce taux augmente jusqu'à 100 % lorsque l'eau devient plus froide. C'est la raison pour laquelle la plupart des flocons de neige sont hexagonaux.

Les propriétés électriques tridimensionnelles de l'eau sont très puissantes et peuvent rompre les fortes liaisons chimiques d'autres composés. Considérez ce qu'il arrive lorsque vous mettez du sel dans de l'eau. Le sel est très stable lorsqu'il est sec, mais il se scinde en ions (atomes avec une charge électrique) sodium et ions chlorure lorsqu'on le met dans l'eau. Le côté de l'oxygène chargé négativement des molécules d'eau attire les ions sodium (Na+) chargés positivement, alors que le côté des hydrogènes chargés positivement attire les ions chlorure (Cl^-) chargés négativement. Dans la forme sèche du sel, les atomes de sodium et de chlore sont fortement unis l'un à l'autre, mais ces liaisons sont facilement rompues par la charge électrique des molécules d'eau. C'est pourquoi l'eau est « le solvant universel » et est impliquée dans la plupart des voies biochimiques de notre organisme. La chimie de la vie sur notre planète est essentiellement liée à l'eau.

Les structures élaborées formées par les molécules d'eau en raison de leur champ électrique créent une forme de mémoire qui a été démontrée par des appareils d'imagerie par résonance magnétique (IRM). À sa surface, l'eau assume une configuration stable qui se traduit par le phénomène de la tension superficielle. Un chercheur coréen décrit trois couches organisées de molécules d'eau, chacune avec des propriétés différentes, autour de chaque molécule de protéine[2].

Il est important d'être alcalin

Pour comprendre pourquoi l'alcalinité ou l'acidité des liquides aqueux est importante pour la santé, nous devons comprendre comment l'organisme contrôle le taux d'ionisation de ses fluides. Des pH différents favorisent des types différents de réactions chimiques et il est donc essentiel que les fluides corporels soient maintenus dans des limites très étroites d'acidité ou d'alcalinité. Votre santé est extrêmement sensible aux plus petites variations de pH dans les fluides vitaux de votre organisme. Le suc gastrique, par exemple, est extrêmement acide avec un pH de 1,5 (un pH inférieur à 7 est acide et un pH supérieur à 7 est alcalin). Le suc pancréatique, par ailleurs, est très alcalin avec un pH de 8,8. Le pH à l'intérieur de vos cellules va de 6,8 à 7,1. L'équilibre le plus important de tous est maintenu dans votre sang où le pH est très étroitement contrôlé entre 7,35 et 7,45.

Votre organisme réagira pour neutraliser les boissons acides comme les boissons à base de cola et le café, en utilisant des tampons sanguins alcalins qui deviennent alors indisponibles pour neutraliser d'autres produits de déchet acides continuellement produits par l'organisme, y compris les produits organiques dérivés de la digestion tels que l'acide acétique[3], l'acide lactique[4], l'acide carbonique[5], l'acide urique[6], et les acides gras[7]. Il y a aussi des produits inorganiques créés ou rencontrés dans l'alimentation tels que l'acide sulfurique[9] et l'acide phosphorique[10]. Lorsque le stock limité de tampons alcalins de l'organisme est épuisé, ces produits de déchets acides toxiques s'accumulent dans l'organisme, provoquant alors des dommages significatifs à votre santé[11].

Les boissons « douces » sont « dures » pour l'organisme

La plupart des boissons sucrées (douces), particulièrement celles à base de cola, sont extrêmement acides. Ces dernières contiennent des taux élevés d'acide phosphorique[8], un acide fort capable de vous empoisonner lorsqu'il n'est pas rapidement neutralisé. Qu'elles soient « normales » ou « light », elles ont un pH extraordinairement bas (c'est-à-dire acide) d'environ 2,5. Étant donné que la mesure du pH est logarithmique (une diminution de 1 d'une unité pH signifie que l'acidité est multipliée par 10), un pH de 2,5 signifie qu'il faudra prendre 3 200 verres d'eau alcaline à pH 8 (ou 32 verres à pH 10) pour neutraliser l'acidité d'un seul verre. Si l'organisme ne faisait rien pour réagir contre cela, un seul verre de boisson à base de cola amènerait le pH de votre sang à 4,6, ce qui vous tuerait instantanément.

Pour prévenir un empoisonnement acide dû à une consommation de boisson à base de cola (ou d'un autre acide), l'organisme met en œuvre deux stratégies. L'une consiste à utiliser les tampons alcalins du sang (par exemple le bicarbonate de sodium et le phosphate de sodium) pour tamponner (neutraliser) l'acide. L'autre stratégie est de convertir ces acides liquides volatiles en acides solides moins réactifs. Cependant, de telles boissons n'existaient pas lors des milliers d'années qui nous ont précédé et donc notre organisme n'a pas évolué pour faire face efficacement à l'assaut des acides que consomment aujourd'hui de nombreuses personnes, ce qui engendre des problèmes résultant des stratégies de détoxication de l'organisme.

Augmenter votre alcalinité

Deux stratégies peuvent être utilisées pour restaurer les réserves alcalines de votre organisme, nécessaires à la détoxication et à la destruction des radicaux libres de l'oxygène :

1. Évitez les acides non digestibles. On les trouve dans les boissons sucrées, particulièrement celles à base de cola. Le café contribue aussi à créer un environnement acide et donc sa consommation doit être limitée. Notre conseil : buvez du thé vert à la place.

2. Buvez des eaux alcalines. Les processus métaboliques créent des produits de déchet acides et il est donc nécessaire de restaurer vos réserves alcalines. Une façon efficace d'y parvenir est de boire de l'eau alcaline, produite par une machine à eau alcaline. Cet appareil, qui ressemble à une machine à café, contient un système d'ionisation électrique pour couper l'eau en ses parties acide et alcaline. L'eau alcaline doit servir à la boisson et à la préparation des aliments. L'alcalinité de l'eau est susceptible d'être ajustée et vous devez augmenter graduellement son niveau jusqu'à l'obtention d'un pH compris entre 9,5 et 10, ce qui vous apportera un puissant traitement de détoxication. Nous vous recommandons de boire 8 à 10 verres par jour de cette eau alcaline. C'est l'une des choses les plus simples et les plus efficaces que vous puissiez faire pour combattre toute une série de processus conduisant à des maladies. Il est intéressant de remarquer qu'au Japon, les équipes de sport professionnelles boivent de l'eau alcaline pour augmenter leurs performances.

L'eau acide produite par les machines à eau alcaline arrive au niveau d'une sortie séparée ; elle ne doit pas être jetée ; elle est parfaite pour vous laver la peau. Elle est aussi idéale pour arroser les plantes qui poussent dans un environnement acide.

Certains thés également ont des effets d'alcalinisation de l'organisme ; voir Fantastic-Voyage.net pour des recommandations spécifiques.

Le corps utilise le calcium pour convertir l'acide phosphorique liquide toxique des boissons à base de cola en des phosphates solides plus stables, par exemple[12]. Mais ces phosphates peuvent souvent former des calculs calcifiés dans le rein ou des dépôts de calcium (qui peuvent aussi résulter d'une infection urinaire, de maladies métaboliques innées (héréditaires) ou d'autres causes.) De nombreuses personnes pensent à tort que les calculs du rein sont provoqués par un excès de calcium. Mais le vrai coupable peut être le taux élevé d'acide phosphorique qui apparaît être un ingrédient essentiel des boissons à base de cola. Toute personne affectée d'un problème de calculs rénaux doit les éviter.

Consommer des nourritures ou des boissons acides peut aussi créer un environnement idéal pour la formation de cancers. Les cellules animales survivent mieux dans un environnement alcalin avec un pH sanguin compris entre 7,35 et 7,45. Les cellules végétales sont dans la situation inverse ; elles préfèrent un environnement acide. Lorsque votre organisme devient de plus en plus acide, certaines cellules s'adaptent par l'intermédiaire d'un processus d'évolution interne et deviennent plus semblables aux cellules végétales. Ces cellules normales semblables à celles des végétaux ont une forte tendance à devenir des cellules cancéreuses se développant dans un environnement acide[13]. Donc, une importante stratégie pour prévenir ou traiter le cancer est de maintenir un environnement alcalin dans votre organisme.

La consommation régulière de boissons sucrées contenant de l'acide phosphorique (c'est-à-dire du cola) est un facteur de risque pour une perte osseuse[14]. La consommation d'eau minérale alcaline contribue à maintenir la santé de l'os et à améliorer les fonctions digestives[15]. Une revue exhaustive comparant les régimes alcalins aux régimes acides, publiée dans *The American Journal of Clinical Nutrition* (Journal Américain de Nutrition Clinique) a conclu que les régimes alcalins améliorent la densité osseuse, l'équilibre azoté et la concentration sérique de l'hormone de croissance, tandis que l'acidose de bas grade résultant de régimes acides contribuait à la perte osseuse, l'ostéoporose et la fonte musculaire.

Toutes les nourritures acides n'augmentent pas l'acidité à l'intérieur de notre organisme. Le jus d'orange, par exemple, a un pH extrêmement acide de 3,5 en raison de son contenu en acide citrique, mais l'acide citrique se consume au cours de la digestion. Le jus d'orange contient aussi du potassium et du magnésium qui interagissent avec l'eau pour créer des ions alcalins. Ainsi, l'effet global des boissons à base de jus d'orange est d'augmenter l'alcalinité, en dépit de son contenu acide[16]. L'incapacité de notre corps à se détoxiquer complètement est à la base de nombreux processus pathologiques incluant les maladies cardiaques et le cancer. Les radicaux libres de l'oxygène (molécules avec des électrons non appariés) sont des substances extrêmement réactives, déficitaires en électrons ; ils peuvent provoquer d'énormes dégâts dans notre organisme s'ils ne sont pas rapidement neutralisés. Des réserves alcalines adéquates offrent une première ligne de défense contre les radicaux libres de l'oxygène en fournissant des électrons libres qui les neutralisent et les empêchent de léser les cellules saines[17].

Autres problèmes de santé liés à l'eau

L'eau du robinet peut contenir des impuretés, y compris des poisons inorganiques et des agents pathogènes tels que des bactéries, des virus ou des champignons. Les appareils que nous recommandons pour alcaliniser l'eau comportent des filtres qui éliminent ce genre d'impuretés ; ils doivent de plus posséder un système de production de rayons ultraviolet pour détruire les agents pathogènes. Lorsque l'eau alcalinisée n'est pas disponible, nous recommandons l'eau filtrée et mise en bouteille venant d'une source fiable, de meilleure qualité que celle de l'eau du robinet (nous discuterons le problème de l'élimination des toxines de l'eau et d'autres sources environnementales dans le chapitre 14 sur la détoxication).

Un autre problème concerne l'infrastructure de l'eau. L'imagerie par résonance magnétique révèle que la plus grande partie de l'eau du robinet est organisée en micro-agglomérats d'environ 12 molécules d'eau chacun. Dans l'eau alcalinisée, les micro-agglomérats ont une taille réduite à 6 molécules par agglomérat. Cela augmente la perméabilité, la solubilité et l'absorption de l'eau, et donc renforce ses effets de détoxication. Les nutriments, y compris des vitamines hydrosolubles telles que les vitamines B et C, seront plus complètement absorbés et les médicaments pris avec une eau alcaline pourront être plus efficaces.

Finalement, nous sommes nombreux à ne pas consommer suffisamment d'eau pour contribuer à l'élimination de tous les produits de déchet que créent nos processus métaboliques ou digestifs. Tout simplement, boire davantage d'eau peut renforcer la détoxication. Nous recommandons de boire chaque jour 0,03 litre d'eau par kilogramme de poids corporel ; cela représente environ 2 litres pour une personne de 70 kilogrammes, soit 9 à 10 verres de d'eau par jour. Bien sûr, les boissons sucrées et le café ne comptent pas. Il faut 32 verres d'eau alcaline à pH 10 pour neutraliser un verre de boisson à base de cola à pH 2,5.

Nous recommandons d'éviter ces boissons acides et de consommer de l'eau alcaline avec un pH compris entre 9,5 et 10.

Le chercheur Heinz Valtin, Docteur en Médecine de Dartmouth, a critiqué cette quantité de liquide et l'a considérée comme une légende urbaine. Cependant, Valtin ne cherche qu'à éviter la déshydratation, alors que nos recommandations concernant la consommation d'eau alcaline ont pour but d'aider à la détoxication.

5
Hydrates de carbone et charge glycémique

« Je mangeais des cochonneries. Des tas de sucreries et des « carbs », je bouffais tout le temps. Ça me rendait très irritable. »

AVRIL LAVIGNE, à propos de ses chansons colériques

Il y a plus de 20 ans, on a diagnostiqué chez Ray un diabète de type 2, mais aujourd'hui il n'a aucun symptôme ni complication de cette maladie. Terry voit de nombreux patients présentant un syndrome métabolique (SM, caractérisé par de nombreux effets défavorables, y compris des taux excessifs d'insuline lorsque la consommation d'hydrates de carbone (glucides) dépasse des quantités même très modérées) ou un diabète de type 2. Par conséquent, des amis, des collaborateurs ou des patients chez lesquels un syndrome métabolique ou un diabète de type 2 a été diagnostiqué ou suspecté (dans ce dernier cas, nous leur conseillons d'obtenir un diagnostic précis) sollicitent souvent notre avis. Habituellement, nous sommes étonnés de découvrir que ces patients ne reçoivent pas de recommandations nutritionnelles ou qu'on leur a donné un mauvais conseil, par exemple un régime qui ne comporte pas une réduction significative des hydrates de carbone à charge glycémique élevée (le type d'hydrates de carbone qui augmente rapidement le sucre (glucose) sanguin). Invariablement, les médecins de ces patients n'ont pas dosé leur taux d'insuline et prescrivent souvent des médicaments tels que le glyburide qui stimulent la production d'insuline alors que le taux de cette dernière est déjà trop élevé.

Notre conseil aux personnes présentant un SM ou un diabète de type 2 est d'adopter le programme de longévité de Ray & Terry à faible contenu en hydrates de carbone (moins d'un sixième de l'ensemble des calories) et d'éviter pratiquement tous les hydrates de carbone à charge glycémique élevée (le sucre de table et les aliments riches en amidon). Nous les encourageons à faire doser leur taux d'insuline. Avec un SM ou un diabète de type 2 débutant, il n'est pas inhabituel que le taux d'insuline soit nettement supérieur à la normale, parce que les cellules sont résistantes à l'insuline. Lorsque ces patients sont sous un traitement qui stimule la production d'insuline par le pancréas, nous les encourageons à envisager son remplacement par un médicament tel que le glucophage (Metformine) qui empêche le foie de produire davantage de glucose et/ou l'acarbose (Glucor), médicament qui bloque la digestion de l'amidon (inhibiteur de l'alpha-glucosidase) et empêche la digestion d'une partie des hydrates de carbone consommés. Nous les encourageons aussi à adopter nos recommandations nutritionnelles décrites dans les chapitres 4 à 8 de ce livre, à atteindre leur poids optimal, à pratiquer une activité physique (y compris l'activité physique aérobie et l'entraînement musculaire par poids et haltères) et à adopter les suppléments et les autres recommandations de ce chapitre.

Les gens reviennent et nous disent qu'ils ont facilement perdu du poids grâce au régime pauvre en hydrates de carbone et à faible charge glycémique et qu'ils ont atteint des taux normaux de glucose sanguin sans l'utilisation de médicaments stimulant fortement la production d'insuline. Ils ont constaté qu'il y avait relativement peu d'effets secondaires, voire aucun, avec les suppléments que nous avions recommandés.

Le cycle principal de la vie

La plupart des sociétés humaines révèrent les aliments riches en hydrates de carbone. À plusieurs reprises, la Bible décrit le pain comme « l'aliment vital (ou le « soutien de la vie ») », et l'épisode où Dieu fait tomber la manne (le pain) du ciel pour les Israélites en fuite est bien connu. Considérez l'importance du riz pour les Japonais, des pâtes pour les Italiens et des pains à hot-dog et des bretzels pour les Américains fanatiques de sport. La visite d'un centre commercial contemporain ou d'un aéroport révèle une série illimitée de produits contenant du sucre ou de l'amidon.

De petites portions de céréales dans leur forme naturelle peuvent être une partie précieuse d'un régime sain, mais le système digestif humain n'a pas évolué pour consommer les grandes quantités de sucre et d'amidon raffiné qui constituent le régime moderne en Occident. Au cours du temps, ce déséquilibre alimentaire peut se traduire par un dérèglement des systèmes de l'organisme en charge du contrôle du glucose sanguin, dont il résulte un syndrome métabolique ou un diabète de type 2 ; il peut aussi accélérer l'évolution des maladies cardiaques et du cancer. Donc, la consommation de ces aliments producteurs de glucose crée en réalité une dépendance. Rompre avec cette habitude est la clé pour atteindre et maintenir avec succès votre poids optimal.

Pour comprendre le fonctionnement (et le dysfonctionnement) de votre digestion des hydrates de carbone, vous devez savoir ce que sont ces derniers. Le terme « hydrate de carbone » suggère carbone « hydraté » ou « avec de l'eau », et la formule chimique de la plupart des hydrates de carbone : $(Cx(H_2O)x$, démontre qu'ils sont constitués de la combinaison de molécules d'eau et d'atomes de carbone. Un hydrate de carbone qui est un sucre simple, par exemple, est $C_6(H_2O)_6$. Le glucose, le fructose (trouvé dans les fruits) et le galactose ont tous cette formule, mais ils disposent différemment leurs atomes. Le glucose est essentiel pour la vie sur la Terre. La plupart des formes de vie tirent leur énergie directement ou indirectement d'unités de glucose[1].

Le sucre de table est un disaccharide, ce qui signifie un sucre double : chaque molécule est constituée d'une unité de glucose et d'une unité de fructose. Le sucre de table est rapidement dégradé dans l'organisme en ses monosaccharides constituants, ou sucres simples, tels que le glucose.

La clé de la capacité des hydrates de carbone à stocker l'énergie est leur possibilité de former de grandes chaînes complexes d'unités glucose ou fructose. Les polysaccharides, terme qui signifie « plusieurs sucres », apportent beaucoup d'énergie et participent à la structure des organismes vivants. Des centaines de types de polysaccharides ont été identifiés. Ils peuvent contenir jusqu'à plusieurs centaines d'unités monosaccharidiques unies les unes aux autres. La cellulose, le polysaccharide le plus répandu, est constituée d'un très grand nombre d'unités glucose. Elle fournit la structure de l'essentiel du règne végétal. Dans l'organisme humain, le glycogène, autre polysaccharide stocké dans le foie et les muscles, est constitué de chaînes ramifiées de glucose et met en réserve la plupart de l'énergie disponible à court terme apportée par les hydrates de carbone.

La source d'énergie immédiate pour nos cellules est un sucre simple, le glucose, qui circule dans le sang. Cette énergie peut être rapidement produite à partir des hydrates de carbone et des protéines de l'alimentation ou par la dégradation des réserves de glycogène. La principale réserve d'énergie de l'organisme est stockée sous forme de graisses, qui constituent une réserve disponible à long terme accessible aux cellules à un rythme beaucoup plus lent. Cependant, il est intéressant de remarquer que les graisses ne peuvent pas être dégradées en glucose (le sucre du sang). Les protéines, modules essentiels à partir desquels sont créées les structures des cellules de notre organisme, sont elles aussi synthétisées indirectement à partir des hydrates de carbone. Les animaux ruminants tels que les vaches et les moutons convertissent les hydrates de carbone de l'herbe en protéines que nous consommons sous forme de viande.

Les hydrates de carbone sont vitaux pour le principal cycle énergétique du monde biologique. Dans un processus appelé photosynthèse, les plantes combinent le carbone du dioxyde de carbone atmosphérique, l'eau de l'air et du sol et l'énergie du Soleil pour produire de l'énergie stockée dans des hydrates de carbone, ainsi que de l'oxygène, qui se présente alors comme un produit de déchet. Dans un processus inverse d'équilibrage, les animaux respirent l'oxygène, mangent et digèrent les hydrates de carbone des plantes et éliminent du dioxyde de carbone.

Les hydrates de carbone dans notre alimentation

Les hydrates de carbone ont de puissants effets sur l'organisme. La proportion dans votre régime, et plus important, le type des hydrates de carbone que vous consommez, ont des effets vitaux sur votre santé. Des trois sources de calories : les hydrates de carbone, les graisses et les protéines, les hydrates de carbone sont la seule qui ne soit *pas* nécessaire à notre survie[2]. Sans certaines graisses essentielles et les éléments apportés par des protéines appropriées, vous ne pourriez pas vivre. Mais vous n'avez pas besoin d'hydrates de carbone pour élaborer les structures de vos cellules ; vous pouvez tirer toute l'énergie dont vous avez besoin des graisses et des protéines. Cependant, nous recommandons un équilibre sain d'hydrates de carbone, parce que certains aliments qui en contiennent, tels que les légumes, sont riches en vitamines, en minéraux et en d'autres nutriments. Toutefois, le principal problème de notre régime moderne est sa dépendance à une grande quantité de mauvais hydrates de carbone.

PONT DEUX

Améliorer les inhibiteurs de l'alpha-glucosidase

Il y a deux limitations aux inhibiteurs de l'alpha-glucosidase (médication qui bloque l'action de l'amylase, et par conséquent empêche la digestion des hydrates de carbone). Tout d'abord, ils sont incapables d'empêcher la dégradation de l'amidon par l'amylase de la salive, et donc uniquement la moitié de la conversion de l'amidon en glucose environ est bloquée. Deuxièmement, l'amidon non digéré arrive dans le gros intestin où il se comporte comme des fibres et devient un aliment pour les bactéries du côlon. Jusqu'à un certain point, les fibres sont bénéfiques. Mais un excès de fibres et d'amidon non digéré peut provoquer des dérangements intestinaux et un excès de gaz.

Qu'arriverait-il si une médication était susceptible de bloquer les hydrates de carbone de l'alimentation déjà dégradés en glucose et parvenus dans la circulation sanguine, mais avant qu'ils ne se retrouvent mis en réserve sous forme de graisses dans les cellules adipeuses ? Supposez qu'elle bloque aussi le sucre, soit sous forme de saccharose (le sucre de table), soit sous forme de fructose (sucre des fruits), ce que les inhibiteurs de l'alpha-glucosidase sont incapables de faire, et supposez aussi qu'elle ne provoque aucun problème digestif. Une telle médication est l'objectif de GlaxoSmithKline (GSK) ; elle est actuellement en essai clinique de phase 1 de la FDA. Appelé « 869682 », nom manifestement non approuvé par le département marketing, le médicament sera bénéfique pour les personnes atteintes de diabète de type 2, mais il a une indication majeure importante en tant que médication pour une perte de poids. Tadataka Yamada, le directeur du département R&D (recherche et développement) de GSK, l'appelle « le régime chimique d'Atkins ». Cela veut dire que vous pourriez avoir le bénéfice d'un régime pauvre en hydrates de carbone sans nécessairement réduire votre consommation d'hydrates de carbone. En cas de succès, cela réduira aussi les calories de ce que vous mangez. On peut comprendre alors que GSK l'ait identifié comme une bombe potentielle de gros calibre.

Un médicament d'Eli Lilly, appelé Exenatide, qui a déjà passé les essais cliniques de phase 3 de la FDA, réduit aussi le taux du glucose sanguin après digestion des hydrates de carbone. Il a le bénéfice supplémentaire de supprimer la faim, et il attaque donc la perte de poids selon deux directions. D'autres médicaments, qui détruisent le glucose dans le sang avant qu'il n'ait été converti en graisses dans les cellules adipeuses, sont aussi en développement.

Pour comprendre le rôle propre aux hydrates de carbone dans notre alimentation, vous devez disposer de quelques informations sur la façon dont ils sont digérés. Les sucres simples sont absorbés directement par les cellules épithéliales qui bordent notre intestin grêle. Les disaccharides tels que le saccharose, le sucre de table, ou le lactose, le sucre du lait, sont eux aussi absorbés directement par les cellules épithéliales, mais ces molécules de sucres doubles nécessitent la présence de certaines enzymes afin de pouvoir être dégradées en leurs monosaccharides constituants. L'invertase, par exemple, dégrade le sucre de table, le saccharose, en glucose et fructose. La lactase convertit le disaccharide lactose (le sucre contenu dans les produits laitiers) en glucose et galactose. Plus de la moitié de la population humaine adulte mondiale a un déficit génétique en lactase, ce qui permet au lactose d'arriver dans le côlon sans avoir été digéré. Il y fermente et provoque des troubles gastro-intestinaux[3].

L'amidon et les polysaccharides des aliments ne peuvent pas être absorbés directement par les cellules épithéliales qui bordent l'intestin grêle ; ils doivent tout d'abord être dégradés en monosaccharides ou en disaccharides. Cela est effectué par l'amylase enzyme, sécrétée par les glandes salivaires et le pancréas. Le polysaccharide le plus courant est l'amylose, constitué d'un long chapelet d'unités glucose. Comme son nom le suggère, l'amylase est l'enzyme conçue pour dégrader l'amylose. Les hydrates de carbone trouvés dans les céréales décortiquées et les légumes contenant de l'amidon tels que les pommes de terre sont, pour l'essentiel, de l'amylose et sont digérés très rapidement. Il n'y a pas grande différence entre consommer ces amidons rapidement digérés et le sucre simple, en ce qui concerne l'élévation rapide du taux de glucose sanguin[4].

Action des fibres

Les fibres se présentent sous deux formes : solubles (elles se dissolvent dans l'eau) et insolubles (elles ne se dissolvent pas dans l'eau). Les avoines, comme dans les flocons d'avoine, sont un exemple de fibres solubles. Le céleri est un exemple de fibre pratiquement insoluble qui ne peut pas être digérée. Bien que les fibres soient classées parmi les hydrates de carbone et selon la loi, doivent être inclues dans la quantité totale des hydrates de carbone listés sur les étiquettes des aliments, elles n'apportent pas de calories au cours de la digestion[5]. Ainsi, les tortillas (crêpes mexicaines) des supermarchés, à faible teneur en hydrates de carbone, qui contiennent 11 grammes d'hydrates de carbone, dont 8 sont des fibres, ne possèdent en réalité que 3 grammes d'hydrates de carbone digestes ; seuls ces derniers peuvent augmenter le sucre sanguin et apporter de l'énergie à l'organisme. Les calories des fibres ne font que passer à travers le tube digestif dans l'état où elles y sont entrées, non digérées.

De plus, les aliments riches en fibres sont bénéfiques parce que leurs parties solubles sont digérées lentement. Des légumes tels que les lentilles et les haricots associent des polysaccharides digestibles à des polysaccharides non digestibles dans des formations complexes, ce qui provoque un ralentissement de la digestion des hydrates de carbone, clé de la prévention de dangereux pics d'insuline, comme nous en parlerons au chapitre 9, « Le problème avec le sucre (et l'insuline) ». Les fibres insolubles contribuent aussi à faire progresser les aliments dans les intestins, ce qui participe au fonctionnement normal du tube digestif.

Au lieu d'être essentiellement de longs chapelets de sucres simples, certains polysaccharides peuvent aussi se présenter sous forme d'arrangements plus complexes d'unités monosaccharidiques incluant de nombreuses liaisons croisées entre molécules. Les fibres sont un exemple de polysaccharide présentant un taux élevé de liaisons croisées.

L'index glycémique

L'expression « index glycémique » se réfère à la rapidité avec laquelle un aliment est converti en glucose sanguin. Les sucres simples deviennent presque instantanément du glucose et ils ont donc un index glycémique, ou IG, très élevé. Les amidons constitués essentiellement d'amylose, tels que ceux des pommes de terre, du riz et de tous les aliments fabriqués à partir de farines blutées, comme le pain, les petits pains, les pâtes et les pâtisseries, sont digérés presque aussi rapidement ; ils ont donc eux aussi un IG élevé. Les légumes tels que les haricots et les lentilles, en raison de leur teneur élevée en fibres et en hydrates de carbone complexes digestibles ou non digestibles ont un IG relativement bas.

Il est intéressant de remarquer que le fructose, le sucre des fruits, a un index glycémique beaucoup plus bas que celui de nombreux autres sucres parce qu'il est absorbé plus lentement par les cellules épithéliales de l'intestin grêle[6]. Les fruits, bien qu'ils aient un goût sucré, ont donc un IG plus bas que les douceurs faites à partir de saccharose, telles que les pâtisseries. Les fruits contiennent aussi des fibres et de nombreux nutriments précieux tels que des vitamines et des produits phytochimiques. Cela ne s'applique pas au sirop de maïs riche en fructose, habituellement utilisé dans les boissons sucrées. Le sirop de maïs riche en fructose a un IG élevé.

Les protéines, elles aussi, peuvent être converties dans l'organisme en glucose, mais ce processus nécessite de nombreuses étapes et prend généralement beaucoup de temps, ce qui se traduit par un index glycémique relativement bas pour les protéines de l'alimentation.

Lorsque vous consommez un repas contenant nombre d'hydrates de carbone à index glycémique élevé, le taux du glucose sanguin s'élève rapidement et le pancréas réagit par un pic d'insuline élevé, ce qui contribue à faire passer le glucose de la circulation dans les cellules. Cette action maintient le taux de glucose sanguin sous contrôle. Toutefois, ces taux d'insuline temporairement élevés dépassent souvent leur objectif et amènent le taux du glucose sanguin à un niveau trop bas, ce qui conduit à un besoin de plus d'hydrates de carbone à index glycémique élevé – un cercle vicieux[7].

Avec le temps, un abus continuel de ce cycle (consommation de grandes quantités d'hydrates de carbone conduisant à des taux élevés de glucose sanguin, d'où bouffées rapides d'insuline, d'où taux trop bas de glucose sanguin, d'où consommation de davantage d'hydrates de carbone, etc.) se traduit par une sensibilité à l'insuline plus faible des cellules de l'organisme. Cette résistance à l'insuline est une cause essentielle du syndrome métabolique (appelé aussi syndrome X), problème de santé majeur qui accélère l'athérosclérose et d'autres processus du vieillissement. La résistance à l'insuline peut aussi conduire au diabète de type 2[8], auquel cas, quelle que soit la quantité d'insuline produite par l'organisme, le glucose sanguin demeure toujours trop élevé. D'autres problèmes sont provoqués par des taux excessifs de glucose sanguin :

- la conversion rapide en triglycérides ou en graisses accélère l'athérosclérose et d'autres processus dégénératifs (voir le chapitre 6) ;
- le système immunitaire est inhibé ;
- la production d'adrénaline est augmentée jusqu'à quatre fois : cette activation chronique de la réaction de stress « combattre ou s'enfuir » (voir le chapitre 23) aggrave les lésions de l'organisme, y compris l'augmentation du taux du cortisol, ce qui inhibe encore plus le système immunitaire, et du cholestérol ;
- le glucose favorise la croissance de toute une série de cellules pathologiques, y compris les candida (levures), les infections fongiques et les cancers ;
- le glucose et la vitamine C entrent en compétition pour le même système de transport, et donc un excès de glucose sanguin interfère avec les rôles vitaux de la vitamine C dans la lutte contre les infections et l'élaboration des tissus de l'organisme ;
- le glucose oblige les molécules de protéines à avoir moins de liaisons croisées les unes avec les autres, ce qui est une cause essentielle du vieillissement ;
- le manque de fibres insolubles dans les amidons simples fait que les aliments passent trop lentement dans les intestins, ce qui favorise les gaz, le ballonnement et la formation de toxines. Cet effet peut contribuer au cancer du côlon[9].

Comment choisir des hydrates de carbone sains ?

Plus le glucose entre rapidement dans votre circulation sanguine, plus votre insuline augmente. En choisissant de façon appropriée vos aliments, vous pouvez largement contrôler vos taux d'insuline. Toutefois, le choix de bons aliments n'est pas toujours simple. Certains d'entre eux, qui n'ont pas du tout un goût sucré tels que les pommes de terre, augmentent considérablement vos taux sanguins de glucose et d'insuline, alors que d'autres qui ont un goût sucré, comme les patates douces, ont moins cet effet. Le moyen principal de déterminer la rapidité avec laquelle un aliment donné élève votre glucose sanguin, et donc l'insuline, est de connaître l'index glycémique de l'aliment (voir le tableau 5.1)[13]. Un aliment avec un IG élevé augmentera vos taux sanguins de glucose et d'insuline plus rapidement qu'un autre ayant un IG faible tel que les cacahuètes. Ainsi, vous avez besoin de connaître l'IG réel qui se présente comme la mesure de laboratoire de la rapidité avec laquelle un aliment élève votre glucose sanguin ; vous ne pouvez pas l'estimer par son goût sucré ou par le sucre ou l'amidon qu'il contient.

Vous débarrasser de vos besoins en hydrates de carbone

Une recherche récente a montré que des taux passagèrement élevés de glucose sanguin engendraient une dépendance. Bartley Hoebel, chercheur à l'Université de Princeton, a nourri des rats au moyen de grandes quantités de solutions de sucre. Après un mois de ce régime sucré, les rats y étaient devenus dépendants[10]. Le blocage des récepteurs des opiacés de leur cerveau au moyen de médicaments a conduit à des symptômes classiques de privation typiques de l'addiction aux opiacés. La gliadinomorphine, protéine du blé, et la caséinomorphine, protéine des produits laitiers, peuvent créer une forte dépendance chez certaines personnes. Pour cette raison, elles ont une tendance à avoir besoin de produits à base de blé ou de lait.

Si vous éliminez de votre régime tous les aliments à index glycémique élevé, vos besoins en hydrates de carbone disparaîtront et il vous sera alors plus facile de contrôler votre appétit[11]. Étant donné que ces aliments provoquent une dépendance, vous pourriez avoir pendant une brève période un état de manque, mais cela ne dure qu'une semaine ou deux. Éliminer complètement les aliments à charge glycémique élevée est de loin l'étape la plus importante que vous puissiez faire pour atteindre et maintenir votre poids optimal. Se contenter de les réduire ne marche pas parce que l'addiction n'est jamais rompue.

Éliminer les aliments à index glycémique élevé offre d'autres bénéfices pour la santé. La *Women's Health Study* (Étude pour la Santé des Femmes) de 2004 a montré que «l'index glycémique alimentaire était statistiquement associé de façon significative à un risque accru de cancer colorectal. »[12] Dans cette étude de l'UCLA (l'Université de Californie à Los Angeles), les femmes qui consommaient un régime à index glycémique élevé avaient un risque trois fois plus grand de cancer colorectal que les femmes qui mangeaient moins.

Cependant, la seule connaissance de l'index glycémique d'un aliment n'est pas suffisante. Si vous considérez le tableau 5.1, la sagesse conventionnelle serait de manger moins d'aliments d'IG élevé tels que les petits pois que d'aliments à IG plus faible tels que le riz blanchi. Les petits pois, avec un IG relativement élevé de 75, semblent comparables au pain blanc (70) et pas très éloignés du sucre de table (100). Le riz blanc, par ailleurs, a un IG plus bas de 64. La seule comparaison de ces nombres suggérerait que le riz blanc est un meilleur choix d'alimentation que les petits pois. Mais en est-il ainsi ?

Une meilleure idée est de regarder au-delà de l'index glycémique des aliments et d'examiner ce que l'on entend par *charge glycémique* (CG). C'est le nombre de grammes d'hydrates de carbone contenus dans un aliment multiplié par l'IG de ce dernier. La CG apporte une mesure grossière de la quantité d'insuline dont votre organisme aura besoin pour digérer un aliment donné, étant donné que la quantité d'insuline formée est basée à la fois sur la *quantité* des hydrates de carbone et la *rapidité* avec laquelle ils sont convertis en glucose. Et c'est cela que vous voulez réellement connaître. Les réponses de votre organisme en ce qui concerne l'insuline sont plus affectées par la charge glycémique des aliments que vous consommez que par leur index glycémique.

La comparaison de la charge glycémique des petits pois et du riz blanc conduit à quelques conclusions intéressantes. Une portion d'une demi-tasse de petits pois cuits contient 7,5 grammes d'hydrates de carbone pour une CG de 6 (7,5 × 75 %). Mais une portion d'une demi-tasse de riz blanc contient 36 grammes d'hydrates de carbone pour une CG de 23 (36 × 64 %), quatre fois celle des petits pois. Ainsi, même si le riz blanc, d'après son index glycémique, augmente plus lentement que les petits pois le taux du sucre sanguin, étant donné qu'il a beaucoup plus d'hydrates de carbone au début, il aura un effet beaucoup plus important sur le taux d'insuline, comme le montre sa charge glycémique très élevée.

Des études ont démontré que des régimes riches en CG étaient fortement associés à des marqueurs (signes) sanguins du syndrome X tels qu'une HDL-C (bon cholestérol) diminuée et des triglycérides (graisses du sang) élevés[14]. Donc, essayez de manger des aliments à faible CG.

D'après le tableau 5.1, il est évident que vous avez intérêt à consommer des aliments tels que les cacahuètes, les haricots, les lentilles, les petits pois, les carottes, le riz brun et le pain complet, contrairement aux pommes de terre, au riz blanc, aux pâtes, à la plupart des céréales toutes prêtes pour le petit-déjeuner et aux bonbons. Cela prend un peu de temps pour apprendre quels sont les aliments à consommer et quels sont ceux à éviter, mais vous attraperez le coup de main ; une fois que vous aurez commencé, ce n'est pas réellement compliqué.

Tableau 5.1 Charge glycémique des aliments courants
charge glycémique = grammes d'hydrates de carbone × index glycémique

Aliments	**Teneur en hydrates de carbone** (grammes)	**Index glycémique** (en %, glucose = 100 %)	**Charge glycémique par portion**
Skittles (paquet de 50 grammes)	54	70	38
Pomme de terre (cuite au four, 1)	30	85	26
Cornflakes (1 tasse)	26	92	24
Riz blanc (150 g)	36	64	23
Pâtes, cuites (1 tasse)	48	44	21
Pain blanc (2 tranches)	28	70	20
Pain de campagne (2 tranches)	28	55	15
Riz brun (150 g)	33	55	18
Haricots secs (150 g)	25	28	7
Petits pois (150 g)	7,5	75	6
Lentilles cuites (1/2 tasse)	20	29	6
Carottes, cuites (1/2 tasse)	8	47	4
Cacahuètes grillées (1/2 tasse)	7	14	1

Votre consommation optimale d'hydrates de carbone

Il n'est pas inhabituel que des individus consomment 60 % ou plus de leurs calories sous forme d'hydrates de carbone. Nous répartissons les gens en deux groupes : ceux dont la consommation d'hydrates de carbone est faible et ceux dont la consommation d'hydrates de carbone est modérée, même si les quantités que nous recommandons aux personnes du second groupe sont bien inférieures à ce que mangent la plupart des gens. Notre groupe de consommation faible d'hydrates de carbone est constitué de cinq sous-groupes de gens qui devraient diminuer les hydrates de carbone à moins d'un sixième de leurs calories totales et éliminer tous les hydrates de carbone à charge glycémique élevée. (Nous décrirons ci-après comment transcrire cela en grammes d'hydrates de carbone.)

Groupe à consommation faible d'hydrates de carbone

Les cinq sous-groupes sont :

- *Ceux qui tentent de perdre du poids.* L'élimination des aliments à CG élevée assurera le succès. En mettant fin aux besoins d'hydrates de carbone, vous constaterez que vous pouvez contrôler votre alimentation tout en vous sentant repus et satisfait avec moins de calories. Si vous ne réussissez pas à introduire ce changement, vous compromettrez vraisemblablement vos chances de succès de perte de poids et de maintien de ce dernier à sa valeur optimale.
- *Ceux qui présentent un syndrome métabolique (SM).* Nous discuterons dans le chapitre 9 « Le Problème avec le Sucre (et l'Insuline) » du diagnostic du syndrome métabolique (ou syndrome X) qui affecte environ un tiers de la population adulte. Les personnes qui présentent un SM ont souvent un taux de glucose sanguin à jeun de 100 ou plus, ce qui indique que leur organisme n'est pas capable d'utiliser correctement les hydrates de carbone. Ce symptôme se traduit par une tension sanguine élevée et accélère considérablement l'athérosclérose, processus sous-jacent à la plupart des maladies cardiaques. Le changement le plus important que vous puissiez faire pour contrôler un SM et empêcher qu'il ne devienne un diabète de type 2 à part entière est de réduire dans votre régime la quantité totale des hydrates de carbone de CG élevée[15].
- *Ceux qui ont un diabète de type 2.* L'une des principales caractéristiques du diabète de type 2 est que les cellules sont devenues fortement résistantes à l'insuline et qu'elles ne peuvent donc pas utiliser efficacement le glucose sanguin ; il en résulte que le taux de glucose demeure élevé dans le sang. Dans un effort pour diminuer ce dernier, le pancréas produit des quantités très importantes d'insuline, ce qui est en soi un problème parce que l'insuline accélère l'athérosclérose et d'autres processus du vieillissement[16]. Finalement, le pancréas peut se détruire lui-même et cesser de fabriquer de l'insuline, ce qui aggrave la maladie diabétique[17].

- *Ceux qui ont des facteurs de risque élevés de maladie cardiaque.* Nous discuterons de la façon d'évaluer ces facteurs de risque dans le chapitre 15, « La cause réelle des maladies cardiaques et comment les prévenir ». Supprimer drastiquement les hydrates de carbone améliorera significativement les taux de votre cholestérol et des autres lipides et diminuera votre risque de maladies cardiaques[18].
- *Ceux qui ont un cancer, qui ont eu un cancer ou qui ont un risque élevé de cancer.* Contrairement aux autres cellules et tissus de notre organisme, les cellules cancéreuses se développent rapidement et ont un appétit vorace pour le glucose. En fait, le glucose est la seule nourriture que les cellules cancéreuses puissent consommer. En réduisant la quantité de glucose facilement disponible, vous contribuerez à empêcher les cellules d'un cancer latent de devenir des tumeurs développées[19]. La réduction des hydrates de carbone, particulièrement ceux de CG élevée, est l'une des plus importantes étapes que vous puissiez faire pour empêcher un cancer.

Ces cinq sous-groupes représentent une majorité aux États-Unis et en Europe. Remarquez que pour les individus de ce groupe, dont la consommation d'hydrates de carbone doit être faible, nos recommandations sont encore supérieures à celles d'autres régimes en vogue à faible taux d'hydrates de carbone tels que le régime Atkins.

Spécifiquement, pour ce groupe, nous faisons les recommandations ci-après :

- Éliminez les aliments à CG élevée, c'est-à-dire les pâtisseries, les desserts de toutes sortes contenant du sucre et de l'amidon raffiné, le pain, les petits pains, les pâtes et les produits d'origine végétale riches en amidon tels que les pommes de terre et le riz.
- Limitez la consommation totale des hydrates de carbone à moins d'un sixième de vos calories totales (voir le tableau 5.2).
- Évitez généralement les céréales et les jus de fruits.
- Consommez de très petites quantités de fruits de CG basse tels que les baies et les melons.
- Consommez des quantités limitées d'hydrates de carbone acceptables tels que ceux des légumes (les haricots, les lentilles) et les noix.

- Consommez de plus grandes quantités d'hydrates de carbone acceptables tels que ceux des légumes à faible teneur en amidon, frais ou cuits légèrement. De bons choix sont :
  - les choux, les choux de Bruxelles, les brocolis ;
  - le chou vert, les feuilles de moutarde, les bettes à carde, les choux cavaliers, les épinards ;
  - tous les types de laitue (feuilles de laitue rouge ou verte, de romaine, d'endives, etc.) ;
  - le chou chinois, le pak choï, le pois mange-tout, le céleri ;
  - le choux-fleur, les courgettes, les concombres ;
  - tous les légumes verts ou poussant au-dessus du sol, en général.

  La plupart des légumes qui se développent en-dessous du sol (les « racines ») tels que les pommes de terre, les betteraves, les navets, les rutabagas ont typiquement beaucoup plus d'hydrates de carbone totaux et une charge glycémique plus élevée que celle des légumes verts (qui se développent au-dessus du sol).
- Utilisez un inhibiteur de l'alpha-glucosidase (voir Fantastic-Voyage.net pour des recommandations spécifiques), supplément ou médication qui se lie à une enzyme digestive, l'amylase. En se combinant à l'amylase, l'inhibiteur de l'alpha-glucosidase désactive l'enzyme, ce qui se traduit par un passage direct de l'amidon dans le tube digestif, sans qu'il soit dégradé, comme les fibres. Les inhibiteurs effectifs de l'alpha-glucosidase incluent les médicaments sur prescription Glucor (acarbose) et Diastabol (miglitol). Remarquez qu'un excès de glucose non digéré, tout comme les fibres, peut provoquer des gaz, un ballonnement et des troubles digestifs. Et donc, nous ne recommandons les inhibiteurs de l'apha-glucosidase que comme compléments pour un régime réduit en hydrates de carbone et non pas comme un substitut pour réduire les hydrates de carbone.

Voyons maintenant comment calculer la limite de vos calories lorsque vous êtes dans le groupe des personnes à consommation faible d'hydrates de carbone. En fonction de votre poids actuel et de votre niveau d'activité, cherchez dans le tableau 5.2 le nombre total de calories et le nombre de grammes d'hydrates de carbone. Dans ce tableau, le nombre de calories représente la quantité de calories dont vous avez besoin pour maintenir votre poids actuel. (Étant donné que nous discuterons dans le chapitre 8 de la façon d'atteindre votre poids optimal, si vous devez perdre du poids, nous vous recommandons d'adopter le taux de calories et le taux correspondant d'hydrates de carbone nécessaires pour votre poids souhaité et optimal. De cette façon, vous atteindrez graduellement ce dernier).

Par exemple, le taux de calories d'équilibre pour une personne d'activité modérée pesant 75 kilogrammes est de 2 250 calories. Cela se traduit par un maximum de 94 grammes de glucides par jour.

Si vous n'êtes pas dans l'un des cinq sous-groupes définis ci-dessus, vous présentez encore le risque de développer un SM, une maladie cardiaque ou un cancer et vous avez encore besoin de prendre en considération la quantité et le choix des hydrates de carbone.

Tableau 5-2 Maintien du taux de calories et hydrates de carbone recommandés – Taux pour les personnes du groupe à consommation faible d'hydrates de carbone

Poids (kg)	**Sédentaire**		**Modérément actif**		**Très actif**	
	Calories totales	Grammes d'hydrates de carbonne	Calories totales	Grammes d'hydrates de carbonne	Calories totales	Grammes d'hydrates de carbonne
45	1 170	49	1 350	56	1 620	67,5
50	1 300	54	1 500	63	1 800	75
55	1 430	60	1 650	69	1 980	82,5
60	1 560	65	1 800	75	2 160	90
65	1 690	70	1 950	81	2 340	97,5
70	1 820	76	2 100	88	2 520	105
75	1 950	81	2 250	94	2 700	112,5
80	2 080	87	2 400	100	2 880	120
85	2 210	92	2 550	106	3 060	127,5
90	2 340	98	2 700	113	3 240	135
95	2 470	103	2 850	119	3 420	142,5
100	2 600	108	3 000	125	3 600	150
105	2 730	114	3 150	131	3 780	157,5
110	2 860	119	3 300	138	3 960	165
115	2 990	125	3 450	144	4 140	172,5
120	3 120	130	3 600	150	4 320	180

Groupe à consommation modérée d'hydrates de carbone

Pour le groupe à consommation modérée d'hydrates de carbone (ceux qui ne sont pas dans l'un des cinq sous-groupes ci-dessus) nous recommandons les étapes ci-après :

- réduisez drastiquement les aliments à charge glycémique élevée tels que les pâtisseries, les desserts de toute sorte contenant du sucre et de l'amidon raffiné, les pains, les petits pains, les pâtes et les légumes riches en amidon tels que les pommes de terre et le riz ;
- limitez la consommation totale des hydrates de carbone à moins d'un tiers des calories totales (voir le tableau 5.3) ;
- consommez des quantités limitées de céréales complètes ;

Tableau 5.3 Maintien du taux de calories et hydrates de carbone recommandés – Taux pour les Personnes du Groupe à Consommation Modérée d'hydrates de carbone

Poids (kg)	**Sédentaire**		**Modérément actif**		**Très actif**	
	Calories totales	Grammes d'hydrates de carbonne	Calories totales	Grammes d'hydrates de carbonne	Calories totales	Grammes d'hydrates de carbonne
45	1 170	98	1 350	113	1 620	135
50	1 300	108	1 500	125	1 800	150
55	1 430	119	1 650	138	1 980	165
60	1 560	130	1 800	150	2 160	180
65	1 690	141	1 950	163	2 340	195
70	1 820	152	2 100	175	2 520	210
75	1 950	163	2 250	188	2 700	225
80	2 080	173	2 400	200	2 880	240
85	2 210	184	2 550	213	3 060	255
90	2 340	195	2 700	225	3 240	270
95	2 470	206	2 850	238	3 420	285
100	2 600	217	3 000	250	3 600	300
105	2 730	228	3 150	263	3 780	315
110	2 860	238	3 300	275	3 960	330
115	2 990	249	3 450	288	4 140	345
120	3 120	260	3 600	300	4 320	360

- consommez des quantités limitées de jus de fruit et de fruits ;
- consommez les bons hydrates de carbone, ceux des légumes (haricots, lentilles) et des noix ;
- consommez beaucoup de légumes à faible teneur en amidon (voir la liste page 79), dont les hydrates de carbone peuvent être mangés pratiquement sans restriction ;
- envisagez l'utilisation d'un inhibiteur de l'alpha-glucosidase.

Utilisez le tableau 5.3 pour déterminer votre taux de calories d'équilibre et la quantité d'hydrates de carbone recommandée lorsque vous êtes dans le groupe à consommation modérée d'hydrates de carbone.

Suggestions pour réduire les hydrates de carbone de votre régime

• Consommez davantage de fibres. Les fibres sont une composante importante de nombreux aliments contenant des hydrates de carbone et elles offrent toute une série de bénéfices pour la santé. Les fibres solubles telles que la pectine, l'arabinose, le bêta-glucane et le psyllium se trouvent dans les légumes, les fruits, les racines végétales, les avoines et le lin ; elles diminuent la LDL-C (le « mauvais » cholestérol)[22]. Les fibres insolubles telles que la cellulose du céleri améliorent le fonctionnement du gros intestin et peuvent réduire le cancer du côlon[23]. Les deux formes de fibres ajoutent du volume et une texture à votre alimentation. D'après les lois concernant l'étiquetage, les fibres doivent être répertoriées parmi les hydrates de carbone, même si elles ne sont pas digérées et n'apportent pas de calories. Ainsi, dans votre évaluation des hydrates de carbone, vous devez soustraire les grammes de fibres des grammes d'hydrates de carbone pour déterminer ceux qui sont réellement digestes. Vous pouvez aussi réduire le compte des calories de quatre fois le nombre de grammes de fibres (le compte des calories inclut quatre calories pour chaque gramme de fibre).

• Soyez patients. Il faut une ou deux semaines pour que les besoins en hydrates de carbone disparaissent lorsque ces derniers sont significativement réduits dans le régime, tout particulièrement lorsque les hydrates de carbone à index glycémique élevé sont très diminués ou supprimés. Il est presque impossible de réduire votre poids et de le maintenir à un niveau optimal sans éliminer de cette façon les besoins en hydrates de carbone.

• Utilisez des substituts. Remplacez les aliments riches en hydrates de carbone par des substituts pauvres en hydrates de carbone. Il en existe tout une série pour remplacer les aliments riches en hydrates de carbone que vous aimez : les pains, les céréales chaudes ou froides, les desserts glacés, les puddings, les pâtes, les sirops, les confitures et beaucoup d'autres choses. Voir Fantastic-Voyage.net pour des suggestions spécifiques de produits et des liens. Ces produits vous font adopter plus facilement un régime pauvre en hydrates de carbone.

• Emportez-le avec vous. Prenez quelques sachets de stevia lorsque vous ne dînez pas chez vous. Vous pouvez vous préparer rapidement une sauce de salade pauvre en hydrates de carbone et en graisse en mélangeant du stevia à du jus de citron et/ou du vinaigre aromatisé.

• Consommez des légumes pauvres en amidon autant que vous voudrez. Nous vous suggérons de manger une grande diversité de légumes de toutes les couleurs possibles.

• Tournez-vous vers les fruits. Mangez des baies et un peu des autres fruits pour votre dessert.

• Mangez lentement.

• Évitez les aliments très cuisinés tels que les frites et les plats cuits au four.

• Utilisez un inhibiteur de l'alpha-glucosidase pour réduire encore plus les hydrates de carbone réellement digérés par votre organisme.

Édulcorants alternatifs

Vous devez éviter le sucre sous toutes ses formes, étant donné qu'il est l'aliment dont la charge glycémique est la plus élevée. Cela soulève le problème de remplaçants acceptables.

Depuis 1977, *la saccharine*, le premier substitut pour le sucre, doit porter sur son étiquette un avertissement la signalant comme un carcinogène potentiel, car elle a été corrélée au cancer de la vessie chez des animaux de laboratoire[20]. Récemment, il y a eu une action des fabricants de saccharine en vue de l'élimination de cet avertissement, mais nous continuons à considérer les études originales concernant le risque de cancer comme fondées et nous ne recommandons pas son usage.

L'aspartame est aussi un édulcorant que nous déconseillons parce qu'il représente un risque potentiel pour la santé. Selon une publication du *New England Journal of Medicine*, l'aspartame peut provoquer un important déséquilibre dans les aminoacides et les neurotransmetteurs du cerveau[21]. Un exemple en est une disponibilité diminuée de l'aminoacide tryptophane. Cela peut réduire le taux de sérotonine du cerveau et être à l'origine d'un déséquilibre de l'humeur et de troubles du sommeil. De plus, du méthanol (l'alcool du bois) est libéré de l'aspartame lorsque ce dernier est consommé. Cette substance toxique peut provoquer des maux de tête, des évanouissements, des convulsions, des pertes de mémoire, des sautes d'humeur, des dépressions, des engourdissements des extrémités, des nausées, des troubles gastro-intestinaux et des symptômes fibromyalgiques. Certaines publications ont indiqué que l'aspartame pouvait provoquer une augmentation du taux d'insuline, bien qu'il ne contienne pas de sucre. Étant donné que nombre des maladies associées à la consommation de sucre sont le résultat de taux élevés d'insuline, cette découverte est un sérieux problème.

L'acésulfame K (acésulfame de potassium), approuvé par la FDA en 1988, est vendu sous la forme de tablette édulcorante. L'acésulfame K brut a un pouvoir sucrant 200 fois supérieur à celui du sucre. Du point de vue marketing, le bénéfice de ce produit est une longue période de péremption qui a été attractive pour l'industrie des boissons de régime. Une étude a suggéré qu'il était susceptible de stimuler la libération d'insuline. Une étude de 1997 chez la souris a conclu qu'« au vu de résultats mettant en évidence une importante génotoxicité *in vitro* chez les mammifères, l'acésulfame K devait être utilisé avec précaution[24]. »

Le sucralose, approuvé par la FDA en 1998, est formé par modification de la molécule de sucre de telle façon que cette dernière ne soit pas digérée. Les molécules modifiées, formées par chloration du sucre, sont 600 fois plus sucrées que le sucre de table. Dans la mesure où le sucralose quitte l'organisme non digéré, il y a moins de possibilités de complications qu'avec la saccharine ou l'aspartame. Des craintes ont été exprimées quant à l'éventualité de la formation de produits dangereux à partir du sucralose lorsqu'il passe à travers le tube digestif, mais des essais chez la souris ont indiqué que l'édulcorant était excrété essentiellement inchangé, avec seulement quelques métabolites mineurs. De nombreux substituts alimentaires à faible teneur en hydrates de carbone actuellement disponibles utilisent ce nouvel édulcorant. Selon nos connaissances actuelles, c'est un meilleur choix que la saccharine ou l'aspartame, mais on a raison de prendre des précautions tant qu'on n'a pas une plus grande expérience de son utilisation.

Il existe un édulcorant naturel sans calorie que nous recommandons *vivement*. *Le stevia* est un édulcorant qui est même bon pour vous. C'est une plante originaire d'Amérique du Sud qui est un supplément alimentaire naturel 30 à 100 fois plus sucré que le sucre de table. Le stevia est connu depuis 1 500 ans au Paraguay pour ses effets médicinaux et son goût sucré naturel. De même, depuis les deux dernières décennies, il est utilisé au Japon et, récemment, il est devenu très en vogue aux États-Unis comme édulcorant parfaitement naturel et sain. Nous ne connaissons aucune réaction néfaste rapportée à la suite de l'utilisation du stevia. De nombreuses études ont été effectuées au Japon et aux États-Unis sur les effets du stevia au niveau des membranes cellulaires, des systèmes enzymatiques ou sur les cancers[25], et on n'a jamais découvert d'effets négatifs. En fait, on a observé de nombreux bénéfices importants pour la santé :

- il est très nutritif ;
- il peut abaisser le glucose sanguin chez les diabétiques, mais il régule aussi le glucose sanguin chez les non diabétiques ;
- il peut diminuer une tension sanguine élevée ;
- il tue les bactéries à l'origine des problèmes dentaires ;
- il peut augmenter l'énergie et l'activité psychique ;
- il contribue à réduire le besoin d'alcool ou de tabac.

6
Graisses et protéines

Il y a un demi milliard d'années, de fines couches de graisse sous la peau et autour des organes des premiers animaux ont apporté une protection contre les inévitables aléas de longs voyages à la recherche de nourriture. Des couches plus épaisses de tissu adipeux (graisse) ont constitué une isolation thermique contre le froid de l'hiver. Plus important encore, les espèces animales ont été soumises à des conditions extrêmes pour l'accès à la nourriture et la graisse a apporté un moyen efficace de mettre en réserve l'énergie accumulée lors des périodes d'abondance pour les inévitables périodes de pénurie. Les plantes n'ont jamais développé une telle adaptation.

Les Hommes vivent maintenant dans une ère d'abondance, au moins en ce qui concerne les calories, si ce n'est d'aliments de haute qualité. Nous n'avons plus besoin de mettre en réserve des kilos de graisse qui, sur le long terme, accélèrent les processus dégénératifs et sont à l'origine d'affections telles que les maladies cardiaques, le diabète et l'arthrite dégénérative. Il est regrettable que nous ne puissions pas reprogrammer nos logiciels biochimiques pour les adapter à des circonstances radicalement différentes de celles dans lesquelles notre organisme a évolué. Nous en aurons la possibilité dans les cinq ou dix années à venir. Pour le moment, nous sommes empêtrés dans nos programmes métaboliques dépassés.

Un excès de calories, indépendamment du type d'aliments consommés, se retrouve mis en réserve sous forme de graisse corporelle. Les graisses alimentaires sont plus de deux fois plus riches en calories que les autres aliments (9 calories par gramme contre 4 calories pour les protéines et les glucides) et donc, manifestement, elles peuvent contribuer à l'excès de poids corporel. Le bénéfice le plus évident de la réduction des graisses dans un régime est de se sentir repus et satisfait avec moins de calories.

Il y a d'autres raisons pour lesquelles notre consommation d'aliments s'est écartée significativement de la conception initiale de notre système digestif. Deux familles de graisses non saturées, les graisses oméga 6, présentes essentiellement dans les huiles végétales, et les graisses oméga 3, trouvées dans les poissons, les noix et les graines de lin, étaient en équilibre relatif il y a un siècle. Les régimes modernes privilégient maintenant les graisses oméga 6 dans un rapport supérieur à 25 pour 1. Ces dernières favorisent l'inflammation, alors que les graisses oméga 3 sont anti-inflammatoires[1]. Étant donné que les processus inflammatoires ont un rôle important dans les maladies dégénératives (voir le chapitre 12, « Inflammation – la dernière preuve »), à long terme, ce déséquilibre contribue de façon essentielle aux maladies chroniques.

Les méthodes modernes de préparation des huiles de cuisine, de la margarine et des graisses végétales créent aussi des produits dérivés dangereux et des formes modifiées des molécules de graisse qui n'existaient pas dans les régimes alimentaires de l'Homme lorsque nos processus digestifs se sont formés. Les effets de ces formes pathogènes des graisses sont aggravés lorsque les aliments sont frits à haute température. Pour ces raisons, les régimes qui limitent sévèrement les graisses réduisent la contribution de ces dernières à l'excès de graisse corporelle, diminuent les oméga 6 et éliminent les sources de graisses pathogènes. Le régime d'Ornish inclut la recommandation de consommer des graisses oméga 3 saines. Certaines personnes qui suivent les régimes traditionnels pauvres en graisses, tel que le régime de Pritikin, n'ont pas cette recommandation. Éliminer les graisses est une amélioration importante par rapport au régime alimentaire standard occidental, mais nous pouvons affiner cette recommandation en incluant des graisses anti-inflammatoires saines.

Que sont les graisses ?

Lorsque nous pensons graisses, nous avons tendance à nous référer aux tissus mous du corps humain, sans forme bien définie, que nous associons à l'excès de poids. Ces derniers sont constitués de cellules graisseuses qui, comme le suggère leur nom, sont spécialisées dans la mise en réserve des graisses. Elles sont semblables à des petits réservoirs de carburant qui stockent l'énergie en vue d'une utilisation ultérieure.

Ne lésinez pas sur les oméga 3

Une partie importante du programme de longévité de Ray et Terry est faite pour assurer une consommation diététique appropriée de graisses oméga 3 anti-inflammatoire. Une grande étude conduite par la *Harvard School of Public Health* (École de Santé Publique de Harvard), la *Nurses'Health Study* (l'Étude de la Santé des Infirmières) a débuté en 1976 ; elle a suivi 90 000 infirmières sur de nombreuses années pour déterminer l'effet de la nutrition sur les maladies. Une des découvertes les plus frappantes apportées par cette étude a été celle selon laquelle les infirmières qui mangeaient au moins 30 grammes (environ une poignée) de noix par jour avaient, dans la proportion de 75 %, moins de maladies cardiaques que celles qui n'en mangeaient pas[2].

Il y a de nombreux acides gras très bénéfiques qui sont les composants principaux des graisses. En fait, deux d'entre eux sont essentiels pour la santé humaine et sont même connus sous ce nom ; ce sont les acides gras essentiels (AGE). L'acide alpha-linolénique est un acide gras essentiel oméga 3, alors que l'acide linoléique est un acide gras essentiel oméga 6. Mais le régime alimentaire occidental inclut déjà une quantité excessive de graisses oméga 6. Une voie efficace pour corriger le rapport déséquilibré des graisses oméga 6 et des graisses oméga 3 est d'augmenter la consommation de graisses oméga 3, tel que l'EPA (acide éicosapentaénoïque) de l'huile de poisson, tout en réduisant les graisses oméga 6, telle que l'huile de maïs.

Les aliments qui contiennent des quantités saines d'oméga 3 incluent les noix, les graines (particulièrement celles du chanvre), les poissons, les huiles de poisson, les graines de lin, l'huile de lin, l'huile de colza, le soja et les feuilles vertes telles que les épinards, les brocolis, le chou vert frisé et les algues (bien que les feuilles aient peu d'huile, ces dernières contiennent essentiellement de l'acide alpha-linolénique).

Toutefois, la graisse joue un rôle beaucoup plus complexe dans notre système métabolique ; elle n'est pas simplement une forme efficace de mise en réserve de l'énergie. Dans l'organisme, les graisses bénéfiques contribuent aussi à la formation d'hormones, de phospholipides (utilisés pour créer les membranes qui entourent nos cellules et les organites situés à l'intérieur de ces dernières) et de prostaglandines (substances hormonales qui contrôlent nombre de fonctions, telles que l'adhésion des plaquettes et la pression sanguine). En comprenant le rôle complexe des graisses alimentaires, nous pouvons concevoir des stratégies nutritionnelles optimales pour la consommation des graisses.

De petites modifications dans la structure des acides gras caractérisent divers types de graisses. Bien que du point de vue structural elles soient minimes, elles se traduisent par des différences considérables dans les types d'interactions biochimiques auxquelles peuvent participer les acides gras. Ces différences ont d'importantes implications en ce qui concerne votre santé.

Il y a de nombreux types de molécules de graisse, mais elles contiennent toutes une unité de glycérol qui fournit le squelette sur lequel se fixent trois chaînes d'acides gras. Comme dans le cas des hydrates de carbone complexes (les glucides), chaque acide gras est constitué d'une chaîne de 2 à 22 unités carbone-hydrogène (CH_2). La partie grasse de l'acide gras est constituée de cette chaîne qui se termine par un groupe méthyle (CH_3-). Comme le nom le suggère, la partie grasse d'un acide gras est soluble dans les graisses et insoluble dans l'eau. À l'extrémité opposée, se trouve un groupe acide carboxylique (–COOH), soluble dans l'eau, insoluble dans les graisses, grâce auquel l'acide gras s'attache au « tronc » glycérol. Ces acides gras sont très petits : une seule goutte d'huile en comprend un milliard de milliards.

La biochimie est fondée sur le carbone parce que c'est un module remarquablement flexible. Cela vient du fait qu'il a quatre positions (électrons) qui peuvent former des liens avec d'autres atomes. Dans les chaînes des acides gras représentés figure 6.1, vous pouvez voir que chaque atome de carbone est lié à quatre autres atomes. Les cellules biologiques sont capables d'insérer une double liaison entre deux atomes de carbone d'une chaîne d'acide gras en éliminant deux atomes d'hydrogène. Remarquez que tous les atomes de carbone ont encore quatre liaisons, ce qui est un impératif structural pour les molécules biochimiques. Les acides gras avec une ou plusieurs doubles liaisons carbone-carbone sont dits non saturés parce que la partie de l'acide gras où se situe la double liaison carbone-carbone n'est pas saturée par des atomes d'hydrogène. Cela permet à cette région de l'acide gras de réagir avec d'autres unités moléculaires telles que l'oxygène, l'eau et les groupes hydroxyle (–OH) ou sulfhydryle (–SH). Cette capacité à interagir chimiquement est la clé des effets bénéfiques pour la santé des acides gras non saturés.

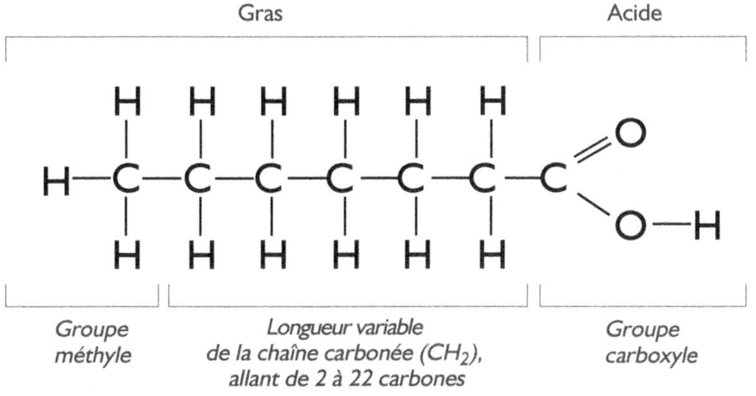

Figure 6.1 Acides gras et molécules de graisse

Les acides gras sans double liaison carbone-carbone sont dits saturés, car ils sont totalement saturés par des atomes d'hydrogène. Il en résulte qu'ils sont relativement inertes (ils ne réagissent pas avec d'autres substances), contrairement aux acides gras non saturés qui sont plus réactifs. Les graisses saturées ne facilitent pas les réactions biochimiques vitales de l'organisme ; elles mettent en réserve l'énergie et, lorsqu'elles sont en excès, c'est-à-dire lorsqu'il y a un excès de graisse corporelle, elles contribuent dans une large mesure à des maladies telles que le diabète de type 2, l'hypertension, les accidents vasculaires cérébraux et les maladies cardiaques. Même si vous gardez un poids normal, la consommation de quantité excessive de graisses saturées contribue à élever le taux du cholestérol et à augmenter l'adhésion des plaquettes, deux facteurs de risque essentiels pour les maladies cardiaques.

Lorsqu'un acide gras n'a qu'une seule double liaison, il est considéré comme *mono-insaturé* ; avec plus d'une double liaison, nous l'appellerons *poly-insaturé*. Chaque emplacement exact de ces points de désaturation (double liaison carbone-carbone avec des atomes d'hydrogène manquants) permet des types spécifiques de réactions biochimiques.

Les acides gras non saturés trouvés dans la nature ont une configuration « cis » (*cis* vient du latin et signifie « du même côté ») (figure 6.2). Lorsque les deux atomes d'hydrogène restants impliqués dans une double liaison carbone-carbone sont du même côté, ils se repoussent l'un l'autre et l'acide gras s'incurve.

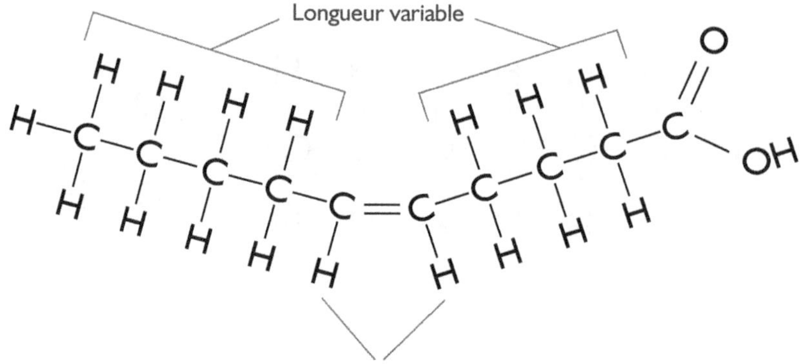

Figure 6.2 Acide gras non saturé dans la configuration cis (montrant l'incurvation)

Dans la configuration « trans », les deux atomes d'hydrogène restants impliqués dans la double liaison carbone-carbone sont sur des côtés opposés, ce qui conserve l'acide gras sous une forme rectiligne (figure 6.3). Bien qu'un *acide gras trans* soit non saturé, il se comporte plutôt comme un acide gras saturé parce qu'il est rectiligne et biochimiquement stable. Des acides gras trans, trouvés essentiellement dans la margarine et les graisses végétales, ne sont pas présents dans la nature. Ils sont créés artificiellement par les industries. Leur stabilité est intéressante du point de vue commercial, car ils peuvent être conservés longtemps, mais en convertissant la configuration *cis* naturelle en une configuration *trans* non naturelle, on perd les effets bénéfiques pour la santé des acides gras non saturés. Les acides gras trans trouvés dans de nombreux aliments commerciaux contribuent aux maladies cardiaques, tout comme les graisses saturées.

Les graisses non saturées

Les graisses non saturées, liquides à la température ambiante (ou du corps), se distinguent selon la position de la première double liaison carbone-carbone. Le système de numérotation oméga se réfère à la localisation de la première double liaison carbone-carbone à partir du méthyle terminal de l'acide gras. Ainsi, les

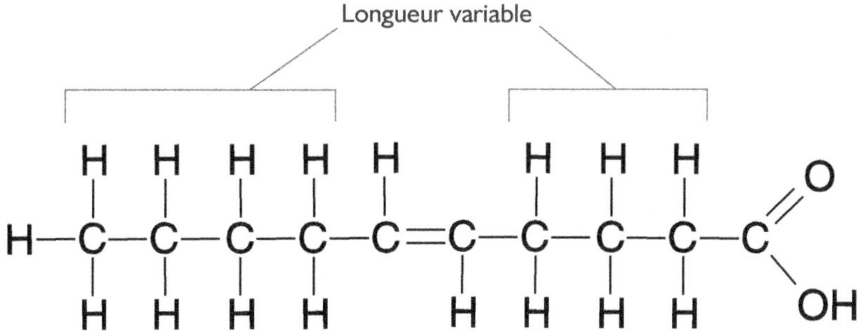

Figure 6.3 Acide gras non saturé dans la configuration trans

acides gras oméga 3 ont leur première double liaison carbone-carbone située à trois atomes de carbone à partir du méthyle terminal ; les acides gras oméga 6 ont leur première double liaison carbone-carbone située au niveau du sixième atome de carbone. Les familles oméga 3 et oméga 6 sont constituées d'acides gras polyinsaturés, ce qui veut dire qu'ils ont plusieurs doubles liaisons.

En général, les acides gras oméga 6 provoquent une réaction inflammatoire dans l'organisme, alors que les acides gras oméga 3 inhibent l'inflammation[3]. Les deux familles sont essentielles, mais le régime alimentaire occidental est devenu très déséquilibré en faveur des graisses oméga 6 pro-inflammatoires rencontrées dans les huiles végétales telles que les huiles de carthame, de tournesol, de maïs ou de sésame. L'inflammation est une étape importante à l'origine du développement des maladies cardiaques, des accidents vasculaires cérébraux, de la maladie d'Alzheimer ainsi que d'autres maladies dégénératives, et le rééquilibrage de ces deux familles d'acides gras est essentiel pour inverser le processus dégénératif[4]. Les graisses de type oméga 3 incluent :

- L'acide alpha-linolénique, parfois appelé *incorrectement* acide linoléique. C'est l'un des deux acides gras essentiels (AGE) parce qu'il est nécessaire à la vie et ne peut pas être créé dans l'organisme humain à partir d'autres aliments. L'acide alpha-linolénique contribue à :
  - améliorer l'oxygénation des tissus ;
  - favoriser l'oxydation des aliments dans les mitochondries (les petites unités énergétiques présentes dans toutes les cellules) ;

– accélérer la récupération musculaire au cours d'une activité physique ;
– favoriser la cicatrisation ;
– améliorer la sensation d'apaisement ;
– réduire l'inflammation ;
– diminuer l'adhésion des plaquettes ;
– Abaisser la tension sanguine.

Des recherches récentes ont démontré un lien entre un taux de consommation élevé d'acide alpha-linolénique et l'incidence du cancer de la prostate[5].

- L'EPA (acide eicosapentaénoïque) et le DHA (acide docosahexaénoïque), dérivés de l'acide alpha-linolénique, sont deux nutriments absolument essentiels. Lorsqu'ils sont consommés en quantités appropriées, l'EPA et le DHA contribuent à :
  – Abaisser jusqu'à 65 % le taux des triglycérides et jusqu'à 25 % celui du cholestérol[6] ;
  – Faciliter la dispersion des autres graisses, s'opposant ainsi aux effets néfastes des graisses saturées et des acides gras trans[7] ;
  – Diminuer l'adhésion des plaquettes qui contribue à l'athérosclérose et à l'infarctus du myocarde[8] ;
  – Abaisser les taux de l'apo(a) et du fibrinogène, deux facteurs de risque majeurs de l'athérosclérose[9] ;
  – Accroître la production des prostaglandines de série 3 (qui s'opposent aux prostaglandines de série 2 constituées de graisses oméga 6), ce qui diminue la tension sanguine[10] ;
  – Inhiber la croissance et les métastases (dispersion) des cellules cancéreuses[11].

Vous devez consommer régulièrement des aliments contenant de l'EPA et du DHA, mais nous recommandons aussi des suppléments pour vous assurer que vous atteindrez les taux optimaux de ces substances vitales anti-inflammatoires. Même l'*American Heart Association* (Association Américaine pour le Cœur), habituellement très conservatrice dans ses recommandations de suppléments, s'est récemment montrée en faveur d'une supplémentation en EPA et DHA[12].

La famille oméga 6 des graisses inclut :

- Le LA (acide linoléique). Ce dernier est l'autre AGE essentiel à la vie. Le LA est un AGE pro-inflammatoire. Bien qu'« essentiel » à la vie humaine, la plupart des régimes alimentaires de l'Occident en incluent des quantités excessives, et donc nous recommandons de limiter les huiles riches en LA, telles que l'huile de carthame, de tournesol, de soja, de citrouille ou de sésame.

- Le GLA (acide gamma-linolénique). Bien que ce soit une graisse oméga 6, c'est un précurseur de prostaglandines vitales, et il a donc d'importants effets bénéfiques pour la santé[13]. Les cellules de l'organisme humain convertissent le LA en GLA, mais toute une série d'états anormaux, tels que des déficits enzymatiques, un taux de cholestérol élevé, le diabète, le syndrome métabolique ainsi que d'autres processus du vieillissement, peuvent bloquer cette conversion. Lorsque le taux sanguin de GLA est faible, on peut prendre un supplément. L'huile d'œnothère (d'onagre) est une source recommandée. On a montré qu'elle pouvait :
  - abaisser la tension sanguine ;
  - abaisser le taux de cholestérol ;
  - diminuer le risque d'infarctus du myocarde ou d'accidents vasculaires cérébraux ;
  - améliorer le métabolisme des individus présentant un diabète ;
  - protéger le foie ;
  - soulager les symptômes de l'arthrite ;
  - calmer les symptômes du syndrome prémenstruel.
- Le DGLA (acide dihomogamma-linolénique). Il constitue une autre graisse oméga 6 présentant nombre d'effets bénéfiques pour la santé parce qu'elle permet à votre corps de fabriquer des prostaglandines de série 1 nécessaires au contrôle des plaquettes et de la tension sanguine. Le DGLA est aussi disponible comme supplément.
- L'AA (acide arachidonique). Trouvé essentiellement dans les viandes et les produits animaux, on pourrait le considérer comme le « Darth Vader » des graisses oméga 6. Il est nécessaire à la survie humaine parce qu'il permet à l'organisme de fabriquer les prostaglandines de série 2 qui, cependant, favorisent aussi les processus inflammatoires[14]. Il n'est pas considéré comme un AGE parce que l'organisme peut le synthétiser. Toutefois, il a un mauvais côté. Une forte consommation de viande dans les régimes alimentaires occidentaux et les taux importants d'AA qui en résultent sont les facteurs clé d'un niveau élevé d'inflammation, ce qui provoque des maladies des artères coronaires et d'autres maladies dégénératives.

L'huile de serpent

Il est intéressant de constater que certains serpents tels que la couleuvre aquatique de Chine, sont des sources particulièrement bonnes d'EPA et de DHA, et que les marchands d'huile de serpent du XIXe siècle pourraient avoir été sur une piste intéressante. Les couleuvres aquatiques chinoises sont rares aujourd'hui, mais heureusement des quantités intéressantes d'EPA et de DHA peuvent être obtenues de nombreux poissons d'eau douce ou d'animaux marins.

- Le saumon est une source particulièrement riche contenant jusqu'à 30 % d'EPA-DHA ; parmi les poissons, c'est aussi celui qui a un taux relativement faible de contamination par le mercure. Cependant, les saumons d'élevage sont nourris avec de la semoule de maïs et non pas avec l'alimentation du saumon sauvage faite de petits poissons et d'algues. Il en résulte que le saumon d'élevage a moins d'EPA et de DHA[15].
- La truite.
- Le maquereau (bien qu'on y ait trouvé des taux relativement élevés de contamination par le mercure).
- Les sardines.
- Les algues brunes et les algues rouges cultivées commercialement comme source d'EPA et de DHA.

La famille des acides gras mono-insaturés inclut :

- L'OA (acide oléique), une graisse oméga 9 (parce que son unique double liaison carbone-carbone commence au niveau du neuvième atome de carbone à partir du méthyle terminal). L'OA a des propriétés anti-inflammatoires semblables à celles de l'acide alpha-linolénique et c'est donc une graisse bénéfique. L'OA résiste à l'interaction avec l'oxygène, il est donc relativement stable. Un bénéfice majeur est qu'il contribue à conserver les artères flexibles et souples, donc résistantes à l'athérosclérose[16]. De bonnes sources d'OA incluent les olives, l'huile d'olive (extra-vierge), les avocats, les cacahuètes, les noix de pécan, les noix de cajou, les avelines et les noix de macadamia. Les produits animaux et le beurre apportent de petites quantités d'AO, mais ce bénéfice est largement dépassé par les taux élevés de graisses saturées et d'AA dans les graisses d'origine animale.

- Le POA (acide palmitoléique). Graisse de type oméga 7, le POA élève les taux de cholestérol et n'est pas une graisse saine. On le trouve en fortes concentrations dans les huiles de noix de coco et de palmier, ingrédients majeurs dans les crèmes fraîches industrielles qui ne sont pas à base de lait.

Graisses saturées

Les acides gras saturés qui tendent à être solides à température ambiante (ou du corps), contribuent à l'obésité, au diabète de type 2 et à la progression de l'athérosclérose, cause essentielle des maladies cardiaques. Les graisses saturées à longue chaîne tendent à s'agglomérer, ce qui force les plaquettes à adhérer les unes aux autres et contribue à l'athérosclérose et à la formation de caillots sanguins pouvant être à l'origine d'infarctus du myocarde[17]. Les graisses saturées forcent aussi les globules rouges du sang à adhérer les uns aux autres, ce qui réduit donc leur capacité à délivrer l'oxygène aux cellules. L'hypoxie résultante (manque d'oxygène dans les tissus) accélère l'athérosclérose ainsi que d'autres processus dégénératifs.

Les graisses saturées constituent une famille dont la consommation devrait être limitée. Elles incluent l'acide stéarique trouvé dans le beurre et les viandes d'animaux tels que le bœuf et le porc, l'acide palmitique des huiles de noix, de coco ou de palmier, l'acide butyrique du beurre et l'acide arachidique des cacahuètes.

Un autre problème avec la viande est que la graisse est une source majeure de pesticides et d'autres produits chimiques utilisés en agriculture. Ces derniers, utilisés pour faire pousser les aliments destinés aux animaux, se concentrent fortement dans la graisse animale.

Graisses pathogènes

Bien que ce ne soit pas formellement une famille de graisses, notre discussion ne peut pas se terminer sans considérer les graisses pathogènes. La plupart des huiles de cuisine commerciales tombent dans cette catégorie. Les producteurs d'huiles commerciales partent de graines et de noix qui sont des sources précieuses de vitamines, de minéraux, d'AGE, de fibres, de lécithines ainsi que d'autres nutriments essentiels, mais la quasi-totalité de ces derniers est détruite au cours de la production. De plus, les températures élevées et le taux des produits chimiques utilisés au cours de la production créent des molécules toxiques, y compris des formes pathogènes de graisses qui sont des configurations non naturelles d'acides gras ; l'organisme est incapable de faire entrer ces derniers dans les processus métaboliques, sauf dans la mise en réserve d'énergie.

La margarine et d'autres produits gras solides ou semi-solides contiennent des taux élevés d'acides gras trans qui ne sont pas normalement trouvés dans la nature ; ces derniers participent très activement aux maladies dégénératives. Par exemple, la margarine fabriquée à partir de l'huile de maïs à 100 % contient jusqu'à 25 % d'acides gras trans. On a montré que les acides gras trans contenus dans les produits gras commerciaux :

- augmentent le taux du cholestérol et diminuent celui du bon cholestérol HDL, selon une vaste étude, parfaitement conçue, publiée dans le New *England Journal of Medicine*[20] ;
- augmentent le taux des triglycérides[21] ;
- interfèrent avec les systèmes de détoxication de l'organisme[22] ;
- augmentent la Lp(a), autre facteur essentiel de risque pour les maladies cardiaques[23] ;
- diminuent le taux de la testostérone[24] ;
- augmentent la résistance à l'insuline, cause essentielle du syndrome métabolique et du diabète de type 2[25].

Le processus d'hydrogénation des huiles végétales liquides qui permet de fabriquer des produits susceptibles de se tartiner tels que la margarine, est particulièrement fâcheux. Ces derniers, du point de vue commercial, sont recherchés en raison de leur longue période de conservation. Cependant, du point de vue de la santé, ils ne sont pas bénéfiques. Les huiles hydrogénées sont constituées largement de graisses saturées et d'acides gras trans. Tous deux provoquent l'agrégation des cellules sanguines, ce qui contribue donc à l'athérosclérose[26]. Le processus d'hydrogénation utilise le nickel et l'aluminium, et des résidus de ces métaux dangereux restent dans le produit fini[27]. De plus, les graisses hydrogénées contiennent des fragments pathogènes d'acides gras et toute une série d'autres produits dérivés dangereux.

Aller à l'extra-vierge

L'huile d'olive vierge est l'huile obtenue en pressant les olives entières mûres et saines, sans chauffage, sans échauffement venant de l'extérieur ou du pressoir, et sans intervention d'un processus de raffinage ou d'autres processus tels que le blanchiment ou la désodorisation. L'huile d'olive qui n'est pas marquée « vierge » est raffinée et contiendra les mêmes graisses pathogènes que celles trouvées dans d'autres huiles végétales raffinées.

L'huile d'olive extra-vierge est meilleure. Cette huile satisfait à un ensemble de critères stricts, incluant l'utilisation d'olives de très haute qualité seulement. Nous vous recommandons de n'utiliser que de l'huile d'olive extra-vierge pour vos salades, vos cuissons et vos autres utilisations culinaires.

Cependant, gardez à l'esprit que lorsque les huiles, même celles qui sont bénéfiques telles que l'huile d'olive extra-vierge, sont chauffées à de très hautes températures (supérieures à 160 degrés), des produits chimiques toxiques se forment, en particulier des acrylamides et des monomères cycliques toxiques ; on a relié ces derniers à des dépôts anormaux dans le foie[18]. Frire en friteuse crée un grand nombre de radicaux libres qui interfèrent avec les processus métaboliques vitaux[19]. Nous vous recommandons d'éviter l'utilisation des friteuses et de cuire vos aliments dans une poêle en les agitant constamment. Une méthode saine consiste à mettre tout d'abord de l'eau dans la poêle (un wok est recommandé), puis d'ajouter une petite quantité d'huile d'olive extra-vierge. Amener la température à un niveau modéré (en dessous de 90 degrés ; lorsque l'huile fume, la température est trop forte) et ne faire cuire votre aliment que pendant un temps court. Cette façon de faire évitera la création de la plupart des produits dérivés toxiques.

Cholestérol

Notre discussion ne serait pas complète si on ne considérait pas le cholestérol. Le cholestérol n'est pas une graisse, mais son métabolisme est étroitement apparenté aux graisses du régime alimentaire. Le cholestérol est une molécule de 27 carbones ; il est synthétisé dans notre organisme à partir d'acétates à deux carbones qui sont les produits de dégradation des graisses ou des sucres (ainsi que des protéines, bien que par une voie moins directe). Le cholestérol est une substance dure, de consistance cireuse, essentielle à la santé et à la vie humaine. Il joue un rôle vital dans le maintien de la santé de nos membranes cellulaires[28]. Il est aussi le précurseur des hormones sexuelles (stéroïdes), mâles ou femelles, telles que les œstrogènes, la progestérone et la testostérone, ainsi que de la cortisone, l'hormone du stress.

Bien sûr, le cholestérol est bien connu en tant que facteur de risque essentiel de l'athérosclérose, processus de formation de plaques dans les artères pouvant conduire à l'infarctus du myocarde ou aux accidents vasculaires cérébraux. Les taux élevés de cholestérol jouent un rôle important dans ce processus, bien qu'il y ait d'autres facteurs de risque tout aussi cruciaux. Le cholestérol est présent dans notre alimentation mais, dans notre corps, la source essentielle en est sa synthèse par nos cellules, tout particulièrement dans le foie. Le cholestérol est unique en ce sens que notre organisme est susceptible de fabriquer mais pas de le dégrader. L'excès de cholestérol ne peut être éliminé de notre organisme que par les selles où il est combiné aux acides biliaires. Ce processus est facilité par les fibres de l'alimentation, autre aspect bénéfique de ces dernières dans le régime alimentaire[29].

Les calories en excès contribuent à la fabrication par l'organisme de plus de cholestérol qu'il est nécessaire pour une bonne santé[30]. Ces dernières viennent essentiellement des hydrates de carbone (glucides) à forte charge glycémique et des graisses malsaines, et tout particulièrement des graisses saturées, des acides gras trans et des formes pathogènes des acides gras polyinsaturés. Le stress contribue lui aussi aux taux excessifs de cholestérol parce que l'organisme a besoin de fabriquer du cholestérol pour produire l'hormone de stress qu'est le cortisol[31].

Au chapitre 15, « La cause réelle des maladies cardiaques et comment les prévenir », nous discuterons en détail du rôle du cholestérol dans les maladies cardiaques, ainsi que des façons de maintenir le taux de cholestérol de l'organisme dans des limites saines. En ce qui concerne l'influence du régime alimentaire sur le taux de cholestérol, le plus important que vous puissiez faire est de consommer moins de graisses saturées, d'acides gras trans et de formes pathogènes d'acides gras polyinsaturés.

Certains observateurs soutiennent que le cholestérol alimentaire n'est pas un facteur significatif du taux du cholestérol sanguin parce que les capacités de régulation du taux de cholestérol propres à notre organisme sont supérieures à ce qui est consommé. Cependant, cela n'est vrai que lorsque la consommation de cholestérol est raisonnablement faible et que les voies métaboliques qui contrôlent le taux du cholestérol fonctionnent correctement[32]. Chez de nombreux individus, aucune de ces conditions n'est garantie, en particulier pas chez ceux qui sont prédisposés aux maladies cardiaques.

Un individu moyen a environ 150 000 milligrammes de cholestérol, dont l'essentiel est incorporé dans les membranes cellulaires, avec seulement 7 000 milligrammes environ circulant dans le sang. L'utilisation journalière de ce cholestérol circulant est typiquement d'environ 1 000 milligrammes. Ainsi, la consommation de plusieurs centaines de milligrammes de cholestérol par jour peut augmenter le taux du cholestérol sanguin, en particulier lorsque les voies concernant le cholestérol sont perturbées (comme cela est indiqué par une tendance à des taux élevés). Nous recommandons de maintenir la consommation de cholestérol alimentaire à moins de 1 400 milligrammes par semaine. Si vous avez des facteurs de risque de maladies cardiaques élevés, vous devez la réduire à 700 milligrammes par semaine. Le régime alimentaire américain moyen contient environ 800 milligrammes de cholestérol chaque jour. Le cholestérol n'est trouvé que dans les produits animaux, y compris le jaune d'œuf (un jaune contient 250 milligrammes environ de cholestérol), les crustacés tels que les crevettes et les homards, les viandes, y compris le bœuf, le porc et les volailles, les abats (120 grammes de foie en contiennent 250 milligrammes) et les produits laitiers (30 grammes de beurre en contiennent 60 mg).

Recommandations concernant les graisses et le cholestérol dans le régime alimentaire

Les graisses des aliments contribuent très largement à l'obésité en raison de leur forte valeur calorique, 9 calories par gramme contre 4 calories par gramme pour les protéines et les glucides. Nous recommandons de limiter les graisses à 25 % des calories, en plus du fait que pratiquement toutes doivent être « de bonnes graisses ». Le *National Institutes of Health* (NIH, Institut National de la Santé) recommande que les graisses saturées soient limitées à moins de 7 % des calories totales. Nous vous recommandons de réduire les graisses saturées à moins de 3 %

des calories. Pour des individus consommant 2 400 calories par jour, la recommandation du NIH correspond à 18 grammes de graisses saturées journalières, tandis que nous recommandons de ne pas dépasser 8 grammes. En faisant des choix appropriés d'aliments, il est facile de maintenir l'apport de graisses saturées au-dessous de cette recommandation. Par exemple, une portion de 90 grammes de bifteck de bœuf n'a que 2 grammes de graisse saturée. Un cheeseburger de fast-food typique, en revanche, avec 15 grammes, dépasse notre recommandation journalière.

Les sucres et les amidons se transforment en graisse

Les sucres utilisés dans l'alimentation et les amidons simples sont la source essentielle de la graisse corporelle. Les amidons simples, trouvés dans les aliments à fort index glycémique tels que le pain, les pâtes, le riz, les pommes de terre et les pâtisseries, sont rapidement convertis au cours de la digestion en glucose. Le glucose qui n'est pas immédiatement utilisé pour l'énergie est converti en *triglycérides*, molécules de graisses constituées d'une unité glycérol et de trois chaînes d'acide gras saturés. Les molécules de triglycérides se comportent comme les graisses saturées : elles accélèrent l'athérosclérose. Un taux élevé de triglycérides est un facteur de risque indépendant pour les maladies cardiaques. De nombreux chercheurs pensent que cela a la même importance qu'un taux élevé de cholestérol.

L'organisme convertit facilement l'excès de glucose alimentaire venant des sucres et des amidons en graisse, mais il ne possède pas les mécanismes qui lui permettraient d'opérer dans le sens inverse. La seule façon de se débarrasser d'un excès de graisse corporelle est de dégrader les molécules de graisses en produits chimiques appelés « corps cétoniques » qui peuvent être utilisés comme source d'énergie. Tous les organes, y compris les muscles, peuvent utiliser les corps cétoniques dérivés des graisses comme source d'énergie, mais la question de savoir si le cerveau peut utiliser les corps cétoniques ou doit impérativement avoir du glucose est encore en discussion[33]. Chez les gens en état de jeûne ou ayant des régimes très pauvres en glucides, l'organisme convertira aussi les protéines de l'alimentation ou leurs propres protéines musculaires en glucose afin de nourrir leur cerveau et leurs autres organes vitaux.

Remarquez que 25 % des calories représentent moins de 12 % du poids des aliments en raison de la densité calorique élevée des graisses.

Le type de graisse que vous consommez est encore plus important que la quantité. Concentrez-vous sur les graisses alimentaires venant :

- Des noix.
- Des poissons riches en EPA et DHA, particulièrement du saumon qui est riche en EPA et en DHA (le saumon sauvage en possède plus que le saumon d'élevage) et a des taux relativement faibles de mercure.
- De l'huile d'olive extra-vierge.
- Des graines de lin et de l'huile de lin pressée naturellement qui peut être transformée par l'organisme en EPA et en DHA. Cependant, bon nombre d'individus n'ont pas les enzymes essentiels nécessaires à cette conversion et doivent consommer directement de l'EPA et du DHA.
- Des légumes qui contiennent des graisses en faible quantité, mais très utiles pour la santé.
- Du tofu.

Sources de graisses pouvant être consommées en petites quantités :

- Les viandes maigres, particulièrement les viandes blanches de poulet et de dinde. Les volailles fermières élevées sans hormones et sans antibiotiques sont à préférer. La viande de bœuf maigre est une bonne source de protéines, mais il y a plusieurs raisons pour éviter le bœuf et les autres viandes rouges : les vaches, les porcs et le bétail sont riches en hormones et en antibiotiques utilisés dans les élevages industriels.
- La graisse a les concentrations les plus élevées en produits chimiques et pesticides utilisés pour la culture des céréales alimentaires. Cela est particulièrement vrai pour la viande rouge (contrairement à la volaille) parce qu'il faut plus de temps pour élever les vaches et les cochons.
- La viande est relativement riche en cholestérol.
- Il y a danger d'infection par les prions en raison de l'ESB (encéphalopathie spongiforme bovine), ou maladie de la vache folle, qui a sévi à l'état épidémique dans les troupeaux anglais. Au moment où nous écrivons, une vache atteinte d'ESB a été détectée dans le cheptel américain, mais un petit nombre seulement de vaches américaines ont été testées. Bien que le Département Américain de l'Agriculture déclare que le bœuf américain est sain, on n'a pas l'assurance que la maladie ait été isolée avec succès. La maladie de la vache

folle est due à des prions qui sont des protéines malformées susceptibles de s'autorépliquer dans le cerveau des animaux atteints. Des maladies à prions semblables ont été disséminées dans la vie sauvage américaine, en particulier chez les cerfs. On pense que la maladie humaine de Creutzfeldt-Jakob, maladie mortelle, est due à la consommation de viande venant d'animaux infectés présentant la maladie de la vache folle[34]. Une infection latente par les prions est presque impossible à détecter et la période d'incubation peut être de 20 à 30 ans ; ainsi, il est possible qu'il y ait une infection à prions largement répandue dans la population américaine et qu'elle n'ait pas encore été détectée. Nos recommandations sont de ne jamais manger de bœuf venant d'Angleterre ou de viande d'un gibier sauvage tel que le cerf, quelle qu'en soit l'origine. La possibilité que l'infection à prions se soit développée à partir de ces sources est une autre raison de ne pas manger de bœuf du tout.

Les types de graisses qui doivent être évitées incluent :

- Les graisses saturées des viandes grasses, du beurre, du lait et des autres produits animaux.
- Les huiles de cuisine commerciales (utiliser à la place de l'huile d'olive extra-vierge).
- Les graisses hydrogénées de la margarine ou des graisses végétales et presque toutes les pâtisseries commerciales qui sont riches en acides gras trans.

Les recommandations pour la préparation des aliments sont données ci-après :

- Éviter de frire en friteuse.
- Faire sauter à feu vif en remuant dans une huile saine, telle que l'huile d'olive extra-vierge est acceptable. Une façon encore plus saine de cuisiner est de mettre tout d'abord de l'eau dans la poêle (un wok est recommandé), puis une petite quantité d'huile saine (huile d'olive extra-vierge) et enfin de faire cuire pendant un temps court à une température faible ou modérée.
- Une supplémentation en EPA et en DHA (1 000-3 000 milligrammes par jour d'EPA et 700 à 2 000 milligrammes par jour de DHA) est recommandée.
- La consommation de cholestérol dans le régime doit se limiter à 1 400 milligrammes par semaine. Les personnes qui présentent des facteurs de risque élevés pour une maladie cardiaque doivent limiter leur consommation de cholestérol à 700 milligrammes par semaine.

Protéines : la base de la vie

Les graisses sont une innovation relativement récente dans l'évolution. En revanche, les protéines sont les vraies bases de la vie. Le « livre de la vie », l'ADN qui constitue les gènes, possède les codes des protéines à la base de toutes les formes diverses de vie apparues sur la Terre.

Le mécanisme est très astucieux. L'ADN du noyau d'une cellule est copié pour créer une image dans un miroir sous le forme d'une molécule d'ARN. L'ARN sort du noyau puis des machines moléculaires appelées ribosomes le lisent et créent des séquences d'aminoacides. Selon un processus remarquable, ces chapelets d'aminoacides se replient sur eux-mêmes pour s'intriquer dans des structures tridimensionnelles. Nous ne comprenons pas encore exactement comment s'effectue le repliement des protéines, bien que des super-ordinateurs aient été développés pour modéliser et simuler ce processus dans les toutes prochaines années à venir. (Le super-ordinateur Blue Gene/L d'IBM prévu pour 2005, capable d'effectuer 360 milliards d'opérations par seconde, est spécifiquement programmé pour la modélisation du problème du repliement des protéines[36]).

Les protéines, structures tridimensionnelles complexes et disgracieuses formées de chapelets d'aminoacides, effectuent toutes les fonctions des organismes vivants. Tout ce que nous faisons : respirer, digérer, nous déplacer, penser, est effectué par des structures constituées de protéines.

Huit aminoacides sont considérés comme « essentiels » parce que l'organisme ne peut pas les synthétiser et doit les obtenir de l'alimentation. Les nutritionnistes recommandaient la consommation de protéines « complètes » qui contiennent les huit aminoacides essentiels. Cela signifiait habituellement des protéines animales, étant donné que les animaux, semblables à l'Homme, apportent les protéines qui possèdent tous les aminoacides nécessaires. Cependant, il n'y a pas de bénéfice à manger des protéines complètes tant que vous consommez tous les aminoacides nécessaires sous une forme quelconque.

Il n'est pas nécessaire de consommer tous les aminoacides essentiels à chaque repas, bien que, chaque jour, il soit souhaitable de les obtenir tous. Les végétariens doivent prendre soin de manger une grande variété d'aliments, parce que limiter le régime alimentaire à un nombre restreint de produits végétaux pourrait créer des déficits en certains aminoacides. En mangeant des produits végétaux très variés, en particulier des légumes, il n'est pas difficile d'obtenir tous les aminoacides essentiels. Le besoin journalier pour la plupart des aminoacides essentiels est d'environ 1 gramme par jour, et donc lorsque des quantités même minimes de chair de poisson ou d'animaux sont incluses dans le régime alimentaire, des déficits n'arrivent pratiquement jamais.

Il y a des avantages significatifs à tirer la plupart de vos protéines de sources végétales. Les produits chimiques, les pesticides, les hormones et les antibiotiques sont en concentration bien moindre dans les protéines végétales que dans la viande qui en contient beaucoup. Les sources animales de protéine contiennent des graisses saturées qui augmentent le taux du cholestérol sanguin et peuvent conduire à une résistance à l'insuline[37]. La viande contient aussi du cholestérol alimentaire. Le meilleur choix est les protéines de soja qui optimisent les profils lipidiques sanguins. Il y a aussi des bénéfices écologiques évidents : les protéines végétales sont environ 20 fois plus efficaces que les protéines animales pour nourrir les populations et éviter les dommages environnementaux de l'agriculture.

Une source idéale de protéine est le poisson (essentiellement le saumon), qui est également riche en graisses oméga 3. Le saumon sauvage de l'Alaska est idéal en terme de réduction des taux de mercure.

Il y a des bénéfices propres à chaque aminoacide et des suppléments en aminoacides spécifiques ont une valeur thérapeutique. Les aminoacides essentiels incluent :

- La phénylalanine, antidépresseur naturel.
- Le tryptophane, sédatif naturel (bien que sous forme de supplément il a posé des problèmes de régulation).
- La lysine, qui combat les virus mais n'est pas recommandée aux personnes atteintes de diabète.
- La thréonine, aminoacide naturellement calmant.
- La méthionine, impliquée dans une voie métabolique clé, discutée en détail au chapitre 13.

- L'isoleucine, la leucine et la valine, aminoacides à chaîne ramifiée qui augmentent la synthèse des protéines dans le foie et contribuent à l'ensemble des fonctions du foie.

Deux autres aminoacides sont essentiels pour les enfants ; l'un d'eux a aussi une énorme valeur chez les adultes à dose thérapeutique :

- L'arginine, qui contrôle la voie vitale du monoxyde d'azote[38]. Un supplément de 6 à 9 grammes d'arginine par jour réduit l'athérosclérose et améliore la santé des vaisseaux sanguins (voir le chapitre 15 sur les maladies cardiaques).
- L'histidine.

D'autres aminoacides non essentiels ont des effets bénéfiques à dose thérapeutique :

- La cystéine, essentielle chez les enfants prématurés, a une valeur pour les adultes en tant que support du système antioxydant de l'organisme.
- La tyrosine, antidépresseur naturel, rencontrée dans les hormones thyroïdiennes.

Les protéines peuvent être converties en glucose dans l'organisme, mais la voie métabolique est moins directe que celle de l'amidon, et donc des produits protéiques purs, telle que la protéine de soja, ont un index glycémique plus bas que les glucides à index glycémique modéré ou élevé[39]. Cependant, toute source de calories peut se terminer par une augmentation du taux du cholestérol et des triglycérides lorsque la consommation est excessive.

Bons pour la santé ?

« **Apport élevé de graisses polyinsaturées** » : Pas nécessairement.

Les graisses polyinsaturées oméga 3 sont bonnes pour la santé parce qu'elles inhibent les processus inflammatoires à la base des maladies cardiaques et des autres maladies dégénératives. Cependant, les graisses polyinsaturées oméga 6, qui se trouvent dans de nombreuses huiles de cuisine industrielles, favorisent ces processus inflammatoires dangereux et sont consommées en excès important dans la plupart des régimes alimentaires occidentaux. Les produits alimentaires industriels tels que la margarine sont typiquement riches en acides gras polyinsaturés trans, qui se comportent comme des graisses saturées en accélérant l'athérosclérose et d'autres processus pathologiques. Les températures élevées utilisées pour fabriquer les huiles alimentaires industrielles produisent aussi des formes pathologiques d'acides gras polyinsaturés, qui peuvent elles aussi être à l'origine de problèmes de santé.

« **Monoinsaturé** » : Pas nécessairement.

L'OA (acide oléique), graisse monoinsaturée oméga 9, est anti-inflammatoire et bonne pour la santé. Cependant, le POA (acide palmitoléïque), graisse monoinsaturée oméga 7, augmente le taux de cholestérol et n'est pas une graisse bonne pour la santé.

« **Pas de cholestérol** » : Pas nécessairement.

Le taux du cholestérol sanguin est modifié essentiellement par les calories en excès, tout particulièrement celles venant des glucides à index glycémique élevé et des formes de graisses mauvaises pour la santé. La margarine de l'huile de maïs, par exemple, est « sans cholestérol », mais elle est riche en acides gras trans qui augmentent le taux du cholestérol sanguin.

« **Pressé à froid** » : Pas nécessairement.

Pressé à froid veut dire simplement qu'il n'y a pas d'apport de chaleur externe au cours du pressage. Les méthodes industrielles d'extraction de l'huile utilisent d'énormes pressions qui souvent créent une chaleur intense due à la seule friction. Cela détruira les effets bénéfiques pour la santé des huiles alimentaires, y compris ceux de l'huile d'olive. Et le terme « pressé à froid » se réfère uniquement à l'étape d'extraction de l'huile ; il n'apporte aucune information sur les étapes potentiellement mauvaises utilisées au cours de la préparation.

« **Extra-Vierge** » : Oui.

L'appellation « Huile d'olive vierge » se réfère à l'huile d'olive obtenue en pressant des olives entières, mûres et saines, sans apport de chaleur et sans raffinage ou toute autre étape de préparation. L'huile d'olive « Extra-vierge » obéit à des règles strictes et c'est elle que nous recommandons pour les salades et la cuisine.

PONT DEUX

Le devenir des graisses

Dans un précédent chapitre sur les glucides, nous avons mentionné le Pont Deux concernant le développement de médicaments qui pourront bloquer des glucides, même après qu'ils aient traversé le tube digestif, en détruisant le glucose dans la circulation sanguine. Qu'en est-il de la destruction des graisses après qu'elles aient été consommées ? Un médicament en cours de développement par le laboratoire australien Metabolic semble susceptible de réaliser cela en augmentant considérablement la vitesse de combustion des graisses dans la circulation avant qu'elles puissent être mise en réserve dans les cellules adipeuses. Selon l'étude de phase 2 de la FDA (*Food and Drug Administration*), les obèses qui utilisaient le médicament avaient une perte de poids double de celle d'un groupe témoin utilisant les médicaments actuellement disponibles destinés à faire perdre du poids. Étant donné que le médicament augmente simplement la vitesse à laquelle sont brûlées les graisses, il ne semble pas qu'il interfère avec les graisses saines qui jouent un rôle vital dans d'autres processus métaboliques.

Viande et œufs enrichis en oméga 3. Nous savons qu'une consommation augmentée de graisses oméga 3 est essentielle. Actuellement, la manière la meilleure et la plus simple d'obtenir ces acides gras oméga 3, l'EPA et le DHA, est de consommer du poisson et de prendre des suppléments d'huiles de poisson. Malheureusement, tous les océans de la planète sont contaminés par le mercure, et la forme sous laquelle il se trouve dans les poissons est extrêmement absorbable. Une nouvelle solution biotechnologique est en cours d'étude. Le gène « fat-1 » du vers rond *C. elegans* est capable de convertir les acides gras oméga 6 en acides gras oméga 3. La plupart des animaux terrestres n'ont pas cette possibilité. Des ingénieurs en génétique ont inséré ce gène à des souris de laboratoire qui maintenant convertissent les graisses oméga 6 de leur régime en graisses oméga 3[35]. Étant donné que les consommateurs ne considéreront pas les souris comme un aliment de choix, les chercheurs travaillent maintenant à l'application de cette technologie à des animaux de basse-cour plus traditionnels, et donc très prochainement nos œufs, notre lait et notre viande pourraient nous apporter des graisses oméga 3 bonnes pour la santé et non plus des graisses saturées.

Animaux clonés pour l'alimentation. Les techniques de clonage offrent une solution possible à la faim dans le monde, en créant de la viande et d'autres sources de protéines en clonant le tissu musculaire d'animaux. Cela permettrait de « faire » des beefsteaks ou des morceaux de poulet dans une usine sans animaux. Les bénéfices en seraient un coût extrêmement bas, l'absence des pesticides et des hormones qui se trouvent dans la viande naturelle, un impact environnemental considérablement réduit comparativement à celui des fermes industrielles, un profil nutritionnel amélioré et une absence de souffrance pour les animaux.

Une application plus immédiate du clonage est un élevage amélioré qui reproduirait directement un animal possédant un ensemble souhaitable de traits génétiques. Un bon exemple est la reproduction d'animaux à partir d'embryons transgéniques (embryons avec des gènes étrangers) pour la production de produits pharmaceutiques, en l'occurrence un nouveau traitement anticancéreux prometteur. Ce médicament anti-angiogenèse (il empêche les tumeurs de créer les nouveaux réseaux capillaires nécessaires à leur croissance), appelé aaATIII, est produit dans le lait de chèvres transgéniques.

Des études ont montré que des régimes alimentaires riches en protéines animales augmentent la résistance à l'insuline, origine ultime du syndrome métabolique et du diabète de type 2. Cependant, on ne sait pas nettement si ce sont les protéines ou les graisses saturées associées, présentes également dans les produits animaux, qui sont responsables. Nous savons que les graisses saturées augmentent la résistance à l'insuline[40]. Des études ont montré que les régimes alimentaires riches en protéines végétales (contrairement aux protéines animales) ne semblent pas augmenter la résistance à l'insuline[41].

On trouve dans les magasins de diététique, ainsi que par l'intermédiaire de sites Web (voir Fantastic-Voyage.net pour des recommandations), une quantité de produits de substitution, à faible teneur en glucides, pour les aliments qui normalement en sont riches tels que le pain, les pâtes, les céréales, les puddings et les desserts. Nombre d'entre eux sont fabriqués avec des protéines de soja qui réduisent le taux du cholestérol sanguin. Sachez que ces aliments peuvent aussi contenir une protéine du blé (du gluten) ; certaines personnes sont sensibles au gluten, comme il en sera discuté dans le chapitre suivant.

Vitamines et radicaux libres

Les acides gras non saturés apportent plus de bénéfices que les graisses saturées, mais même ces graisses bonnes pour la santé peuvent provoquer des dommages aux artères si elles s'oxydent lorsque le taux sanguin d'antioxydant est insuffisant[42]. Les vitamines jouent un rôle important dans ce processus et cela pour diverses raisons. Plusieurs servent d'antioxydants puissants ; parmi elles figurent les vitamines C et E, et le bêta-carotène. Elles agissent aussi en tant que catalyseurs des voies métaboliques vitales qui utilisent les acides gras oméga 3 et d'autres acides gras polyinsaturés bénéfiques pour la santé. L'organisme est incapable d'utiliser ces graisses en l'absence de taux appropriés de vitamines et de minéraux. Par exemple, les AGE de notre organisme seront endommagés par les radicaux libres à moins qu'ils ne soient protégés par la vitamine E et le bêta-carotène. Les vitamines et les minéraux tirés des sources alimentaires sont idéaux, mais il n'est en général pas possible de maintenir des taux totalement optimaux de ces nutriments à partir de notre seul apport alimentaire ; une supplémentation est donc elle aussi conseillée (voir le chapitre 21, « Supplémentation active ».

Recommandations pour les protéines

Notre recommandation en ce qui concerne les glucides pour ceux qui doivent en consommer modérément, est de restreindre leur apport glucidique à moins d'un tiers des calories dont ils ont besoin, et pour ceux qui doivent en consommer peu, à moins d'un sixième. Notre recommandation en ce qui concerne les graisses est de limiter les graisses saines à un maximum de 25 % des calories. Cela signifie que pour ceux qui doivent consommer modérément les glucides, au moins 42 % des calories doivent être apportées par les protéines ; pour ceux qui doivent consommer peu de glucides, ce pourcentage doit être porté à au moins 59 %.

La plupart de ces protéines ne doivent pas venir de sources animales, viandes, œufs entiers, produits laitiers, parce qu'il serait impossible de tenir les autres recommandations, en particulier en ce qui concerne la consommation de graisses saines. Nous recommandons que la plupart de vos protéines viennent de légumes contenant des protéines ainsi que des glucides à très faible index glycémique et de petites quantités de graisses saines. Il est important de consommer la plus grande variété possible de légumes, afin d'obtenir tous les aminoacides au taux optimal, plusieurs fois supérieur au taux minimal nécessaire pour éviter un déficit.

Une autre source de protéines végétales de haute qualité est apportée par les protéines du soja que l'on trouve dans de nombreux produits tels que le tofu conçu pour se substituer aux aliments normalement riches en glucides (pâtisseries) ou en graisses animales (hamburgers). D'autres options concernant les protéines incluent le blanc d'œuf (y compris les substituts d'œuf qui sont à 99 % du blanc d'œuf), les viandes maigres, particulièrement les viandes blanches de poulet et de dinde, et enfin le poisson.

7
Vous êtes ce que vous digérez

Les nombreux nutriments de votre alimentation ne peuvent vous aider que s'ils sont correctement digérés. De la consommation à l'absorption, vos aliments suivent un chemin long, complexe et dangereux. Le processus de la digestion humaine qui s'effectue tout au long du tube digestif – de la bouche à l'anus – se comporte comme un système de contrôle élaboré. Il dégrade les aliments en leurs constituants moléculaires en vue d'un apport à leurs destinations ultimes, des billions de cellules (10^{12}), où ils sont à nouveau assemblés dans les petites machines et les sources d'énergie qui animent votre vie.

La digestion est un processus remarquablement efficace mais des défauts, dont certains sont génétiques tandis que d'autres résultent de décennies de nutrition non optimale, sont à la base de nombreux inconforts et, sur le long terme, de l'évolution de certaines maladies. Une étude a révélé que 70 % des adultes américains souffrent, en plus de maladies digestives spécifiques, de symptômes gastro-intestinaux gênants qui résultent d'une mauvaise digestion, d'une mauvaise absorption ou de la présence de bactéries malsaines dans le tube digestif[1]. Évaluer et réparer vos processus digestifs est essentiel pour votre santé, à court terme aussi bien qu'à long terme.

Nous exerçons peu de contrôle conscient sur nos processus digestifs. Au niveau de la bouche et du nez, des bourgeons du goût et des détecteurs olfactifs apportent au cerveau plaisir et contrôle critique sur ce que nous mangeons. Cependant, après que les aliments ont quitté la bouche, il n'y a plus que des détecteurs nerveux faibles susceptibles de communiquer avec le cerveau. Dans sa plus grande partie, le processus est en pilotage automatique, contrôlé par des réflexes utilisant des nerfs locaux et des voies métaboliques délicates. Nous pouvons influencer le processus digestif grâce à des suppléments et, si nécessaire, des médicaments. Mais l'adoption d'un régime sain est la chose la plus importante que vous puissiez faire pour maintenir et restaurer le délicat équilibre de vos processus digestifs.

Comment s'effectue la digestion ?

Le schéma du système gastro-intestinal humain de la figure 7.1 montre les organes impliqués dans la digestion ; cette dernière s'effectue selon les étapes ci-après.

Étape 1. La digestion commence au niveau de la bouche où la mastication dégrade les aliments en petites particules susceptibles d'être traitées. Les glandes salivaires produisent chaque jour environ un litre de salive qui mouille et lubrifie les aliments secs et les tamponne, modifiant ainsi l'équilibre acide-base, pour maintenir un pH optimal (alcalin). L'enzyme digestive principale de la salive est l'amylase qui initie la dégradation de l'amidon (un polysaccharide) en glucose (un monosaccharide) ou en maltose (un disaccharide). De plus, le nettoyage de la bouche par la salive est important pour l'hygiène buccale.

Une mastication soigneuse est essentielle pour la santé. Avaler des aliments solides avant qu'ils n'aient été correctement broyés et mixés avec de la salive impose un gros effort au processus digestif et peut se traduire par une digestion inadéquate et une absorption défectueuse. Une mastication insuffisante oblige le tube digestif à sécréter des quantités plus importantes d'enzymes digestives puissantes, ce qui peut provoquer immédiatement un excès de gaz et un ballonnement. Avec le temps, ces enzymes peuvent léser l'estomac et le tube digestif. Donc, lorsque vous mangez, prenez votre temps.

Étape 2. Ensuite, les aliments passent par l'œsophage où des contractions péristaltiques involontaires (mouvements semblables à ceux d'un vers) les envoient dans l'estomac. Ce dernier peut se dilater pour recevoir des repas de volumes différents. Il sert de gare temporaire qui libère les aliments dans l'intestin, de façon graduelle et contrôlée, grâce à des contractions péristaltiques ainsi qu'à des contractions d'ensemble de la paroi gastrique.

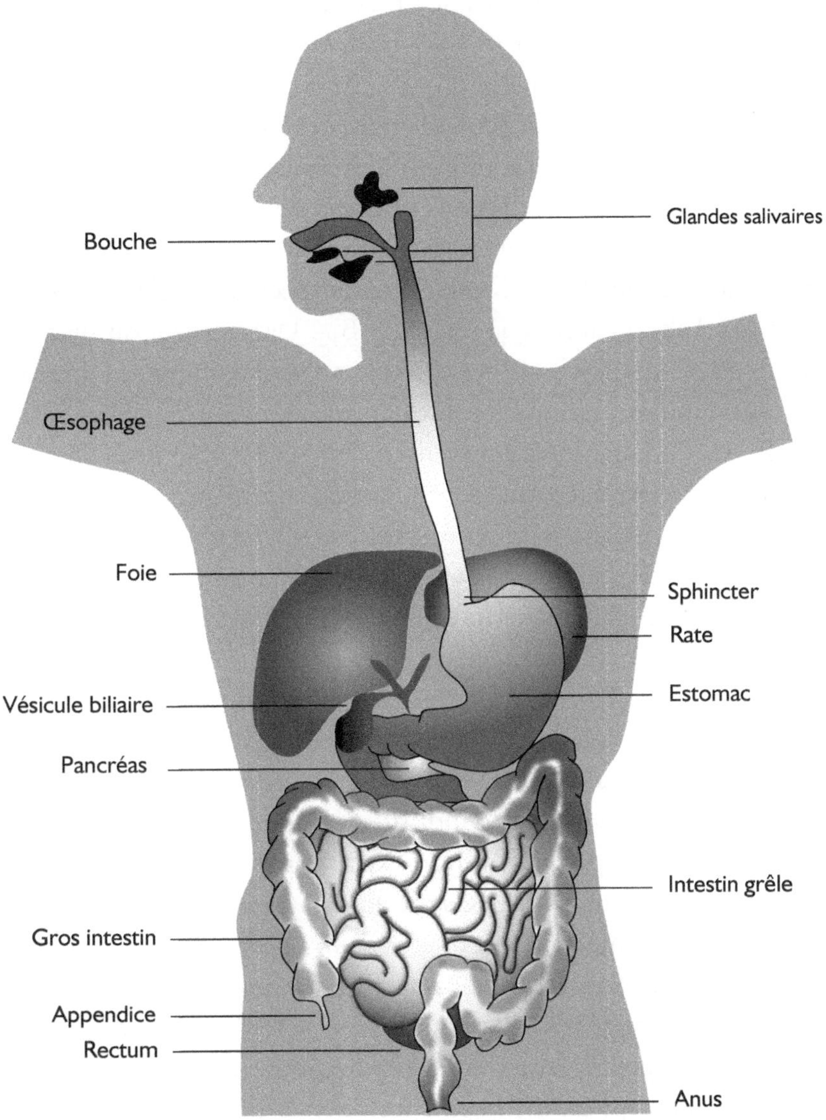

Figure 7.1 Le système gastro-intestinal humain

Étape 3. Les cellules de la muqueuse gastrique qui bordent la paroi stomacale sécrètent chaque jour environ un quart de litre de suc gastrique. Ce dernier est le fluide le plus acide de tout l'organisme ; il est largement constitué d'acide chlorhydrique et son pH se situe entre 1,0 et 2,0. Cet acide dissout les aliments en une forme presque liquide appelée chyme. Le suc gastrique contient aussi des enzymes digestives, et plus particulièrement des pepsines qui commencent à dégrader les protéines en leurs aminoacides constituants. Lorsque le chyme quitte l'estomac, ces processus digestifs ont déjà dégradé environ 30 à 50 % de l'amidon et 10 à 15 % des protéines, mais pratiquement aucune graisse.

Le suc gastrique contient aussi une protéine spéciale appelée *facteur intrinsèque*, nécessaire à l'absorption de la vitamine B_{12}. Une absorption inadéquate de la B_{12} interfère avec un métabolisme correct de l'acide folique, ce dont il résulte des taux élevés d'homocystéine (voir le chapitre 13). Pour remédier à cet état, il n'est pas suffisant de faire doser simplement le taux sanguin de la B_{12} parce que cela ne révélera pas si l'organisme est capable d'utiliser ce nutriment. Un meilleur test est de mesurer le taux sanguin d'acide méthylmalonique, intermédiaire métabolique qui a besoin de la vitamine B_{12} pour sa dégradation. Lorsque le taux sanguin d'acide méthylmalonique est élevé, cela indique que la vitamine ne fait pas son travail, indépendamment de son taux réel dans le sang. Un métabolisme inapproprié de la B_{12} peut être traité par une supplémentation en facteur intrinsèque et l'introduction de quantités élevées de B_{12} directement dans la circulation sanguine grâce à des comprimés sublinguaux ou à des injections.

Les cellules de la paroi gastrique produisent aussi deux types de mucus pour se protéger d'une digestion par leurs propres sucs acides. Il y a un délicat équilibre entre ces acides, les pepsines (qui ne sont efficaces que dans un environnement très acide) et l'action protectrice du mucus stomacal. Une rupture de cet équilibre est souvent la conséquence d'une infection par une bactérie connue sous le nom de *Helicobacter pylori* (*H. pylori*) ; elle peut se traduire par de graves lésions telles que des ulcères peptiques au niveau de la muqueuse de l'estomac.

Une très faible absorption d'aliments en direction de la circulation sanguine s'effectue dans l'estomac, bien que de petites quantités de sucres simples, tels que le glucose, et d'aminoacides puissent être absorbées par la muqueuse gastrique. L'alcool éthylique des boissons alcoolisées est lui aussi facilement absorbé directement au niveau de l'estomac, tout comme l'excès d'eau.

PONT DEUX

Exploration de l'espace interne

Nous avons déjà au moins un vaisseau du type de celui de *Fantastic Voyage* susceptible d'être utilisé pour des diagnostics médicaux au niveau de l'appareil digestif. Dénommé caméra de l'intestin M2A, cet appareil, de la taille d'une pilule, développé par la compagnie israélienne Given Imaging Ltd, permet aux médecins d'effectuer un voyage à travers votre tractus gastro-intestinal. Après avoir été avalée, la capsule prend 57 000 images de son voyage avant d'être expulsée et récupérée. Bien que les médecins doivent attendre que la caméra de l'intestin soit récupérée pour visionner le film de votre système digestif, les mouvements de l'appareil sont enregistrés en temps réel par huit capteurs placés sur votre abdomen.

Martin Schmidt, directeur du *MIT's Microsystems Technology Laboratory* (Laboratoire de Technologie des Microsystèmes de l'Institut de Technologie du Massachusetts) dit : « La pilule est une icône pour une classe complète de technologies sans fil, de petite dimension, éventuellement à usage unique. Les technologies pour préparer ce type d'appareil sont en train de devenir plus répandues et plus accessibles. » Les appareils de diagnostic implantables se miniaturisent rapidement et il y en a déjà de la taille d'une cellule sanguine sur les tables à dessin.

À cette étape du processus digestif, un problème courant est l'hypochlorhydrie (quantité insuffisante d'acide chlorhydrique) qui se traduit par une mauvaise absorption de nutriments vitaux. Une indigestion résultant d'un manque d'acidité gastrique est souvent diagnostiquée à tort comme résultant d'un excès d'acide et traitée au moyen de médicaments puissants destinés à supprimer l'acidité, ce qui conduit à d'autres maladies digestives[2]. Voir Fantastic-Voyage.net pour des recommandations en vue d'éviter ce problème.

Étape 4. Après avoir passé environ trois heures dans l'estomac (ou plus longtemps si le repas a un contenu riche en graisses ou encore si vous prenez des antiacides), le chyme passe par la valve pylorique et pénètre dans l'intestin grêle. D'une longueur d'environ 8 mètres, l'intestin grêle est l'organe le plus long du corps et le principal organe digestif de ce dernier. Au cours de cette étape, nous voyons en œuvre les trois méthodes de digestion : activité motrice, sécrétion d'enzymes et absorption. Le principal type de mouvement du chyme le long de l'intestin grêle consiste en contractions s'effectuant de segment en segment, bien que des contractions péristaltiques jouent aussi un rôle.

L'intestin grêle présente trois régions : le duodénum, le jéjunum et l'iléon. Long d'environ 30 centimètres, le duodénum reçoit les enzymes digestives sécrétées par le pancréas ainsi que la bile formée dans le foie et concentrée dans la vésicule biliaire. Les enzymes pancréatiques, qui comprennent la trypsine et la chymotrypsine (qui dégradent les protéines en aminoacides), la lipase (qui dégrade les graisses) et une amylase complémentaire destinée à continuer la digestion des polysaccharides, sont sécrétées dans le duodénum.

La bile est excrétée dans le duodénum sous forme d'un liquide visqueux contenant de nombreuses particules solides, essentiellement des sels biliaires qui contribuent à la digestion des graisses. La bile émulsifie les graisses afin que ces dernières se mélangent bien avec les autres sucs digestifs ; elle active aussi la lipase, enzyme pancréatique qui dégrade les graisses en leurs acides gras constituants. La bile et les graisses partiellement digérées forment de petites particules colloïdales, dénommées micelles, qui sont absorbées dans la circulation sanguine grâce à des conduits spéciaux appelés chylifères. Les cellules muqueuses du duodénum sécrètent aussi des enzymes digestives parmi lesquelles se trouvent une forme de pepsine (pour les protéines), une amylase (pour l'amidon) et la lactase (pour la digestion du lactose ou sucre du lait).

Environ un tiers des Américains adultes, parmi lesquels figurent 80 % d'Afro-Américains et 50 % d'Hispaniques, n'a pas un taux adéquat de lactase, enzyme nécessaire à la digestion du lactose (le sucre du lait). Ce déficit digestif bien connu, appelé intolérance au lactose, affecte une part importante de la population mondiale[3].

Des hormones maîtrisent la vitesse à laquelle le chyme est libéré de l'estomac et le duodénum contrôle la partie du système nerveux qui régule le mouvement des aliments à travers l'intestin.

Étape 5. Une certaine absorption des nutriments s'effectue dans le duodénum, mais cette dernière a lieu essentiellement dans le segment suivant, le jéjunum. Cette région intermédiaire utilise les replis de la muqueuse appelés replis annulaires (ou valvules conniventes) pour augmenter la surface de l'intestin grêle en vue d'une absorption optimale. Les structures les plus importantes pour l'absorption sont les villosités intestinales qui sont bien développées dans le jéjunum. Ces projections en forme de doigt ont environ un millimètre de haut. Les cellules épithéliales à la surface des villosités ont leurs propres doigts appelés microvillosités, ce qui augmente encore la surface.

Étape 6. Les nutriments restants sont digérés par des villosités moins développées (qui n'ont pas de microvillosités) dans l'iléon, la partie la plus longue de l'intestin. La vitamine B_{12}, qui doit être liée au facteur intrinsèque, ne peut être absorbée que dans l'iléon.

Étape 7. La digestion est pratiquement terminée au moment où le chyme passe de l'intestin grêle dans le gros intestin. Ce dernier, connu aussi sous le nom de côlon, reçoit chaque jour, typiquement, un demi-litre environ de chyme venant de l'iléon. Le chyme est déplacé essentiellement par des contractions segmentaires semblables à celles de l'intestin grêle. Les cellules muqueuses du gros intestin sécrètent essentiellement du potassium, du bicarbonate et du mucus pour lubrifier le chyme et faciliter son mouvement.

Réduire le risque du cancer du côlon

Les bactéries (ou flore) pathogènes du côlon créent des toxines, ce qui peut se traduire par un dysfonctionnement intestinal et, avec le temps, un cancer du côlon[4]. Votre régime joue un rôle très important dans le type de bactéries qui habitent votre côlon. Les régimes riches en viande qui, typiquement, ont des toxines très concentrées sont associés à un risque élevé de cancer du côlon[5] ; il en est de même pour les régimes pauvres en fibres[6].

Nous ne savons pas si la protection vient des fibres elles-mêmes ou d'autres nutriments sains tels que les vitamines trouvées dans les aliments riches en fibre ; la recherche n'a pas encore clarifié cette question. Mais il est possible que les fibres contribuent à une progression plus rapide du chyme dans le côlon, réduisant donc la probabilité pour que les toxines lèsent les délicats tissus du gros intestin. Pour cette raison, nous vous recommandons de consommer des quantités adéquates d'aliments riches en fibres, y compris des légumes (tels que les brocolis, les choux-fleurs et les salades vertes) et des légumineuses (tels que les haricots et les lentilles). Visez particulièrement les fibres insolubles, au moins 10 à 15 grammes par jour.

Le gros intestin contient des cellules épithéliales larges en forme de colonne qui absorbent l'eau, le sodium et le chlore. Le principal processus digestif à s'effectuer dans le côlon résulte de l'interaction des bactéries intestinales avec les matériaux non absorbables tels que la cellulose et les autres formes de fibre. Ces bactéries jouent un rôle important dans la transformation du chyme en une forme favorable à son élimination sous forme de fèces.

Le processus digestif se termine par un mouvement du gros intestin qui est souvent déclenché par un repas, mais normalement, ce n'est pas le repas le plus récent qui est éliminé. Le transit complet à travers le tube digestif prend habituellement de 24 à 48 heures, ou parfois plus.

Tout le monde est différent… jusqu'à un certain point

Bien que 99,8 % de notre génome soit partagé par toutes les ethnies, nous avons chacun notre propre profil génétique, le régime idéal variera donc d'un individu à un autre. Et au cours de la vie, des états différents telles que la diète ou la maladie ont un impact sur notre système digestif.

Il existe plusieurs façons d'adapter votre programme diététique afin de tenir compte de votre propre situation :

- Évaluer le fonctionnement de votre système digestif (voir la section ci-après).
- La vitesse du métabolisme varie d'un individu à un autre (voir le chapitre 8, « Modifier votre poids pour la vie en un jour », consacré au poids et à la restriction calorique).
- Certaines personnes se sentent bien avec un régime qui privilégie les protéines animales, alors que d'autres s'accommodent mieux d'un régime plus végétarien[7].

Des individus différents peuvent avoir des tendances métaboliques différentes, et donc le meilleur moyen de l'évaluer est de faire sa propre expérience. Si vous vous sentez mieux lorsque vous mangez davantage de protéines animales, mettez l'accent sur le poisson et les viandes maigres (telles que la viande blanche des volailles, sans la peau). Dans ce cas, vous pourriez aussi vouloir augmenter la quantité globale des graisses saines dans votre régime. Si vous vous sentez mieux avec un régime plus végétarien, mangez moins de graisses et de protéines animales et obtenez vos graisses saines en consommant des noix, des avocats et des graines de lin. Mais quel que soit votre type métabolique, mangez beaucoup de légumes ; insister sur ces derniers est toujours un pari sain.

Évaluation de votre processus digestif

L'efficacité et la santé à long terme de notre processus digestif complexe dépendent du maintien de nombreux équilibres délicats. Nous recommandons des tests non invasifs sanguins, fécaux ou urinaires. Les conseils d'un praticien nutritionniste qualifié pour interpréter ces résultats et décider des étapes d'un traitement approprié sont précieux. Les remèdes à des anomalies et à des déséquilibres pourraient inclure des changements diététiques, des suppléments et des médications. Voir Fantastic-Voyage.net pour des recommandations spécifiques d'examens de laboratoire.

Examens de routine

En l'absence de symptômes gastro-intestinaux spécifiques, nous recommandons les examens suivants, une fois tous les deux à cinq ans.

Analyse complète des selles (ACS). Une telle analyse évalue la digestion, l'absorption, le métabolisme ainsi que le nombre des levures et des bactéries saines ou pathologiques[8]. Pour traiter des taux inadéquats de bactéries bénéfiques ou un excès de bactéries pathogènes dans le gros intestin, nous recommandons l'approche « ensemencement, apport alimentaire et désherbage »[9]. Les suppléments « Multiflore » qui contiennent des milliards de spores de bactéries probiotiques (utiles) vivantes et saines, particulièrement le lactobacillus et les bifidobactéries, ensemencent efficacement le côlon. Les bactéries saines peuvent être alimentées par des suppléments de fructo-oligosaccharides (FOS)[10]. Les bactéries malsaines, les infections fongiques et les parasites nécessitent d'être éliminés grâce à l'utilisation de suppléments appropriés ou de médicaments.

Évaluation des minéraux des cheveux pour les minéraux nutritifs et les métaux lourds toxiques. Des taux faibles de minéraux bénéfiques tels que le magnésium et le zinc suggèrent une hypochlorhydrie (faible acidité de l'estomac), étant donné que vous avez besoin d'une acidité stomacale appropriée pour absorber correctement ces minéraux. Cette maladie commune est facilement diagnostiquée et traitée par des suppléments de chlorhydrate de bétaïne, forme encapsulée d'acide chlorhydrique. Des taux excessifs de métaux toxiques tels que le mercure et le plomb suggèrent qu'une détoxication par des agents « chélateurs », substances chimiques capables de chasser ces métaux toxiques de votre organisme, serait utile[11].

Dosage sanguin des anticorps dirigés contre des aliments. Des sensibilités à certains aliments, révélées par des anticorps de type IgG, peuvent être soulagées en évitant les aliments identifiés par le test. Selon l'importance du taux des anticorps, il pourra être possible de réintroduire en petites quantités un aliment à problème après une période de cessation. Cependant, les vraies allergies alimentaires, détectées par la présence d'anticorps de type IgE, sont habituellement plus problématiques. Les aliments qui en sont à l'origine doivent souvent être totalement éliminés.

Symptômes gastro-intestinaux (GI) chroniques

Pour les personnes qui souffrent de symptômes gastro-intestinaux chroniques tels que des indigestions, des douleurs abdominales, des diarrhées, des excès de gaz, des ballonnements et d'autres inconforts digestifs, les examens ci-après sont recommandés, en plus de ceux décrits ci-dessus, en accord avec votre professionnel de santé.

Évaluation des parasites dans les selles. Les parasites affectent une part importante de la population américaine de façon suffisamment grave pour provoquer des symptômes gastro-intestinaux et des lésions du tube digestif. Par exemple, plus de 40 % des adultes américains portent le parasite *Toxoplasma gondii.* De plus, la lambliase, la cryptosporidiose et des infections dues à de nombreux autres parasites sont largement répandues.

Évaluation du syndrome de l'intestin perméable. Voir paragraphe suivant.

Tests respiratoires. L'intolérance au lactose affecte plus de 50 millions d'Américains, et nous recommandons un test respiratoire pour le diagnostic de cette maladie si vous avez des réactions désagréables après avoir consommé des produits laitiers. Un test respiratoire peut aussi évaluer une pullulation microbienne dans l'intestin grêle, maladie courante à l'origine d'un grand nombre de symptômes GI[12].

Test sanguin pour H. pylori. Ce dernier met en évidence des anticorps de type IgG contre *H. pylori,* cause essentielle des ulcères peptiques et des gastrites et facteur contribuant au cancer de l'estomac[13].

Syndrome de l'intestin perméable

Un problème digestif courant est le syndrome de l'intestin perméable qui augmente avec l'âge et affecte la plupart des gens de plus de 50 ans à des degrés divers. L'intestin perméable résulte d'une inflammation chronique qui se traduit par de fins espaces se développant entre les cellules qui bordent l'intestin grêle. Cela permet aux toxines, aux bactéries et aux particules alimentaires non digérées du chyme intestinal de pénétrer directement dans la circulation sanguine, ce qui provoque des demandes importantes de détoxication par le foie. Ces substances étrangères peuvent déclencher une réponse immunitaire qui, avec le temps, peut se traduire par des réactions auto-immunes dirigées contre des aliments par ailleurs sains. Cela conduit alors à des réactions inflammatoires chroniques qui peuvent contribuer au développement de l'arthrite, de l'asthme et d'autres maladies auto-immunes. Le syndrome de l'intestin perméable conduit aussi à des déficits en vitamines et en minéraux, même lorsque des quantités adéquates en sont consommées dans le régime alimentaire.

Le syndrome de l'intestin perméable est essentiellement provoqué par des années de mauvais régime ainsi que par la consommation de substances toxiques. Avec le temps, le tractus digestif est irrité et l'intégrité de la bordure intestinale est perdue à la suite de l'ingestion de quantités importantes de sucre, d'amidons raffinés, de toxines telles que les additifs alimentaires et les pesticides, de bactéries pathogènes et de médicaments sur prescription agressifs. Un des facteurs principaux est l'abus d'anti-inflammatoires non stéroïdiens (AINS) tels que l'aspirine ou l'ibuprofène.

Le syndrome de l'intestin perméable peut être diagnostiqué par un test urinaire qui évalue la capacité du système digestif à absorber le lactulose et la mannitol, deux sucres qui ne sont pas métabolisés. Normalement, le mannitol est facilement absorbé par l'intestin et apparaît dans l'urine, alors que le lactulose est peu absorbé et donc seules des traces devraient être retrouvées dans l'urine. Lorsqu'une quantité relativement importante de lactulose apparaît dans l'urine, cela indique une rupture de l'intégrité intestinale et suggère un intestin perméable.

Le traitement du syndrome de l'intestin perméable nécessite plusieurs approches.

- Adopter un régime sain en accord avec nos autres recommandations. Cela réduira l'inflammation et d'autres agressions du délicat tissu du tube digestif (qui sont la cause première du problème) et permettra une guérison progressive.
- Éviter les aliments agressifs tels que la caféine et l'alcool, ainsi que les médicaments qui peuvent léser l'intestin tels que les anti-inflammatoires non stéroïdiens.
- Réduire les toxines alimentaires en mangeant des aliments biologiques.
- Faire des tests d'allergie ou de sensibilité aux aliments et envisager d'éliminer ceux contre lesquels vous développez significativement des anticorps.
- Être conscient du fait que l'intestin perméable est souvent associé à une pullulation de levures ou à des taux excessifs de bactéries pathogènes dans le tractus intestinal[14]. Ces maladies peuvent être diagnostiquées et des traitements appropriés antifongiques ou anti-microbiens utilisés pour tuer ces micro-organismes.
- Des traitements par les plantes ainsi que des médicaments sur prescription peuvent être utilisés pour éradiquer les micro-organismes indésirables. De plus, la prise d'enzymes digestives sous forme de suppléments peut contribuer à dégrader les aliments et à diminuer la pression sur le système digestif.
- Consommer davantage de fibres, ce qui obligera le chyme intestinal à progresser plus rapidement et absorbera les toxines.
- Prendre des probiotiques (suppléments contenant des bactéries saines du côlon telles que l'acidophilus) pour aider au développement de la flore normale de l'intestin.
- Considérer d'autres suppléments utiles tels que l'aloé vera, l'ail et les bioflavonoïdes.

Les fructo-oligosaccharides (FOS) sont un type particulier de suppléments de fibres ; ils ne sont pas digérés mais servent d'éléments nutritifs à la flore bactérienne normale de l'intestin. Les FOS sont constitués de longues chaînes d'unités fructose. Nous recommandons 2 à 5 grammes de FOS chaque jour.

Syndrome du côlon irritable

Le syndrome du côlon irritable (SCI) est une maladie fréquemment diagnostiquée présentant toute une variété de symptômes. Le SCI n'est en fait pas parfaitement défini ; il est devenu en quelque sorte un diagnostic fourre-tout pour tous les problèmes gastro-intestinaux en l'absence de signes spécifiques d'une maladie. On estime qu'il affecte 10 à 20 % de la population[15]. Les symptômes incluent des crampes et des douleurs abdominales, un gonflement, des mouvements irréguliers du côlon, des diarrhées et/ou une constipation, un sentiment d'évacuation incomplète du côlon, un excès de gaz, des nausées, des brûlures d'estomac et des régurgitations. Le SCI peut être la conséquence d'une vraie maladie gastro-intestinale qui laisse souvent le tube digestif dans un état de trop grande sensibilité. Une autre cause éventuelle est un problème concernant le « régulateur » nerveux de votre intestin grêle localisé dans le duodénum.

Plus souvent, le SCI résulte de nombreuses années de mauvais régime alimentaire. Avec le temps, des taux élevés de sucre, d'amidons alimentaires de charge glycémique élevée, de graisses pro-inflammatoires ou d'autres causes alimentaires conduisent à des bactéries intestinales pathogènes et à des processus inflammatoires. Il en résulte une rupture des équilibres métaboliques intriqués nécessaires à une bonne santé gastro-intestinale. Pour poser le diagnostic de SCI, il faut avoir éliminé des maladies telles que la maladie de Crohn, les maladies inflammatoires du côlon, le cancer du côlon, le reflux gastro-œsophagien et d'autres états inflammatoires.

L'adoption des recommandations nutritionnelles de notre programme est une étape importante vers la guérison du SCI et la récupération d'une bonne santé d'ensemble du tube gastro-intestinal. Les suppléments qui se sont montrés très utiles pour réduire considérablement les symptômes du SCI incluent les capsules d'huile de menthe poivrée et le Seacure, qui contient des aminoacides de poisson.

Consommer des aliments complets biologiques

Un des inconvénients des aliments industriels modernes est l'abus de produits chimiques et de pesticides et le manque de nutriments dans le sol. Une compréhension des principes de la consommation d'aliments complets naturels (biologiques) est importante pour une nutrition optimale.

Les aliments complets sont ceux qui n'ont pas été traités. Ils ont beaucoup plus de valeur nutritive. Beaucoup de céréales sont « polies » selon un processus qui élimine l'enveloppe externe du grain riche en sélénium, minéral antioxydant important, ainsi que des fibres et d'autres nutriments précieux. Ce traitement est fait essentiellement pour des raisons de commodité : date de péremption plus éloignée et temps de cuisson plus court, mais la perte de valeur nutritionnelle est considérable. Évitez les produits tels que le riz à cuisson rapide ou les flocons d'avoine instantanés car ces formes de céréales ont subi un traitement particulièrement poussé.

Un autre type d'aliments non complets est le jus de fruits auquel il manque un ingrédient clé du fruit entier, en l'occurrence ses fibres. Ainsi, le jus de fruits est équivalent à de l'eau sucrée avec quelques vitamines et quelques minéraux. Pour votre organisme, boire un verre de jus d'orange n'est pas très différent de sucer un bonbon, en termes d'élévation soudaine du taux sanguin de glucose et d'insuline. Manger un fruit complet avec ses fibres ralentit la digestion du contenu en sucre du fruit.

Les légumes et les céréales « complets » sont cultivés dans un sol « complet » qui contient tous les minéraux et autres nutriments nécessaires à une plante riche en ces derniers. Cependant, dans les fermes industrielles, le sol tend à être dépourvu de minéraux importants. Ces dernières ont aussi tendance à utiliser de grandes quantités de pesticides, d'insecticides et d'autres produits chimiques qui se retrouvent dans les produits. Les animaux qui mangent les céréales produites de cette façon concentreront les produits chimiques toxiques dans leurs cellules adipeuses, alors que ceux qui ont été élevés avec des produits naturels auront des concentrations significativement plus faibles de ces toxines. Étant donné qu'il faut environ 3,5 kilogrammes de céréales pour produire 500 grammes de viande, les produits chimiques toxiques sont plus concentrés dans la viande que dans les légumes et les fruits, et donc choisir des aliments naturels (biologiques) est encore plus important lorsqu'on consomme de la viande.

Les légumes naturels frais retiennent leurs vitamines, minéraux, enzymes, produits phytochimiques ainsi que d'autres nutriments. Les légumes surgelés en sont assez proches, car la plupart des nutriments (à l'exception de la vitamine K et de certaines enzymes détruites par la congélation) subsistent dans une forme assimilable. Par ailleurs, les légumes en conserve semblent « morts », tant par leur aspect que par leur goût, parce qu'ils ont perdu la plupart de leurs nutriments utiles. Les nutriments caloriques de base : hydrates de carbone, protéines, graisses, demeurent, mais la plupart des vitamines et des minéraux ne résistent pas. De plus, la plupart des légumes en conserve contiennent beaucoup de sel ajouté. Pratiquement tous les programmes nutritionnels, quels qu'ils soient, sont en accord sur une chose : mettez l'accent sur les légumes frais naturels.

Pourquoi doivent-ils être naturels (biologiques) ? Le terme « aliments naturels » se réfère à des produits, des céréales et des animaux obtenus sans le secours d'engrais artificiels, de pesticides, d'insecticides, d'herbicides, d'hormones, d'antibiotiques et d'autres produits chimiques, dont la plupart sont approuvés par l'Agence pour la protection de l'environnement américaine (EPA, *Environmental Protection Agency*) et utilisés en routine dans la production d'aliments commerciaux. Ces produits chimiques sont classés, selon leur toxicité, de la catégorie I (hautement toxique) à la catégorie V (relativement non toxique). Considérez l'herbicide terbutryne, de catégorie III, utilisé pour détruire les mauvaises herbes dans les champs de céréales telles que le blé et l'orge. Selon des tests effectués sur des animaux, des doses modérées de terbutryne provoquent des lésions du système nerveux, des convulsions, des cancers et attaquent le rein et le foie. Seules de très faibles quantités de terbutryne sont permises dans les aliments destinés à l'Homme mais, tout simplement, nous ne connaissons pas l'impact d'une exposition continue à long terme à de petites quantités de ce produit chimique. Cela est vrai aussi pour des quantités d'autres produits chimiques tels que les insecticides et les pesticides utilisés en routine pour les aliments non biologiques.

Avant de consommer des produits non biologiques, nous vous recommandons de les préparer ainsi :. ajoutez un quart de tasse d'eau oxygénée à 3 % (une qualité « alimentaire » peut être trouvée dans les magasins d'alimentation biologique) dans un évier rempli d'eau et laissez tremper les aliments pendant 20 minutes dans cette solution avant de les cuire.

Comment manger pour rester en bonne santé ?

Les principes et les recommandations ci-après devraient être à la base de votre régime sain.

Consommer une grande diversité d'aliments. Consommer les mêmes aliments jour après jour peut faire apparaître des sensibilités et des allergies[16]. De plus, manger les mêmes aliments provoquera une « fatigue du goût » et encouragera une surconsommation. Vous serez plus satisfait et vous apprécierez davantage votre alimentation si vous variez les produits. Consommer une grande variété d'aliments favorisera aussi un équilibre des nutriments. Chaque légume a ses aminoacides, vitamines, minéraux et autres nutriments spécifiques mais un seul légume n'apporte pas tout ce dont vous avez besoin. Un moyen de suivre cette recommandation est d'effectuer une rotation de vos aliments.

Réduire ou éliminer le blé. Le blé, innovation agricole relativement récente, est consommé en énormes quantités dans les pays occidentaux. Cela a conduit à des taux élevés de sensibilité au blé, particulièrement au gluten, un de ses composants protéiques majeurs. De nombreuses personnes ont constaté qu'éliminer le blé résolvait des problèmes digestifs de longue date. Vous pouvez en faire l'expérience en l'évitant pendant deux semaines, afin de voir quel impact cela a sur des symptômes digestifs jusqu'alors non résolus. Vous pouvez aussi évaluer votre sensibilité ou votre allergie au blé en faisant réaliser les tests des anticorps alimentaires décrits précédemment ou encore les tests sanguins spécifiques pour « l'intolérance au gluten ». Voir Fantastic-Voyage.net pour des recommandations spécifiques concernant ces tests.

Manger vos légumes. Nous n'insisterons jamais assez sur les bénéfices apportés par la consommation de légumes frais, naturels et pauvres en amidon. Ils contiennent une myriade de nutriments précieux et des fibres ; de plus, ils ont un index glycémique et une densité calorique faible. Cependant, soyez attentifs à ne pas trop les faire cuire. Une cuisson excessive ferait perdre aux légumes leurs vitamines, leurs produits phytochimiques et d'autres nutriments. Nous recommandons une légère cuisson à la vapeur comme moyen idéal de préparation des légumes. Nombre d'entre eux peuvent aussi être consommés crus, bien qu'une consommation excessive peut provoquer des troubles gastro-intestinaux.

Consommer des produits bien colorés (mais pas de la viande pourrie !). En mangeant toute une série de légumes naturellement colorés, vous obtenez toute une série de nutriments vitaux. Un livre amusant sur ce sujet est *Eat Your Colors* (Mangez vos couleurs) par Marcia Zimmerman[17].

Boire des jus de légumes fraîchement pressés. Une des boissons les plus saines est obtenue en mettant des légumes frais, naturels et pauvres en amidon dans une centrifugeuse électrique. Le résultat sera une boisson pauvre en calories, très riche en vitamines, minéraux et produits phytochimiques. Les meilleurs légumes pour faire des jus sont le céleri, le concombre et le fenouil. Vous pouvez aussi utiliser de petites quantités de feuilles rouges ou vertes de romaine, d'endive, de scarole, d'épinard, de persil ou de chou frisé. Les carottes et les betteraves sont riches en sucre et vous devez les utiliser avec modération, si ce n'est pas du tout.

Boire du thé à la place du café. Nous ne sommes pas opposés à une consommation modérée de caféine qui est utile pour augmenter votre concentration. Cependant, nous recommandons fortement le thé à la place du café. Nous avons parlé de la nature très acide du café au chapitre 4. De plus, le café contient des taux très élevés de caféine ; le thé noir a environ un tiers du taux de caféine du café, et le thé vert environ un quart. De plus, de nombreux constituants du thé sont bons pour la santé. Une étude récente publiée dans *Circulation*, le journal de l'*American Heart Association* (Association Américaine pour le Cœur), a découvert que boire au moins deux tasses de thé par jour réduisait le risque de mort par infarctus du myocarde dans la proportion remarquable de 44 %[18]. Cette découverte s'applique aussi bien au thé noir qu'au thé vert, mais pas aux tisanes. Le thé contient aussi de la L-thréonine, qui réduit les taux de cortisol et favorise la relaxation. Le thé vert est particulièrement bénéfique, avec des antioxydants supplémentaires qui diminuent le risque de maladies cardiaques ou de cancer[19].

Y aller doucement avec l'alcool. Une consommation modérée d'alcool a été associée à des taux réduits de maladies cardiaques et d'accidents vasculaires cérébraux, apparemment parce que l'alcool améliore la santé des vaisseaux[20]. Cependant, gardez à l'esprit que même si l'alcool n'est pas, au sens technique du terme, un hydrate de carbone, il est métabolisé de la même façon et qu'il a une charge glycémique relativement élevée. Les dangers d'une consommation excessive et d'une dépendance sont bien connus.

PONT TROIS

Le tube digestif humain, version 2.0

Si nous envisageons le futur, nous voyons que dans les deux décennies à venir nous serons capables de réinventer fondamentalement les voies par lesquelles nous apportons des nutriments à nos billions (10^{12}) de cellules. Ces derniers incluent des substances riches en énergie telles que le glucose (apporté par les hydrates de carbone), les protéines, les graisses et une myriade de molécules à l'état de traces telles que les vitamines, les minéraux et les substances phytochimiques qui apportent les éléments de base et facilitent l'action des enzymes en vue des divers processus métaboliques.

Notre espèce a déjà élevé l'ordre « naturel » de notre cycle de vie grâce à notre technologie : médicaments, suppléments, remplacement de certaines parties de pratiquement tous les systèmes de notre corps et de nombreuses autres interventions. Nous disposons déjà d'appareils pour remplacer nos articulations et nos extrémités, nos dents, notre peau, nos artères, nos veines et nos valves cardiaques. Des systèmes pour remplacer des organes plus complexes, par exemple, notre cœur, commencent à fonctionner. Au fur et à mesure que nous comprenons les principes selon lesquels fonctionnent le corps humain et son cerveau, nous serons bientôt en position de concevoir des systèmes nettement supérieurs qui seront plus agréables, dureront longtemps et seront plus performants, sans être sensibles à une dégradation, une maladie ou un vieillissement. Nous avons déjà fait un long chemin dans la séparation des aspects relationnels sensuels du sexe et de son rôle biologique dans la reproduction. Ainsi, pourquoi n'apporterions-nous pas la même séparation des buts biologiques d'une autre activité qui apporte elle aussi une intimité sociale et un plaisir sensuel, en l'occurrence la prise de nourriture ? Finalement, les nutriments dont chaque individu a précisément besoin seront totalement compris et facilement accessibles pour un prix modeste, et donc nous n'aurons plus du tout à nous inquiéter de l'extraction des nutriments des aliments. Cette technologie sera raisonnablement au point à partir de la fin des années 2020. Des nutriments seront introduits directement dans la circulation sanguine par des nanorobots métaboliques spéciaux. Dans notre circulation sanguine et dans notre corps, des détecteurs utilisant la communication sans fil apporteront à chaque instant des informations dynamiques sur les nutriments nécessaires.

Une question clé dans la conception de cette technologie sera la façon dont ces nanorobots trouveront leur chemin dans ou hors de notre corps. Les technologies dont nous disposons aujourd'hui tels que les cathéters intraveineux laissent beaucoup à désirer. Contrairement aux médicaments et aux suppléments nutritionnels, les nanorobots sont dotés d'une certaine intelligence et ils pourraient donc rester en contact avec leurs propres inventeurs et se glisser dans ou hors de notre propre corps de façon astucieuse. Ils seront capables de coordonner leurs activités et de mettre en commun leur intelligence collective de la même façon qu'un super-ordinateur est fait de nombreux petits ordinateurs travaillant en parallèle. Un scénario envisageable est que vous soyez amené à porter un « vêtement nutritionnel » spécial tel qu'une ceinture. Ce vêtement serait chargé de nanorobots porteurs de nutriments qui trouveraient leur chemin dans ou hors de votre corps à travers la peau ou d'autres cavités de l'organisme.

À ce stade de développement technologique, vous pourrez manger tout ce que vous désirez, tout ce qui vous apporte plaisir et satisfaction gastronomiques et, grâce à cela, vous apprécierez les arts culinaires pour leurs saveurs, leurs textures et leurs arômes. En même temps, vous recevrez un flux optimal de nutriments dans votre circulation sanguine, en utilisant un processus complètement séparé. Une possibilité serait que tous les aliments que vous mangez passent par un tube digestif qui serait déconnecté de toute absorption possible par la circulation sanguine.

Cela introduirait un fardeau pour les fonctions de votre côlon, et donc une approche plus affinée rendra superflue la fonction d'élimination, utilisant à la place des nanorobots spéciaux agissant comme de petits compacteurs de déchets. Lorsque les nanorobots trouveront leur chemin allant de votre vêtement nutritionnel à votre corps, les nanorobots d'élimination prendront l'autre chemin. Périodiquement, vous remplacerez le vêtement nutritionnel par un neuf.

Finalement, vous n'aurez pas besoin de vous ennuyer avec des vêtements spéciaux ou des ressources nutritionnelles explicites. Tout comme les ordinateurs seront alors disponibles partout, les ressources métaboliques de base des nanorobots seront incluses partout dans votre environnement.

De plus, un important aspect de ce système sera de maintenir d'amples réserves de toutes les ressources nécessaires à l'intérieur du corps. Votre corps actuel, version 1, ne le fait que d'une façon très limitée, par exemple en mettant en réserve quelques minutes d'oxygène dans votre sang et quelques semaines d'énergie calorique dans vos réserves en glycogène et en graisse. La version 2 du corps humain comportera des réserves substantiellement plus grandes vous permettant d'être séparé des ressources métaboliques telles que l'air et la nutrition pendant des périodes considérablement allongées.

Notre adoption de ces technologies se fera avec précaution et de façon progressive. Nous ne nous dispenserons pas des vieux processus digestifs lorsque ces technologies seront introduites pour la première fois. La plupart d'entre nous devra attendre pour avoir la version 2.1 ou même 2.2 du système digestif. Après tout, la plupart des gens ne se sont pas débarrassés de leur machine à écrire électrique lorsque la première génération de traitements de texte a été introduite. Beaucoup conservent encore leur collection de disques en vinyle, de nombreuses années après que les CD soient arrivés. Les gens gardent encore leurs appareils photographiques à film bien que la mode ait tournée en faveur des appareils numériques. Par ailleurs, combien ont-ils encore une machine à écrire mécanique ?

Le même phénomène se produira avec nos corps repensés. Une fois que nous aurons résolu les inévitables complications qui viendront d'un système gastro-intestinal radicalement reconstruit, nous commencerons à nous fier à lui de plus en plus.

Prendre un petit-déjeuner et manger fréquemment. Il est important de ne pas sauter le repas initial de la journée, car cela créerait de la fatigue et potentiellement des taux bas de sucre sanguin. Il est préférable de prendre un petit-déjeuner sain et d'avoir plusieurs petits repas plutôt qu'un ou deux gros. Manger moins à chaque fois, mais plus souvent, évite de surcharger le système digestif et minimise aussi les pics d'insuline qui conduisent à une résistance à l'insuline et au besoin en hydrates de carbone.

Éviter les restaurations rapides malsaines. Typiquement, les aliments de la restauration rapide sont riches en amidons à index glycémique élevé, en sucre, en sel et en graisses malsaines qui favorisent les besoins en davantage d'aliments de ce type. En revanche, apaisez votre faim par des légumes pauvres en amidon et de petites quantités de fruits.

Être prévoyant. Si vous devez aller au restaurant ou à une réception, ou encore si vous partez en voyage, prenez avec vous des aliments et des condiments sains, afin que vous puissiez rester fidèle à votre programme nutritionnel. Par exemple, le jus de citron et un édulcorant à base de stevia font une sauce de salade goûteuse mais sans calories.

Prendre des suppléments. Il est souhaitable d'obtenir le plus grand nombre possible de nutriments directement des aliments qui contiennent des nutriments synergiques tels que des substances phytochimiques susceptibles de favoriser les nombreuses voies métaboliques de votre organisme. Cependant, il n'est pas possible d'obtenir tous les nutriments dont vous avez besoin pour une santé optimale à partir de l'alimentation ; donc, « reprogrammer » votre biochimie grâce à des suppléments devient de plus en plus important au fur et à mesure que vous devenez plus âgé. Rappelez-vous que l'évolution n'est pas de votre côté après que vous avez dépassé l'âge de l'enfance.

« Toute chose avec modération, y compris la modération. » Il est particulièrement important de ne pas vous laisser décourager au cas où vous n'auriez plus envie de suivre votre plan nutritionnel. De nombreux programmes ont été abandonnés par des gens complètement découragés par une défaillance temporaire de discipline. Si vous « tombez de cheval », remontez tout de suite dessus !

Être informé : le sucre est partout ! Votre supermarché de « nourriture saine » est sensé avoir une section entière de laits alternatifs supposés sains : lait de soja, lait de riz, lait d'amande. Cependant, presque tous ces produits sont chargés de sucre. Nous vous recommandons de trouver un de ces quelques laits alternatifs (voir Fantastic-Voyage.net) qui ne soit pas sucré puis d'y ajouter, si vous voulez, du stevia. Du sucre est additionné à la plupart des céréales, même à celles qui sont dites pauvres en sucre. Le sucre apparaît sous différents noms, et soyez donc très attentifs à ses différentes formes dans la liste des ingrédients, dont la plupart se termine en « -ose » : saccharose, fructose, glucose et maltose. Les aliments qui sont en fait du sucre incluent le miel, la mélasse, le sirop d'érable, le sucanat, l'amasake et le sirop de maïs riche en fructose.

Revue des autres programmes nutritionnels

Nombre d'observateurs ont décrit notre programme nutritionnel comme « le meilleur des régimes en vogue pauvres en graisse ou pauvres en hydrates de carbone ». Nous exposons les idées valables de ces deux pôles opposés de la philosophie nutritionnelle, mais il y a des problèmes clé que les deux approches ignorent.

Tableau 7-1 Le régime de Ray & Terry

Aliments à éviter	Aliments à manger en quantités limitées	Aliments à privilégier (les pivots de votre programme nutritionnel)
Produits à base de farine blanche tels que le pain blanc, les pâtisseries, les pâtes	Les céréales complètes	Les légumes tels que les lentilles et les haricots
Le sucre à l'état brut ou dans des aliments préparés	Les fruits	Les légumes pauvres en amidon, crus ou légèrement cuits, en particulier les épinards, le chou, le chou cavalier, les brocolis, le chou-fleur, les feuilles de laitue rouge ou verte, la romaine, l'endive, les autres salades vertes, le pak choï, le fenouil, le chou chinois, le céleri, le concombre, les choux de Bruxelles, la courgette, les légumes verts en général
Graisses hydrogénées	Les viandes maigres, particulièrement les volailles blanches sans la peau	Protéines végétales
Huiles industrielles	Le blé	Aliments riches en graisses oméga 3 tels que les noix, les avocats, les graines de lin, l'autruche (une alternative de bon goût à la viande rouge qui ne contient presque pas de graisse)
Aliments frits	Les aliments frits avec agitation	—
Boissons sucrées	L'alcool, la caféine	L'eau filtrée
Eau du robinet non filtrée	—	—
Pains et pommes de terre, cuits ou frits	—	—
Graisses trans, tels que la margarine et les graisses végétales	—	L'huile d'olive extra-vierge

Tableau 7-1 Le régime de Ray & Terry (suite)

Aliments à éviter	Aliments à manger en quantités limitées	Aliments à privilégier (les pivots de votre programme nutritionnel)
MSG	—	—
Additifs artificiels et produits chimiques	—	—
Édulcorants artificiels tels que l'aspartame et la saccharine	—	Le stevia
Aliments avec un index glycémique élevé tels que les céréales et les légumes riches en amidon	—	—
Aliments renforcés avec du fer (parce que le fer peut accélérer l'oxydation de la LDL cholestérol, étape initiale de l'athérosclérose)	—	—
Gros poissons tels que le thon, le poisson-épée (espadon), le voilier et le requin (ils pourraient contenir des quantités importantes de mercure)	—	Les poissons tels que l'anchois, la sardine et le saumon sauvage (le saumon d'élevage est plus pauvre en graisses oméga 3)

Le regretté Dr. Robert C. Atkins [auteur de *Dr. Atkins' New Diet Revolution*, (la Nouvelle révolution diététique selon le Dr. Atkins) et de nombreux autres ouvrages] avait raison de mettre l'accent sur l'importance de l'index glycémique, en éliminant les hydrates de carbone à index glycémique élevé et en réduisant les taux globaux d'hydrates de carbone, pour toutes les raisons que nous avons rapportées. Cependant, son régime a traditionnellement ignoré le problème des bonnes et des mauvaises graisses et inclut des quantités excessives de graisses saturées et de graisses oméga 6, bien que le programme ait récemment fait un petit pas dans la bonne direction. Paul D. Wolff, PDG de *Atkins Nutritionals*, a récemment été cité dans le *New York Times* pour avoir reconnu que « le livre a été promu de telle façon que le programme était contraire à l'intuition. Vous pouvez manger beaucoup de bacon et de steak. Les médias ont trouvé cela très excitant. » Dans ses séminaires sur le programme d'Atkins, Colette Heimowitz, directrice de recherche et d'éducation pour *Atkins Nutritionals*, recommande maintenant à ceux qui suivent le régime d'Atkins de limiter les graisses saturées à 20 % des calories. Cela est un changement par rapport aux recommandations de 2002 de 35 % pour les protéines, 60 % pour les graisses et 5 % pour les hydrates de carbone. Nous croyons que 20 % est encore beaucoup trop élevé. Nous recommandons une limite de 3 % des calories venant des graisses saturées.

Éviter l'acrylamide

Un congrès de l'Organisation Mondiale de la Santé s'est tenu en 2002 pour répondre à la récente découverte de taux élevés inattendus d'acrylamide, cancérigène puissant, dans une large série d'aliments riches en hydrates de carbone, cuisinés selon des processus traditionnels à température élevée tels que le passage au four ou la friture. L'EPA (*Environmental Protection Agency*) limite les taux d'acrylamide dans l'eau du robinet à 0,12 microgrammes pour un demi-litre. Dans les frites proposées par les chaînes de restauration rapide, on a trouvé des taux pouvant atteindre 72 microgrammes pour une portion de 170 grammes. Les chips de pomme de terre et les autres aliments cuits au four ou frits des snacks ne contenaient pas moins de 25 microgrammes pour une portion de 30 grammes. Les pommes de terre et les autres légumes, ainsi que les céréales à l'état cru, n'ont pratiquement pas d'acrylamide, et donc ce produit chimique est créé à la suite du processus de cuisson.

Il y a de nombreuses raisons pour ne pas manger de frites, de chips de snacks et d'autres aliments semblables incluant des taux élevés de graisse malsaine, d'amidon, de sucre et de sel. Nous pouvons ajouter maintenant à la liste l'acrylamide, objet de toutes nos inquiétudes.

Le Dr. Dean Ornish [auteur de *Eat More, Weigh Less, Dr. Dean Ornish's Program for Reversing Heart Disease* (Mangez Plus, Pesez Moins, Programme du Dr. Dean Ornish pour Empêcher les Maladies Cardiaques), et d'autres ouvrages] a mis l'accent sur la suppression de toutes les graisses, bien qu'il ait pendant de nombreuses années recommandé aussi les graisses oméga 3. Supprimer toutes les graisses tend à aplatir le rapport oméga 6 sur oméga 3 et Ornish maintient que seules de petites quantités de graisses oméga 3 sont nécessaires. Le pivot du régime est les légumes, ce qui s'accorde parfaitement avec nos recommandations. Par le passé, il a encouragé la consommation d'aliments riches en fibres et découragé celle des aliments préparés, du sucre, de la farine blanche et des autres aliments à index glycémique élevé, et récemment il a encore insisté davantage sur ces points.

Un des premiers avocats du « pauvre en graisse », Nathan Pritikin, était très sensible à l'index glycémique, bien que ce terme n'existait pas lorsqu'il écrivait dans les années 1960 et 1970. Pritikin était tout autant anti-sucre qu'il était anti-graisse et opposé aux céréales épurées. Notre programme recommande une restriction drastique des hydrates de carbone à charge glycémique élevée et des réductions modérées des autres hydrates de carbone. En ce qui concerne les graisses, nous recommandons des réductions drastiques des graisses pro-inflammatoires (acides gras oméga 6, graisses saturées, acides gras trans) et nous mettons l'accent sur les graisses anti-inflammatoires (graisses oméga 3 des poissons et des noix, acide oléique de l'huile d'olive). Nous recommandons aussi une supplémentation active en fonction de l'âge et des tests permettant d'identifier des problèmes spécifiques.

Suggestions pour lire les étiquettes des aliments

Les règles de la FDA (*Food and Drug Administration*) requièrent que les fibres soient incluses dans l'énumération des hydrates de carbone et dans le total des calories. Cependant, les fibres ne sont pas digérées et donc vous pouvez enlever le nombre de grammes de fibres du taux des hydrates de carbone. Vous pouvez aussi enlever 4 calories par gramme de fibres du total des calories.

Le compte en gramme des hydrates de carbone inclut aussi bien ceux qui ont un index glycémique élevé que ceux qui ont un index glycémique bas, et donc vous devez examiner la liste des ingrédients.

De même, le compte en grammes des graisses inclut à la fois les graisses saines et les graisses malsaines, donc étudiez la liste des ingrédients.

Éviter les produits contenant des additifs, tout particulièrement si vous ne connaissez pas bien les additifs donnés dans la liste.

La pyramide alimentaire – la leur contre la nôtre

Le *U.S. Department of Agriculture* (USDA, Département Américain de l'Agriculture) a publié sa nouvelle pyramide alimentaire bien connue en 1992 (figure 7.2), avec des révisions minimes en 1996. Bien que cette recommandation influente puisse avoir eu quelques résultats bénéfiques, tels que la réduction des graisses saturées (de concert avec toutes les graisses) et un encouragement modeste à consommer des légumes, ces conseils ne sont pas sains pour de nombreuses raisons :

- Les piliers (et la quantité la plus grande) de la pyramide alimentaire de l'USDA sont des amidons à forte charge glycémique. Aucune distinction n'est faite entre les hydrates de carbone à faible ou à forte charge glycémique.
- De même, aucune distinction n'est faite entre les graisses saines et les graisses non saines. Toutes les graisses et toutes les huiles sont mises ensemble, de même que les viandes et les poissons.
- Un accent excessif est mis sur les produits laitiers, ce que des critiques ont rattaché à un lobbying acharné de l'industrie laitière.

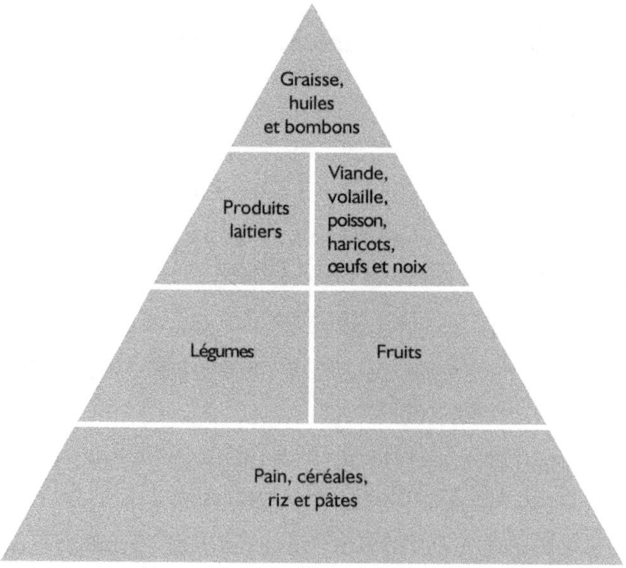

Figure 7.2 La pyramide alimentaire de l'*USDA*

En 2002, des chercheurs de la *Harvard Medical School* (École de Médecine de Harvard) ont publié leur propre pyramide alimentaire en compétition avec celle de l'USDA. La pyramide de Harvard est une amélioration importante parce qu'elle déplace les amidons à forte charge glycémique de la base (région la plus large) vers le sommet (région la plus étroite). Bien que ce soit un grand pas dans la direction des recommandations de santé publique, ces conseils ne font pas certaines recommandations importantes :

- Les huiles végétales constituent la moitié du niveau nutritionnel le plus important. Aucune distinction n'est faite entre les huiles saines telles que l'huile d'olive extra-vierge riche en acide oléique et les huiles végétales industrielles riches en graisses oméga 6 pro-inflammatoires, ainsi que les formes pathogènes des graisses poly-insaturées. Le livret accompagnant la pyramide alimentaire

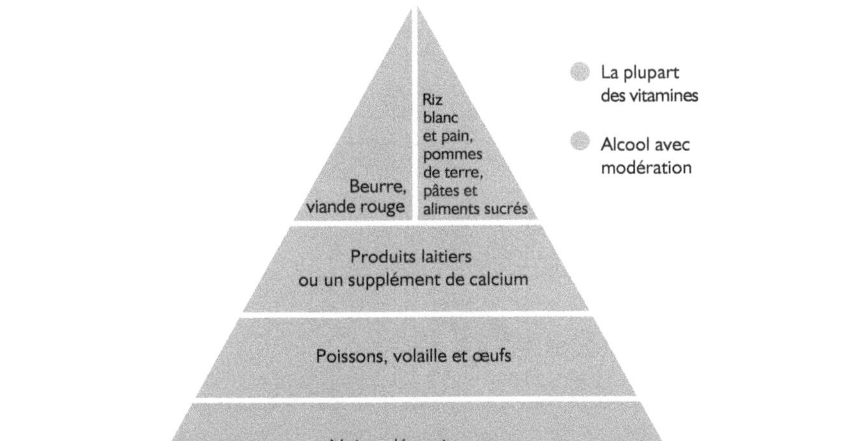

Figure 7.3 La pyramide alimentaire de l'école de médecine de Harvard

de Harvard encourage la consommation de graisses poly-insaturées, mais comme nous l'avons fait remarquer au chapitre 6, « Graisses et protéines », toutes les graisses poly-insaturées ne sont pas saines.

- Les aliments fabriqués à partir de céréales complètes sont placés à un niveau plus important que les légumes. Les céréales complètes, bien que plus saines que les céréales raffinées, ont néanmoins une charge glycémique élevée.

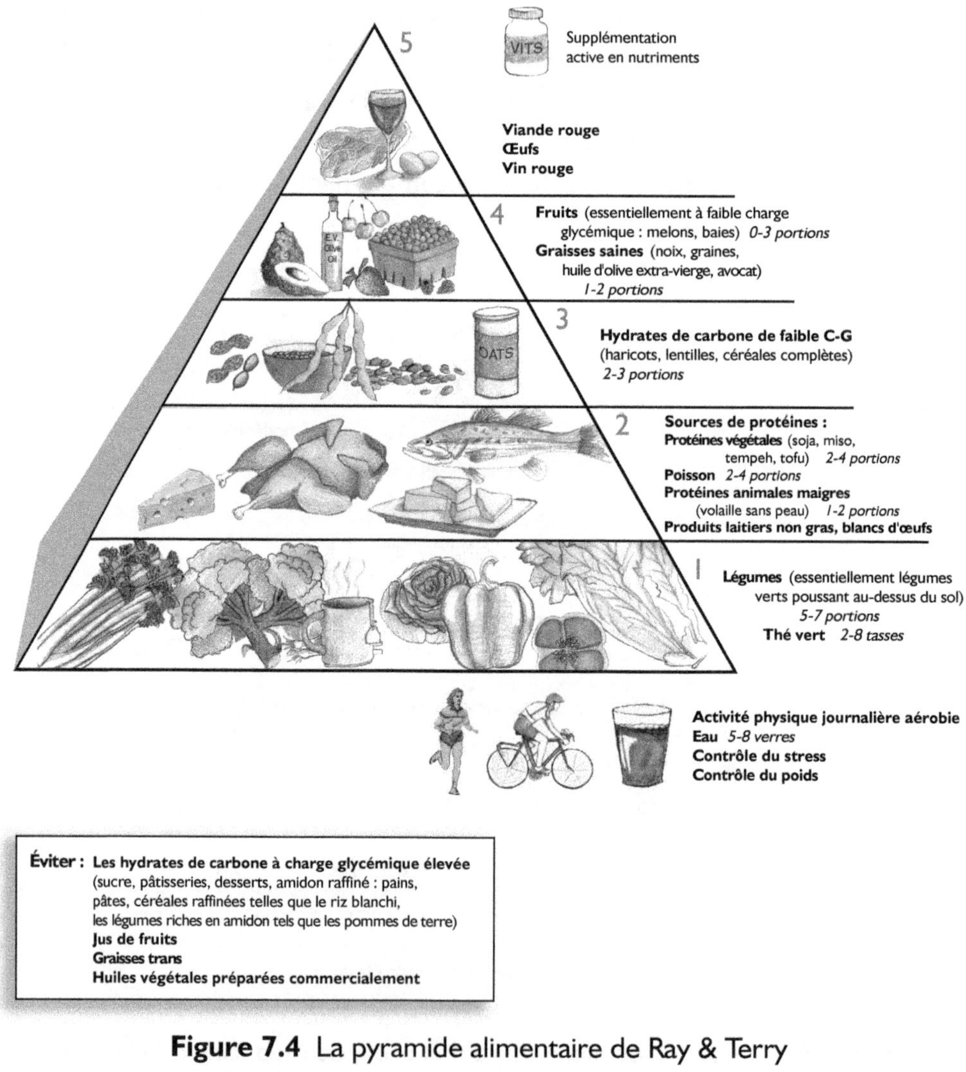

Figure 7.4 La pyramide alimentaire de Ray & Terry

L'accent correct doit être mis sur les légumes et non pas sur les céréales. De plus, les légumes doivent avoir priorité sur les fruits qui ont eux aussi un index glycémique relativement élevé.

- Le poisson a la même priorité que la volaille et les œufs, mais il faudrait lui en donner une plus grande en raison de son taux élevé de graisses oméga 3.
- Nous croyons que les produits laitiers riches en graisses ne doivent pas figurer du tout dans la pyramide.

La pyramide alimentaire de Ray & Terry met l'accent sur les légumes à faible charge glycémique qui sont des sources idéales de vitamines antioxydantes et d'autres nutriments. Elle insiste aussi sur les graisses saines, y compris les huiles de poisson, de noix, de graines et d'olive extra-vierge ainsi que sur les produits dérivés du soja tels que le tofu. Contrairement à la pyramide de Harvard, elle ne recommande pas toutes les huiles végétales et les graisses poly-insaturées parce que nombre d'entre elles sont riches en graisses oméga 6 pro-inflammatoires, en acides gras trans ou en formes pathogènes des graisses.

Pour conclure nos recommandations nutritionnelles, nous reconnaissons les rôles très divers que joue l'alimentation dans nos vies culturelle, sociale et émotionnelle et nous admettons qu'il n'est pas toujours possible de suivre un ensemble « parfait » de recommandations nutritionnelles. Notre but ici est de communiquer ce que notre connaissance scientifique actuelle indique pour accommoder au mieux notre santé et notre bien-être. Nous nous efforçons de faire un groupe de recommandations qui reflète tout notre savoir actuel et ne soit pas un compromis.

8
Changer votre poids pour la vie en un jour

« J'ai mesuré ma vie avec des cuillères à café... »

T.S. ELIOT, « THE LOVE SONG OF J. ALFRED PRUFROCK »
(LE CHANT D'AMOUR DE J. AFRED PRUFROCK)

Selon un article publié en 2003 dans le *Journal of the American Medical Association* (JAMA), un homme de 20 ans obèse a une espérance de vie de 13 ans inférieure à celle de ses contemporains d'un poids normal[1]. Une recherche récente a montré des bénéfices significatifs pour la santé lorsque vous maintenez tout au long de votre vie le poids de vos 20 ans (en faisant l'hypothèse que c'était un poids optimal)[2]. Vous pouvez réduire significativement vos risques de toutes les maladies dégénératives, y compris les maladies cardiaques, les cancers, le diabète de type 2 et l'hypertension[3]. Avoir une surcharge pondérale de 20 % triple votre risque d'élévation de la pression sanguine et de diabète, double votre risque d'élévation du cholestérol (supérieur à 250 milligrammes par décilitre) et augmente votre risque de maladies cardiaques de 60 %[4]. À votre poids optimal, vous aurez aussi davantage d'énergie et, en général, vous vous sentirez mieux.

Bien sûr, vous aurez aussi une plus belle apparence, ce qui est peut-être la raison principale pour laquelle perdre du poids est devenu une préoccupation nationale. À tout moment, une majorité d'Américains adultes tente de perdre du poids. Les Américains dépensent 41 milliards de dollars par an en régimes de toutes sortes[5]. Malheureusement, 95 % de ceux qui ont suivi un régime regagnent tout le poids qu'ils avaient perdu (ou davantage)[6]. Le cycle de perte et de gain de poids, ou « yo-yo », est en fait plus mauvais pour votre santé que de ne jamais perdre de poids, car des changements continuels de poids stressent l'organisme.

PONT TROIS

Des nanorobots pour le dîner

Dans le chapitre précédent, nous avons décrit des nanorobots qui apporteront les fonctions digestives du futur. Ces derniers commenceront par accroître notre système digestif biologique en apportant dans la circulation sanguine des nutriments rares et en éliminant des substances non désirées telles que des toxines et des nutriments en excès. Finalement, cette « version 2.0 » du système digestif sera si fiable qu'elle remplacera complètement la version 1.0 du système que nous utilisons aujourd'hui. Même dans l'étape initiale, cette technologie résoudra efficacement le problème de l'excès de poids en détruisant les calories non nécessaires. Nous pouvons nous attendre à voir cette technologie apparaître aux environs de 2020, et un système affiné qui puisse remplacer notre système digestif est probable pour 2030 environ.

La clé d'un programme couronné de succès est de changer votre attitude envers la perte de poids. Plutôt que de considérer un régime comme une période temporaire de privation, pensez que c'est plutôt un engagement à long terme vers une façon saine de manger, mais que vous pouvez prendre en un seul jour, aujourd'hui par exemple ! Bien que les bénéfices complets, y compris l'atteinte de votre poids optimal, n'apparaîtront pas en un jour, vous commencerez tout de suite à vous sentir mieux, vous et votre engagement. Et nombre des bénéfices immédiats deviendront évidents en deux semaines seulement.

Exécution de votre programme de perte de poids

En suivant notre programme décrit ci-après, vous commencerez par perdre votre excès de poids lentement et vous vous approcherez progressivement de votre poids idéal. L'idée est de vous mettre vous-même sur la bonne voie, celle qui évite le sentiment de privation. Vous devrez aussi être patient.

Étape un : Déterminez votre carrure

La première étape de notre programme est de déterminer votre carrure. Cela vous aidera à calculer votre poids idéal.

a. Premièrement, mesurez votre tour de poignet. Vous pouvez utiliser un mètre à ruban ou un bout de ficelle et mesurer ce dernier avec une règle.

b. D'après le Tableau 8.1, utilisez ce tour de poignet pour déterminer votre carrure ou votre charpente naturelle. (À moins que vous ne soyez très obèse, vos poignets ne changent pas de dimension avec le poids, et leur circonférence est donc un bon indicateur de votre charpente naturelle. De nombreuses personnes en surcharge pondérale pensent qu'elles ont une forte charpente, alors qu'elles en ont une de taille moyenne ou même de petite taille, mais avec beaucoup de rembourrage.)

Tableau 8.1 Détermination de la carrure d'après le tour de poignet

	Petite carrure	Carrure moyenne	Forte carrure
Hommes adultes	Inférieur à 15 cm.	15 à 17 cm.	Supérieur à 17 cm
Femmes adultes	Inférieur à 13 cm	13 à 15 cm.	Supérieur à 15 cm

Étape deux : Déterminez les limites de votre poids optimal

Maintenant que connaissez votre carrure, utilisez cette information, couplée à votre sexe et à votre taille, pour déterminer votre poids optimal d'après le Tableau 8.2 (votre poids optimal est la limite inférieure).

Étape trois : Déterminez et adoptez votre taux de calories cible

Là se situe le principe essentiel de notre programme « changez votre poids pour la vie en un jour » : Commencez par consommer le nombre de calories dont vous auriez besoin si vous étiez déjà à votre poids optimal. C'est votre taux de calories cible.

Il y a deux méthodes possibles pour y parvenir :

Méthode A : Regardez votre taux de calories d'entretien (le nombre de calories que vous devez consommer pour maintenir un poids donné) dans le Tableau 8.3, fondé sur votre poids optimal (la limite inférieure de l'étape deux ci-dessus) et

Tableau 8.2 Détermination du poids optimal estimé (poids en kilogrammes, en vêtement d'intérieur)

Table de la taille et du poids pour les femmes			
Taille (en m)	Petite carrure	Carrure moyenne	Forte carrure
1,46	51-55	54,5-60,5	59-65,5
1,49	51,5-56,5	55,5-61,5	60-67
1,52	52-57,5	56,5-63	61-68,5
1,55	53-59	57,5-64,5	62,5-70
1,60	55,5-62	60,5-67,5	65,5-73,5
1,62	57-63,5	62-69	67-75,5
1,64	58,2-65	63,5-70,5	68,5-77,5
1,67	60-66,5	65-72	70-79,5
1,70	61,5-68	66,5-73,5	71,5-81,5
1,72	63-69,5	68-75	73-83,5
1,75	64,5-71	69,5-76,5	74,5-85
1,77	66-72,5	71-78	76-86,5
1,80	67,5-74	72,5-79,5	77,5-88
1,82	69-75,5	74-81	79-89,5
Les femmes entre 18 et 25 ans doivent soustraire 0,5 kg pour chaque année en dessous de 25 ans			
Table de la taille et du poids pour les hommes			
Taille (en m)	Petite carrure	Carrure moyenne	Forte carrure
1,55	64-67	65,5-70,5	69-75
1,60	65-68	66,5-71,5	70-76,5
1,62	66-69	67,5-72,5	71-78
1,64	67-70	68,5-74	72-80
1,67	68-71	69,5-75,5	73-82
1,70	69-72,5	71-77	74,5-84
1,72	70-74	72,5-78,5	76-86
1,75	71-75,5	74-80	77,5-88
1,77	72-77	75,5-81,5	79-90
1,80	73-78,5	77-83	80,5-92
1,82	74,5-80	78,5-85	82-94
1,85	76-82	80-87	84-96
1,87	77,5-84	82-89	86-98,5
1,90	79-86	83,5-91	88-101
1,92	81-88	85,5-93,5	90,5-103,5

votre niveau d'activité. Si votre poids optimal se situe entre deux lignes du Tableau 8.3, faites une interpolation pour obtenir le taux de calories. Par exemple, si votre poids est de 77 kilogrammes, à mi-chemin (0,5) entre 75 et 80, et que vous êtes modérément actif : (2 400 – 2 250) × 0,5 = 75, votre taux de calories d'entretien est de 2 250 + 75 = 2 325.

Tableau 8.3 Taux de calories d'entretien

Ce tableau apporte un taux de calories d'entretien estimé fondé sur votre poids optimal ou actuel et votre niveau d'activité.

Poids	Sédentaire	Modérément actif	Très actif
45	1 170	1 350	1 620
50	1 300	1 500	1 800
55	1 430	1 650	1 980
60	1 560	1 800	2 160
65	1 690	1 950	2 340
70	1 820	2 100	2 520
75	1 950	2 250	2 700
80	2 080	2 400	2 880
85	2 210	2 550	3 060
90	2 340	2 700	3 240
95	2 470	2 850	3 420
100	2 600	3 000	3 600
105	2 730	3 150	3 780
110	2 830	3 300	3 960
115	2 990	3 450	4 140
120	3 120	3 600	4 320

Nous vous recommandons d'adopter un programme d'activité physique qui est au moins au niveau d'activité modérée. Si vous maintenez le taux de calories d'entretien correspondant à votre poids optimal, votre perte de poids (ou votre gain si vous êtes en dessous du poids optimal) sera progressive lorsque vous approcherez de ce niveau optimal.

Méthode B : Regardez votre taux de calories d'entretien dans le Tableau 8.3 pour votre poids *actuel* et votre niveau d'activité, puis enlevez 500 calories par jour pour perdre 500 grammes par semaine ou 1 000 calories par jour pour perdre 1 kilo par semaine.

Nous préférerions que vous utilisiez la méthode A, le programme « changez votre poids pour la vie en un jour », où vous commencez par consommer le nombre de calories nécessaires pour maintenir votre poids cible (optimal). Gardez à l'esprit que le métabolisme de chacun est différent, et que vous devrez donc faire des essais pour ajuster correctement tous les cas de figures.

Quelle que soit la méthode, il est important d'avoir une alimentation adéquate équilibrée pendant que vous perdez du poids. Pour un succès à long terme, votre but doit être de parvenir à une nouvelle façon de manger, c'est-à-dire de modifier vos préférences et attitudes envers la nourriture. Vous ne devez pas vous sentir privé et affamé, ce qui entraînerait l'échec du processus. Vous devez consommer au moins 20 calories par kilogramme de votre poids idéal (optimal), soit pas moins de 1 000 calories par jour et 1 200 calories par jour pour un homme.

Sédentaire : Vous restez assis la plupart du temps, vous ne marchez qu'occasionnellement et vous n'avez pas un programme d'activité physique régulière.

Modérément actif : Votre routine normale implique que vous marchiez souvent ou que vous vous déplaciez. Alternativement, votre routine normale est sédentaire, mais vous avez un programme d'activité physique régulière telle que marcher ou courir une trentaine de kilomètres ou plus par semaine.

Très actif : Votre routine normale implique une activité physique vigoureuse continue (telle qu'un travail de construction, de facteur, de jardinage). « Très actif » est équivalent à un style de vie sédentaire plus une marche ou une course d'environ 80 kilomètres par semaine.

Remarquez que votre taux de calories d'entretien changera avec votre changement de poids. Étant donné que le métabolisme varie d'un individu à un autre, ce tableau n'apporte qu'une valeur approximative que vous devrez ajuster en fonction de votre propre expérience.

Atteindre votre pourcentage optimal de graisse corporelle

La masse des muscles maigres est plus lourde que la graisse corporelle. Deux personnes peuvent avoir la même taille, la même carrure et le même poids mais l'une peut être beaucoup moins grasse que l'autre. L'objectif réel d'une perte de poids est de perdre de la graisse et non pas du muscle, de l'eau ou des dépôts temporaires de glycogène. En fait, il est plus important de déterminer le pourcentage idéal de votre graisse corporelle que votre poids idéal. Vous pouvez suivre les instructions des tableaux de graisse corporelle (voir Fantastic-Voyage.net), mais une méthode plus précise est d'utiliser un appareil qui mesure la graisse corporelle ou une échelle qui met à profit le retour d'un courant électrique faible à travers votre corps. Ces dispositifs sont facilement accessibles (voir la section ressource sur Fantastic-Voyage.net).

Il faut une certaine quantité de graisse corporelle pour entourer et protéger vos organes vitaux et pour constituer une forme essentielle de réserve d'énergie de votre corps. Les femmes en ont besoin d'un peu plus comme support de la maternité et de l'alimentation au sein, de concert avec les caractères sexuels secondaires. Le pourcentage idéal de graisse corporelle est de 12 à 20 % chez l'homme et de 18 à 26 % chez la femme. Mais il n'est pas sain d'être significativement au-dessus ou au-dessous de ce pourcentage et nous vous recommandons de vous situer à la limite inférieure de ces intervalles[7].

L'obésité déclenche l'inflammation

Une recherche récente a révélé un mécanisme inattendu sous-jacent aux altérations de la santé résultant d'une surcharge corporelle. Dans une étude publiée dans le *Journal of Clinical Investigation* (Journal d'Investigation Clinique), des chercheurs ont indiqué qu'une fois que l'obésité a dépassé un seuil critique, les tissus adipeux sont alors remplis d'un nombre énorme de macrophages (cellules du système immunitaire) qui sécrètent des substances chimiques inflammatoires[8]. Les macrophages sécrètent aussi le facteur de nécrose tumorale alpha qui initie une résistance à l'insuline à l'origine du syndrome métabolique ou du diabète de type 2. L'activation chronique de ce type de réponse inflammatoire est à l'origine de nombreuses maladies dégénératives, y compris les maladies cardiaques, les accidents vasculaires cérébraux et le diabète de type 2. Les chercheurs ont émis l'hypothèse qu'une fois que les cellules adipeuses ont été entièrement envahies, certaines commencent à se dégrader ou à fuir, ce qui déclenche le début de l'élimination des débris par les macrophages. Ces derniers libèrent alors des substances chimiques pour réclamer une plus grande aide du système immunitaire, ce dont il résulte la cascade des réactions inflammatoires.

L'endroit où se situe la graisse dans votre corps est également important. Une accumulation de graisse viscérale au niveau de la ceinture, l'adiposité centrale, communément connue sous le nom de « brioche », est particulièrement mauvaise. Selon une étude publiée dans le *JAMA* (*Journal of American Medical Association*), des chercheurs ont montré que le risque de cancer de l'endomètre était 15 fois plus élevé chez les femmes présentant un rapport tour de taille/tour de hanche élevé, comparativement aux femmes dont ce rapport est bas[9]. D'autres études ont trouvé des liens forts entre l'adiposité centrale et le diabète de type 2, l'hypertension et les maladies cardiaques[10].

Quelques suggestions pour une perte de poids saine et définitive

Votre poids reflète votre consommation totale de calories, votre activité physique et votre niveau métabolique, mais la composition des aliments que vous mangez est elle aussi importante. Voici quelques suggestions.

Réduisez les hydrates de carbone. Nous avons constaté qu'il est presque impossible de perdre du poids et de le maintenir sans consommer beaucoup moins d'hydrates de carbone, particulièrement ceux dont la charge glycémique (CG) est élevée. Comme nous l'avons vu au chapitre 5, « Hydrates de carbone et charge glycémique », la consommation d'hydrates de carbone de charge glycémique élevée conduit à un besoin accru de ces dernières. La consommation d'hydrates de carbone à faible charge glycémique dans votre régime vous aidera à contrôler votre appétit et diminuera vos besoins. Vous vous sentirez repus plus rapidement, vous découvrirez qu'il est beaucoup plus aisé d'arrêter de manger une fois que vous serez satisfait et vous vous sentirez moins affamé entre les repas. Si vous cherchez à perdre du poids, nous vous recommandons de maintenir les hydrates de carbone totaux au-dessous d'un sixième de vos calories et d'éliminer tous ceux qui sont à charge glycémique élevée tels que les aliments sucrés, les pâtes et le pain.

Réduisez les graisses. La réduction des graisses de votre régime vous aide à perdre du poids parce que les aliments qui en contiennent beaucoup sont plus riches en calories : 9 calories par gramme contre 4 calories pour les hydrates de carbone ou les protéines.

Adoptez les légumes. Insistez sur les aliments qui ont une faible densité calorique (c'est-à-dire peu de calories pour un poids élevé). La catégorie idéale est celle des légumes à faible pourcentage d'amidon qui ont un index glycémique bas, sont riches en nutriments précieux de toutes sortes et en fibres et vous donnent une sensation de satiété.

Mangez des fibres. Consommez-en au moins 25 grammes par jour, y compris 10 grammes de fibres insolubles.

Ne changez pas radicalement de nourriture. Pendant que vous êtes en train de perdre du poids, nous vous déconseillons fortement les régimes qui impliquent de manger d'une façon très différente de celle qui était la vôtre lorsque vous n'étiez pas « au régime »[11]. Les gens comptent les jours jusqu'à ce qu'ils soient libérés de ce type de prison gastronomique. Ils n'associent pas le bénéfice de la perte de poids à leur apprentissage d'habitudes correctes de manger, changer de goûts, de désirs et d'attitudes, mais bien plutôt à des schémas d'alimentation artificiels qu'ils sont impatients d'abandonner.

En adoptant notre conseil « changez votre poids pour la vie en un jour », pour consommer le nombre de calories d'entretien de votre poids optimal pris comme poids de départ, vous avez seulement besoin de faire un simple ajustement. Cela pourra prendre deux semaines d'adaptation, mais vous serez sur le chemin où vous pourrez vous maintenir indéfiniment.

Faites de votre santé, et non pas de votre perte de poids, votre objectif. Si vous faites d'un style de vie sain votre but, vous êtes plus susceptible de réussir à améliorer votre santé et à atteindre une perte de poids qui se stabilise. Ne soyez pas trop pressé de perdre directement des kilos. Il est crucial que l'expérience vous plaise. Vous devez associer l'expérience d'atteindre un poids sain à une nourriture saine. Cela peut prendre quelques mois mais vous assurera aussi que vous n'aurez plus jamais à perdre à nouveau du poids.

Une raison majeure qui fait que les gens se découragent et abandonnent les programmes de perte de poids est le fait que le poids reste *en plateau.* Une augmentation de la masse musculaire et des vaisseaux sanguins qui résulteraient de la prise d'exercice pourrait temporairement stopper la perte de poids ou y provoquer un léger gain, mais ce sont des phénomènes réellement souhaitables. Étant donné que les muscles pèsent beaucoup plus que la graisse, vous pouvez perdre de la graisse corporelle et des centimètres sans perdre de kilos si dans le même temps vous faites de la musculation. Des changements de médicaments, la menstruation, la constipation, la rétention d'eau et d'autres facteurs peuvent aussi faire que la perte de poids se ralentisse ou même s'inverse. Rappelez-vous que votre but est de perdre de la graisse corporelle. Aucun de ces facteurs ne provoque une augmentation de cette dernière et donc ne soyez pas découragé par des modifications mineures de votre poids dans la mauvaise direction. Soyez patient.

Ne vous dépêchez pas de perdre du poids. Un des problèmes les plus importants dans la perte de poids est la récidive. La plupart des gens qui ont perdu du poids finissent par le rattraper. Une recherche préliminaire sur l'hormone *ghréline*, sécrétée dans l'estomac, pourrait expliquer en partie ce problème embarrassant. La ghréline stimule l'appétit tout en ralentissant le métabolisme. Ces deux effets contribuent à augmenter la mise en réserve de graisse. Le taux de cette hormone présente un pic à la suite de chaque repas et retombe lorsque vous êtes repus. Les personnes qui reçoivent des injections de ghréline deviennent extrêmement affamées et des études montrent qu'elles mangent beaucoup plus lorsque la nourriture est disponible sans limite, par exemple lors d'un buffet.

Une étude récente conduite à l'Université de Washington a montré que le taux de ghréline augmente substantiellement après une période de perte de poids rapide[12]. Le Dr. David E. Cummings, chercheur responsable de l'étude, pense que ce phénomène résulte d'une adaptation acquise au cours de l'évolution pour encourager l'organisme à restaurer la perte de graisse afin de se protéger d'une famine future éventuelle. Ce programme génétique ne s'applique plus à notre situation actuelle. Une recherche est en cours pour développer des médicaments qui bloquent la ghréline ainsi que sa stimulation de l'appétit et de la mise en réserve de graisse corporelle.

Cependant, une perte de poids lente et progressive ne semble pas provoquer le même pic du taux de ghréline. C'est une autre raison importante pour atteindre progressivement votre poids idéal. Adapter votre taux de calories quotidien à celui d'entretien de votre poids cible est le meilleur moyen de perdre du poids et de ne pas en reprendre.

Pratiquez une activité physique. L'activité physique est très importante pour brûler des calories, diminuer votre « poids d'équilibre » (le poids autour duquel gravite votre corps) et augmenter votre niveau métabolique (la vitesse à laquelle vous brûlez les calories) même lorsque vous ne faites pas d'exercice[13]. Nous recommandons de brûler au moins 300 calories par jour en pratiquant une activité physique.

Augmentez votre vitesse métabolique. Un facteur essentiel dans la détermination de votre vitesse métabolique, la vitesse à laquelle vous brûlez les calories, est le nombre de mitochondries dans vos cellules. Les mitochondries sont de petites usines énergétiques qui approvisionnent toutes les cellules. Plus vous en avez, plus vous brûlez d'énergie, ce qui vous maintiendra maigre[14]. Malheureusement, vous ne pouvez pas prendre simplement un supplément de mitochondries. Cependant, les cellules adipeuses ont très peu de mitochondries parce qu'elles mettent en réserve l'énergie sans la brûler, alors que les cellules musculaires ont de nombreuses mitochondries parce qu'elles ont besoin d'énergie pour effectuer leur travail. Donc, lorsque vous développez vos cellules musculaires grâce à un programme régulier d'activité physique, vous augmentez vos mitochondries et par là vous augmentez de façon permanente votre vitesse métabolique, même lorsque vous n'êtes pas en train de faire des exercices.

Restriction calorique

La pratique de restriction calorique, ou RC, est étroitement apparentée au maintien du poids d'un corps maigre. On a maintenant de nombreux éléments tendant à prouver que, chez de nombreuses espèces animales, la restriction calorique ralentit le vieillissement, peut allonger la vie et prolonger la jeunesse. Ces expérimentations n'ont pas duré suffisamment longtemps pour démontrer une réelle augmentation de la vie chez les humains, mais les études d'Hommes pratiquant une restriction calorique montrent la même réduction des maladies et des marqueurs du vieillissement (changements associés à l'augmentation de l'âge) que celle que nous constatons dans des populations animales[15]. Plus de 2 000 études sur l'animal montrent le même résultat important dans de très nombreuses espèces différentes[16].

Une expérience de 1982 très médiatisée réalisée sur des rats a été la première à présenter la RC[17]. Le groupe témoin était nourri avec un régime habituel et avait une durée de vie normale maximale d'environ 1 000 jours. Typiquement, les rats témoins mouraient de la dégradation de leur cœur, de maladies du rein ou de cancers. Le régime du groupe expérimental (les rats soumis à une RC) contenait un tiers de calories en moins que le groupe témoin, mais par ailleurs contenait des nutriments adéquats avec des vitamines, des minéraux, des protéines et des acides gras essentiels. Les rats élevés avec une RC vivaient jusqu'à 1 500 jours environ, soit 50 % plus longtemps.

De façon tout aussi significative, les chercheurs ont remarqué un ralentissement du processus de vieillissement. Non seulement les rats nourris avec une RC vivaient plus longtemps, mais ils évitaient largement la faiblesse, la santé précaire, l'apathie et l'aspect grisonnant qui accompagnait la vieillisse du groupe nourri normalement, même à la fin de leur vie prolongée. Par exemple, les poils des rongeurs nourris normalement, doux et blancs au début de la vie, deviennent gris et graisseux à partir de 24 mois. En revanche, les rongeurs en RC gardent une fourrure blanche et brillante pendant 40 mois ou plus. Les rats soumis au régime à basses calories étaient aussi beaucoup plus habiles pour se déplacer dans un labyrinthe que les rats du même âge nourris avec un régime normal. Le taux de diabète et de cataracte ainsi que la force du système immunitaire étaient considérablement améliorés chez les rongeurs soumis à une RC.

Bien après que les rats consommant un régime normal furent morts, les rats soumis à une RC continuaient à avoir une fourrure brillante, un très faible taux de cancers et d'autres maladies et un niveau élevé d'énergie et de réactions caractéristiques de la jeunesse. Lorsque finalement ils mouraient, ils semblaient le faire souvent pour une raison non évidente, peut-être seulement le grand âge. Selon le Dr. Edward Masoro, physiologiste au Centre des Sciences de la Santé de l'Université du Texas à San Antonio, « Lorsque nous regardons leur intérieur, ils sont complètement propres. »

D'autres expérimentations ont comparé des rats soumis à une RC et des rats nourris normalement avec des taux élevés de substances cancérigènes. Les rats RC montraient une résistance significative aux produits chimiques provoquant des cancers, alors que des rongeurs normalement alimentés succombaient rapidement[20]. Même des souches de rats spécialement conçues pour être prédisposées aux cancers, aux maladies auto-immunes ou à d'autres maladies, tiraient une protection significative d'un régime à basses calories. Le Dr. Richard Weindruch, gérontologue de l'Université du Wisconsin à Madison, commente, « tous les animaux semblent tirer bénéfice d'une restriction calorique. »

PONT DEUX

Suppression de l'appétit

Une approche pour des médicaments destinés à réduire le poids est de supprimer l'appétit ; cette idée est à la base d'un spray nasal en cours de développement par Nastech Pharmaceutical. Le spray, maintenant en essais de phase I, fait appel à l'hormone PYY que l'estomac libère normalement lorsqu'il est plein. Le médicament déclenche la sensation de satiété avant que vous n'ayez réellement rempli votre estomac.

Une large recherche démontre que les hormones leptine et ghréline jouent un rôle puissant dans le contrôle de l'appétit qui, selon une recherche faite à Harvard sous la direction de Barbara Kahn, pourrait être dû aux effets de ces hormones sur l'enzyme AMPK (protéine kinase activée par l'AMP)[18]. Dans des expérimentations conduites sur la souris, l'inhibition de l'AMPK a eu pour résultat que les animaux mangeaient moins et perdaient du poids, alors que l'augmentation du taux d'AMPK avait l'effet opposé. Les auteurs de cette étude décrivent l'AMPK comme « une jauge d'énergie pour réguler l'état énergétique cellulaire. » Cette découverte indique que des médicaments susceptibles de contrôler le taux d'AMPK chez l'Homme peuvent avoir le même impact.

Dans une étude publiée dans le journal *Science*, des chercheurs ont déterminé un autre mécanisme par lequel la leptine et la ghréline affectent l'appétit ; ces hormones obligent en fait le cerveau à refaire lui-même ses connexions électriques[19]. On pensait précédemment qu'elles agissaient comme les autres hormones directement sur le comportement des cellules du cerveau. Cette recherche a montré que la leptine renforce les connexions neurales qui inhibent la prise d'aliments et affaiblissent les connexions qui augmentent l'appétit. La ghréline a l'effet opposé et peut annuler les changements neuraux résultant d'une administration antérieure de leptine. « C'est presque comme si le cerveau développait une mémoire pour le poids qu'il veut chez les animaux, » a commenté le Dr. Jeffrey Flier du Beth Israel-Deaconess Hospital (l'Hôpital Beth Israël des Diaconesses) de Boston. La recherche met en évidence le pouvoir qu'ont ces hormones d'affecter notre comportement alimentaire ; elle montre ainsi que des médicaments qui modifient l'équilibre de ces dernières ont la possibilité de reprogrammer notre consommation d'aliments dans une direction plus saine.

De nombreuses expérimentations conduites sur toute une série d'autres animaux ont montré des résultats concordants. Les animaux nourris à une RC vivent environ 30 à 50 % plus longtemps, vieillissent moins vite et sont généralement moins atteints par les maladies, même à la fin de leur vie prolongée.

Comment opère la RC ?

Pourquoi la restriction calorique fonctionne-t-elle ? Fortuitement, une preuve importante est tombée juste au moment où nous terminions la rédaction de ce chapitre. Le Docteur. C. Ronald Kahn, directeur du *Joslin Diabetes Center at Harvard Medical School* (Centre Joslin du Diabète à l'École de Médecine de Harvard) et ses collègues ont créé une souris génétiquement modifiée à laquelle il manquait un seul gène contrôlant la capacité de l'insuline à permettre aux cellules adipeuses de stocker la graisse[21]. Ces souris FIRKO (*de Fat-specific Insulin Receptor Knock Out*, invalidées pour le récepteur de l'insuline spécifique de la graisse) mangeaient considérablement plus que des souris normales (en fait autant qu'elles voulaient) bien qu'ayant 50 à 70 % de graisse corporelle en moins. Elles étaient également résistantes au diabète, restaient en bonne santé plus longtemps que les animaux témoins et avaient une vie plus longue de 18 %.

Peu de graisse corporelle. Bien que le régime des souris FIRKO était précisément à l'opposé de la restriction calorique, elles obtenaient au moins certains bénéfices (mais pas tous) de la RC. Cela suggère qu'au moins un mécanisme sous-jacent à la RC est simplement le maintien d'un taux faible de graisse corporelle. Nous discutons des potentialités de cette recherche pour apporter des traitements chez l'Homme dans le Pont Deux de la page précédente.

Taux du glucose sanguin. Les souris FIRKO et les animaux soumis à un régime pauvre en calories ont un taux de glucose sanguin significativement plus faible[22]. En effet, ces animaux brûlent le glucose à la même vitesse que les animaux nourris normalement ; mais avec moins d'entrée de calories, il y a donc moins de restes de glucose non utilisé.

Taux des radicaux libres. Ces molécules hautement réactives sont des produits dérivés d'un métabolisme inapproprié des aliments. Les radicaux libres provoquent une détérioration graduelle des tissus de l'organisme, particulièrement au niveau des membranes cellulaires qui sont fragiles. De nombreux chercheurs attribuent certains processus du vieillissement aux effets des radicaux libres circulant dans le sang[23]. Les animaux en RC avaient des taux considérablement plus faibles de radicaux libres (résultant d'un métabolisme moindre des aliments) et avaient donc moins de lésions des membranes cellulaires dues à des radicaux libres. Les chercheurs ont aussi découvert que le taux d'une enzyme du foie qui assure la détoxication les radicaux libres est supérieur d'environ 60 % chez les animaux soumis à un régime à basses calories[24].

Réparation de l'ADN. D'autres chercheurs ont découvert que les animaux en RC avaient des enzymes de réparation de l'ADN plus robustes. Une détérioration dans le code de l'ADN provoque des cancers et accélère d'autres processus du vieillissement et une plus grande efficacité de ces enzymes expliquerait donc partiellement le vieillissement plus lent et le taux plus faible de tumeurs chez ces animaux[25].

Limite des calories de la vie. Il est intéressant de remarquer que la quantité totale de nourriture consommée au cours de la vie par les animaux en RC ou les animaux nourris normalement était approximativement la même. Les animaux soumis à un régime à faibles calories consommaient par jour approximativement les deux tiers de la nourriture donnée aux animaux mangeant normalement mais vivaient une fois et demi plus longtemps, et donc la quantité totale d'aliments consommés au cours de leur vie était à peu près la même que celle des animaux témoins. Cela est en accord avec l'idée selon laquelle les cellules vivantes sont des moteurs qui s'usent avec la consommation d'énergie plus qu'avec le temps. Cela nous ramène à la sagesse de la citation de T.S. Eliot du début de ce chapitre : Nos vies sont mesurées, sinon en cuillères à café, du moins en calories des aliments que contiennent nos cuillères.

Chaque espèce semble avoir un nombre fixe de calories qu'elle peut brûler au cours de son existence. En mangeant un peu moins chaque jour, il s'écoulera plus de jours avant que ces dernières soient épuisées. Bien sûr, nous tentons de dépasser cela ainsi que les autres restrictions biologiques, mais pour le moment nous pouvons tirer avantage de la découverte de ces limitations de la biologie.

Il y a toutefois une limite à la capacité de la RC d'allonger la vie. En raison de la nécessité d'obtenir suffisamment de nutriments, nous ne pouvons pas, par exemple, limiter les calories à, disons, un tiers du taux normal et espérer vivre trois fois plus longtemps. Sans vitamines, minéraux, protéines et autres nutriments appropriés, un Homme ou tout autre animal tombera malade et finira par mourir si le déficit n'est pas inversé. Il semble qu'au moins dans le cas d'animaux tels que le rat, le taux optimal de calories pour la longévité soit environ des deux tiers de ce que les animaux consommeraient s'ils étaient nourris librement. Au-dessous, il est difficile, voire impossible, d'obtenir une nutrition appropriée.

Application de la RC à l'Homme

Il y a eu de nombreuses études de la population humaine qui illustrent les potentialités de la restriction calorique chez l'Homme. Par exemple, les populations vivant dans la région d'Okinawa, au Japon, comptent 40 fois plus de centenaires (les personnes âgées de 100 ans et plus) que les régions du nord-est ; de plus, les habitants de cette région ont très peu de maladies graves avant l'âge de 60 ans[26]. Les habitants d'Okinawa demeurent actifs beaucoup plus longtemps que ceux des autres régions du Japon. La différence essentielle dans leur régime alimentaire semble être un apport calorique moindre.

En appliquant les études animales à l'Homme, certains chercheurs ont estimé que notre durée de vie maximale pourrait être portée de 120 ans à 180 ans. Bien sûr, très peu d'entre nous vivent jusqu'à 120 ans comme cela. Ces estimations se réfèrent à une durée de vie potentielle maximale théorique, avant que nous n'appliquions les technologies des Ponts Deux et Trois pour l'allonger considérablement. Il est peut-être plus significatif de considérer que cela implique qu'en adoptant un régime comportant peu de calories mais par ailleurs sain, nous soyons plus susceptibles de tirer un plein avantage de notre longévité biologique actuelle.

Les bénéfices de la restriction calorique s'étendent aussi à notre espérance de vie restante. Si vous avez 40 ans et qu'il vous reste une espérance de vie de 40 ans, vous n'allongerez que la période restante. Donc, plus tôt vous commencerez une RC, plus grands seront les bénéfices. Cependant, indépendamment du moment où vous commencerez, vous réaliserez rapidement les bénéfices du maintien d'un poids plus faible.

Recommandations pour une restriction calorique

Bien évidemment, une perte de poids résulte d'une restriction calorique. Les gens qui suivent strictement les recommandations de restriction calorique finissent par être très maigres au point de sembler décharnés, ce que nous ne recommandons pas. D'après la récente étude de Joslin que nous avons citée précédemment, il est clair qu'au moins certains bénéfices de la RC viennent du faible taux de graisse corporelle qui en résulte. Notre recommandation est donc de pratiquer une forme modérée de RC et non pas une forme sévère telle que la réduction de 35 % utilisée dans les expérimentations animales.

Nous suggérons les recommandations ci-après :

- Consommer un minimum de 24 calories par kilogramme de votre poids optimal. Par exemple, un homme d'un poids optimal de 75 kilos devrait consommer un minimum de 1 800 calories par jour environ ; une femme d'un poids optimal de 62 kilos devrait consommer un minimum de 1 500 calories par jour environ. Selon votre niveau d'activité, ces valeurs sont inférieures de 10 à 33 % à celles recommandées dans les Tableaux ci-dessus pour les calories d'entretien.
- Amener votre poids minimum à 95 % de votre poids optimal déterminé sur les Tableaux de ce chapitre. Par exemple, si votre poids optimal est de 100, votre poids minimum serait de 95 (100 fois 0,95). Si votre poids tombe en dessous de cette valeur minimale, augmenter votre consommation de calories.
- Choisir des aliments de faible densité calorique. Le meilleur moyen pour réduire vos calories est de consommer des légumes pauvres en amidon tels que les brocolis et les courgettes qui vous remplissent l'estomac mais ont relativement peu de calories, de préférence aux pommes de terre et au riz.
- Penser aux fibres. Vous pouvez également choisir des aliments riches en fibres qui apportent du volume et de la texture sans calories digestibles. Les fibres ont aussi des bénéfices pour la santé car elles diminuent le taux de cholestérol, améliorent la régularité et réduisent les risques de cancer du côlon. Évidemment, la plupart des légumes sont riches en fibres. Il y a aussi de nombreux aliments conçus pour être des substituts aux hydrates de carbone qui utilisent des fibres (ainsi que des protéines végétales) pour remplacer le volume et la texture de l'amidon ; ce sont des céréales ou des pains à faible teneur en hydrates de carbone (voir Fantastic-Voyage.net pour nos conseils concernant des produits spécifiques).

Les bloqueurs de calories

Une autre stratégie pour perdre du poids est de bloquer la digestion des aliments après qu'ils ont été consommés. Il y a quelques approches limitées mais prometteuses pour y parvenir en ce qui concerne les hydrates de carbone et les graisses.

Les inhibiteurs de l'α-glucosidase. Les suppléments et les médications « inhibiteurs de l'α-glucosidase » convertissent essentiellement l'amidon en l'équivalent de fibres. Ces inhibiteurs se combinent avec l'amylase, enzyme responsable de la dégradation de l'amidon en sucres simples que l'organisme peut absorber. Lorsque l'amylase est désactivée, l'amidon des aliments passe dans l'organisme sans être digéré. Il se retrouve dans le gros intestin où il est pris en charge par les bactéries intestinales, de la même façon que les fibres et autres parties non digestibles des aliments.

Attention : Utiliser un inhibiteur de l'α-glucosidase lorsque l'on consomme de grandes quantités d'hydrates de carbone peut être à l'origine d'un excès de gaz, d'un ballonnement, de flatulences et d'une surpopulation bactérienne. Avec un régime pauvre en hydrates de carbone, l'excès de gaz n'est pas un problème. Considérez un inhibiteur de l'α-glucosidase comme un additif à un régime pauvre en hydrates de carbone si vous essayez de perdre du poids ou que vous avez un syndrome métabolique ou un diabète de type 2. L'inhibiteur de l'α-glucosidase réduit aussi la charge glucidique des hydrates de carbone, ce qui est à prendre en considération pour ceux qui présentent une résistance à l'insuline. Si vous utilisez un inhibiteur de l'α-glucosidase, vous devez suivre notre recommandation pour un régime pauvre en hydrates de carbone ne représentant pas plus d'un sixième de vos calories.

Un inhibiteur de l'α-glucosidase qui est sur le marché depuis de nombreuses années est Glucor des laboratoires Bayer, prescrit sur ordonnance, à prendre au moment des repas. Un autre inhibiteur de l'α-glucosidase puissant lui aussi prescrit sur ordonnance est le Diastabol. Il existe un grand nombre d'inhibiteurs de l'α-glucosidase « naturels » disponibles en vente libre ; cependant, nous avons eu des résultats mitigés avec ces produits selon nos propres tests informels qui suggèrent que le Glucor est plus efficace que les inhibiteurs de l'α-glucosidase vendus sans ordonnance.

PONT DEUX

Restriction calorique sans restriction™

Une pilule contraceptive dont le mode d'action serait de supprimer tout intérêt pour le sexe aurait probablement un succès limité. Les gens apprécient de même le plaisir sensuel de manger et donc ils ne veulent pas que ce plaisir soit restreint. La solution du Pont Un est de consommer un régime qui a une charge glycémique très faible, limite les hydrates de carbone et est généralement pauvre en graisses. Cependant, il serait encore souhaitable que nous puissions manger davantage, peut-être autant que nous le souhaiterions, et néanmoins profiter des bénéfices d'une restriction calorique et rester minces, comme les « heureuses » souris FIRKO. Ainsi donc, alors que des médicaments pour contrôler l'appétit continueront à jouer un rôle important, le Saint-Graal des médicaments nutritionnels est celui qui nous permettra de manger autant que nous le désirons tout en maintenant un poids optimal.

Dans l'étude de Joslin, le blocage du gène du RIG (récepteur de l'insuline pour les graisses) dans les cellules adipeuses de souris permettait à ces dernières de manger beaucoup tout en ne grossissant pas. Pourquoi ? « Étant donné que l'insuline est nécessaire pour aider les cellules adipeuses à stocker les graisses, ces animaux avaient moins de graisse et étaient protégés contre l'obésité qui se développe avec l'âge ou la suralimentation. Ils étaient aussi protégés contre les anomalies métaboliques associées à l'obésité, y compris le diabète de type 2, » a proclamé le Dr. C. Ronald Kahn qui a conduit l'étude.

Les chercheurs responsables du développement de médicaments travaillent actuellement sur la transposition de ces résultats à des médicaments destinés à l'homme. Ces derniers devraient clairement être des bombes de gros calibre (*blockbusters*) et nous pouvons donc être persuadés que les efforts déployés en vue de les développer seront intenses.

Dans une recherche biotechnologique conduite par Roger Unger et ses collègues au *Southwestern Medical Center* (Centre Médical du Sud-Ouest) de l'Université du Texas, un virus génétiquement modifié pour délivrer le gène de l'hormone leptine, qui contrôle l'appétit, a été injecté dans le foie de rats. Ces derniers produisaient alors des taux élevés d'hormones et perdaient du poids. La leptine est normalement produite par les cellules adipeuses, mais ces dernières développent une résistance à leur propre leptine. Étant donné qu'elle venait d'un autre organe (le foie), les cellules adipeuses demeuraient sensibles à la leptine.

De façon surprenante, non seulement les cellules adipeuses des animaux possédaient moins de graisse, mais elles avaient aussi un nombre anormalement élevé de mitochondries. Normalement, les cellules adipeuses ont très peu de mitochondries ; les cellules musculaires, qui ont besoin de beaucoup d'énergie, en ont beaucoup. L'augmentation du nombre des mitochondries dans les cellules adipeuses est remarquable et elle n'avait pas été constatée précédemment. Une fois perfectionnée, cette approche aurait l'effet d'un métabolisme augmenté de façon permanente, ce qui maintiendrait donc un poids faible.

Ces inhibiteurs de l'α-glucosidase ne bloquent pas le sucre parce qu'il n'a pas besoin d'être dégradé. Nous recommandons le stevia et le sucralose comme substitut du sucre (voir chapitre 5, « Hydrates de carbone et charge glycémique » pour une discussion sur les substituts du sucre.

Les inhibiteurs des lipases. Le Xénical (orlisat) des laboratoires Roche est un médicament sur prescription, comme les inhibiteurs de l'α-glucosidase, qui bloque des enzymes digestives clé[27] appelées lipases, susceptibles de dégrader les graisses. Le Xénical empêche environ un tiers des graisses consommées d'être digérées.

Une autre approche est un polymère « naturel » appelé *chitosan*, dérivé des crustacés et des coquillages, disponible dans les magasins spécialisés dans la nutrition bien qu'il soit moins efficace que le Xénical[28]. Le chitosan se lie directement aux acides gras. Il peut fixer jusqu'à six fois environ son propre poids de graisses qui deviennent indigestibles et traversent simplement le tube digestif.

Un mot de précautions : les inhibiteurs des graisses inhiberont les vitamines liposolubles telles que la vitamine E et donc ne les utilisez pas dans les trois heures (avant et après) la prise de suppléments liposolubles. Les inhibiteurs des graisses bloquent aussi les vitamines liposolubles contenues dans les aliments ainsi que les graisses saines telles que les graisses oméga 3 et l'acide oléique. Si votre consommation de graisses comporte essentiellement des graisses saines, le blocage d'une partie de ces dernières par un inhibiteur des graisses peut être encore acceptable.

Des inhibiteurs de calories encore plus efficaces, ainsi que des inhibiteurs des graisses corporelles, sont en développement. Actuellement, il y a de nombreux bénéfices à tirer de la restriction des calories et du maintien d'un poids corporel bas. Lorsque vous combinez une restriction calorique modérée à un régime qui évite des aliments à charge glycémique élevée, limite les hydrates de carbone et est généralement pauvre en graisse (tout en mettant l'accent sur les graisses saines), vous constaterez que vous pouvez être mince tout en consommant encore beaucoup d'aliments – et sans être jamais affamé.

9
Le problème du sucre (et l'insuline)

« Le goût de l'amour est sucré… »

JOHNNY CASH, « RING OF FIRE » (ANNEAU DE FEU)

Mary, une juriste de 52 ans, était toujours fatiguée. Elle avait des problèmes de concentration au travail et était souvent en colère contre son mari. Quand on lui posait des questions sur sa vie sexuelle, elle répondait, « Qu'est-ce que c'est que cela ? » Bien que non obèse, elle avait besoin de perdre 12 kilos. À son dernier examen médical, le bilan sanguin révélait que ses triglycérides (les graisses du sang) étaient fortement augmentés à 426 (la normale est entre 30 et 150), sa HDL-C (le « bon » cholestérol) était basse à 32, son sucre (glucose) sanguin était « anormal » mais pas diabétique à 110 (la normale est entre 60 et 99). Sa tension sanguine était légèrement augmentée à 152/94. Un test de tolérance au glucose et à l'insuline montrait qu'elle avait un taux de glucose sanguin très légèrement augmenté, mais des taux d'insuline extrêmement élevés.

Le diagnostic était celui d'un syndrome X, ou syndrome métabolique. Mary a adopté le Programme de Longévité de Ray & Terry et commencé par un régime à faible teneur en hydrates de carbone (moins de 40 grammes par jour) comprenant davantage de légumes sans amidon. Elle y incluait de « bonnes » graisses sous la forme d'huile d'olive, d'huile de noix et de poisson, avec des aliments protéiques adéquats pauvres en graisse. Elle a commencé une supplémentation nutritionnelle, incluant EPA/DHA (huile de poisson), du chrome et une formule multivitaminique avec plusieurs minéraux. Après une semaine avec des symptômes liés à la suppression du sucre tels qu'irritabilité et maux de tête, elle a commencé à perdre du poids et à se sentir mieux.

Après 12 semaines de notre programme, le poids de Mary était tombé de 75 à 66 kilos et son énergie s'était considérablement améliorée. Elle déclarait que sa mémoire était revenue au niveau où elle se trouvait lorsqu'elle était beaucoup plus jeune. Des tests sanguins répétés montraient maintenant que ses triglycérides étaient tombés de 426 à 48 et que sa HDL-C avait augmenté de 32 à 52. Son taux de glucose sanguin à jeun était maintenant de 72, sa tension sanguine à 118/76 ; tout était normal.

Le sucre : le doux tueur

Il y a environ 10 000 ans que la canne à sucre a été cultivée pour la première fois en Nouvelle-Guinée. Avec la rougeole, la variole et la grippe, elle a été introduite en Amérique du Nord en 1493 par Christophe Colomb. Depuis ce temps, la consommation de sucre a augmenté régulièrement au fil des ans. Aux États-Unis, la consommation annuelle par individu du sucre blanc et des substances sucrées apparentées, telles que le miel, la mélasse et le sirop de maïs riche en fructose, est maintenant estimée à 76 kilos environ. (Étant donné qu'aucun des auteurs de ce livre ne consomme de sucre, pour compenser, au moins deux personnes en consomment plus de 150 kilos par an !) Pour l'essentiel, cette augmentation est relativement récente ; il y a 100 ans, la consommation annuelle de sucre par habitant était inférieure à 2,5 kilos. Même aujourd'hui, les peuples des pays en voie de développement consomment beaucoup moins de sucre. Par exemple, en Afghanistan, la consommation par individu n'était que de 1 kilo en 1999.

Pour l'essentiel, le sucre est consommé sous forme de boissons sucrées. En 2002, la *National Soft Drink Association* (Association Nationale pour les Boissons Sucrées) était fière (nous pensons qu'elle devrait avoir honte !) d'annoncer que les Américains consommaient 200 litres de boissons sucrées par personne et par an, ce qui représente en moyenne 600 portions d'un tiers de litre. Par rapport à 1972, la consommation des boissons sucrées a doublé et, par rapport à 1945, elle a été multipliée par six. Le sucre fait aussi son chemin dans de nombreux produits alimentaires manufacturés parce qu'il a de nombreux caractères attractifs pour l'industrie alimentaire : il n'est pas cher, il donne bon goût, il peut être utilisé dans de nombreux types d'aliments qui se conservent bien… et il peut conduire à une certaine addiction.

En 1960, le *Surgeon General's Report* (le Rapport du Ministre de la Santé) a alerté les Américains sur le danger de fumer des cigarettes. Plus récemment, de considérables efforts de santé publique ont commencé à éduquer les gens sur les problèmes de santé liés à un excès de graisses alimentaires, particulièrement de graisses saturées ou trans. Des programmes de santé préventifs nous encouragent à pratiquer plus d'activité physique, à manger davantage de fruits et de légumes, à abaisser notre tension sanguine et notre cholestérol, même à mettre nos ceintures de sécurité et à pratiquer une vie sexuelle saine. Aujourd'hui, les fonctionnaires de la santé publique et la majorité de la communauté médicale, au moins aux États-Unis, doivent encore mettre en garde le public contre les dangers pour la santé du sucre dont on pourrait dire qu'il est l'aliment le plus dangereux de ceux que vous consommez.

Il y a de nombreuses raisons pour que le sucre soit demeuré hors d'atteinte, depuis si longtemps. Son utilisation est profondément ancrée dans notre culture et notre psychisme collectif. Considérez quelques expressions courantes en anglais : « Aussi Américain qu'une tarte aux pommes, » « Comment allez-vous, *sugar** (mon petit lapin en sucre) » ou même « *Honey*** (chéri(e)), je suis à la maison. » Une partie de la confusion entourant notre amour du sucre est la fréquente association entre le sucre et l'amour lui-même. Aux États-Unis, il y a même un jour particulier de l'année, le *Valentine's Day* (la Saint-Valentin) consacré à la célébration de l'amour et du sucre *réunis.*

Des signes encourageants montrent que les choses commencent à changer. En 2003, la *World Health Organization* (*WHO*, l'Organisation Mondiale de la Santé, OMS) a publié son rapport « *Diet, Nutrition and the Prevention of Chronic Diseases* » (Alimentation, Nutrition et Prévention des Maladies Chroniques) qui suggère que dans le monde entier, les gens abaissent de 25 % à moins de 10 % la quantité totale de calories qu'ils obtiennent des sucres simples. La politique des « fonctionnaires » américains est déjà en accord avec le rapport de l'OMS, mais en réalité l'information n'est pas encore effectivement répandue. Selon le Dr. Marion Nestle de l'Université de New York, « Si vous faites la somme dans la pyramide alimentaire du guide du Département de l'Agriculture,

---

* Littéralement sucre en anglais (NdT).

** Littéralement miel en anglais (NdT).

vous constaterez qu'il recommande 7 à 12 % de sucres libres. Mais ils ont peur de mentionner l'état réel à cause de l'industrie [du sucre] qui est en train de devenir très agressive en ce moment. »[1] Pire encore, le Département de la Santé américain s'est montré violemment opposé à de nombreux aspects critiques de la nouvelle proposition de l'OMS, y compris en ce qui concerne l'importance d'une consommation réduite de sucre.

Nous pensons qu'un régime sain ou qu'un programme de perte de poids doit commencer par l'élimination ou la réduction du sucre.

Apprenez à vos enfants les dangers du sucre

Au début de l'ère paléolithique, les Hommes n'avaient pas accès à la restauration rapide (fast food !), ni aux plats préparés d'aucune sorte. N'ayant pas la possibilité de moudre les grains en farine, nos ancêtres ne mangeaient pas d'aliments cuits au four. Leur régime consistait essentiellement en protéines, en graisses saines et en légumes. Les fruits étaient la seule source de sucre simple et ils n'étaient disponibles que de façon saisonnière en petites quantités. Du point de vue génétique, c'est le régime pour lequel notre corps a été programmé.

C'est seulement dans les 40 dernières années environ que la restauration rapide et les épiceries de « dépannage » ouvertes 24 heures sur 24 sont venues dominer le paysage de notre alimentation. La plupart des gens, lorsqu'ils liront ce livre, pourront se remémorer les jours qui ont précédé l'époque des « barres nutritives » (barres de sucre déguisé) consommées pour le petit-déjeuner ou des « super-repas » pour le dîner. Au cours des 25 dernières années, notre consommation d'hydrates de carbone raffinés tels que les pâtisseries, les pâtes et le sucre a augmenté de 30 %. Aujourd'hui, certaines écoles publiques ont des distributeurs dans les halls et les étudiants peuvent emporter des boissons sucrées en classe.

En janvier 2004, l'*American Academy of Pediatrics Committee on School Health* (le Comité de l'Académie américaine de pédiatrie pour la santé à l'école) a fait un pas dans la bonne direction en suggérant que « les personnels des écoles et les parents devraient être bien informés des conséquences pour la santé des boissons vendues à l'école. »[2] Dans tout le pays, certains districts scolaires ont déjà répondu en enlevant les machines à soda, en dépit de la perte de revenus importante pour leur budget que de telles décisions entraînent fréquemment.

L'insuline, générateur de graisse

Pendant de nombreuses années, le savoir médical conventionnel a soutenu la notion simpliste, et depuis réfutée, que manger gras est la seule raison pour laquelle les gens deviennent gras. Les médecins savent maintenant que manger du sucre et d'autres hydrates de carbone simples qui se transforment rapidement en sucre dans l'organisme, est une cause au moins aussi importante de l'excès de poids. Malheureusement, la plupart des médecins américains continuent à se comporter comme s'ils en étaient inconscients et n'ont presque rien fait pour encourager leurs patients à ne pas consommer autant de sucre.

Le sucre provoque des dommages non seulement en étant rapidement converti en graisse mise en réserve sous la forme d'un excès de poids, mais aussi en augmentant le taux d'insuline dans la circulation sanguine. L'insuline est une hormone sécrétée par des *îlots cellulaires* spécialisés du pancréas pour contribuer à diminuer l'augmentation du sucre sanguin. Cette hormone a été découverte en 1921 par le Dr. F. G. Banting mais c'est en réalité une molécule très ancienne[3]. On a retrouvé sa trace sur 400 millions d'années. L'insuline a été essentielle au développement des formes de vie complexes parce que son rôle principal est de permettre aux organismes de mettre en réserve du glucose pour des utilisations futures. Sans insuline, les animaux, y compris nous, les Hommes, devraient manger constamment pour assurer un apport continu de glucose (de sucre) à leurs cellules. Presque toutes les cellules de l'organisme ont à leur surface un récepteur de l'insuline. Lorsque cette dernière s'y fixe, des canaux de la membrane cellulaire s'ouvrent de telle façon que les molécules de sucre puissent passer de la circulation sanguine dans la cellule. En l'absence d'insuline, le sucre ne peut pas pénétrer dans la cellule et cette dernière meurt. Toutefois, un excès d'insuline provoque, de son simple fait, de sérieux problèmes.

Avant l'addition relativement récente du sucre à l'alimentation humaine, notre taux d'insuline était très bas – typiquement inférieur à 5 ng/dL (nanogrammes par décilitre ou 100 millilitres de sang). Actuellement, les taux sont beaucoup plus élevés, parfois supérieurs à 20 ou plus. Approximativement les deux tiers des Américains sont soit en surcharge pondérale, soit franchement obèses[4]. Pour l'essentiel, cela est le résultat des 76 kilos de sucre consommés par les Américains chaque année mais cela montre aussi clairement combien l'insuline est efficace pour convertir l'excès de sucre en graisses.

Lorsque vous buvez une boisson sucrée ou mangez un bonbon ou un beignet, voici ce qui arrive :

1. Le glucose (sucre) de votre sang augmente en flèche.
2. Le taux d'insuline dans votre circulation sanguine s'élève lui aussi rapidement pour empêcher votre sang de devenir trop sirupeux. Cependant, un taux d'insuline élevé peut faire monter la tension sanguine et augmenter la graisse corporelle. Il s'ensuit une rétention liquidienne, un déséquilibre hormonal et d'autres choses encore.
3. L'excès de glucose circulant se combine aux protéines de votre organisme pour former des produits dérivés fortement glycosylés qui ont été directement impliqués dans nombre de maladies, y compris le vieillissement prématuré.

Le sucre diminue l'espérance de vie

Être en surcharge pondérale ou obèse, c'est-à-dire peser 30 % de plus que votre poids corporel normal, n'entraîne pas seulement des problèmes d'amour-propre ou de choix de vêtements. Un poids excessif affecte dramatiquement l'espérance de vie. Dans le chapitre 1, nous avons discuté de la façon dont de nombreuses personnes vivent leur vie comme si elles se dirigeaient vers une falaise sans la voir. Avec une augmentation de poids, c'est comme si vous pressiez le pas et fonciez tête baissée vers la falaise. Presque les deux tiers des américains adultes sont maintenant en surcharge pondérale, et un sur trois est cliniquement obèse. Il y a une décennie, « seule » la moitié était en surcharge pondérale et un sur cinq obèse[5].

Une étude récente, publiée dans le *Journal of the American Medical Association,* a constaté qu'une femme qui est obèse à l'âge de 20 ans se prépare à une réduction de son espérance de vie de 8 ans, alors qu'un homme obèse peut s'apprêter à vivre 13 ans de moins que ses pairs d'un poids normal[6]. Prendre du poids plus tardivement dans la vie a un impact moindre mais toujours significatif sur l'espérance de vie. Être seulement en surcharge pondérale (et non pas obèse) à 40 ans raccourcit la durée de vie moyenne de 3,1 années.

Selon les *Centers for Disease Control and Prevention* (*CDC*, Centres de Contrôle et de Prévention des Maladies), environ un quart de la population adulte des États-Unis souffre d'une maladie qui résulte d'une grave incapacité à traiter le sucre alimentaire, connue sous le nom de syndrome métabolique ou SM[7]. Il se peut que vous ayez déjà un SM et que vous ne le sachiez pas ; vous ne seriez certainement pas le seul. On estime qu'au moins la moitié des patients qui font un infarctus du myocarde présente, à un certain degré, un SM, ce qui fait de ce dernier le principal facteur de risque sous-évalué pour les maladies cardiaques actuellement connu[8].

Le SM : une maladie de civilisation

Dans un rassemblement public, regardez les gens qui ont une morphologie qui ressemble plus à une pomme qu'à une branche de céleri (pour les hommes) ou un sablier (pour les femmes). Ces gens ont un poids excessif au niveau de la ceinture : ils sont « ventrus » ou « ventripotents », ce qui dans le langage médical est connu sous le nom d'obésité centrale. Les gens en forme de pomme ont très fréquemment un SM et, dans presque tous les cas, cela résulte directement d'une consommation excessive de mauvais aliments. Heureusement, le SM est totalement évitable et peut se soigner par un régime approprié et des choix de style de vie.

Le SM a été décrit initialement par le Dr. Gerald Reaven en 1988[9]. Cette maladie, connue aussi sous le nom de syndrome X ou de syndrome de résistance à l'insuline, est attribuée à un ensemble d'anomalies métaboliques basées sur la résistance des tissus de l'organisme aux effets de l'insuline. Cela signifie que les tissus ne répondent pas à des taux « normaux » d'insuline chaque fois que du sucre ou d'autres hydrates de carbone sont consommés, et le pancréas doit sécréter des quantités toujours croissantes d'insuline pour diminuer le taux du glucose dans le sang.

Le SM peut vous faire vieillir plus rapidement et vous prédispose à toute une série de maladies potentiellement catastrophiques, y compris les trois grandes, les maladies cardiaques, le cancer et la maladie d'Alzheimer, tout aussi bien que le diabète, l'hypertension, de nombreuses maladies neurologiques et l'arthrite. La plupart du temps, les gens qui présentent un SM se sentent fatigués, ont des difficultés à perdre du poids et souffrent de problèmes de mémoire, de concentration et d'irritabilité.

Par définition, le diagnostic d'un SM nécessite que trois des cinq critères ci-après soient retrouvés :

- Tour de taille excessif (supérieur à 100 centimètres chez l'homme et à 90 centimètres chez la femme)
- Taux des triglycérides sériques (graisses du sang) supérieur à 150 mg/dL (milligrammes/dL ou dixième d'un litre)
- « Bon » cholestérol (HDL-C) inférieur à 40 mg/dL chez l'homme et à moins de 50 mg/dL chez la femme
- Tension sanguine supérieure à 135/85.
- Glucose sanguin à jeun supérieur à 99 mg/dL.

Bien que ce ne soit pas formellement un facteur de diagnostic, de nouvelles recherches ont montré que les individus ayant un nombre relativement élevé de « petites » particules de LDL cholestérol (celles qui sont le plus facilement incluses dans les parois artérielles et conduisent à la formation des plaques) présentent un risque significativement accru de SM[10].

Le SM est la maladie métabolique la plus commune chez les Américains ; on estime qu'elle affecte 47 millions de personnes aux États-Unis. La prévalence augmente considérablement avec l'âge. Le SM affecte 7 % des individus entre 20 et 30 ans, mais il augmente à 44 % des individus entre 60 et 80 ans. Il y a une relation directe entre le SM et le diabète de type 2, mais la bonne nouvelle est que seulement 20 % des patients présentant un SM évoluent vers un diabète constitué[11].

Le sucre et le vieillissement

Les taux de glucose sanguin augmentés de façon permanente ont une autre conséquence indésirable : la formation de produits dérivés fortement glycosylés qui se créent dans l'organisme lorsque des molécules de glucose se collent aux protéines (rappelez-vous, le sucre est collant) ; cette réaction chimique est connue des scientifiques sous le nom de réaction de Maillard ou « brunissement ». Ces agglomérats collants de sucre et de protéine « bousillent » vos enzymes vitales en augmentant les dommages à vos tissus par les radicaux libres, ce qui accélère considérablement le processus du vieillissement[12].

PONT DEUX

La recherche sur le diabète sur le fil du rasoir

Les informations permettant de savoir quels gènes sont impliqués et comment change leur activité chez les personnes à risque de diabète révolutionneront, croit-on, le traitement du SM et des types 1 et 2 de diabète sucré. Par exemple, une étude récente, menée par le *Joslin Diabetes Center* (le Centre Joslin pour le Diabète) et le *Children's Hospital Boston Informatics Program* (le Programme informatique de l'Hôpital pour enfants de Boston) a recherché quels gènes étaient activés ou freinés avant le développement du diabète. Les chercheurs ont découvert que la réduction de l'activité de deux gènes, PCG1-alpha et PCG1-bêta, déclenchait une cascade d'événements, y compris une diminution de l'activité des autres gènes qui contrôlent le métabolisme des graisses et des hydrates de carbone. Dans une autre étude, la BMP-9, (*bone morphogenetic protein-9,* protéine morphogenètique osseuse-9) a été identifiée comme un nouveau médicament potentiel, grâce à des protocoles de détection et de dosage à large échelle qui n'auraient pas été possibles il y a encore très peu de temps. Tout d'abord, 3 millions d'entrées ont été scannées dans 1 000 fiches de la base de données de *Human Genome Sciences*. Puis, 8 000 protéines sécrétées ont été insérées dans des cellules de rein embryonnaires humaines, et des dosages ont été utilisés pour estimer le rôle de la protéine dans la limitation de l'expression d'une enzyme clé de la production du glucose[13]. Dans ces dosages, l'effet de la BMP-9 ressemblait à celui de l'insuline, et donc la BMP-9 pourrait aider les gens souffrant d'un diabète de type 2 à contrôler leur sucre sanguin par leur alimentation et d'autres médications.

Un autre médicament d'une grande potentialité pour le traitement du diabète de type 2 est l'Exénatide, qui simule l'action du GLP-1 (*glucagon-like peptide-1*, peptide-1 semblable au glucagon) de l'organisme, hormone naturelle libérée dans le tractus intestinal à la suite des repas. Le GLP-1 et l'Exénatide stimulent le pancréas afin qu'il libère de l'insuline dans la circulation sanguine. Dans les derniers stades des essais cliniques, l'Exénatide s'opposerait aussi à la libération d'une famille d'hormones connues sous le nom de glucagon, qui a un effet opposé à celui de l'insuline, en augmentant le sucre sanguin et en ralentissant l'absorption des calories.

Nouveaux dans le traitement du SM, figurent les activateurs du PPAR (*peroxisome proliferator-activated receptor*, récepteur des peroxysomes activé par prolifération), médicaments qui agissent sur les récepteurs de l'insuline des membranes cellulaires. Ils aident l'insuline dans le transport sanguin du glucose dans la cellule. Une version de ce type de médicaments, appelée Avandia (rosiglitazone) des laboratoires Glaxo, est actuellement prise par de nombreux diabétiques de type 2 pour les aider à diminuer leur sucre sanguin. L'inconvénient de ce médicament est qu'il ne stimule qu'un type de récepteurs de PPAR, les récepteurs gamma, et qu'il n'a pas d'effet sur les récepteurs alpha qui contribuent au contrôle de la transformation du sucre en graisse dans la cellule. Ainsi, de nombreux diabétiques de type 2 prennent du poids, ce qui est habituellement la dernière chose que ces patients aient besoin de faire[14]. Un médicament appelé Galida* (tesaglitazar), en développement chez AstraZeneca, atteint les récepteurs des PPAR alpha et gamma. Il contribue à réduire la résistance à l'insuline mais aussi à diminuer les glycérides (graisses du sang) et augmente l'HDL cholestérol bénéfique. Galida pourrait se révéler être un médicament de choc pour cette partie des 50 millions d'Américains atteints d'un SM incapables de contrôler leurs symptômes uniquement en changeant de style de vie.

Les chercheurs regardent aussi fortement du côté du diabète de type 1, dû au fait que les cellules productrices d'insuline des îlots du pancréas ont été détruites par le système immunitaire. Le diabète de type 1 affecte un pourcentage plus restreint de la population que le diabète de type 2, mais il ne répond pas aussi bien aux interventions du Pont Un. Bien qu'un style de vie approprié et des choix alimentaires puissent aider les gens atteints d'un diabète de type 1 à « contrôler » leur sucre sanguin, de fréquentes injections d'insuline et des dosages de sucre sanguin sont encore nécessaires. Il n'est pas inhabituel pour un patient de subir plus de 2 000 piqûres en une année. En dépit de cela, l'incidence d'effets secondaires graves, tels que l'infarctus du myocarde, les maladies des reins et la cécité, demeure élevée.

Trois solutions biotechnologiques prometteuses pour le problème fondamental de l'insuffisance des cellules des îlots du pancréas dans le diabète de type 1 sont les transplantations de cellules des îlots, de nouveaux systèmes de délivrance de l'insuline et la régénération du pancréas lésé lui-même (voir les recherches du Pont Trois).

* Pas encore commercialisé en France (N.D.T.).

Des chercheurs d'Alberta, Canada, travaillant pour une étude connue sous le nom de *Edmonton Protocol* (Protocole d'Edmonton) pour le traitement du diabète de type 1, ont commencé à transplanter des cellules productrices d'insuline d'îlots pancréatiques venant de donneurs dans le foie de receveurs. Immédiatement après l'implantation, ces cellules des îlots ont commencé à se montrer sensibles au sucre sanguin de leur nouvel hôte et à sécréter la quantité précise d'insuline nécessaire. Ce protocole utilise des médicaments récemment disponibles, issus des biotechnologies, pour vaincre des obstacles de la transplantation pancréatique, tels que le rejet tissulaire, précédemment insurmontables[15]. Une autre approche en cours d'étude est de créer des chimères animal-homme, organismes formés en combinant des gènes humains et des gènes animaux. Les cellules souches somatiques prélevées sur un patient sont injectées dans le fœtus d'un animal tel que le mouton. Les cellules humaines de l'animal nouveau-né sont ensuite séparées des cellules animales par des machines de tri cellulaire et récoltées pour le patient[16]. Lorsque la transplantation des cellules des îlots sera devenue viable, les médecins pourront même utiliser ce protocole pour augmenter la quantité d'insuline produite par les diabétiques de type 2, par l'intermédiaire du *Joslin Diabetes Center.*

Malheureusement, il y a encore beaucoup trop peu de cellules des îlots pancréatiques de donneurs pour des patients qui pourraient être aidés par ces transplantations. Des chercheurs de l'Université de Floride ont cloné avec succès des cellules des îlots et traitent le diabète chez les souris, et donc une technologie de clonage combinée à des médicaments immunosuppresseurs biotechnologiques pourrait être une solution intermédiaire[17].

Une autre option de délivrance de l'insuline, peut-être disponible en vue de son application chez l'homme dans cinq ans au plus tard, et pour une somme aussi faible que 10 centimes à chaque fois, est la soi-disant *intelligent Pill* (iPill, pilule intelligente). Après avoir été avalée, elle reste dans l'estomac où sa petite micropompe et ses capteurs utilisent la température de l'organisme, le glucose du sang et le pH pour déterminer à quel moment libérer l'insuline. De la taille d'une pièce de monnaie, elle fonctionne pendant environ 24 heures. Lorsque la charge de la iPill est épuisée, l'appareil est excrété avec le reste des déchets de l'organisme. Des expérimentations sur des chiens devraient commencer en 2005[18].

Enfin, l'excès de sucre dans la circulation sanguine augmente la formation des produits dérivés glycosylés qui résultent de la formation de liaisons croisées indésirables entre des molécules utiles et le sucre en excès. Étant donné que ces produits dérivés glycosylés accélèrent le vieillissement, il est heureux que des progrès significatifs aient été faits pour combattre efficacement ce processus. Un médicament expérimental appelé ALT-711 (chlorure de phénylacyldimenthylthiazolium), actuellement en développement chez Alteon depuis plusieurs années, peut dissoudre les liaisons croisées sans dommages pour le tissu d'origine[19]. ALT-711 représente une nouvelle approche de traitement de maladies résultant d'une perte de souplesse (raidissement) de tissus tels que les artères au cours du vieillissement. Une recherche a montré que ce composé pouvait assouplir des artères durcies et donc diminuer la pression sanguine[20]. D'autres molécules possédant les mêmes possibilités ont été identifiées et devraient être disponibles dans un proche avenir.

Des taches de vieillesse sur la peau traduisent la formation de produits dérivés glycosylés. La cataracte du cristallin de l'œil en est un autre exemple. En consommant un repas contenant moins de sucre et en donnant la priorité à des aliments de faible charge glycémique, des aliments qui ne se transforment pas rapidement en sucre dans l'organisme, vous pouvez réduire la formation des produits dérivés glycosylés et contribuer à ralentir les signes visibles du vieillissement. Envisagée sous cet angle, peut-être que votre assiette de crème glacée ne semblera pas aussi tentante.

La façon dont vous faites cuire vos aliments influence aussi la formation de produits dérivés glycosylés. La cuisson à haute température, par exemple au four, au barbecue, dans une friteuse, sur une broche ou un gril augmente la formation des produits dérivés glycosylés. L'ébullition ou la cuisson à la vapeur sont plus saines, parce que la température ne montera pas au-dessus de 100 degrés, point d'ébullition de l'eau. Lorsque les aliments brunissent au cours de la cuisson, comme c'est le cas pour la croûte du pain, les viandes saisies et même les grains de café, cela signifie que leur contenu en produits dérivés glycosylés a augmenté. Étant donné que la plupart des aliments rapides et des aliments préparés sont sujets au brunissement, c'est une raison de plus de les éviter.

Nous apprécions de nombreux aspects de la cuisine méditerranéenne tels que l'usage largement répandu de l'huile d'olive, saine pour le cœur, comme condiment ou pour la cuisson. D'autres types d'aliments méditerranéens tels que ceux de la Grèce et du Moyen-Orient sont bons eux aussi. Malheureusement, certaines personnes pensent que ce régime inclut de grandes quantités de produits à base de farine raffinée, tels que les pâtes et le pain. Cela s'applique plus à la cuisine italienne de style américain ; en Italie, on consomme généralement de petites portions de pâtes. Une façon de rendre la cuisine italienne plus saine est de remplacer les pâtes par la même quantité de courges coupées en lanières ; les hydrates de carbone chutent de 40 à 5 grammes par portion, ce qui est acceptable ; parmi ces 5 grammes, 1,1 gramme sont des fibres[21].

Examens à faire en cas d'excès de sucre et d'insuline

Pour savoir si vous avez (ou allez avoir) une résistance à l'insuline (et un SM), procédez comme suit :

1. Utilisez un mètre à ruban pour mesurer le tour de votre abdomen au niveau de votre nombril. Plus de 90 centimètres chez les femmes ou de 1 mètre chez les hommes indique une bon risque de SM.
2. Mesurez votre tour de hanche à son niveau le plus large.
3. Divisez votre tour de taille par votre tour de hanche.

Le rapport taille/hanche est même un meilleur indice de prévision d'un SM que le tour de taille seul. Il doit être inférieur à 0,8 (sablier) chez la femme, à 1 (côte de céleri) chez l'homme. Si votre rapport est supérieur à ces valeurs de référence, votre médecin doit vous prescrire les tests désignés ci-après.

Le test de dépistage le plus précis de la résistance à l'insuline est la mesure du taux d'insuline dans votre circulation sanguine. Malheureusement, il est rarement pratiqué par la plupart des médecins qui, à la place, se fient à des mesures indirectes telles qu'un taux de graisses sanguines élevé ou à une pression sanguine augmentée ; néanmoins, ces tests sont moins précis pour le diagnostic de résistance à l'insuline. Bien que vous aurez probablement besoin de le demander à votre médecin, une mesure de votre taux d'insuline à jeun n'est pas onéreuse et peut vous apporter beaucoup d'informations.

Selon les chercheurs canadiens Despres et LaMarche, une résistance à l'insuline même modérée augmente substantiellement les risques d'infarctus du myocarde. Selon eux, un taux d'insuline constamment élevé dans la circulation sanguine est le deuxième facteur de risque majeur d'infarctus du myocarde (le sexe masculin arrivant en tête). Selon leurs études, un niveau d'insuline supérieur à 12 double le risque d'infarctus du myocarde, alors que des taux supérieurs à 15 le triplent[22].

Dosage du glucose à jeun. L'évaluation du glucose sanguin la plus simple, prescrite par la plupart des médecins comme élément d'un bilan de santé de dépistage (groupe de tests), est le dosage du glucose (ou sucre) sanguin à jeun. Des taux de 60-99 milligrammes par décilitre sont généralement considérés comme normaux, mais nous pensons que les taux optimaux sont compris entre 60 et 80. Nous considérons les taux de glucose sanguin de 80 à 99 comme étant à la limite supérieure normale et nous avons constaté que ceux qui présentent des chiffres situés dans ces limites sont souvent en train de développer un SM ou l'ont déjà. Chaque fois que votre taux de glucose sanguin dépasse 100, cela suggère qu'un SM ou un diabète de type 2 déclaré pourrait déjà être présent.

Tableau 9-1 Taux optimaux du glucose et de l'insuline à jeun

	Taux optimal	Taux acceptable	Risque élevé	Valeur de référence habituelle « normale »
Insuline à Jeun	2-3	Inférieur à 5	Supérieur à 10	6-25
Glucose à Jeun	60-80	60-99	Supérieur à 100	60-99

Test de tolérance au glucose sur deux heures. Lorsque l'on découvre qu'un patient a un taux de glucose sanguin à jeun élevé, les médecins généralistes recommanderont parfois un test de tolérance au glucose sur deux heures. Pour cela, le patient arrive à la clinique à jeun. Tout d'abord, le glucose sanguin est dosé, puis on donne au patient une charge en glucose, typiquement 75 grammes de glucose sous la forme d'une boisson sucrée. Le taux de glucose est à nouveau dosé, une, puis deux heures plus tard.

Le problème est que lorsque le patient a un taux de glucose sanguin à jeun élevé, il se peut que le SM se soit installé depuis de nombreuses années. À partir de ce moment, des changements destructeurs de 50 à 75 % des cellules pancréatiques sécrétrices d'insuline peuvent déjà avoir eu lieu. Si les médecins attendent, pour explorer leurs patients, qu'ils aient un taux de glucose sanguin à jeun élevé, ils passeront à côté de nombreux cas où le patient est déjà tout près de développer des dommages permanents – mais évitables.

Test de tolérance au glucose et à l'insuline. Le test de tolérance au glucose sur deux heures est plus précis que le test à jeun, mais nous l'avons trouvé encore trop peu sensible pour détecter les individus qui présentent une résistance à l'insuline. À la place, nous recommandons comme test de dépistage, *même en l'absence d'un taux de glucose sanguin élevé*, un test de tolérance au glucose et à l'insuline sur deux heures (TTG-I) où les taux de glucose et d'insuline sont tous deux dosés. Cela permet de détecter les individus qui ont déjà commencé à développer des changements destructeurs du pancréas, bien avant que leur taux de glucose sanguin se soit élevé.

En cas de diabète de type 2, les taux d'insuline pourraient être élevés, bas ou normaux pendant tout le test, mais tous les taux de glucose sanguin seraient élevés. La figure 9.1 présente une comparaison des courbes typiques de TTG-I dans le cas d'individus normaux ou résistants à l'insuline.

Test de charge en insuline. Le meilleur test pour mesurer la résistance à l'insuline est d'injecter à un patient une petite dose d'insuline rapide et d'observer ce qu'il advient du glucose sanguin. En raison de son prix de revient (une injection intraveineuse doit être pratiquée et le patient surveillé de façon permanente tout au long du test), le test de surcharge en insuline n'est pas fait en routine pour détecter la résistance à l'insuline. Pour les patients susceptibles d'avoir une résistance à l'insuline, bien qu'ils aient un TTG-I sur deux heures normal, le test de surcharge en insuline peut être un élément de diagnostic.

Passer votre vie avec des cellules qui baignent dans un excès d'insuline ne conduit pas à une santé optimale ou une survie à long terme. L'hyperinsulinémie (l'excès d'insuline dans le sang) constitue un facteur de risque majeur dans nombre d'autres maladies en rapport avec l'âge, telles que l'Alzheimer[23]. Dans une autre étude conduite par le Dr. Gerald Reaven, un individu sur trois dans le

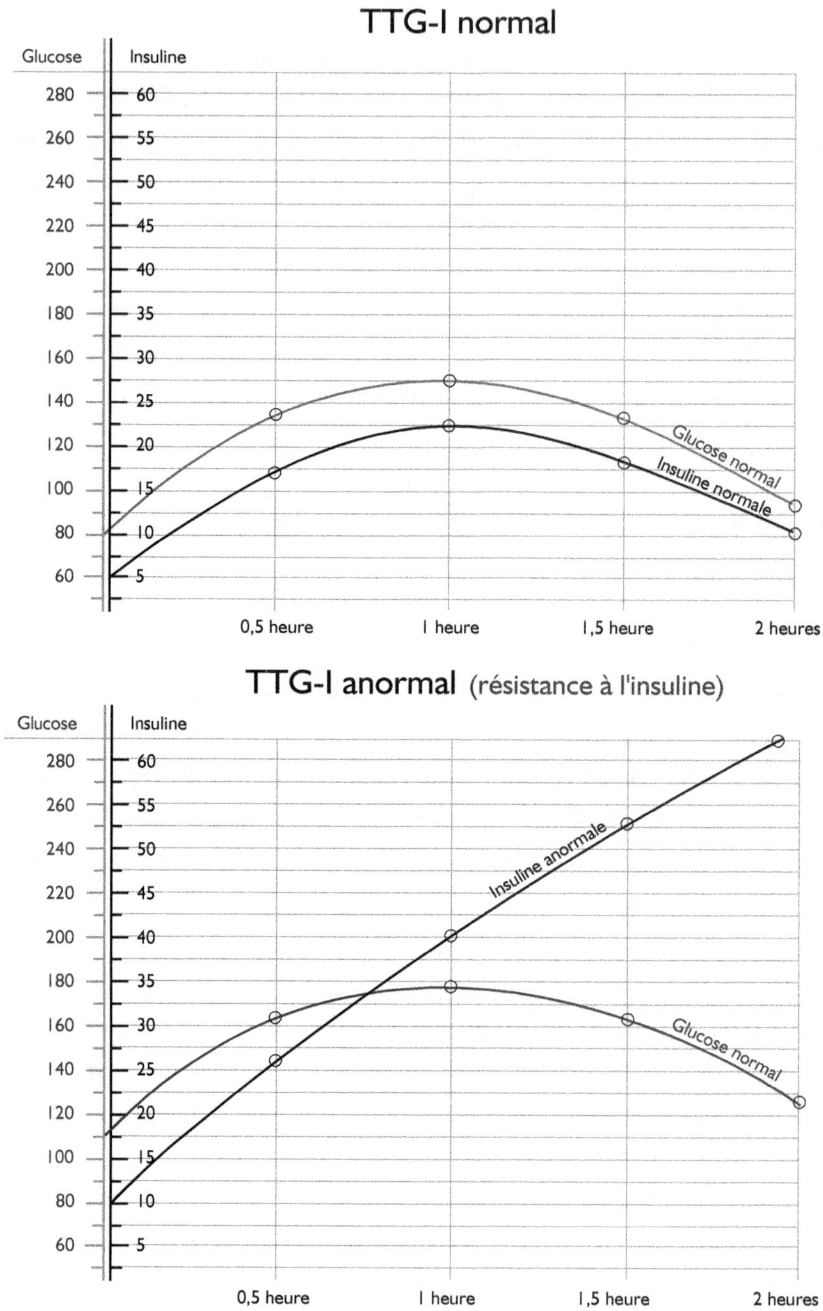

Figure 9.1 Tests de tolérance au glucose et à l'insuline

tiers le plus élevé du centile pour les taux d'insuline souffrait d'un événement clinique défavorable tel qu'un infarctus du myocarde ou un accident vasculaire cérébral dans les six ans de l'étude, comparativement à une absence complète de tels événements cliniques parmi les individus du tiers inférieur du centile[13]. Ainsi donc, la prochaine fois que vous verrez votre médecin, demandez-lui de faire en sorte que votre taux d'insuline à jeun soit testé.

PONT TROIS

Traitement du diabète

Le nombre de piqûres d'aiguilles que les diabétiques subissent chaque année pour leur dosage de glucose sanguin pourrait être ramené à zéro grâce à une nanotechnologie en cours de développement. Les professeurs Zhang, Kisaalita et Zhao de l'Université de Géorgie travaillent actuellement sur une technologie connue sous le nom de GLAD *(glancing-angled deposition)*, dans laquelle des silicones ou d'autres matériaux vaporisés dans des nanostructures peuvent servir de biodétecteurs très réduits à l'intérieur de l'organisme. Une fois que cette technologie aura été perfectionnée, ces nanodétecteurs pourront être implantés n'importe où dans l'organisme et apporter une mesure continue du taux de sucre sanguin. Dans sa série d'ouvrages, *Nanomedicine*, Robert Freitas a développé des conceptions détaillées pour les nanodétecteurs qui seront capables de circuler dans le flux sanguin où ils contrôleront de nombreuses fonctions physiologiques différentes telles que le glucose sanguin[25]. Bien que les plans de Freitas soient en avance de deux décennies sur leur réalisation, il y a déjà eu des progrès substantiels concernant les appareils destinés au flux sanguin. Par exemple, un chercheur de l'Université de l'Illinois à Chicago a traité des diabètes de type 1 chez des rats avec un nano-appareil qui incorpore des cellules des îlots pancréatiques. L'appareil a des pores de 7 nanomètres qui laissent sortir l'insuline mais bloquent les anticorps destructeurs des cellules.

La société IMEDD a vu des cellules productrices d'insuline s'attacher avec succès à une micropuce qui a pu alors être implantée dans l'organisme pour fournir un apport adéquat d'insuline à tout moment ; certains chercheurs travaillent déjà sur des organes entièrement synthétiques capables de synthétiser des hormones, tels que le pancréas artificiel en cours de développement au *Department of Energy's Lawrence Livermore National Laboratory* (Laboratoire National Lawrence Livermore du Département de l'Énergie) et au *California-based Medtronic MiniMed.* Cet appareil sera implanté sous la peau pour suivre les taux du glucose sanguin. Ses petites pompes libèrent des quantités précises d'insuline en utilisant un algorithme (programme d'ordinateur) qui fonctionne comme nos propres cellules biologiques des îlots pancréatiques. Cet appareil, considéré comme « le Saint-Graal de la prise en charge du diabète », est déjà en train de subir des essais cliniques. Avec l'aide de ces nouvelles thérapies, une vraie guérison, pas uniquement un traitement, pour le diabète de type 1 est probable pour la prochaine décennie.

Lignes d'attaque supplémentaires pour les SM et les diabètes de type 2

Si on vous a déjà diagnostiqué un SM ou un diabète de type 2, vous pouvez traiter ces maladies et prévenir leur progression selon de nombreuses approches.

Perte de poids. L'importance de garder votre poids à un niveau bas n'est jamais plus évidente que dans le cas d'un SM ou d'un diabète de type 2. Si vous suivez les suggestions diététiques de ce livre (particulièrement la restriction en sucre ou la réduction des hydrates de carbone totaux), vous perdrez du poids presque automatiquement. Dans le chapitre précédent, nous vous avons conseillé de commencer votre programme de perte de poids en consommant le nombre de calories dont vous avez besoin par rapport à votre poids optimal (votre but) et non pas par rapport à votre poids actuel. En plaçant cet objectif à 5 % en dessous de votre poids idéal, cette modeste restriction calorique peut vous apporter encore davantage de bénéfices.

Exercice de résistance. Un entraînement progressif à la résistance (travail avec des poids) apporte plus de bénéfices aux patients présentant un SM ou un diabète de type 2 qu'un exercice aérobie ou cardio (qui reste important pour la protection contre les maladies cardiovasculaires). L'entraînement aux poids augmente les flux sanguins vers les muscles, ce dont vous pouvez tirer de multiples bénéfices, parmi lesquels une sensibilité tissulaire accrue à l'insuline.

Suppléments. Il existe de nombreux suppléments qui peuvent aider au contrôle du glucose sanguin et à l'amélioration de la sensibilité à l'insuline. La plupart des suppléments ci-après sont évoqués dans ce livre et donc nous présenterons ici essentiellement leur dosage et leur utilisation spécifiques dans le cas du SM ou du diabète de type 2.

- Chrome 200 microgrammes 2 ou 3 fois par jour (aux repas) pour le SM, 300 microgrammes 3 fois par jour pour le diabète.
- L'acide alpha lipoïque à 100-300 milligrammes deux fois par jour est susceptible d'améliorer « l'élimination du glucose sous l'action de l'insuline »[26].
- Le sulfate de vanadyle à 7,5 milligrammes une ou deux fois par jour contribue à diminuer le taux du sucre sanguin chez les diabétiques mais peut aussi provoquer des lésions rénales, donc un suivi étroit est nécessaire[27].
- L'EDA/DHA (huile de poisson) 1 000 milligrammes par jour augmente la fluidité des membranes cellulaires et permet à l'insuline de faire pénétrer plus efficacement le glucose dans les cellules[28].
- Coenzyme Q_{10} 60-100 milligrammes deux fois par jour[29].
- Carnosine 500 milligrammes 1 à 2 fois par jour.
- Magnésium 200-400 milligrammes par jour.
- Acide linoléique conjugué 500-1 500 milligrammes deux fois par jour.
- L-carnitine 600 milligrammes 2 à 3 fois par jour.
- Vitamine E 400-800 UI/jour.
- Vitamine C 2 000 milligrammes par jour.
- Biotine 3 milligrammes 3 fois par jour (mégadose) ; peut combattre la résistance à l'insuline lorsqu'elle est administrée conjointement au picolinate de chrome[30].
- Arginine 3 grammes 3 fois par jour contribue à réduire la résistance à l'insuline[31].
- Glutamine 500 à 1 000 milligrammes aident à éliminer le besoin en hydrates de carbone, particulièrement au cours de la période transitionnelle de réduction de la consommation de sucreries et d'autres aliments à index glycémique élevé.
- DHEA 15-25 milligrammes 1 ou 2 fois par jour[32].
- N-acétyl-cystéine (NAC) 500 milligrammes deux fois par jour.

Médications. Même si vous n'avez pas un SM ou un diabète de type 2, les médications ci-après peuvent faire partie d'une stratégie d'anti-vieillissement ; parlez-en avec votre médecin.

- La metformine est un médicament sur prescription en vogue pour le traitement du diabète de type 2, parce qu'elle contribue à rendre les cellules moins résistantes à l'insuline. Elle améliore vraisemblablement la sensibilité à l'insuline chez les non-diabétiques qui présentent un SM. Certains chercheurs pensent que la metformine pourrait avoir des effets bénéfiques contre le vieillissement aussi puissants que ceux qui sont apportés par une restriction calorique stricte.
- Le Glucor et le Diastabol : ce sont également des médicaments sur prescription contre le diabète de type 2 pour ralentir l'absorption des hydrates de carbone dans le tube digestif. En effet, ils diminuent l'index glycémique des aliments que vous consommez. Consultez votre médecin pour un dosage correct.
- Une supplémentation en testostérone peut prévenir ou traiter une résistance à l'insuline chez l'homme[33].

Nous avons présenté une puissante ligne d'attaque de recommandations du Pont Un actuel pour le contrôle du glucose sanguin et de l'insuline. Cependant, des stratégies plus puissantes pour le traitement du diabète et des autres problèmes concernant le glucose sanguin apparaissent à l'horizon. Avec les traitements biotechnologiques du Pont Deux, le diabète devrait devenir une maladie du passé au cours de la prochaine décennie. Avec la nanotechnologie du Pont Trois, vous serez probablement capable de manger tout ce que vous voulez. Ainsi libéré, vous n'aurez plus jamais à supprimer les crèmes glacées et les pâtisseries, dans une décennie ou deux ! Si vous exercez maintenant un certain auto-contrôle, vous serez encore là pour vous réjouir de manger tout ce que vous voulez.

Prenez Ray, par exemple. On lui avait diagnostiqué un diabète de type 2 il y a plus de 20 ans. En suivant le Programme de Longévité de Ray & Terry, il a maintenant un taux sanguin de glucose complètement normal et aucun symptôme ou complication du diabète. Son histoire est racontée dans le prochain chapitre.

10
Le programme personnel de Ray

Lorsque j'avais 15 ans, mon père, alors âgé de 51 ans, a fait un infarctus du myocarde massif. Pendant les sept années qui ont suivi, il a fait des séjours dans les hôpitaux pour des insuffisances cardiaques. Sa mort à l'âge de 58 ans a coupé court à une brillante carrière de chef d'orchestre classique, de pianiste concertiste et de professeur de musique. C'était un bon malade et il a suivi à la lettre les recommandations de son médecin. Il a perdu du poids, suivi un régime sans sel et pris de la vitamine E (son cardiologue avait entendu parler d'une recherche de pointe concernant la capacité de cet antioxydant à combattre l'athérosclérose). Cependant, dans les années 1960, on connaissait peu de choses sur les maladies cardiaques. À cette époque, nous n'avions pratiquement aucune connaissance sur le rôle du cholestérol, des oxydations, des graisses, des glucides, de l'inflammation ou des cycles de méthylation.

Les antécédents de maladie cardiaque dans ma famille remontent bien avant mon père. Mon grand-père est mort de la même maladie alors que mon père n'avait que 12 ans. Ces nuages qui planaient sur mon avenir se sont assombris lorsqu'à l'âge de 35 ans on m'a diagnostiqué un diabète de type 2. Un premier traitement conventionnel par l'insuline m'a fait prendre du poids, ce qui n'a fait qu'aggraver mon état. Réalisant que je devrais prendre la responsabilité de régler moi-même ce problème, je me suis plongé dans la littérature et j'ai établi un programme fondé sur une restriction stricte des graisses (sauf pour les poissons), une élimination des glucides sous toutes leurs formes, une activité physique, une gestion de mon stress et la prise de suppléments tels que le chrome. J'ai perdu plus de 20 kilos et atteint des taux de glucose et de cholestérol sanguins normaux. J'ai décrit tout cela dans mon livre, *The 10 % Solution to a Healthy Life.*

Comme je l'ai dit précédemment, j'ai rencontré Terry Grossman à une conférence du Foresight Institute en 1999. Cela a été le point de départ d'une intense collaboration qui nous a permis à tous deux d'affiner considérablement nos idées sur la santé et le bien-être. Cette fructueuse collaboration est arrivée au moment où j'étais confronté à un autre sérieux problème de santé, l'âge moyen. Bien que certains de mes contemporains abordent avec élégance le vieillissement comme une partie du cycle de la vie, ce n'est pas ma conception. C'est peut-être « naturel », mais je ne vois rien de positif dans la perte de mon agilité mentale, de l'acuité de mes sens, de ma souplesse physique, de mes désirs sexuels ou de toute autre capacité humaine. À tout âge, je considère la maladie et la mort comme une calamité, comme des problèmes à surmonter. Jusqu'à une période récente, on ne pouvait pas faire grand chose en faveur de notre courte durée de vie, si ce n'est de chercher après coup une justification de cette tragédie en la considérant comme une bonne chose.

Si faire reculer les maladies dégénératives et les processus du vieillissement est une guerre, il est important de bien connaître l'ennemi. Dans cet état d'esprit, j'ai testé mes gènes, ce qui n'a fait que confirmer ce que j'avais déjà compris : les importants gènes de l'Apo E étaient tous les deux de type E3. Cela a été un certain soulagement, indiquant un risque moyen pour une maladie cardiaque ou une maladie d'Alzheimer, du moins pour autant que ces importants gènes soient concernés. Cependant, mon gène CETP était hétérozygote, ce qui signifiait qu'un gène venant d'un de mes parents était positif, alors que le gène de l'autre était négatif. Avoir au moins un gène CETP positif indique une disposition à des taux bas de bon cholestérol, l'HDL. J'avais plusieurs autres gènes hétérozygotes indiquant un risque accru d'athérosclérose et de diabète de type 2. Mon gène MTHFR était aussi hétérozygote, indiquant une légère prédisposition à des taux élevés d'homocystéine. Étant donné que mes taux de lipides montraient exactement ce profil, cela n'était pas une surprise.

Aujourd'hui, mon sentiment sur ma santé est le suivant : jusqu'ici, ça va. Mes taux sanguins de glucose, d'insuline et d'HbA1c (une mesure des taux de glucose sur les 90 derniers jours) sont normaux. Au cours des années passées, ce n'était pas le cas, jusqu'à ce que j'adopte totalement les principes du Programme de Longévité de Ray & Terry ; actuellement, je n'ai aucun signe, ni aucun symptôme, ni aucune complication du diabète. L'an dernier, j'ai eu un clamp test euglycémique, qui est un test élaboré et sensible pour mesurer la résistance à l'insuline. Mon résultat était « normal bas », ce qui est un bon résultat pour quelqu'un auquel on a diagnostiqué un diabète de type 2. Avec mon programme global, y compris un régime pauvre en glucides, mon diabète est totalement sous contrôle.

Les taux de mes lipides en rapport avec une maladie cardiaque sont tous à des niveaux parfaits. Je maintiens mon cholestérol total autour de 130, ma LDL de 70, ma HDL de 55, mon rapport cholestérol total-cholestérol HDL de 2,5, mes triglycérides de 70, mon homocystéine de 6,5 et la protéine C réactive hypersensible de 0,2. Toutes ces valeurs sont dans la zone optimale selon notre programme.

Bien que j'ai 56 ans, un bilan complet de mon vieillissement biologique effectué à la clinique de longévité de Terry a établi mon âge biologique à 40 ans. Mon objectif est de ne pas dépasser cet âge, biologiquement parlant, lorsque nous aurons les moyens d'arrêter totalement et d'inverser le vieillissement d'environ 20 ans. Bien que nous ne soyons pas encore capables d'arrêter complètement le vieillissement, mon plan est d'appliquer activement les moyens à ma disposition pour ralentir la douzaine de processus qui composent le vieillissement. Ainsi, mon âge biologique pourra grimper lentement au-delà de 40 ans, mais je tenterai alors de l'inverser.

Tous les trois ou quatre mois, je fais doser mes taux sanguins de douzaines de nutriments (tels que des vitamines, des minéraux et des graisses) d'hormones et de déchets métaboliques. Dans l'ensemble, ces taux sont au niveau où je veux qu'ils soient, bien que, en réponse à ces tests, je sois continuellement en train d'affiner mon programme de suppléments en concertation avec Terry.

J'ai un programme personnel pour combattre chaque maladie dégénérative et chaque processus du vieillissement. Terry et moi avons un problème avec le mot *supplément* parce qu'il suggère quelque chose d'optionnel ou d'importance secondaire. Nous préférons les appeler « produits nutritionnels » (*nutritionals*). Ma conception est que je suis en train de reprogrammer ma biochimie de la même façon que, dans ma vie professionnelle, je reprogramme les ordinateurs. Bien que j'admette que mon organisme est plus complexe que mes machines et que je n'ai pas encore une copie complète de mon « code source » biologique, je crois néanmoins que c'est une comparaison pertinente.

Je prends environ 250 pilules de produits nutritionnels par jour. Une fois par semaine, je me rends au *WholeHealth New England*, une maison de santé de médecine complémentaire dirigée par le Dr Glenn Rothfeld (j'irais à la clinique de Terry si elle n'était pas à plus de 3 000 kilomètres) où je passe une journée. On met à ma disposition un bureau avec un accès à Internet sans fil à haut débit ainsi qu'un téléphone, et je peux donc travailler. Dans cette clinique, je subis une demi-douzaine de traitements intraveineux – essentiellement des produits nutritionnels délivrés directement dans ma circulation sanguine, court-circuitant ainsi mon tube digestif. J'ai aussi une séance d'acupuncture par le Dr Rothfeld, maître acupuncteur qui a participé 30 ans auparavant à l'introduction de ce traitement aux États-Unis.

Bien que mon programme de suppléments puisse sembler extrême, il est en réalité optimal. Il est totalement en accord avec le programme de longévité de Ray & Terry décrit dans ce livre, et Terry et moi avons entrepris beaucoup de recherches sur les quelques centaines de traitements que j'utilise en ce qui concerne leur sûreté et leur efficacité. Je rejette complètement l'idée qu'ils soient non prouvés ou semblent risqués (l'hormone de croissance humaine, par exemple).

Poids et régime

D'une taille de 1,74 mètre, je pèse 66 kilos. La graisse de mon corps en représente 14 %, ce que je considère comme optimal.

Je suis étroitement les recommandations nutritionnelles décrites dans ce livre. En raison de mon problème de diabète, je maintiens ma consommation de glucides en dessous de 80 grammes par jour (ce qui représente environ un sixième de mes calories), en accord avec notre recommandation la plus stricte du « Groupe 1 » en ce qui concerne les glucides, et j'utilise Glucor qui bloque l'amidon.

Mon petit-déjeuner typique commence par des céréales à faible taux de glucides, accompagnées de stevia, lait de soja non sucré, et souvent quelques baies. Je prends aussi du poisson, du saumon par exemple, occasionnellement des blancs d'œufs ou des substituts d'œufs et du thé vert. Récemment, j'ai commencé à apprécier le substitut de repas que Terry et moi-même avons développé. Habituellement, je ne prends pas de déjeuner copieux et je peux me contenter d'une soupe miso et de thé vert. J'étanche ma soif en buvant environ 8 tasses de thé vert tout au long de la matinée et de l'après-midi.

Au dîner, mon plat principal est constitué de protéines : du poisson ou du tofu, parfois du poulet ou de la dinde maigres. Je mange des légumes à faible teneur en amidon et des salades avec des sauces à base d'huile d'olive. Je consomme une grande variété de produits dérivés du soja. Je bois deux verres de vin rouge par semaine.

Activité physique

Le pivot de mon programme d'activité physique est la marche, activité que je peux faire n'importe où. Cela s'accorde bien avec mes horaires de travail. Je porte constamment des chaussures de marche et donc je peux marcher n'importe où, n'importe quand, pendant 30 à 60 minutes, ou plus, chaque jour. J'utilise aussi un appareil de gymnastique trois ou quatre fois par semaine. Il se trouve dans ma salle d'exercice avec un tapis roulant et un petit trampoline. Je regarde souvent des films ou écoute des concerts lorsque je fais des exercices. De plus, je me réjouis de faire de la bicyclette avec ma famille.

Gestion du stress

J'accorde une forte priorité à un bon sommeil et je dors en général pendant environ huit heures. Je décris ci-après un programme de suppléments pour augmenter le sommeil. Lorsque je suis bien reposé (ce qui est le plus souvent le cas), très peu de problèmes me dérangent. Cependant, lorsque je n'ai pas eu suffisamment de sommeil, les moindres problèmes me semblent vraiment pénibles.

J'exerce une grande partie de ma pensée créative lorsque je dors. Je me pose à moi-même un problème avant de m'endormir. Pendant une période de rêve lucide le matin, entre le sommeil et l'éveil, je reviens au problème et invariablement j'ai de nouvelles idées. Je trouve que cette période de rêve lucide est un temps remarquablement créatif. Cela ne marche pas lorsque j'utilise un réveil, parce qu'en me réveillant soudainement j'évite cette étape intermédiaire.

Occasionnellement, je médite ou je me fais masser. Prendre de l'exercice me relaxe, m'offre une occasion de laisser mon esprit vagabonder dans la méditation. Mon taux de cortisol se trouve dans la zone normale.

En dépit d'un fort engagement envers mes idées et mes projets depuis un très jeune âge, il me paraît vital de maintenir un équilibre dans ma vie privée et de garder des rapports harmonieux avec ma femme, mes enfants, ma famille, mes amis et mes collègues, généralement avec des résultats positifs. Bien sûr, personne n'est parfait.

Santé mentale

La meilleure façon de garder mon cerveau sain est de l'utiliser. Nous savons d'après des études du cerveau par des scanners que nos pensées créent littéralement notre cerveau, donc nous défier nous-mêmes intellectuellement et artistiquement est une activité vitale anti-vieillissement. Je reste mentalement actif grâce à toute une gamme de projets dont l'un est une étude en cours sur la biologie humaine et la santé. Une bonne hygiène de sommeil, telle que je l'ai évoquée ci-dessus, est elle aussi vitale pour la santé du cerveau. Je prends aussi toute une série de produits nutritionnels décrits ci-dessous pour augmenter le soutien de mes cellules nerveuses.

Toxines

Je fais beaucoup pour augmenter la capacité de mon organisme à capter et à éliminer les toxines. Je m'efforce de réduire mon exposition aux toxines : je n'ai jamais fumé et j'évite la fumée des autres. Je tente de manger des aliments naturels chaque fois que c'est possible et de boire de l'eau filtrée alcaline. J'ai fait enlever mes amalgames dentaires contenant du mercure, j'utilise un filtre à air ionisé dans ma chambre à coucher et mon bureau et un écouteur à tube d'air pour mon téléphone cellulaire. Je bois environ 10 verres d'eau alcaline de très haut pH (environ 9,5) par jour (en plus du thé vert). Je décris ci-dessous les produits nutritionnels et de traitements intraveineux qui renforcent les capacités de détoxication de mon organisme.

Dosages

En plus de nombreux dosages sanguins de routine, j'ai subi une coloscopie virtuelle et une tomodensitométrie des organes de la partie inférieure du corps ; les résultats sont normaux. Mon test d'effort au thallium, qui évalue la fonction cardiaque, était normal. Ma tension sanguine se situe dans une zone acceptable. Des recherches approfondies en vue de détecter un cancer sont toutes négatives. Mon antigène spécifique de la prostate (PSA) est bas et stable à 0,4 nanogramme par millilitre.

Reprogrammation de ma biochimie

Une conception courante, en ce qui concerne la prise de substances autres que des aliments, telles que des suppléments ou des médicaments, est que cela devrait être un dernier recours, que l'on fait uniquement pour régler des problèmes déclarés. Terry et moi croyons fermement que c'est une mauvaise stratégie, particulièrement lorsqu'on s'approche de l'âge moyen, et même au-delà. Notre philosophie est de profiter de ce moment spécifique de nous mettre en position d'augmenter notre longévité et notre potentiel humain.

Conformément à cette philosophie de la santé, je suis très actif quand il s'agit de reprogrammer ma biochimie. Dans l'ensemble, je suis très satisfait des douzaines de taux sanguins que je fais doser régulièrement. Mon profil biochimique s'en est régulièrement amélioré depuis des années.

Pour renforcer les taux d'antioxydants et pour ma santé en général, je prends une association complète de vitamines et de minéraux, de l'acide alpha lipoïque, du coenzyme Q_{10}, de l'extrait de pépins de raisin, du resvératrol, de l'extrait de myrtille, du lycopène, du silymarin (chardon-Marie), de l'acide linoléique conjugué, de la lécithine, de l'huile d'œnothère (acides gras essentiels oméga 6), de la n-acétyl-cystéine, du gingembre, de l'ail, de la l-carnitine, du pyridoxal-5-phosphate et des échinacées. Je prends aussi des herbes chinoises prescrites par le Dr Glenn Rothfeld.

Pour réduire la résistance à l'insuline et combattre mon diabète de type 2, je prends du chrome, de la metformine (un puissant médicament anti-vieillissement qui diminue la résistance à l'insuline et que nous recommandons à tous ceux qui ont plus de 50 ans) et du gymnema sylvestre*.

Pour améliorer les taux de cholestérol LDH et HDL, je prends du polycosanol, du gugulipide, des stérols végétaux, de la niacine, du son d'avoine, de la poudre de pamplemousse, du psyllium, de la lécithine et du Lipitor.

* Une des herbes ayurvédiques (NdT).

Pour augmenter la santé de mes vaisseaux sanguins, je prends de l'arginine, de la triméthylglycine et de la choline.

Pour diminuer la viscosité du sang, je prends chaque jour de l'aspirine infantile (NDT 75-100 mg) et de la lombrokinase, agent naturel anti-fibrinolytique.

Bien que ma CRP (le test de routine pour l'inflammation dans l'organisme) soit très basse, je diminue mon inflammation en prenant de l'EPA/DHA (acides gras essentiels oméga 3) et de la curcumine.

J'ai considérablement réduit mon taux d'homocystéine en prenant de l'acide folique, de la vitamine B_6 et de la triméthylglycine (TMG) et du facteur intrinsèque pour améliorer mes méthylations. Je me fais faire une piqûre de vitamine B_{12} une fois par semaine et j'en prends tous les jours sous forme sublinguale.

Plusieurs de mes traitements par voie intraveineuse améliorent la détoxication de mon organisme : chaque semaine, de l'EDTA (pour chélater les métaux lourds, source majeure de vieillissement) et tous les mois du DMPS (pour chélater le mercure). Je prends aussi de la n-acétyl-carnitine par voie orale.

Chaque semaine, je reçois par voie intraveineuse des vitamines et de l'acide alpha lipoïque pour renforcer les antioxydants, je me fais faire du glutathion intraveineux pour augmenter la santé de mon foie.

Mon traitement intraveineux le plus important est une injection hebdomadaire de phosphatidylcholine (PtC) IV, qui restaure la jeunesse des membranes cellulaires de tous les tissus de l'organisme. Je prends aussi tous les jours de la PtC oralement et je supplémente mes taux d'hormones par de la DHEA et de la testostérone. Je prends de l'I-3-C (indole-3-carbinol, de la chrysine, de l'ortie, du gingembre et des herbes pour réduire la conversion de la testostérone en œstrogènes. Je prends un complexe de chou palmiste (*saw palmeto*) pour la santé de ma prostate.

Pour gérer mon stress, je prends de la l-théonine (substance calmante du thé vert), du bêta sitostérol, de la phosphatidylsérine et des suppléments de thé vert, en plus des 8 à 10 tasses de thé vert que je bois chaque jour.

Le soir au coucher, pour m'aider à m'endormir, je prends du GABA*, un neurotransmetteur calmant doux et de la mélatonine sublinguale.

* Acide gamma aminobutyrique (NDT).

Pour la santé de mon cerveau, je prends de l'acétyl-l-carnitine, de la vinpocétine, de la phosphatidylsérine, du ginkgo biloba, de la glycérylphosphorylcholine, de la nextrutine et de la quercétine.

Pour la santé des yeux, je prends de la lutéine et de l'extrait de myrtille.

Pour la santé de la peau, j'utilise tous les jours une crème antioxydante pour mon visage, mon cou et mes mains.

Pour la santé de mon tube digestif, je prends de la bétaïne HCl, de la pepsine, de la racine de gentiane, de la menthe poivrée, de l'acidophilus bifidobacter, des fructo-oligosaccharides, des protéines de poisson, de la l-glutamine et de la n-acétyl-d-glucosamine.

Pour inhiber la formation de produits de déchets fortement glycosylés, processus clé du vieillissement, je prends de la l-acétyl-carnitine, de la carnosine, de l'acide alpha lipoïque et de la quercétine.

Maintien d'une « courbe de santé » ascendante

Plus important encore, je passe beaucoup de temps à étudier ma propre situation de santé. Au cours des cinq dernières années, Terry et moi avons échangé par e-mail plus de 10 000 messages concernant la santé et nous avons eu d'innombrables discussions. Je discute des problèmes de santé avec de nombreuses autres personnes savantes de part le monde, y compris avec le Dr Rothfeld, par e-mail ou au cours de conversations. Environ une fois par semaine, je fais une modification mineure dans mes procédures de santé, et 5 à 10 fois par an une modification majeure. Ces révisions trouvent leur origine dans les connaissances nouvellement disponibles sur les traitements de pointe et les résultats de nouvelles études scientifiques. Je prends en compte toute nouvelle information. Ce peut être une connaissance de moi-même ou une acquisition nouvelle d'une information existante ou d'une précaution en rapport avec la santé. Je suis engagé dans l'exploration de ma propre santé avec un esprit ouvert, et je cherche continûment de nouvelles perspectives ou de nouvelles approches.

Je suis activement les tendances technologiques et je développe des modèles mathématiques sur la façon dont la technologie évolue, particulièrement celle de l'information. De plus en plus, les sciences de la santé elles-mêmes deviennent une forme de la technologie de l'information, soumise à ses lois d'évolution. Ces modèles corroborent ce que j'éprouve chaque jour : nos outils pour éviter la maladie et le vieillissement se perfectionnent à une vitesse exponentielle. Pour cette raison, ma confiance en ma capacité, et en celle de mes contemporains dans le même état d'esprit que moi faisant l'effort requis, à demeurer en vie et en bonne santé jusqu'au jour où une augmentation radicale de la vie sera facile croît, elle aussi, à la même vitesse exponentielle.

11
Les promesses de la génomique

« Nous devons nous efforcer de savoir qui nous sommes réellement et non pas de tenter de nous dire qui nous devrions être. »

JOHN POWELL

« La vie consiste non pas à avoir de bonnes cartes mais à jouer celles que vous possédez. »

JOSH BILLINGS, humoriste du XIXe siècle

Fantastic Voyage est construit sur la promesse que vous pourrez créer votre propre santé en jouant un rôle actif. Plutôt que de laisser les maladies s'installer puis de chercher un traitement, le Programme de Longévité de Ray & Terry vous apporte les outils du Pont Un afin de créer des conditions optimales pour le maintien de votre santé et, idéalement, d'éviter les maladies. La découverte des risques qui menacent votre santé, largement cachés jusqu'à maintenant au plus profond de vos gènes, vous permettra de formuler un programme préventif de santé qui vous soit spécifique.

Le consensus actuel est qu'il y a 35 000 à 40 000 gènes humains. Votre capacité à obtenir de sérieuses informations à leur sujet vient tout juste de commencer, mais elle augmentera exponentiellement au cours des toutes prochaines années. Les instruments de la science moderne peuvent maintenant accomplir en quelques minutes ce qui autrefois prenait des années d'efforts et d'échecs. Un nouveau domaine de la médecin appelé *génomique* vous permet maintenant de découvrir de nombreux gènes parmi ceux que vous possédez. Il en résulte que la médecine « taille unique » pratiquée encore par les médecins sera remplacée par des traitements personnalisés. Cela vous permettra de créer le programme

Pont Un parfait pour vous-même : un plan de régime et d'activité physique ainsi que des suppléments nutritionnels et des médicaments sur prescription (si nécessaire) adaptés à votre propre collection de gènes : votre génome.

Le projet « génome humain »

Le projet « génome humain » américain (*U.S. Human Genome Project*) a commencé en 1990 dans le but de créer une transcription complète des trois milliards de combinaisons de lettres de l'ADN présentes dans les gènes humains. Les efforts combinés d'entreprises privées et d'institutions publiques, incluant un consortium international de chercheurs, on conduit en 2003 à son aboutissement, avec une avance de deux ans et demi sur le programme et un budget significativement inférieur à celui qui avait été prévu. Selon James Watson qui, 50 ans auparavant avait identifié avec Francis Crick la structure en double hélice de l'ADN, « L'accomplissement du projet génome humain est un événement vraiment capital pour tout être humain sur le Globe. »

La bonne nouvelle est que vous serez bientôt capable de connaître votre profil génétique exact, l'ensemble de vos 35 000 gènes au moins pour un coût raisonnable. Vous pourriez le faire dès aujourd'hui, mais au prix actuel de 100 000 dollars, c'est hors de portée pour la plupart des gens. Mais dans quelques années et pour quelques centaines de dollars, vous pourrez obtenir une micropuce ou un DVD vous donnant la liste de tous vos gènes accompagnée d'une analyse de la plupart d'entre eux et de ce que vous seriez susceptibles de faire pour éviter certains problèmes potentiels codés au sein de votre héritage génétique.

Un des principaux problèmes de cette nouvelle technologie est que les données et les informations seront données si rapidement que les scientifiques et les médecins auront des difficultés à les interpréter toutes. Donc, plusieurs domaines scientifiques nouveaux apparaissent pour contribuer à rendre l'information accessible aux chercheurs ainsi qu'aux praticiens.

La génomique est l'étude de la composition du matériel génétique lui-même, l'ADN de vos gènes et de vos chromosomes. Les tests génomiques, la partie diagnostique de la révolution de la génétique, sont déjà en pleine évolution et représentent une part importante des tests diagnostiques du Pont Un que nous recommandons.

La protéomique est l'étude des protéines, tant de celles naturellement présentes dans l'organisme que de celles créées au laboratoire. De fait, au cours des deux prochaines décennies, les bénéfices les plus importants des développements du Pont Deux seront les thérapies protéomiques qui permettront aux patients de recevoir des traitements personnalisés fondés sur leur structure génétique sous-jacente. Des tests peu onéreux en feront une façon simple de concevoir le composé précisément nécessaire pour traiter presque toutes les maladies ou processus pathologiques. Mais arriver à comprendre comment créer ce composé nécessite une puissance de calcul énorme, supérieure à celle que possèdent aujourd'hui nos super-ordinateurs, même les plus gros et les plus rapides ; c'est pourquoi IBM s'apprête à présenter Blue Gene/L en 2005. Cet ordinateur, qui occupe autant de place que la moitié d'un cours de tennis et a une performance maximale de 360 teraflops [360 billions (10^{12}) d'opérations par seconde], a parmi ses buts principaux de résoudre ce problème. Cela se traduira dans les dix prochaines années par une conception accessible de médicaments protéomiques et améliorera significativement nos capacités à prévenir et à traiter les maladies.

La biologie des systèmes est l'étude de la façon dont toutes les parties d'un organisme vivant travaillent ensemble. Elle essaie de « connecter les points de l'ARN, de l'ADN, des gènes, des protéines, des cellules et des tissus de tout l'organisme, en élucidant la façon dont ils interagissent les uns avec les autres pour créer la respiration, la circulation du sang, la ligne de défense contre les maladies, la digestion des aliments, la solution d'un problème chez l'Homme »[1]. Actuellement, nous sommes incapables d'expliquer complètement comment travaille une cellule isolée et donc d'imaginer l'impact que peut avoir une vue d'ensemble du système entier. Nous sommes assistés dans cette tâche écrasante par de nouveaux logiciels de visualisation des systèmes qui permettent aux scientifiques de travailler avec 100 000 paramètres, ou même davantage, plutôt qu'avec les 20 environ avec lesquels ils peuvent jongler dans leur tête[2].

La bio-informatique est la nouvelle discipline qui contribuera à développer les techniques nécessaires pour rassembler et traiter toute cette nouvelle information.

Dans ce chapitre nous parlerons de la génomique prédictive, un instrument de diagnostic tout neuf du Pont Un. De nombreux tests génomiques sont déjà disponibles dans le commerce pour contribuer à prédire votre prédisposition à de nombreuses maladies graves, mais évitables ou modifiables, telles que les maladies cardiaques, la maladie d'Alzheimer et le cancer. Il est important de garder à l'esprit, au sujet de la génomique prédictive, que dans presque tous les cas, vos gènes expriment seulement des *tendances*. Vos choix de style de vie ont un rôle beaucoup plus important dans la détermination de ce qui arrive ou dans la façon dont vos gènes sont exprimés.

Étant donné que la génomique ne nous parle que de vos tendances et que la protéomique et les autres traitements qui pourront les modifier n'en sont encore qu'à leur tout début, il est important pour vous de rester en bonne santé autant que possible pendant une ou deux décennies, jusqu'à ce que ces nouveaux traitements soient complètement développés. Les thérapies du Pont Un et les choix de styles de vie décrits dans ce livre vous aideront à éviter ou à retarder significativement des changements physiologiques irréversibles (infarctus du myocarde, accidents vasculaires cérébraux ou démence). Puis, vous serez capable de tirer un plein avantage des puissantes thérapies protéomiques du Pont Deux fondées sur les gènes. Dans 10 à 20 ans, des maladies aujourd'hui non traitables ou incurables pourront être guéries. Peu après, vous tirerez bénéfice de la révolution de la nanotechnologie de l'intelligence artificielle du Pont Trois, ce qui signifiera que les lésions de votre corps, présentement irréversibles, seront totalement corrigées.

Le langage du livre de la vie

Pour l'essentiel, votre information génétique est contenue dans les molécules d'ADN en double brin qui se situent au sein des noyaux de vos cellules. Ces molécules sont si grandes que si l'ADN enroulé d'une seule cellule était déroulé selon une ligne droite, il s'entendrait sur près de deux mètres ; si tout l'ADN du corps humain était mis bout à bout, il atteindrait le Soleil et en reviendrait, et cela plus de 600 fois. Cependant, la structure de base d'une molécule d'ADN est très simple : seules quatre molécules, les bases des nucléotides, l'adénine (A), la guanine (G), la thymine (T) et la cytosine (C), s'unissent les unes aux autres comme les barreaux d'une échelle.

La structure de la molécule d'ADN double brin lui permet de s'ouvrir comme une fermeture éclair en différents endroits et de se reproduire sous la forme d'un simple brin qui est la copie parfaite de son brin complémentaire. De cette façon, l'information génétique contenue dans l'ADN est « transcrite » (copiée) en molécules d'ARN messager à simple brin. Ces dernières transfèrent l'information contenue dans l'ADN (on dit qu'elles « l'expriment ») pour réunir entre eux les 20 aminoacides présents dans l'organisme, afin de former les protéines qui rendront la vie possible. Ces dernières effectueront alors les fonctions de tous les jours de la vie cellulaire (figure 11.1).

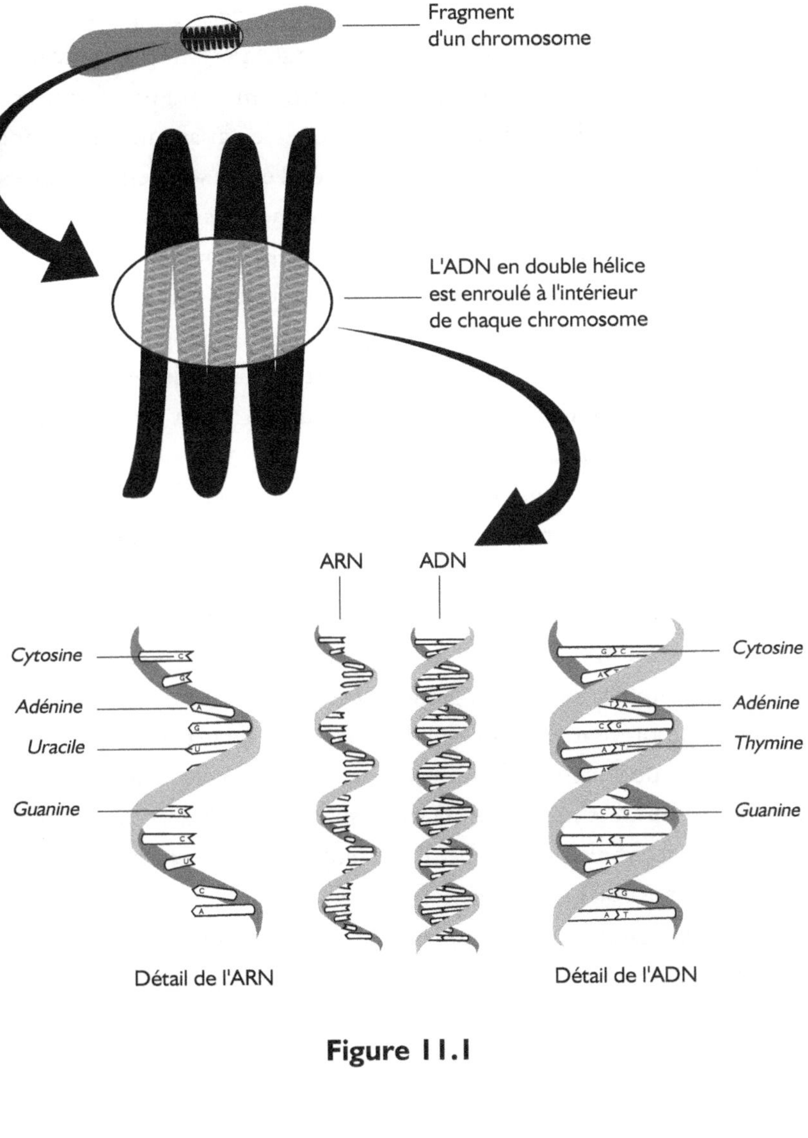

Figure 11.1

La vie comme un jeu de cartes

On établit souvent une comparaison entre la vie et un jeu de cartes. On dit de quelqu'un né avec une grave maladie génétique qu'il a une « mauvaise main », alors qu'une femme de 105 ans qui attribuait sa longévité au fait qu'elle prenait un beignet à la confiture au petit-déjeuner et qu'elle fumait deux paquets de cigarettes par jour (voir page 211), a manifestement commencé sa vie avec des cartes exceptionnellement bonnes.

Dans les années 1950, Roger Williams, Docteur en médecine, a présenté le concept d'*individualité biochimique*, idée selon laquelle chaque personne possède un schéma directeur biochimique spécifique et unique[3]. Cependant, il y a peu d'années encore, la découverte de notre individualité biochimique se faisait au petit bonheur la chance, au mieux était-elle le résultat de décennies d'essais soigneux et d'erreurs. Par exemple, après de nombreuses années d'observation, vous pouviez avoir remarqué que vous aviez plus d'énergie après avoir mangé des protéines au petit-déjeuner, que les fraises vous donnaient de l'urticaire ou que vous aviez mal à la tête lorsque vous consommiez des édulcorants artificiels. Mais une autre personne pouvait remarquer des effets tout juste opposés. Vraiment, « la nourriture d'un Homme est le poison d'un autre Homme », étant donné que du point de vue biochimique nous sommes tous uniques.

Avant Williams, Gregor Mendel, le père de la génétique, avait développé le concept de déterminisme génétique selon lequel les gènes avec lesquels vous êtes né déterminent votre destin. Cela a ouvert la voie à la nouvelle idée du relativisme génomique selon lequel vos gènes ne *déterminent* pas le type de maladie que vous aurez mais bien au contraire montrent seulement votre *prédisposition* à ces dernières. Cette idée a des implications d'une grande portée pour l'avenir des soins médicaux et de la médecine préventive. Alors qu'il y a très peu de gènes, tels que ceux de la mucoviscidose ou de la chorée d'Huntington, dont la présence signifie qu'un individu présentera certainement une maladie spécifique à un certain moment, du moins d'après la technologie actuelle, il y a seulement une petite fraction des millions de variants possibles dans le génome humain.

L'ensemble de vos caractères génétiques, l'ADN dont vous avez hérité, est appelé votre génotype. Mais il y a encore très peu de temps, vous étiez forcé de jouer au jeu de carte de la vie « en aveugle », incapable de considérer les cartes que vous aviez en main. Quelle différence cela fait que vous soyez un joueur expert, qui sait précisément faire un beau coup ou contrer, si vous ne savez pas quelles cartes sont dans votre jeu ? Tel a été le destin de l'humanité depuis le commencement des temps. Vous aviez une vague idée de votre caractère génétique en connaissant les maladies qui « courent dans la famille », mais presque personne n'a jamais eu accès à une information précise concernant son propre code génétique.

Le nouveau concept de relativisme génomique est à la fois rassurant et terrifiant. Nous voyons maintenant que le vieux combat de la prédestination contre la liberté sera livré sur les lignes de front de notre ADN. Heureusement, il semble maintenant que très peu de notre future santé soit absolument prédestinée ou prédéterminée. Vous pouvez y faire quelque chose dès maintenant !

Le vrai travail du projet « génome humain » (*Human Genome Project*) impliquait le décodage de la séquence entière des lettres (A, T, C, U et G) trouvées dans l'ADN et l'ARN humain. Approximativement, 3 milliards de lettres ont été séquencées. Les lettres individuelles forment ensuite des « mots » de trois lettres (codons) qui donnent les phrases des séquences des protéines ; ces dernières se combinent en environ 35 000 « paragraphes » (gènes) qui constituent les 23 « chapitres » (chromosomes) de notre Livre de la vie génétique[4].

Vous pouvez trouver l'essentiel de ce « livre » épelé sur Internet (voir www.ncbi.nlm.nih.gov). Mais de subtiles différences d'une lettre ou deux, ici où là (des fautes de frappe), peuvent produire d'énormes différences. Presque 99,8 % de l'ADN humain est partagé par tous les individus et l'ADN humain est même identique à 98 % à celui du chimpanzé. Cependant, cette fraction de 1 % qui diffère entre nous est ce qui crée toute la diversité de la vie et assure que deux êtres humains ne seront jamais exactement identiques (à l'exception des vrais jumeaux qui ont le même ADN).

Le monde futur de la génomique prédictive

Étant donné que vos molécules d'ADN s'auto-répliquent des billions (10^{12}) de fois pour créer toutes les cellules et les tissus de l'organisme, des altérations peuvent survenir en de nombreuses occasions. Techniquement, ces altérations sont appelées *polymorphismes* (littéralement « formes multiples »). On pense qu'il y a plus de 10 millions de polymorphismes responsables de l'essentiel de notre personnalité biochimique. Ceux qui n'impliquent qu'un seul nucléotide (A, T, C ou G, comme mentionné ci-dessus) représentent la variété la plus commune et ces polymorphismes portant sur un seul nucléotide (SNP, de *single-nucleotide polymorphisms*, prononcez « snips ») sont extrêmement courants. Les SNP sont importants parce qu'ils peuvent changer la façon selon laquelle fonctionne l'organisme et, dans certains cas, vous prédisposer ou vous rendre plus résistants à certaines maladies.

On estime que chaque individu peut porter jusqu'à un million de SNP. La génomique prédictive tente d'identifier les SNP les plus significatifs pour déterminer si vous êtes vraisemblablement prédisposé à développer une maladie spécifique ou à présenter un risque de santé ainsi que pour évaluer la possibilité de l'apparition de cette maladie dans des circonstances environnementales particulières ou dans certains choix de styles de vie.

De plus, le même SNP, qui peut être bénéfique chez un individu dans un certain environnement, peut être défavorable dans des circonstances différentes. Par exemple, un SNP qui a historiquement donné à certains individus une plus grande chance de survie au cours des périodes de famine ou même de jeûne est connu sous le nom de « gène économe » ; il aide les gens à survivre avec un minimum de calories. Cependant, de nos jours, ce polymorphisme génétique est plus un problème qu'un bénéfice, étant donné que ceux qui en sont porteurs sont plus prédisposés à l'obésité quand ils consomment un excès de calories ou même simplement une quantité adéquate. Il y a des siècles, lorsque la famine était beaucoup plus courante, les Indiens Pima du sud-ouest des États-Unis, porteurs du gène économe, étaient plus à même de survivre lors des longues périodes de quasi-jeûne et il y avait donc avantage à posséder cette variante génétique qui est alors devenue plus prévalente. Cela a conduit la majorité des Indiens Pima des temps modernes à être en surcharge pondérale.

Divers groupes ethniques ont aussi des SNP distincts. Par exemple, une des enzymes du foie responsable de la détoxication de certaines toxines de l'environnement est connue sous le nom de CYP2D6 (Cytochrome P456 2D6). Cette enzyme métabolise aussi de nombreux médicaments prescrits couramment ainsi que le kawa, plante médicinale communément utilisée pendant des siècles pour traiter les maladies du stress chez les insulaires du Pacifique Sud. Cependant, quand le kawa est pris par des individus descendants des Européens du Nord, nombre d'entre eux souffrent d'une toxicité hépatique. Cela vient du fait qu'approximativement 10 % des Européens possèdent un SNP qui rend l'enzyme CYP2D6 anormale et qu'elle ne peut pas métaboliser le kawa. Ce SNP est rarement rencontré chez les indigènes du Pacifique Sud.

PONT DEUX

La comparaison des gènes

Le temps et l'argent nécessaires pour synthétiser et séquencer les milliards de bases de l'ADN humain ont brusquement diminué dans les 15 dernières années. Si les tendances actuelles continuent, « dans une décennie, une seule personne sur une seule paillasse de laboratoire pourra séquencer ou synthétiser tout l'ADN décrivant tous les individus de la planète plusieurs fois dans une journée de huit heures. Alternativement, une personne pourra séquencer son propre ADN en quelques secondes. » Des compagnies telles que *U.S. Genomics* et *Institute of Genomic Research* sont en train de construire les systèmes analytiques requis pour maintenir cette tendance en utilisant des techniques telles que le marquage par fluorescence des molécules, les systèmes nanofluides et l'analyse par laser.

Ces vitesses de séquençage rapide facilitent les comparaisons entre différentes espèces, ce qui nous aidera à mieux comprendre l'évolution du génome humain. Par exemple, de telles comparaisons génétiques sont en faveur d'affirmations selon lesquelles les parasites et les maladies auraient provoqué beaucoup plus de mutations radicales dans les gènes humains qu'on ne le pensait précédemment[5]. Ces vitesses de séquençage permettent aussi des comparaisons génétiques entre des sous-groupes de populations, tels qu'un groupe témoin apparemment sain et un groupe atteint d'une maladie particulière. Ces types d'analyse comparative aideront à identifier des groupes de mutations typiquement rencontrées dans certaines maladies.

Depuis les années 1990, des microréseaux (des puces pas plus grosses qu'une pièce de 10 centimes) ont été utilisés pour étudier et comparer les profils d'expression de milliers de gènes en même temps[6]. Les applications possibles de la technologie sont si diversifiées et les barrières technologiques ont été repoussées si loin, que d'énormes bases de données sont maintenant consacrées au résultat de « l'examen des gènes par vous-mêmes. »[7]

Le profil génétique est utilisé pour révolutionner le processus du criblage (*screening*) et de la découverte des médicaments. Des puces peuvent « non seulement confirmer le mécanisme d'action d'un composé » mais « faire une distinction entre les composés agissant à des étapes différentes d'une même voie métabolique »[8]. En conséquence, les médicaments seront mis sur le marché beaucoup plus rapidement. Leurs effets seront beaucoup plus précis ; par exemple, des médicaments « ciblés » deviendront disponibles pour des gens présentant des mutations génétiques spécifiques. Votre médecin aura aussi une bien meilleure idée de la façon dont un médicament particulier agira sur vous. Les jours du traitement par un médicament, au petit bonheur la chance, taille unique pour tous, touchent presque à leur fin.

Nous savons maintenant que l'expression des gènes est contrôlée par des peptides (parties de molécules de protéines) et de courts brins d'ARN. Beaucoup de nouveaux traitements sont fondés sur la manipulation de ce processus, soit pour bloquer des gènes potentiellement dangereux, soit pour activer des gènes souhaitables. Deux de ces traitements sont « le traitement anti-sens » et « l'interférence d'ARN ». Le traitement anti-sens utilise des séquences d'ARN vues dans un miroir (ARN anti-sens) pour bloquer l'expression des gènes dangereux. Un médicament anti-sens, le Vitravene, est déjà sur le marché et ces médications vont se développer dans un avenir proche[9].

Le traitement par interférence d'ARN implique la mise en place de segments d'ARN double brin qui se fixent étroitement à l'ARN messager créé par un gène spécifique. Cela déclenche une réaction au cours de laquelle l'ARN messager est coupé en petits morceaux, ce qui réduit effectivement le gène au silence. En créant un segment d'ARN interférant, les scientifiques peuvent bloquer l'expression d'un gène et potentiellement, empêcher une maladie de se développer.

De plus, une nouvelle génération de séquenceurs et de synthétiseurs d'ADN permet aux scientifiques d'écrire, et pas seulement de lire, des segments d'ADN. Écrire de longues séquences avec peu d'erreurs est lourd, mais de nombreuses machines capables d'élaborer automatiquement de grands segments d'ADN sont actuellement mises au point. Armés de ces technologies, des groupes de recherche essayent de construire des organismes synthétiques, de concevoir de nouvelles protéines et de créer des lettres d'ADN artificielles pour accroître « l'alphabet génétique ».

Tests génomiques

Presque toutes les maladies dégénératives les plus communes, les plus handicapantes et les plus mortelles de notre temps, y compris les maladies cardiovasculaires, les cancers, le diabète de type 2 et la maladie d'Alzheimer, résultent d'une interaction entre des facteurs génétiques et des facteurs environnementaux. Des tests pour certaines d'entre elles sont maintenant disponibles. Les tests génomiques permettent, à vous et à votre médecin, d'acquérir une plus profonde compréhension des processus pathologiques et de développer des interventions plus spécifiques et plus efficaces.

Quelques ensembles de tests génomiques sont maintenant disponibles dans le commerce. Chacun teste jusqu'à une douzaine environ de SNP pour un coût inférieur à 30 ou 50 dollars par gène, alors qu'il y a quelques années seulement, il était rare d'obtenir un test génétique pour moins de 300 dollars. Dans les toutes prochaines années, selon la *Ray's Law of Accelerating Returns*[4] (Loi des retours accélérés de Ray), pour les mêmes quelques centaines de dollars, il vous sera possible d'avoir un ensemble qui teste des milliers de gènes. À la fin de la décennie, vous aurez probablement accès à des puces à ADN qui doseront la plupart, si ce n'est la totalité, des dix millions de SNR que l'on pense exister.

Problèmes des tests génomiques

Avec notre connaissance et nos capacités actuelles, même si vous pouviez connaître l'ensemble des centaines de milliers de SNP que vous possédez, vous ne feriez que produire une surcharge d'informations. Ni vous ni vos médecins ne sauriez quoi en faire. Nous devrons attendre que les scientifiques bio-informaticiens se mettent au niveau et nous apportent des programmes d'ordinateur sophistiqués qui puissent donner un sens à toute cette information. Par conséquent, les cliniciens d'aujourd'hui tendent à se limiter au dépistage des quelques polymorphismes parmi les plus communs. De plus, peu de patients accepteraient de savoir qu'ils ont une anomalie génétique qui ne peut pas être réparée par une thérapie actuellement disponible. Par exemple, de nombreuses femmes dont les mères ont eu un cancer du sein refusent fréquemment de se faire tester pour les polymorphismes du BRCA1 étant donné qu'un test positif suggérerait une forte probabilité de développement d'un cancer du sein ou de l'ovaire[11].

Donc, la plupart des tests actuels sont limités à la centaine de SNP environ qui peuvent aujourd'hui être modifiés par des interventions telles qu'un régime, un style de vie, des suppléments nutritionnels ou des médicaments sur ordonnance.

Un autre problème associé aux tests génomiques est la confidentialité du patient. Les compagnies d'assurance sur la santé ou sur la vie demandent fréquemment une copie du dossier médical du patient avant de proposer une police. Il serait déloyal que les assureurs puissent utiliser ce type d'information que les patients ont obtenue volontairement afin de mieux définir et de réduire les risques de leur héritage génétique. Pour éviter cette discrimination, les résultats génomiques sont protégés par des codes de sécurité révélés seulement au médecin traitant du patient et la plupart d'entre eux conservent les résultats dans un dossier indépendant du dossier médical régulier. Lorsqu'une compagnie d'assurance demande la communication de ce dernier, les résultats génomiques ne sont pas envoyés.

Dans les années 1700, Alexander Pope disait que « apprendre un peu est une chose dangereuse. » Dans l'état actuel des connaissances, nous devons nous souvenir que nous n'avons encore appris que peu de choses sur les bases de notre connaissance génomique et que les tests génétiques ne sont donc pas à prendre à la légère. Contrairement à de nombreux tests de laboratoire de routine, où les résultats apportent souvent un réconfort et diminuent l'inquiétude, les résultats d'un profil génomique révèlent invariablement certains « mauvais gènes », ceux qui ont le pouvoir d'augmenter votre risque de maladies graves telles que l'infarctus du myocarde, certains types de cancers ou la maladie d'Alzheimer. L'obtention d'une information génomique peut être de grande valeur et peut sauver votre vie. Mais nous voulons insister sur le fait que les tests génomiques sont une affaire sérieuse et que vous devez être psychologiquement préparé à en connaître les résultats.

Un exemple pratique : l'Apo E

Un test génomique est maintenant disponible pour plusieurs centaines de SNP. Certains d'entre eux sont discutés tout au long de ce livre ; par exemple, nous décrirons un polymorphisme du gène MTHFR dans notre discussion sur les réactions de méthylation et le « SNP nul » de la GSTM 1 concernant le diagnostic précoce du cancer.

Quelques SNP clé

Bien que les interactions entre les gènes puissent être tout aussi importantes que les SNP spécifiques, les scientifiques ont commencé à apprendre que quelques SNP avaient des influences très puissantes.

BRCA1 est un facteur de risque génétique majeur pour le cancer du sein. Une femme qui possède une copie anormale de ce gène a un risque significatif de développer un cancer du sein ou un cancer de l'ovaire.

GSTM1, GSTP1, CYP1A1, CYP1B1, CYP2A6 codent pour des enzymes hépatiques qui déterminent la façon dont vous éliminez correctement les toxines environnementales. Les variations de ces gènes augmentent ou diminuent votre risque de plusieurs types de cancers.

Un déficit en alpha 1 antitrypsine prédispose les individus à un emphysème précoce, particulièrement s'ils sont fumeurs.

L'apolipoprotéine E a une forte influence sur le risque potentiel de développer une maladie cardiovasculaire ou un Alzheimer.

L'AGT, l'ACE et l'AT1R sont associés à la pression sanguine. Les tests de polymorphisme de ces gènes peuvent vous suggérer d'éviter le sel et vous indiquer quelle classe de médicaments vous serait la plus utile pour traiter votre hypertension sanguine si besoin était.

Un SNP très bénéfique actuellement en cours d'étude a été trouvé dans des mitochondries de centenaires. Dans une étude de 52 Italiens de 100 ans ou plus, des chercheurs ont trouvé un polymorphisme courant chez 17 % des centenaires mais qui n'était présent que dans 3,4 % de 117 personnes de moins de 99 ans[12]. La possession de ce gène muté semble multiplier par quatre les chances de vivre au-delà de 100 ans. Un aspect encore plus intéressant de ce gène muté est que vous pouvez l'obtenir soit selon la manière ancienne par héritage, soit par une mutation qui s'effectue lors de votre vie. Cela introduit l'idée fascinante selon laquelle vous pouvez faire en sorte d'induire cette mutation bénéfique, augmentant alors vos propres chances de vivre au-delà de 100 ans. Une fois que nous aurons la possibilité de changer nos gènes par thérapie génique, nous serons en position d'activer les gènes qui favorisent la longévité tels que celui dont nous venons de parler et d'inhiber ceux qui déclenchent le vieillissement.

PONT TROIS

Vivre avec des biorobots (à l'intérieur)

Imaginez un petit appareil manuel muni de capteur d'ADN sur une micropuce qui puisse en quelques minutes détecter les maladies dans le cabinet de votre médecin, ou à la maison entre des visites, en utilisant rien de plus qu'une goutte de salive ou de sang. C'est un avenir envisagé par le Dr. Charles Lieber, professeur de chimie du département de recherche de nanobiotechnologie de Harvard. Avec son équipe de recherche, il développe des capteurs à nanofils ultrasensibles presque aussi petits que des molécules et pourtant 1 000 fois plus sensibles que les derniers tests d'ADN tels que l'amplification par PCR[10].

L'objectif initial de Lieber est de détecter le cancer de la prostate en utilisant une micropuce avec 10 fils de silice, chacun d'une largeur ne dépassant pas 10 nanomètres (milliardièmes de mètre). Ces nanofils sont recouverts de molécules biologiques qui détectent le PSA, signe révélateur du cancer de la prostate. Lorsqu'un nombre aussi faible que trois ou quatre molécules de PSA se fixent sur les nanofils, un signal électrique est créé. Nous espérons voir ces appareils disponibles dans le commerce dès 2007, dit Larry Bock, PDG de Nanosys, qui a breveté la technologie de Lieber. Des modèles futurs comportant des milliers de tels fils pourraient détecter de nombreuses maladies.

Mais une fois que vous avez détecté une anomalie génétique, comment la réparerez-vous ? La solution est de délivrer les composants génétiques manquants à vos cellules. Actuellement, les médecins utilisent des virus modifiés pour délivrer de l'ADN. Toutefois, les virus peuvent provoquer diverses réactions immunes et on ne peut donc pas les utiliser de façon répétitive. Une idée est d'empaqueter des molécules d'ADN dans des nanoparticules suffisamment petites pour entrer effectivement dans le noyau des cellules.

Cette stratégie du cheval de Troie est exactement celle que les chercheurs de la Case Western Reserve University et de Copernicus Therapeutics sont en train de développer. Ils injectent de l'ADN dans des liposomes (globules de graisse) suffisamment petits pour passer à travers la membrane externe des cellules. Une fois à l'intérieur de ces dernières, le problème est alors de les faire passer dans le noyau. La solution : des peptides (une partie d'une molécule de protéine qui n'a que 25 nanomètres de large, suffisamment petite pour passer au travers des pores de la membrane du noyau). Ces derniers enferment les molécules d'ADN et les libèrent à l'intérieur du noyau, où elles peuvent corriger le code génétique de la cellule. Les premiers essais ont été faits avec 12 patients atteints de mucoviscidose possédant un gène anormal qui fait que le mucus s'accumule dans les poumons. Les chercheurs s'attendent à ce que cette technique soit disponible expérimentalement pour les médecins dans les toutes prochaines années.

Plus loin dans le futur, des nanoparticules de semi-conducteurs appelées *points quantiques* seront susceptibles de jouer un rôle dans le diagnostic et dans la délivrance des médicaments, selon le Dr. Shuming Nie, professeur d'ingénierie biomédicale à l'*Emory University* et au *Georgia Institute of Technology.* Ces nanoparticules de la taille d'une molécule s'éclairent lorsque des gènes ou des protéines spécifiques se fixent à elles et peuvent donc être utilisées pour identifier des cellules tumorales, par exemple. Elles peuvent aussi contrôler l'efficacité d'un traitement médicamenteux et servir d'échafaudage dans l'élaboration des tissus ou de « bombes intelligentes » pour délivrer des quantités contrôlées de médicaments dans des cellules tumorales génétiquement marquées.

Au lieu d'attendre que quelque chose de mauvais se produise dans l'organisme pour le réparer, Robert A. Freitas Jr. se fait l'avocat d'une approche plus radicale dans sa série d'ouvrages *Nanomédecine.* Des « biorobots artificiels pourraient être dans notre organisme dans les 5 à 10 années à venir, » dit-il. « Des avancées dans l'ingénierie génétique sont susceptibles de nous permettre de construire un microbe artificiel, un châssis cellulaire de base, pour effectuer certaines fonctions. Ces biorobots pourraient être conçus pour produire des vitamines, des hormones, des enzymes ou des cytokines qui seraient déficitaires dans l'organisme hôte, ou encore ils pourraient être programmés pour absorber sélectivement et détruire des poisons ou des toxines. »

Freitas a aussi développé les plans conceptuels détaillés d'un robot permettant de réparer l'ADN. Il va dans le noyau de chaque cellule et répare les erreurs qui affectent l'ADN. Il pourrait aussi modifier l'ADN de toutes les façons désirées. Finalement, nous serons capables de remplacer le noyau cellulaire dans son ensemble par un nano-ordinateur qui contient le code génétique et la machinerie nécessaire pour produire des chapelets d'aminoacides. Cela nous permettra de bloquer des réplications non désirées et de mettre à jour instantanément notre code génétique.

Comme exemple du type d'information actuellement disponible à partir de tests génomiques, jetons un coup d'œil aux polymorphismes de l'Apo E (apolipoprotéine E) qui sont des marqueurs génétiques puissants des maladies cardiovasculaires et de l'Alzheimer. Nous examinerons tout d'abord les risques et les bénéfices spécifiques associés aux divers polymorphismes de l'Apo E, puis nous décrirons comment cette information peut être à l'origine de recommandations spécifiques pour un style de vie qui contribue à modifier chez chaque individu l'expression réelle au cours de la vie des types génétiques les plus dangereux.

Les apolipoprotéines sont des protéines responsables du transport dans la circulation sanguine de lipides tels que les graisses et le cholestérol. Les graisses et le cholestérol sont des substances huileuses, insolubles dans l'eau, qui nécessitent donc des molécules de transport spécifiques pour contribuer à les déplacer d'un endroit à un autre de l'organisme.

L'apolipoprotéine E se présente sous trois variétés génétiques principales appelées allèles : Apo E2, Apo E3 et Apo E4. En raison des différences minimes au niveau d'un ou de deux de leurs aminoacides seulement, elles diffèrent chacune significativement dans leur capacité à transporter les graisses et le cholestérol dans la circulation sanguine. Par exemple, l'Apo E2 effectue un bon travail d'élimination du cholestérol des artères alors que l'Apo E4 est bien moins efficace.

Chaque individu possède deux copies du gène Apo E héritées de chacun des deux parents et il y a donc six combinaisons possibles : E2/E2, E3/E3, E4/E4, E2/E3, E2/E4, E3/E4. Lorsque vous possédez une ou deux copies de l'allèle 4, vous avez davantage de risque d'avoir un cholestérol et des triglycérides élevés et de développer une maladie cardiaque coronarienne[13]. Encore plus important, l'Apo E4 est aussi corrélée à un risque significativement accru de maladie d'Alzheimer (MA). Lorsque vous n'avez aucune copie de l'Apo E4, vous avez 9 % de risque de développer une MA à partir de 85 ans. Lorsque vous n'avez qu'une copie de cet allèle – le génotype E3/E4 porté par plus de 25 % de la population, ou le génotype E2/E4 beaucoup plus rare – vous avez 27 % de chance de développer une MA au même âge ; en d'autres termes, le risque triple. Mais si vous avez deux copies – le génotype E4/E4 – le risque monte à 55 %, une augmentation de six fois[14]. De plus, l'âge moyen auquel est détectée la MA se situe beaucoup plus tôt, en fonction du nombre de copies de l'Apo E4 portées : 84 ans si vous n'avez aucune copie d'E4, 75 ans si vous avez une copie et environ 68 si vous avez deux copies[15].

Par ailleurs, l'allèle Apo E2 semble conférer un certain degré de protection contre le développement de l'Alzheimer et les patients possédant au moins une copie de E2 ont une réduction de 40 à 50 % de leur risque de MA. Cependant, l'Apo E2 n'est pas parfaite parce que certaines formes de maladies cardiaques sont plus courantes chez les patients possédant cet allèle. Toute chose considérée, l'Apo E2 est une très bonne carte dans votre jeu ; la fumeuse mangeuse de beignets de 105 ans (voir page 200) était probablement née avec une ou deux copies de l'Apo E2.

Cependant, la forme Apo E3 est la plus commune – plus de 50 % de la population est E3/E3 – et elle apporte une certaine protection contre les maladies cardiaques et la MA.

Bien que l'Apo E4 soit un facteur de fort risque d'Alzheimer et puisse être associé à d'autres formes de démence, la bonne nouvelle est que la plupart des gens qui portent l'allèle E4 ne développent pas de démence et qu'environ la moitié des gens chez lesquels on a diagnostiqué une MA n'en possèdent aucune copie[16]. Dans certaines études, la proportion de patients atteints de démence attribuable à l'allèle Apo E4 est estimée à 20 % environ[17]. Mais si l'Apo E4 n'était qu'une mauvaise nouvelle, elle aurait probablement été éliminée du pool des gènes depuis longtemps. Les individus qui portent cette variation ont une incidence beaucoup plus faible de certaines maladies graves telles que la dégénérescence maculaire sénile (DMS), cause majeure de cécité dans le monde développé. Pendant ce temps, les individus qui portent l'allèle plus « favorable » E2 sont à plus haut risque de perdre la vue par DMS[18]. Des lésions dues à des radicaux libres semblent jouer un rôle clé dans le développement du type spécifique d'altérations observées dans la MA. Si donc vous découvrez que vous portez l'allèle Apo E4, des efforts spéciaux pour limiter les lésions par radicaux libres doivent être mis en pratique[19]. Les porteurs d'Apo E4 doivent commencer par prendre des mesures drastiques de contrôle de lésion par les radicaux libres le plus tôt possible dans leur existence.

Les recommandations pratiques ci-après sont typiques du type de conseils personnalisés que vous pouvez obtenir sur la base de votre connaissance d'un aspect de votre propre ADN, en l'occurrence que vous portez la variation génétique Apo E4 :

- Prenez des nutriments tels que la vitamine C, la vitamine E, l'acide alpha lipoïque, l'extrait de pépin de raisin et le coenzyme Q_{10} tous les jours pour réduire les radicaux libres.

- Envisagez de prendre des agents pharmacologiques qui puissent aider à réduire la production de radicaux libres dans le cerveau. Parmi ces agents figurent le sélégilène, inhibiteur de la monoamine oxydase B, et l'hormone mélatonine. Suivez aussi un traitement par de faibles doses d'aspirine (75 milligrammes chaque jour).
- Plusieurs agents nutraceutiques se sont révélés être des protecteurs des neurones du cerveau. Considérez la prise de phosphatidylsérine (100 à 300 milligrammes par jour), de phosphatidylcholine (900 milligrammes deux fois par jour), d'acétyl-L-carnitine (500 milligrammes deux fois par jour) et de vinpocétine (10 milligrammes deux fois par jour).
- Changer de style de vie avec réduction du stress et activité physique aérobie régulière peut être bénéfique.
- Étant donné que l'Apo E4 est également associée à des taux élevés de lipides, mettez en place un régime pauvre en graisses pour contribuer à diminuer le taux du cholestérol et maintenez un régime pauvre en hydrates de carbone à charge glycémique faible pour diminuer les triglycérides.

Aujourd'hui, vous avez la double capacité de connaître et de modifier l'expression des gènes avec lesquels vous êtes nés par le régime alimentaire, la nutrition et le choix de style de vie. Ces techniques seront rejointes très prochainement par des stratégies biochimiques plus puissantes pour modifier l'expression de vos gènes. Peu de temps après cela, vous serez capable de changer entièrement vos gènes et de choisir ceux que vous voulez.

Des tests génomiques prédictifs, qui peuvent apporter une information génétique précédemment impossible à connaître, propre à chaque individu, sont maintenant disponibles. Cette nouvelle spécialité médicale est encore balbutiante et, comme pour toute nouvelle science, il y aura des dangers et des embûches. Mais les tests d'aujourd'hui, primitifs et incomplètement compris, conduiront à des analyses encore plus sophistiquées. Notre vision « à la loupe » du génome conduira demain à voir des détails « au niveau de résolution du microscope ».

12
L'inflammation – la dernière preuve

« Vous pouvez mesurer [la] réponse inflammatoire, et il s'avérera que ceux d'entre nous qui auront la réponse la plus forte auront le risque le plus élevé d'infarctus du myocarde ou d'accident vasculaire cérébral. »

DR. PAUL RIDKER, chercheur de la Harvard Medical School (École de Médecine de Harvard) qui a fait école et contribué à établir le lien entre l'inflammation et les maladies cardiaques.

À l'heure actuelle, l'un des sujets de recherche les plus brûlants en médecine est le rapport entre l'inflammation et toute une série de processus pathologiques. En réalité, c'est un sujet « chaud », car la définition littérale de l'inflammation est « mettre le feu. » Jusqu'à une époque très récente, on pensait que les maladies inflammatoires étaient limitées à celles qui présentaient une inflammation évidente, aiguë, telles que l'arthrite (articulations enflammées), l'asthme (voies aériennes enflammées) et même l'acné (peau enflammée). Des études récentes montrent qu'il en existe un autre type, moins évident, l'inflammation chronique ou « silencieuse », qui joue un rôle significatif dans des maladies qui n'avaient jamais été considérées comme des maladies inflammatoires, particulièrement les maladies cardiaques, la maladie d'Alzheimer, le diabète et certains types de cancer.

On enseigne aux étudiants en médecine les signes cardinaux de l'inflammation aiguë sous une forme mnémonique simple : *rubor* (rougeur), *calor* (chaleur), *tumor* (gonflement) et *dolor* (douleur). Bien qu'elle soit souvent inconfortable, l'inflammation aiguë joue un rôle essentiel dans la réponse de l'organisme à des lésions telles que les entorses, les foulures et les fractures, ainsi qu'à des envahisseurs tels que les bactéries, les virus ou les allergènes. Les symptômes de l'inflammation chronique sont complètement différents. En fait, ils sont à peine détectables jusqu'à ce qu'une catastrophe frappe, souvent des décennies plus tard.

L'inflammation chronique est aussi connue sous le nom d'inflammation silencieuse et elle peut activer des gènes potentiellement dangereux. Par exemple, on pense que le processus du vieillissement implique que certains gènes « du vieillissement » soient activés et que d'autres gènes (de la jeunesse) soient inhibés. Donc, une pierre angulaire du programme de longévité de Ray & Terry est de réduire à un minimum l'inflammation silencieuse. Dans ce chapitre, nous discuterons des choix de style de vie spécifiques que vous pouvez faire pour atteindre ce but. Nous décrivons aussi un test simple qui peut vous informer de votre degré d'inflammation. Tout d'abord, considérons certains processus pathologiques graves où les scientifiques ont découvert une inflammation silencieuse tapie juste sous la surface.

Rôle de l'inflammation dans des maladies spécifiques

L'inflammation chronique de bas grade peut couver en silence en votre sein pendant des décennies, sans causer aucun problème évident ou extériorisé. Mais pendant tout ce temps, elle dégrade votre santé et ampute des années de votre vie. Prendre des mesures pour contrôler l'inflammation silencieuse vous donne un puissant instrument pour combattre plusieurs maladies dégénératives majeures, parmi lesquelles figurent les maladies cardiovasculaires, la maladie d'Alzheimer, le diabète et le cancer.

Maladies cardiovasculaires

Jusqu'à une époque récente, les cardiologues pensaient que les maladies cardiaques étaient provoquées simplement par la formation de dépôts de cholestérol dans les parois des artères coronaires (du cœur). De nouvelles recherches suggèrent que l'inflammation silencieuse est une cause fondamentale qui fait que le cholestérol se dépose tout d'abord dans les artères. On a aussi montré que l'inflammation elle-même était un facteur de risque cardiovasculaire important, indépendamment des autres facteurs de risque bien connus[1]. Nous savons qu'une protection significative contre les maladies cardiaques est le fait d'un régime pauvre en graisse diminuant le taux du cholestérol, mais il est également très important de suivre un régime qui diminue aussi l'inflammation.

Maladie d'Alzheimer

Tout comme l'inflammation des artères du cœur augmente le risque d'infarctus du myocarde, l'inflammation des tissus du cerveau augmente le risque de maladie d'Alzheimer (MA). En voici le mécanisme : une inflammation silencieuse dans le cerveau accroît la production d'une protéine amyloïde soluble et augmente sa conversion en fibrilles amyloïdes insolubles (pour une discussion plus approfondie, reportez-vous au chapitre 14, « Éliminer les déchets : toxines et détoxication »), déchets réellement toxiques qui interfèrent avec le fonctionnement normal de votre cerveau et tuent vos cellules cérébrales. Lorsque ces dernières n'éliminent plus immédiatement les fibrilles amyloïdes, les cellules mortes ou mourantes s'agglutinent les unes aux autres pour former des feuillets plissés de débris cristallins appelés *plaques*. Le scénario pour le développement de l'Alzheimer comporte les étapes ci-après :

1. Lorsque les fibrilles s'accumulent au sein des cellules du cerveau, la détérioration des fonctions cérébrales (telle que celle constatée dans la MA) commence. Les dépôts amyloïdes formés de cellules mortes ou mourantes gênent l'apport de sang au cerveau, ce qui aggrave le problème[2].
2. La fibrille amyloïde est identique à l'une des chaînes d'aminoacides qui constituent les immunoglobulines (anticorps), protéines de la première ligne du système immunitaire. Et donc l'inflammation initiée par les fibrilles amyloïdes sur-stimule le système immunitaire[3].
3. La suractivité du système immunitaire conduit alors à plus d'inflammation.
4. Les dépôts de plaques perturbent le métabolisme cellulaire normal, ce qui cause une inflammation supplémentaire.

L'inflammation du cerveau crée aussi des radicaux libres qui détruisent les neurones chez les individus génétiquement prédisposés. Cette perte de cellules cérébrales peut se traduire par une démence[4].

Comme il en a été discuté dans le précédent chapitre, les personnes qui portent l'allèle Apo E4, variation génétique observée chez plus de 25 % de la population, sont à risque accru de développement d'une MA. Elles développent aussi une démence à un âge moins avancé, avec une moyenne de 10 ans avant celles qui ne portent pas ce gène[5]. Les protéines Apo E sont responsables de l'élimination rapide de la protéine amyloïde soluble, de façon à ce que cette dernière n'ait pas l'opportunité de former des fibrilles amyloïdes cristallines dangereuses ou une plaque[6]. Le variant Apo E4 (contrairement aux génotypes E2 ou E3) élimine lentement la protéine amyloïde soluble, et donc plus de plaques ont la possibilité de se former.

Toutefois, ce n'est pas parce que vous portez le variant Apo E4 que vous êtes nécessairement destiné à développer une MA. Nous avons besoin de considérer d'autres facteurs de risque. L'un d'eux semble être le virus de l'herpès simplex, spécifiquement le virus de l'herpès simplex de type 1, à l'origine des boutons de fièvre. En association avec l'Apo E4, le virus de l'herpès simplex peut déclencher une MA[7]. Voilà un exemple de la façon dont un facteur environnemental habituellement bénin (l'herpès simplex) peut augmenter le risque d'une maladie grave lorsqu'une certaine prédisposition génétique (l'Apo E4) est présente.

De toute façon, si vous effectuez un test génétique et découvrez que vous portez l'allèle Apo E4, vous savez que vous devez être particulièrement soucieux de contrôler votre risque accru de MA ou de maladie cardiovasculaire. Mettez à profit votre information génétique pour individualiser votre propre programme de santé et minimiser les risques.

Diabète

Une histoire semblable se développe dans le cas du diabète sucré de type 2. Dans la maladie d'Alzheimer, les dépôts d'amyloïde se forment dans le cerveau. Dans le diabète de type 2, un type différent d'amyloïde se forme dans le pancréas. Une augmentation chronique du taux de sucre sanguin et d'insuline augmente l'inflammation dans la circulation sanguine, déclenchant alors une cascade d'événements dans le pancréas des patients présentant un diabète de type 2, cascade semblable à celle constatée dans le cerveau d'un patient atteint de MA. Dans ce dernier cas, le déclencheur peut être l'herpès ; dans le diabète, le sucre alimentaire est le coupable.

Même si vous n'avez pas de diabète, lorsque vous consommez des aliments sucrés ou des aliments à charge glycémique élevée, vous augmentez l'intensité de l'inflammation silencieuse dans votre organisme. Le processus de vieillissement lui-même est, dans un certain sens, une maladie du sucre, comme il est représenté dans la Figure 12-1.

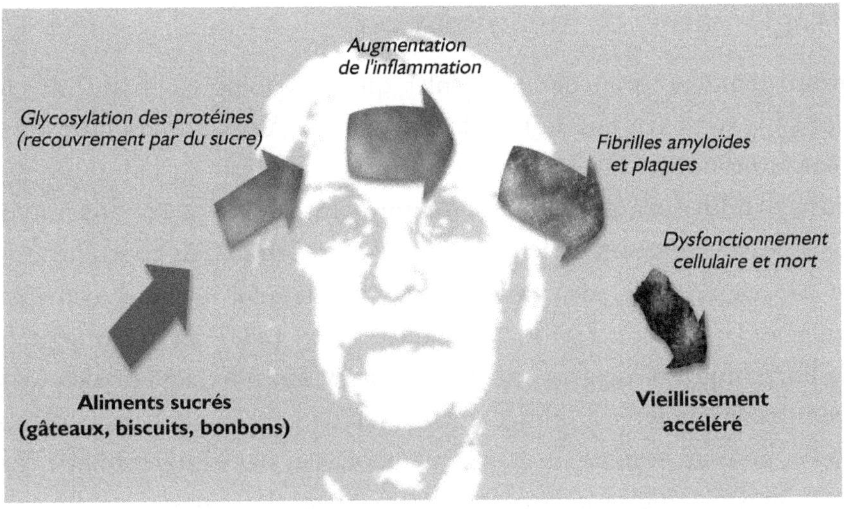

Figure 12.1 Comment le sucre augmente le vieillissement

En évitant le sucre et les aliments à index glycémique élevé, vous pouvez rompre ce cercle vicieux, diminuer l'intensité de l'inflammation dans votre organisme et ralentir le vieillissement.

Cancer

La recherche concernant les rapports entre l'inflammation et le cancer est devenue si intense que le Dr. Robert Tepper de *Millennium Pharmaceuticals* a proclamé que « pratiquement tout notre effort de R&D (Recherche et Développement) est [actuellement] concentré sur l'inflammation et le cancer »[8]. L'inflammation favorise divers types de cancers, parmi lesquels figurent le cancer du côlon et le cancer du poumon. Les anti-inflammatoires non stéroïdiens tels que l'aspirine et l'ibuprofène diminuent l'inflammation, et ceux qui prennent ces médicaments de façon régulière ont un risque moindre de divers types de cancers, y compris le cancer du côlon[9]. Une étude impliquant plus de 14 000 femmes a montré que celles qui prenaient de l'aspirine régulièrement avaient deux fois moins du type le plus courant de cancer du poumon[10]. La théorie est que l'inflammation silencieuse modifie la façon dont certains gènes sont exprimés, ce qui prépare le terrain pour une croissance maligne. En réduisant le niveau de l'inflammation dans l'organisme, les gènes à l'origine du cancer sont inhibés plus longtemps, ce qui diminue le risque de cancer.

Prostaglandines et inflammation

Les prostaglandines sont des molécules qui, physiologiquement, affectent des cellules cible, tout comme le font les hormones. Alors que les hormones voyagent dans tout notre organisme, exerçant leurs effets loin de leur point d'origine, les prostaglandines n'agissent qu'à proximité immédiate de l'endroit où elles ont été synthétisées en raison de leur durée de vie extrêmement courte.

Les prostaglandines sont synthétisées directement ou indirectement dans l'organisme à partir de l'acide linoléique, acide gras essentiel oméga 6, et de l'acide linolénique, acide gras essentiel oméga 3. Les noix, les céréales, les graines, les produits animaux et la plupart des végétaux contiennent ces acides gras. Le schéma ci-dessous montre les étapes métaboliques par l'intermédiaire desquelles les acides gras essentiels sont transformés en prostaglandines.

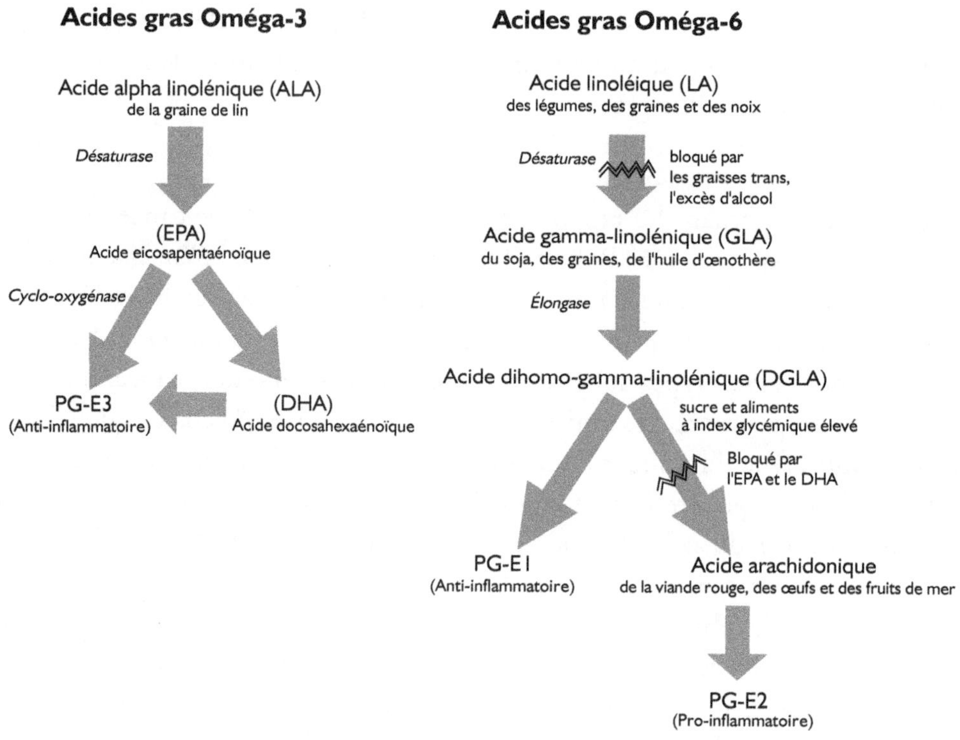

Figure 12.2 Voies métaboliques des acides gras essentiels

Il y a trois types principaux de prostaglandines. Deux d'entre eux (PG-E1 et PG-E3) sont anti-inflammatoires, alors que l'un d'eux (PGE2) augmente effectivement l'inflammation dans l'organisme. Les trois types de prostaglandines sont tous nécessaires à une bonne santé, et l'excès d'inflammation n'apparaît que lorsqu'il y a un déséquilibre entre eux. Voici comment ils sont synthétisés :

1. Comme le montre le schéma, la première étape de la production de l'un d'eux, PG-E1, anti-inflammatoire, implique la conversion de l'acide linoléique (LA), acide gras essentiel oméga 6, en acide gamma-linolénique (GLA) sous l'action de l'enzyme désaturase. Vous pouvez tirer l'acide linoléique de votre régime à partir des légumes, des noix, des céréales et des graines.
   Remarque : Cette étape est inhibée par la prise d'acide gras trans tels que ceux des huiles végétales hydrogénées comme la margarine, ainsi que par certaines infections virales. La consommation excessive d'alcool et le processus du vieillissement interfèrent aussi avec la fonction de l'enzyme désaturase. Vous pouvez aider votre organisme dans cette conversion métabolique en consommant des aliments riches en GLA préformé tels que le soja, les graines de sésame, les graines de tournesol et les noix.
2. Sous l'influence de l'enzyme élongase, le GLA est converti en acide di-homo-gamma-linolénique (DGLA).
3. Le DGLA forme soit la prostaglandine PG-E1 fortement anti-inflammatoire, ou la prostaglandine PG-E2, pro-inflammatoire[11]. Ces deux voies sont largement déterminées par le taux d'insuline de votre circulation sanguine. Lorsque ce dernier est élevé comme c'est le cas lorsque vous consommez du sucre ou des aliments à index glycémique élevé, plus de DGLA est transformé en acide arachidonique qui, ensuite, forme la PG-E2 pro-inflammatoire. Donc, caché dans cette voie biochimique complexe, vous trouvez le « point chaud » qui lie directement la consommation d'un excès de sucre à une inflammation accrue.

Lorsque vous consommez du sucre ou des hydrates de carbone à index glycémique élevé, vous augmentez votre taux d'insuline, ce qui stimule la production d'acide arachidonique et élève le niveau de l'inflammation au sein de votre organisme[12]. Par ailleurs, lorsque vous consommez des aliments riches en fibres, pauvres en calories et à charge glycémique faible, comme il en a été discuté dans les chapitres précédents, vous diminuez votre taux d'insuline, réduisez la production d'acide arachidonique et diminuez l'inflammation. Il y a encore d'autres moyens alimentaires de diminuer l'inflammation dans votre organisme. La viande rouge, les fruits de mer et les jaunes d'œufs sont des sources alimentaires riches en acide arachidonique préformé pro-inflammatoire. Par conséquent, la consommation de ces aliments doit elle aussi être limitée.

Une autre façon de bloquer la conversion du DGLA en acide arachidonique pro-inflammatoire est de consommer plus d'acides gras oméga 3, les acides eicosapentaénoïque (EPA) et docosahexaénoïque (DHA). L'EPA est trouvé principalement dans les huiles de poisson et contribue à supprimer la formation de l'indésirable PG-E2 tout en favorisant celle du troisième type de prostaglandine bénéfique, la PG-E3. Donc, la consommation de poisson et d'huile de poisson est une autre méthode puissante pour diminuer l'inflammation dans votre organisme[13]. Nous recommandons 1 000-3 000 milligrammes d'EPA supplémentaire et 700-2 000 milligrammes de DHA. Les individus qui présentent une maladie inflammatoire peuvent avoir besoin de 5 000 à 10 000 milligrammes d'acides gras essentiels oméga 3.

Les végétariens seront heureux de savoir que l'EPA peut être aussi synthétisé à partir de l'huile de lin, de l'huile de chanvre indien et de l'huile de graines de citrouille, bien que de nombreuses personnes n'aient pas la capacité de produire suffisamment d'EPA par cette voie et devraient idéalement prendre des suppléments d'EPA/DHA préformés (huiles de poisson). Beaucoup pensent à tort qu'elles peuvent se contenter de prendre de l'huile de lin et que leur organisme synthétisera tout l'EPA/DHA dont elles ont besoin, mais dans de nombreux cas cela ne marchera pas. Pour les végétariens stricts, l'huile d'olive pourrait être la meilleure alternative, mais pour les autres nous recommandons les suppléments d'huile de poisson parce qu'ils contiennent les molécules dont nous avons précisément besoin pour diminuer l'inflammation, alors que l'huile de graines de lin doit tout d'abord subir plusieurs étapes métaboliques.

Régime alimentaire et choix d'un style de vie pour réduire l'inflammation

Comme vous pouvez le voir, ce que vous mangez affecte significativement le niveau de l'inflammation silencieuse au sein de votre organisme et, par conséquent, votre risque de maladies graves par l'intermédiaire de l'inflammation. Lorsque votre régime est riche en aliments à index glycémique élevé (tels que les aliments sucrés, les produits à base de farine blanche blutée et les jus de fruits) ou des aliments riches en acide arachidonique préformé (viande rouge et œufs), vous augmentez la PG-E2 et votre niveau d'inflammation silencieuse. Voici le régime que nous recommandons pour réduire l'inflammation :

Éviter les aliments qui augmentent l'inflammation tels que	**Mettre l'accent sur les aliments qui diminuent l'inflammation tels que**
Viande rouge, œufs	Poissons d'eau douce
Sucre	Épices et herbes tels que le curcuma (qui contient de la curcumine), le romarin, le gingembre et le poivre rouge (qui contient de la capsaicine)
Café, alcool	Thé vert
Hydrates de carbone à index glycémique élevé (tels que les pâtisseries et les pâtes)	Hydrates de carbone à index glycémique faible (tels que les céréales complètes et les légumes verts)

D'autres choix de style de vie peuvent refroidir les flammes de l'inflammation au sein de votre corps.

- Perdez du poids. Les cellules adipeuses sont des générateurs très puissants d'inflammation. Lorsque vous perdez du poids, vous réduisez automatiquement le niveau de votre inflammation silencieuse. Le maintien du poids optimal de votre corps grâce à un régime alimentaire et une activité physique régulière est extrêmement important, car l'excès de tissu adipeux augmente le niveau de l'inflammation dans l'organisme[14].
- Ayez plus d'activité physique. Un programme d'activité physique régulière d'environ 30 minutes par jour réduira aussi significativement l'inflammation.
- Réduisez le stress. Le stress provoque l'inflammation. Une étude récente a montré qu'une exposition chronique au stress augmentait significativement le taux du composé inflammatoire IL-6 (interleukine-6)[15]. Une surproduction d'IL-6 a été associée à de nombreuses maladies, y compris les maladies cardiovasculaires, l'arthrite, le diabète de type 2, certains cancers et un vieillissement accéléré. Prendre des mesures pour contrôler le stress dans votre vie est une étape importante vers la réduction de l'inflammation de votre organisme.

Vous pouvez aussi contrôler l'inflammation silencieuse avec des nutriments. Nous avons déjà mentionné les suppléments d'huile de poisson. Les poissons d'eau douce et les suppléments d'huile de poisson sont des sources très riches des très importants acides gras oméga 3 anti-inflammatoires, l'EPA et le DHA, qui préviennent et aident à traiter les maladies cardiaques. Une analyse de 11 études publiée en 2002 a montré que la supplémentation en acides gras oméga 3 seule diminuait la mortalité chez les patients présentant une maladie artérielle coronarienne[16]. Les acides gras oméga 3 peuvent réduire substantiellement le risque de mort subite par des troubles du rythme cardiaque, même dans les cas de maladie cardiaque avancée[17].

L'épice curcuma (curcumine) a des propriétés anti-inflammatoires puissantes, de même que divers composés trouvés dans le thé vert. De nombreuses herbes et extraits d'herbe, tels que le boswelia (oliban), la réglisse, le romarin et le gingembre, ont aussi des propriétés anti-inflammatoires. L'oignon et l'ail exercent un effet anti-inflammatoire léger.

Santé dentaire et inflammation

Des visites régulières chez votre dentiste pourraient réduire vos risques d'infarctus du myocarde. Des infections à bas bruit et une inflammation des gencives (gingivite) sont des facteurs de risque potentiels de maladies cardiaques et d'accidents vasculaires cérébraux[18]. Les maladies des gencives sont l'un des types les plus courants d'inflammation et elles affectent pratiquement tout le monde. En l'absence de traitement, cette infection chronique peut conduire à une destruction de l'os et à une perte des dents. Cette maladie, connue sous le nom d'ostéonécrose, a été considérée comme l'un des types d'inflammation associée à de nombreuses maladies cardiovasculaires ou neurologiques graves.

Pour réduire les risques associés à l'inflammation des gencives, l'*American Academy of Periodontology* (Académie Américaine de Parodontologie) suggère que les personnes à risque de maladies cardiovasculaires ou présentant des signes de maladies gingivales voient leur dentiste régulièrement. Un régime de soins dentaires, incluant un brossage deux fois par jour, l'utilisation de fil dentaire et des visites régulières au dentiste et à l'hygiéniste dentaire, est non seulement essentiel pour la santé de votre bouche mais pourrait contribuer à prévenir aussi les maladies cardiovasculaires.

Médications pour réduire l'inflammation

Les médicaments anti-inflammatoires sont parmi les plus communément utilisés aux États-Unis. En cas d'inflammation aiguë, ces produits pharmaceutiques peuvent apporter un soulagement à court terme de la grave douleur de l'inflammation aiguë. Ces médicaments sont communément utilisés pour un traitement à long terme, mais il est important de mesurer les risques associés à une utilisation prolongée et de les comparer aux bénéfices. Les médicaments anti-inflammatoires les plus en vogue sont les anti-inflammatoires non stéroïdiens (AINS), en particulier l'aspirine et l'ibuprofène. Les AINS agissent en bloquant un groupe d'enzymes appelées cyclo-oxygénases qui initient le processus qui transforme l'acide arachidonique pro-inflammatoire en d'autres composés inflammatoires tels que la PG-E2 (voir la Figure 12-2). Dans certains cas, l'utilisation prolongée des médicaments anti-inflammatoires, sur prescription ou en vente libre, pourrait être fortement bénéfique, mais vous avez souvent intérêt à opter pour des alternatives nutritionnelles plus saines telles que les aliments et les épices mentionnés ci-dessus.

Certaines études ont montré que les patients qui prennent régulièrement des AINS ont une plus faible incidence des maladies associées à l'inflammation silencieuse[19]. Une étude de la Johns Hopkins University a montré que les personnes qui prenaient des AINS pendant au moins deux ans avaient une diminution de 60 % du risque d'Alzheimer. Une réduction de 26 % a été constatée avec la seule utilisation d'aspirine et d'autres AINS ont conduit à une réduction plus importante[20]. Dans la prévention de l'infarctus du myocarde et des accidents vasculaires cérébraux, un traitement par des doses faibles d'aspirine (75 milligrammes par jour) apporte les bénéfices d'une utilisation au long terme des AINS, avec un risque moindre qu'avec un traitement par aspirine à fortes doses ou d'autres AINS. Cependant, l'étude a montré aussi que l'analyse du rapport risque/bénéfice suggérait que le traitement par de faibles doses d'aspirine bénéficiait essentiellement aux patients à haut risque[21]. La raison en est que les AINS peuvent provoquer des ulcères et des saignements gastro-intestinaux. Cette classe de médicaments a été considérée comme l'une des principales causes d'hospitalisation et de morts iatrogènes (littéralement « provoquées par le médecin »). Par conséquent, nous recommandons que jusqu'à ce que des recherches plus complètes soient disponibles, le traitement par les AINS à long terme soit limité aux patients à haut risque et évité par les personnes par ailleurs saines[22]. Un groupe de nouveaux médicaments anti-inflammatoires tels que le Célébrex a été introduit en 2000. Ces « inhibiteurs spécifiques de la COX-2 » sont supposés réduire l'inflammation sans augmentation significative du risque de saignement gastro-intestinal. Des études pour savoir si ces nouveaux médicaments apportaient une sécurité plus grande, comparativement aux AINS plus anciens et moins onéreux, a cependant donné des résultats contradictoires[23].

Les « statines », médicaments à la mode pour diminuer le cholestérol, réduisent, croit-on, le risque de maladie cardiaque par diminution du taux de cholestérol dans la circulation sanguine. Une autre raison de leur efficacité est qu'elles diminuent aussi l'inflammation[24].

Notre recommandation est que vous ne preniez régulièrement de l'aspirine à doses faibles que si vous êtes dans le groupe à haut risque, tel que défini dans le chapitre 15, « La cause réelle des maladies cardiaques et comment les éviter ». Ce groupe inclut les gens qui, entre autres facteurs de risque, ont un passé de maladies cardiovasculaires, ont un parent proche (père, mère et frère) présentant une maladie cardiovasculaire, ont fumé ou fument encore ou ont un taux de cholestérol élevé.

Tests pour évaluer l'inflammation

En suivant les recommandations contenues dans le Programme de Longévité de Ray & Terry, vous diminuerez considérablement l'inflammation présente dans votre organisme, et donc votre risque de maladies graves discuté ci-dessus.

Le marqueur utilisé pour mesurer le niveau d'inflammation de votre organisme est appelé protéine C réactive ultrasensible (hs-CRP, ou CRP, *C-reactive protein*). La CRP est une protéine synthétisée dans le foie puis libérée dans la circulation sanguine en réponse à l'inflammation. Nous vous recommandons d'obtenir une hs-CRP de base, au cas où vous ne l'auriez pas déjà fait, puis de l'introduire régulièrement dans vos futurs bilans de santé. Si vous avez un passé de maladies cardiovasculaires ou d'état inflammatoire chronique, ou encore des antécédents familiaux de maladies cardiovasculaires ou d'Alzheimer prématurées, vous devez aussi penser aux tests génomiques et au dosage des acides gras essentiels.

Rôle de la protéine C réactive

Lors d'un processus inflammatoire aigu tel qu'une infection bactérienne grave, le taux de la CRP peut passer d'une valeur normale inférieure à 5 à des taux aussi élevés que 1 000 ou plus. L'inflammation chronique ou silencieuse conduit à des augmentations beaucoup plus nuancées, disons, de 0,8 à 5,2. Cependant, même cette légère augmentation peut devenir très significative avec le temps.

Plusieurs études récentes ont démontré que le dosage de l'hs-CRP (Figure 12.3) peut contribuer à prévoir une future maladie des artères coronaires[25]. Les hommes qui se trouvent dans le tiers supérieur du centile de la CRP ont des taux d'infarctus du myocarde doubles de ceux qui se situent dans le tiers inférieur du centile. La CRP n'est pas uniquement un facteur de prédiction des maladies cardiaques, de l'Alzheimer et des accidents vasculaires cérébraux ; elle s'élève aussi à la suite de conditions indésirables de style de vie telles qu'une inactivité physique, une obésité, des troubles du sommeil et une dépression.

Il y a davantage de maladies graves et d'incapacités parmi les seniors dont des taux de CRP sont élevés, comparativement à leurs pairs présentant des taux plus faibles. Les gens sains de 80 ou de 90 ans ont encore des taux faibles de CRP.

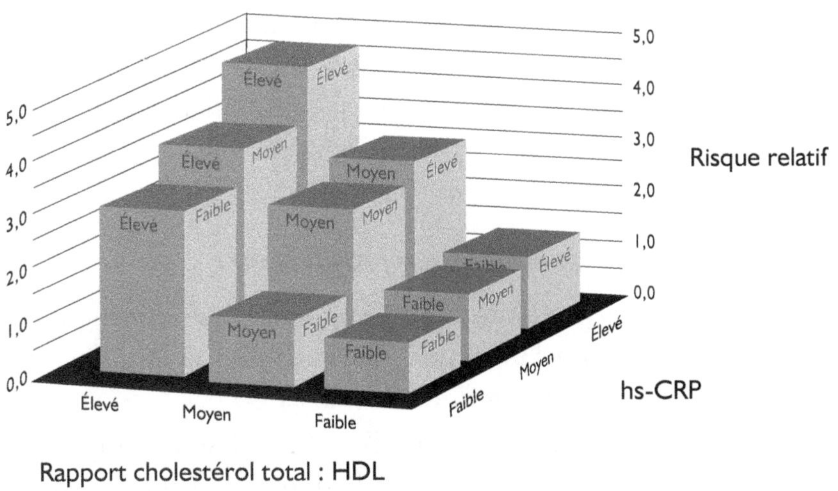

Figure 12.3 Impact des taux croissants de hs-CRP sur le risque de maladies cardiaques

Certains chercheurs pensent que la CRP est donc un instrument utile, en ce sens qu'elle peut être considérée comme un marqueur du vieillissement biologique[26].

La hs-CRP est un dosage sanguin peu onéreux qui peut être facilement effectué par votre médecin de famille. Le sang doit être prélevé le matin après un jeûne de 12 heures. On considère que le taux normal de référence de la hs-CRP est inférieur à 5, mais d'après notre revue de la littérature médicale, nous considérons que ce taux est trop élevé pour une santé optimale. Vous devriez vous efforcer d'avoir une hs-CRP inférieure à 1,3, parce que des taux faibles sont associés à un ralentissement du processus de vieillissement et à une diminution des risques de maladie[27].

Conditions du dosage	Taux optimal de l'hs-CRP	« Normale » usuelle des laboratoires
À jeun	inférieur à 1,3	inférieur à 5

Détermination des acides gras essentiels

Un autre test utile, particulièrement dans le cas des maladies inflammatoires telles que l'asthme, l'eczéma allergique grave et la polyarthrite rhumatoïde, est le profil des acides gras essentiels. Ce test sanguin est lui aussi pratiqué à jeun le matin et donne le taux précis et les rapports de plusieurs des acides gras importants discutés ci-dessus, tels que les acides gras anti-inflammatoires EPA, DHA et DGLA, ainsi que celui l'acide arachidonique pro-inflammatoire. La connaissance du taux de ces acides gras et de leur rapport vous apporte des éléments pour une supplémentation corrective.

Marqueurs génomiques du risque inflammatoire

Il est maintenant possible de doser plusieurs marqueurs génétiques qui indiquent une prédisposition à l'inflammation. Pour illustration, deux mutations spécifiques (polymorphismes) seront discutées.

Les patients possédant la mutation IL-1β 31 C → T sont à risque de développement d'une plus grande inflammation à la suite d'un stimulus donné que les gens qui n'ont pas cette variation génétique. Si vous avez fait des tests génétiques et constaté que vous avez ce polymorphisme, il existe des mesures diététiques spécifiques que vous pourrez suivre. L'huile de poisson (EPA/DHA) et une supplémentation en chardon-Marie inhiberont l'inflammation résultant d'un déficit génétique, de même que les herbes curcuma, oliban et réglisse.

Le TNF-α (facteur de nécrose tissulaire alpha) est un autre messager chimique de l'inflammation qui a des effets d'une grande portée dans tout l'organisme. Les patients présentant la mutation TNF-α-308 G $\rightarrow$ A sont à risque accru de maladies inflammatoires telles que l'arthrite et l'asthme. La consommation d'huile de poisson et de thé vert peut contribuer à diminuer cette inflammation excessive[28].

La plupart des gens ne sont pas frappés soudainement par un accident vasculaire cérébral ou un infarctus du myocarde, ou encore ils ne développent pas un cancer, un Alzheimer ou un diabète spontanément. Ces maladies sont souvent le résultat final de nombreuses années de régime et de choix de style de vie qui ont augmenté le niveau de l'inflammation silencieuse circulant dans tout votre corps. En opérant des changements de style de vie dès aujourd'hui, vous pouvez commencer à réduire l'inflammation silencieuse et à diminuer vos risques de développer des maladies graves.

13
La méthylation est extrêmement importante pour votre santé

La méthylation est un processus chimique simple au cours duquel un groupe méthyle (un atome de carbone et trois atomes d'hydrogène) vient se fixer à d'autres molécules (figure 13.1). Une méthylation anormale peut créer des troubles tout au long de la vie, de la vie intra-utérine à la tombe. C'est la cause majeure de malformations neurologiques telles que la spina bifida et l'anencéphalie, maladie fatale dans laquelle le cerveau est exposé et incomplètement développé. Cette réaction biochimique simple a des effets d'une portée considérable sur la synthèse de l'ADN, l'activation ou l'inhibition des gènes au sein d'une cellule, la détoxication et le métabolisme.

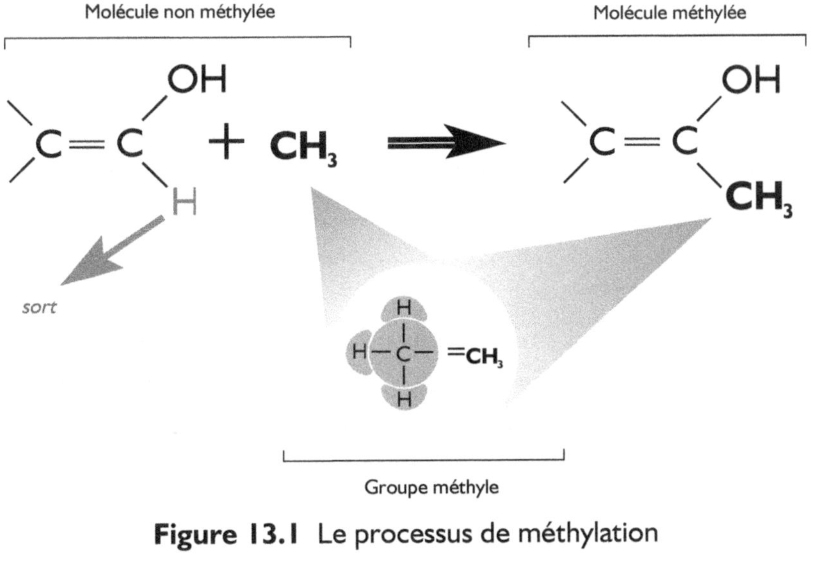

Figure 13.1 Le processus de méthylation

En raison des variations génétiques (polymorphismes), une méthylation anormale est extrêmement courante. Selon l'âge et les ethnies, entre 10 et 44 % de la population a un problème de méthylation, ce qui peut conduire à un cancer du col de l'utérus ou du côlon, à des maladies cardiaques affectant les coronaires, à des accidents vasculaires cérébraux, à la maladie d'Alzheimer ainsi qu'à d'autres pathologies[1]. Heureusement, il est simple de détecter une anomalie de la méthylation en utilisant des tests appropriés et il est facile de la corriger grâce à des suppléments nutritionnels. Cependant, en routine, la plupart des médecins n'effectuent pas ces tests et de nombreuses personnes ne découvrent qu'elles ont une méthylation défectueuse que lorsqu'elles en subissent les effets négatifs.

Les processus de méthylation

La méthylation peut provoquer des modifications de l'ADN

La méthylation est essentielle pour une formation correcte de l'ADN. Nous avons mentionné précédemment les polymorphismes de séquences (PS ou encore SNP, de *single nucleotide polymorphism*) où un seul nucléotide de l'ADN d'un gène est changé. Par exemple, lorsqu'une cytosine (C) d'un segment d'ADN est méthylée, elle devient une thymine (T). Cette mutation courante est appelée « polymorphisme C-T (de cytosine à thymine) » et elle peut conduire à des changements génétiques très importants (et parfois catastrophiques). Pour produire un changement souvent spectaculaire dans nos gènes, il suffit de mettre un méthyle là où il n'y en avait pas auparavant. De telles réactions de méthylation peuvent être à l'origine de quelque chose de très bénin mais, à un niveau plus grave, elles peuvent augmenter le risque de cancer[3].

Détoxication bloquée

L'organisme utilise aussi la méthylation pour contribuer à éliminer nombre de métaux lourds dangereusement toxiques tels que le mercure, le plomb, l'antimoine et l'arsenic. Lorsque vous avez une méthylation défectueuse, ces métaux toxiques peuvent s'accumuler et interférer avec le fonctionnement normal de nombreux processus de l'organisme. En effectuant un dosage de ces métaux dans vos cheveux, vous pouvez savoir si vous avez des quantités excessives de métaux lourds toxiques dans votre organisme, ce qui suggère aussi une méthylation défectueuse.

Le foie utilise la méthylation pour aider à l'excrétion des toxines externes tout autant que de ses propres déchets chimiques tels que les dérivés des hormones. Une méthylation défectueuse conduit à une accumulation des toxines externes telles que les pesticides, ainsi qu'à des taux excessifs de vos propres hormones telles que les œstrogènes. C'est un problème important parce qu'un excès d'œstrogènes a été associé à un risque accru de divers types de cancers[4].

Effet sur le cerveau

Les réactions de méthylation sont essentielles à un fonctionnement normal du cerveau. L'organisme utilise l'aminoacide tryptophane pour former les neurotransmetteurs (substances chimiques utilisées par les cellules du cerveau pour communiquer entre elles) apaisants que sont la sérotonine et la mélatonine. Les aminoacides phénylalanine et tyrosine sont transformés en adrénaline, noradrénaline et dopamine, neurotransmetteurs qui ont tout juste l'effet opposé et tendent à stimuler votre esprit et à vous rendre agité. La méthylation est impliquée dans nombre de ces réactions. Donc, que vous soyez agité ou calme peut être une conséquence directe des réactions de méthylation qui s'effectuent dans votre cerveau. Le cerveau utilise aussi la méthylation pour former l'acétylcholine, neurotransmetteur nécessaire à la mémoire. On a associé la perte de mémoire et la maladie d'Alzheimer à des taux d'acétylcholine diminués dans le cerveau.

Des défauts de méthylation ont été associés à un risque accru de maladie d'Alzheimer, ainsi qu'à nombre de troubles de l'humeur couramment observés dans la vieillesse tels que la dépression et la paranoïa. De nombreuses études ont montré un lien entre une insuffisance de méthylation et un fonctionnement anormal du cerveau. Dans l'une d'elles, un fort pourcentage de taux élevés d'homocystéine a été constaté chez des malades hospitalisés en psychiatrie. Les patients présentant des troubles de l'humeur tels que l'anxiété et la dépression ont, avec une forte incidence, une homocystéine élevée. Ceux atteints de maladie d'Alzheimer ont à la fois des taux sanguins élevés d'homocystéine et faibles d'acide folique, l'un des nutriments qui abaissent l'homocystéine[5].

Homocystéine : un test simple pour une méthylation correcte

La façon la plus aisée de déterminer si votre organisme effectue correctement les méthylations est de mesurer votre taux sanguin d'homocystéine. L'homocystéine est un exemple de « métabolite toxique ». Les métabolites toxiques sont des produits dérivés, formés au cours du fonctionnement normal de l'organisme, qui seront à l'origine de problèmes à moins qu'ils ne soient rapidement excrétés ou rendus non toxiques. L'homocystéine se forme lorsque vous consommez de la méthionine, aminoacide normalement présent dans les protéines alimentaires telles que celles des viandes rouges et des volailles. Votre organisme utilise le processus de la méthylation pour détoxifier l'homocystéine. Chez un individu normal, cela s'effectue très facilement, mais lorsque quelqu'un a un « défaut de méthylation », le plus souvent à la suite d'un problème génétique, l'homocystéine s'accumule pour atteindre des niveaux toxiques.

Chaque année, paraissent plus de 200 articles scientifiques traitant de l'importante relation entre les taux d'homocystéine et la santé, mais la plupart des médecins ne font pas doser correctement l'homocystéine, quand ils ne la font pas doser du tout, et ne traitent pas les taux élevés d'une façon suffisamment active.

Dans la pratique médicale conventionnelle, le taux d'homocystéine n'est souvent dosé que chez les patients à haut risque. Cela n'a pas été favorisé par le fait que l'*American Heart Association* (Association américaine pour le cœur) ne reconnaît pas encore l'homocystéine comme « un facteur de risque majeur pour les maladies cardiovasculaires. »[2] Plusieurs personnes présentant une atteinte coronaire nous ont dit que leurs médecins refusaient de faire doser leur homocystéine, sous prétexte que cela « n'était pas nécessaire » étant donné que ces patients n'étaient pas à « haut risque ». Et même lorsque les médecins découvrent des taux élevés, ils prescrivent habituellement de l'acide folique, « suggèrent » quelques vitamines B, puis pensent qu'ils ont traité correctement cette maladie. Mais souvent, ils ne l'ont pas fait.

L'efficacité du processus de méthylation se détériore et le taux d'homocystéine tend à s'élever avec l'âge, et donc une partie importante du Programme de longévité de Ray & Terry comporte une évaluation appropriée et un programme de traitement nutritionnel suffisamment actif pour abaisser le taux d'homocystéine en dessous du niveau de sécurité.

Si vous avez un taux élevé d'homocystéine, le bon moyen de s'assurer que les méthylations s'effectuent correctement dans votre organisme est de mettre en place un programme initial de supplémentation nutritionnelle, puis de faire à nouveau un dosage quelques mois plus tard. Des changements doivent être apportés à votre régime de suppléments jusqu'à ce que votre taux d'homocystéine demeure en plateau ou atteigne une bonne valeur, idéalement inférieure à 7,5 µmol/L.

Maladies cardiovasculaires

Des taux élevés d'homocystéine peuvent être toxiques pour la bordure interne de vos artères. L'homocystéine endommage et fissure directement les parois internes des artères[6]. Pour tenter de réparer ces lésions, l'organisme les comble avec des particules de LDL cholestérol, initiant par là le processus d'athérosclérose que nous discuterons au chapitre 15, « Quelle est la cause réelle des maladies cardiaques et comment les prévenir. » L'homocystéine provoque même encore plus de dommages. Elle augmente l'inflammation, ce qui accélère l'ensemble du processus de formation de la plaque et augmente le risque que cette dernière se rompe. Lorsqu'une plaque artérielle se rompt, cela peut être à l'origine d'un infarctus du myocarde ou d'accidents vasculaires cérébraux.

Le taux d'homocystéine et le degré d'inflammation dans l'organisme sont influencés par le régime, les nutriments et le style de vie ; on retrouve ici un thème commun déjà discuté dans ce livre selon lequel divers facteurs clé s'intriquent pour former les conditions de la santé ou de la maladie ; parmi ces derniers figurent les anomalies de l'équilibre glucidique, le cholestérol, l'inflammation, la méthylation et le risque génétique.

Des taux élevés d'homocystéine sont un facteur de risque indépendant pour l'infarctus du myocarde et les accidents vasculaires cérébraux ; cela a été confirmé par la Framingham Study déjà citée[7]. Une autre étude, qui a impliqué presque 15 000 médecins du sexe masculin, a montré que les hommes dont l'homocystéine se trouvait dans les centiles élevés étaient trois fois plus susceptibles de faire un infarctus du myocarde[8]. Les patients qui possèdent des taux élevés d'homocystéine présentent aussi un risque jusqu'à quatre fois et demi plus élevé de développer une maladie d'Alzheimer[9]. Des taux élevés d'homocystéine comportent un risque de maladie cardiovasculaire équivalent à celui des cigarettes[10].

Étant donné qu'un pourcentage significatif de patients présentant une maladie cardiovasculaire ont un taux anormal d'homocystéine, nous ne sommes pas d'accord avec les recommandations de l'*American Heart Association* mentionnée ci-dessus et, en revanche, nous croyons que tous les patients ayant une maladie cardiovasculaire devraient faire doser leur taux d'homocystéine et recevoir les recommandations nutritionnelles appropriées. En fait, étant donné qu'il est si important d'optimiser les processus de méthylation de l'organisme, nous recommandons que tout le monde, et pas seulement les malades du cœur, connaisse son taux d'homocystéine.

Abaisser votre taux d'homocystéine

Heureusement, il est habituellement facile d'abaisser des taux même dangereusement élevés d'homocystéine au moyen de suppléments nutritionnels peu onéreux et facilement accessibles. Des supplémentations en vitamines B_6 et B_{12}, acide folique et certains autres nutriments, non seulement abaisseront les taux d'homocystéine mais pourront contribuer à empêcher les maladies résultant de ces taux élevés[11].

De preuves associent des taux élevés d'homocystéine à un manque de vitamine B_6, de vitamine B_{12} ou d'acide folique. Cependant, ce qui est approprié pour une personne peut ne pas être réellement suffisant pour une autre. La simple mesure des taux de ces nutriments dans la circulation sanguine n'apporte pas les informations nécessaires. Des études ont montré que les taux sanguins de ces nutriments se situent souvent dans la zone des valeurs dites normales, même lorsque des taux plus élevés sont nécessaires pour corriger une méthylation anormale et abaisser l'homocystéine[12]. Donc, mesurer le taux d'homocystéine est un meilleur indicateur des quantités de B_6, B_{12} et acide folique dont vous avez besoin que de mesurer les taux sanguins des nutriments eux-mêmes.

En raison de diverses variations génétiques courantes, il y a souvent de grandes différences dans les quantités de ces nutriments dont les individus ont besoin pour diminuer correctement leur homocystéine. Une personne peut avoir un excellent taux d'homocystéine (inférieur à 7,5) en ne consommant que 2 milligrammes de vitamine B_6, 0,6 microgramme de vitamine B_{12} et 400 microgrammes d'acide folique [les quantités de la RDA, (de *recommended dietary allowance*, apport alimentaire recommandé) de ces nutriments]. En revanche, une autre personne peut avoir un taux dangereusement élevé d'homocystéine en dépit d'une prise de 200 milligrammes de B_6 (100 fois celle de la RDA), 1 000 microgrammes de B_{12} (1 600 fois celle de la RDA) et 2 000 microgrammes d'acide folique (5 fois celle de la RDA). Dans ce cas, il pourrait être nécessaire d'administrer certains de ces nutriments (par exemple, la B_{12}) par injection ou d'utiliser leur forme activée (tel que l'acide folique activé).

Ce que vous mangez est également important pour votre taux d'homocystéine. La viande rouge et les volailles contiennent de relativement grandes quantités de méthionine, aminoacide qui se transforme en homocystéine dans l'organisme. Encore une raison pour laquelle nous vous déconseillons la consommation de grandes quantités de produits animaux. Les personnes qui ont de grandes difficultés à contrôler leur taux d'homocystéine doivent manger le moins possible d'aliments riches en méthionine tels que la viande rouge, la dinde et le poulet, et en revanche insister sur les poissons, les légumes et les fruits. Une étude a montré qu'un régime végétarien était capable d'abaisser de 13 % les taux d'homocystéine, sans supplément[13].

Fumer et boire du café ont tous deux été associés à des taux élevés d'homocystéine, alors que boire du vin a un effet « en forme de J » – un peu de vin (un à deux verres par jour) diminue l'homocystéine, des quantités plus élevées en augmentent le taux[14]. Une consommation modérée de bière diminue le taux d'homocystéine, peut-être en raison de la vitamine B_6 qu'elle contient[15].

La chose la plus importante est de ne pas relâcher votre effort tant que votre taux d'homocystéine n'est pas correctement contrôlé, quoi qu'il arrive. Un article récent du *JAMA* (*Journal of the American Medical Association*) a prétendu montrer qu'un traitement à « forte dose » destiné à diminuer l'homocystéine avait un effet minime sur la prévention des accidents vasculaires cérébraux. Les auteurs de l'étude ont comparé les effets d'une supplémentation à faible dose (0,2 milligramme de B_6, 6 microgrammes de B_{12} et 200 microgrammes d'acide folique) à ce qu'ils considéraient comme de fortes doses (25 milligrammes de B_6, 400 microgrammes de B_{12} et 2 500 microgrammes d'acide folique) sur le risque d'accidents vasculaires cérébraux[16]. Ils n'ont constaté aucune différence significative entre les deux programmes de supplémentation et ils en ont conclu « qu'une réduction modérée de l'homocystéine totale... n'avait aucun effet sur le devenir des vaisseaux. » La phrase clé est ici « réduction modérée ». Dans cette étude, la supplémentation soi-disant à haute dose n'abaissait les taux moyens d'homocystéine que de 13,4 à 11,0, encore bien au-dessus de notre niveau cible (inférieur à 7,5). Mais s'ils avaient utilisé une supplémentation plus active au lieu de s'arrêter alors que la diminution modeste des taux d'homocystéine laissait ces derniers bien au-dessus du niveau de sécurité, il est vraisemblable qu'ils auraient démontré des résultats plus bénéfiques.

Une méta-analyse (une revue d'autres études) de 12 études a conclu que les taux d'homocystéine pouvaient être effectivement diminués de 33 % avec une association de 500 à 5 000 microgrammes d'acide folique, plus 500 microgrammes de vitamine B_{12} ; disons que le taux d'homocystéine passait de 15 à 10[17]. Le grand *European Concerted Action Project* (Projet d'action concertée européen) a montré de plus que chaque augmentation de 5 points du taux d'homocystéine était associée à un risque cardiovasculaire accru de 35 % chez l'homme et de 42 % chez la femme[18]. En rassemblant ces informations, on arrive à la conclusion que la supplémentation de routine au moyen d'une dose peu coûteuse d'acide folique et de vitamine B_{12} pourrait réduire très significativement l'incidence des maladies cardiovasculaires.

Une supplémentation à faible dose sera efficace pour beaucoup de personnes, mais pas pour tous. Nous avons mentionné que, souvent, les quantités de la RDA pour ces nutriments ne réduisent pas suffisamment les taux élevés d'homocystéine. Parfois même des doses orales plus importantes de ces nutriments se montrent inefficaces. La raison en est la digestion. Les cellules de l'estomac (les cellules pariétales), les mêmes que celles qui fabriquent l'acide chlorhydrique pour aider à la digestion des aliments, synthétisent aussi ce qui est appelé le *facteur intrinsèque*, protéine utilisée pour transporter la vitamine B_{12} de l'intestin vers la circulation sanguine. Au fur et à mesure que les personnes vieillissent, leurs cellules pariétales deviennent moins actives et donc, dans l'estomac, la quantité d'acide adéquate pour digérer les nutriments et le facteur intrinsèque nécessaire pour l'absorption de la vitamine B_{12} manquent souvent. Dans ce cas, ces personnes ne peuvent pas assimiler la vitamine B_{12} (qui nécessite le facteur intrinsèque) ni les minéraux (qui nécessitent une acidité stomacale adéquate). Un faible taux sanguin de B_{12} est l'une des raisons essentielles pour lesquelles le taux d'homocystéine tend à augmenter avec l'âge. Pour corriger la malabsorption résultante des nutriments, il est parfois nécessaire d'administrer ces derniers par injection.

Certaines études ont suggéré qu'une diminution optimale de l'homocystéine est obtenue avec une dose d'acide folique comprise entre 500 et 5 000 microgrammes par jour, alors que d'autres pensent qu'une quantité un peu supérieure de 400 microgrammes à celle de la RDA est nécessaire[19]. Cependant, comme nous en discuterons plus longuement dans le chapitre 21, « Supplémentation active », en raison de variations génétiques, de nombreuses personnes ont des besoins en vitamines bien supérieurs aux quantités du système de la RDA. Cela est particulièrement vrai en ce qui concerne la fonction de méthylation dans l'organisme, étant donné qu'une variation génétique particulière « le polymorphisme MTHFR 677 C-T » affecte presque la moitié des gens dans certains groupes de population, et que les individus présentant cette variation génétique ont besoin de quantités d'acide folique supérieures à celles indiquées par la RDA.

Suppléments nutritionnels

Vous trouverez ci-dessous les suppléments nutritionnels capables de diminuer les taux élevés d'homocystéine. Dans plusieurs cas, des taux beaucoup plus élevés que ceux de la RDA sont nécessaires. Remarquez tout particulièrement que les quantités de B_{12} typiquement requises sont jusqu'à plusieurs milliers de fois supérieures aux 0,6 microgramme de la RDA.

Tableau 13-2 Nutriments utiles pour diminuer l'homocystéine

Nutriment	Dose habituellement nécessaire pour diminuer l'homocystéine	Dose de la RDA
Vitamine B_{12}	100 – 2 000 mcg	0,6 mcg
Acide folique	800 – 10 000 mcg	400 mcg
Vitamine B_2	25–100 mg	1,7 mg
Vitamine B_6	50–100 mg	2 mg
Bétaïne	100–300 mg	–
Zinc	15–50 mg	15 mg
Magnésium	400–800 mg	400 mg
Triméthylglycine (TMG)	500–3 000 mg	–

Tests permettant d'évaluer la méthylation

La charge de méthionine (test dynamique de l'homocystéine). La plupart des dosages d'homocystéine sont réalisés comme éléments d'un bilan de risque cardiovasculaire, ensemble de tests sanguins en vue du dépistage des patients susceptible de présenter une maladie cardiovasculaire. Du sang est tout d'abord prélevé le matin après le jeûne de la nuit. Le patient doit être à jeun pour évaluer de façon précise le cholestérol, les triglycérides, la lipoprotéine(a), etc. mais cela est moins utile pour évaluer le taux d'homocystéine et l'état de la méthylation. Rappelez-vous que l'homocystéine est formée à partir de la dégradation de la méthionine, aminoacide apporté par l'alimentation. Après le jeûne de la nuit, le taux de méthionine est à son niveau le plus bas de la journée et alors le dosage de l'homocystéine n'apporte pas l'évaluation la plus précise de la capacité de l'organisme à dégrader la méthionine.

Un électrocardiogramme effectué sur un patient au repos donne beaucoup moins d'informations quant au risque cardiaque qu'un test d'effort où il est enregistré alors que le patient demande au cœur un effort en se déplaçant sur un tapis roulant. De même, pour évaluer de façon adéquate la capacité de l'organisme à métaboliser l'homocystéine, au lieu d'utiliser le test statique conventionnel (à jeun), nous recommandons un test dynamique pour l'homocystéine où le sang est prélevé après que le patient a absorbé oralement une charge de méthionine.

Pour un test dynamique d'homocystéine, le patient arrive à la clinique à jeun. Le sang est prélevé pour un taux d'homocystéine de base. (D'autres prélèvements pour le bilan de risque cardiovasculaire peuvent être faits au même moment). On donne au patient une charge orale de 25 à 100 milligrammes par kilogramme de poids corporel de méthionine et le sang est prélevé 2 à 4 heures après. Les patients présentant un taux d'homocystéine normal à jeun auront souvent des anomalies après la charge de méthionine. Par cette méthode, les médecins peuvent identifier jusqu'à 27 % de plus de patients présentant une méthylation défectueuse que par la seule utilisation du dosage de l'homocystéine à jeun[21].

Tests génomiques. De nombreuses personnes portent des gènes qui les prédisposent à une méthylation anormale. Des tests génomiques peu onéreux peuvent déterminer si vous avez une prédisposition génétique à une méthylation et un métabolisme de l'homocystéine modifiés. L'enzyme MTHFR (méthylènetétrahydrofolate réductase) contribue à reformer la méthionine à partir de l'homocystéine. Un des polymorphismes (variations génétiques) les plus courants dans la population humaine est un variant génétique de cette enzyme – le polymorphisme dit MTHFR 677 C-T. (Cela signifie que dans le 677e nucléotide du gène qui code pour l'homocystéine, une cytosine est remplacée par une thymidine.)

Ce polymorphisme 677 C-T est très commun. Jusqu'à 44 % des représentants des populations blanches ou asiatiques possèdent au moins une copie de ce gène muté. Il est moins fréquent parmi les descendants des Africains, bien qu'une étude en Afrique subsaharienne ait révélé une prévalence de cette aberration génétique chez plus de 62 % de la population de la côte du Togo[22]. Bien qu'une seule copie du gène muté soit rarement par elle-même à l'origine de taux élevés d'homocystéine, environ 12 % des Blancs et des Asiatiques sont homozygotes, ce qui signifie qu'ils ont deux copies du polymorphisme. En l'absence de traitement nutritionnel actif, de tels individus ont souvent des taux élevés d'homocystéine[23].

Quel devrait être votre taux d'homocystéine ?

En réalité, il n'y a pas de « niveau normal » pour l'homocystéine. C'est comme de fumer ; il semble que tous les taux soient mauvais. Un article venant de Norvège prétend que « l'homocystéine totale est un facteur de risque indépendant pour les maladies coronariennes sans niveau seuil, » ce qui signifie qu'il n'y a pas de taux dépourvu de risques, et ce qui représente un niveau optimal demeure donc obscur[20]. La plupart des grands laboratoires donnent un niveau de référence de ce qu'ils considèrent comme « normal » pour chaque test de laboratoire. L'un des principaux laboratoires nationaux de référence considère comme acceptable pour l'homocystéine à jeun une valeur inférieure à 15 pour l'homme et à 12,4 pour la femme. Actuellement, de nombreux médecins nutritionnistes considèrent qu'une homocystéine à jeun inférieure à 7,0 est à bas risque, à 9 à risque modéré et à 15 ou au-dessus à haut risque. Nous avons fixé notre objectif optimal pour l'homocystéine à jeun à 7,5 ou moins, ce qui est réaliste dans la plupart des cas. Selon notre expérience, nous avons constaté qu'avec une supplémentation appropriée, la plupart des gens peuvent arriver à cette valeur de relative sécurité.

Les gens qui ont deux copies du polymorphisme MTHFR 677 C-T ont un risque trois fois plus élevé que le risque normal de développer une maladie cardiovasculaire prématurée[24]. Ce polymorphisme augmente aussi le risque d'autres maladies. Par exemple, les femmes qui n'ont qu'une copie du gène muté ont encore un risque deux fois plus grand de développer une néoplasie intra-épithéliale cervicale (NIC), lésion précancéreuse du col de l'utérus, alors que les femmes avec deux copies ont un risque trois fois plus grand[25]. Ce polymorphisme pourrait avoir aussi un impact significatif sur la durée de vie ; une étude faite au Japon a montré que 19 % des gens de 14 à 55 ans étaient homozygotes pour ce gène muté et que 7 % seulement l'étaient chez les sujets de plus de 80 ans[26]. Cela suggère que les personnes ayant deux copies du gène meurent plus jeunes.

Heureusement, il semble que dans la plupart des cas, les effets néfastes d'un tel variant génétique peuvent être corrigés par la prise de quantités adéquates de suppléments nutritionnels.

14
Éliminer les impuretés : toxines et détoxication

« Pour la première fois dans l'histoire du monde, tout être humain est maintenant exposé au contact de produits chimiques dangereux, de sa conception à sa mort. »

RACHEL CARSON, Silent Spring, 1962

« Nous devons marquer une pause et nous demander : De combien d'air pur avons-nous besoin ? »

LEE IACOCCA, ancien président de Chrysler Corp.

Personne ne peut éviter d'être exposé à des toxines créées à l'extérieur (dans l'environnement) ou à l'intérieur de son organisme. Lors de l'année 2000, plus de 3,5 milliards (10^9) de tonnes de déchets toxiques ont été déversés directement dans l'atmosphère, sur le sol ou dans l'eau, pour les seuls États-Unis. La triste vérité est que notre planète est devenue si toxique que la santé de chacun d'entre nous est en danger. Tous ceux qui ont eu à subir une grève des éboueurs connaissent les conséquences d'une interruption du ramassage des déchets. Même des toilettes ou une canalisation bouchées sont susceptibles de désorganiser complètement le fonctionnement normal de la maison. Nos corps ne sont pas différents et l'élimination rapide et efficace des toxines est extrêmement importante pour notre longévité.

Vous êtes exposé à des toxines sous de nombreuses formes : dans l'air et l'eau pollués, sur votre lieu de travail ou dans vos aliments. Vous êtes bombardé par des radiations électromagnétiques et pollué par des métaux lourds. Vous formez même certaines des toxines les plus dangereuses dans vos propres cellules.

Des mécanismes efficaces et décisifs pour la décontamination et l'élimination sans danger de ces toxines sont essentiels au maintien de la santé et à la longévité. Discutons de chacun des types de toxines et des quelques mesures que vous pouvez prendre pour empêcher l'accumulation de ces contaminants dans votre organisme.

Pollution atmosphérique

L'air pollué menace la santé de toutes les formes de vie qui, sur notre planète, respirent de l'air. En plus de ses effets toxiques directs sur l'organisme, la pollution de l'air crée les « smogs » et les pluies acides et de plus fait des trous dans la couche d'ozone protectrice, ce qui augmente votre risque de cancer de la peau. Elle augmente la potentialité de réchauffement de la planète connue aussi sous le nom d'effet de serre. L'*Environnemental Protection Agency* (EPA, Agence de protection de l'environnement) donne une liste de 188 polluants atmosphériques dangereux tels que le benzène, le formaldéhyde et les dioxines. Certains d'entre eux sont des cancérigènes bien connus. D'autres ont été associés à des maladies respiratoires, des malformations congénitales, ainsi qu'à d'autres problèmes graves de santé.

En 1990, l'EPA a conduit une vaste enquête au cours de laquelle la concentration de 148 contaminants toxiques présents dans l'air a été mesurée à l'extérieur des habitations. Dans plus de 90 % des 60 000 zones étudiés, les concentrations d'hydrocarbures étaient supérieures à celles fixées par l'EPA et au-delà desquelles existe un risque de cancer. Deux cents zones avaient des concentrations de polluants 100 fois supérieures, ou même plus, à celles recommandées[1].

Lorsque de l'air froid lourd bloque de l'air chaud sous lui, il en résulte une « inversion ». Cela peut souvent se traduire par de l'air extérieur devenant très pollué et les autorités locales publient des avis pressant les personnes affectées de maladies respiratoires de rester chez elles. Cependant, à l'intérieur, les taux de nombreux polluants y sont plusieurs fois supérieurs, parfois même plus de cent fois, comparativement à l'extérieur. La pollution de l'air à l'intérieur des habitations est un problème critique car de nombreuses personnes y passent jusqu'à plus de 90 % de leur temps. Les sources habituelles de pollution de l'air à l'intérieur incluent les vapeurs de cuisine et de chauffage, la fumée de cigarette, les produits d'entretien commerciaux, les produits de lutte contre les insectes et les rats, les émanations des matériaux de construction et des tapis, la fumée des poêles à bois et des cheminées et le radon.

Afin d'augmenter les rendements énergétiques, les ingénieurs ont réduit avec succès les pertes de chaleur dans de nombreux immeubles en empêchant les fuites et en faisant circuler le même air, encore et encore. Si vous travaillez dans un tel immeuble, où habituellement vous ne pouvez pas ouvrir les fenêtres, vous êtes exposé à des niveaux même encore plus élevés de pollution interne. Cela a conduit à un nouveau groupe de maladies humaines en relation avec la pollution, connu sous le nom de syndrome de la maladie des immeubles, associé à une incidence accrue d'allergies et d'irritations des voies aériennes, ainsi qu'à des cancers et des infections.

Pour connaître les quelques précautions simples que vous pouvez prendre pour éviter ou réduire votre exposition aux polluants atmosphériques, voyez le Tableau 14-1 :

Tableau 14-1 Réduction des polluants de l'air à i'Intérieur des habitations

Pour éviter la toxicité venant de :	Faire ceci :
Fumée de tabac	Ne permettez pas de fumer dans votre maison et éviter les lieux où il est autorisé de fumer
Produits d'entretien ménager commerciaux	Utilisez du vinaigre et de l'eau
Produits chimiques de nettoyage à sec	Portez des vêtements lavables, laissez les vêtements nettoyés à sec « se dégazer » à l'extérieur ou dans votre garage avant de les introduire dans votre maison
Dégazage des matériaux de construction et des tapis	Utilisez des filtres à air indépendants, des plantes d'appartement
Machines de bureau	Placez les imprimantes, les copieurs et les fax aussi loin que possible de votre emplacement de travail ; ventilez la zone où ces machines sont utilisées
Fumée des poêles à bois et des cheminées	Utilisez les cheminées à gaz
Radon	Utilisez des systèmes de réduction du radon

Purification « verte »

Il y a de nombreuses années, une étude effectuée par la NASA a montré que les plantes d'appartement peuvent réduire les toxines telles que le benzène et le formaldéhyde présentes dans l'air des appartements et que les filtres ne peuvent pas éliminer. Les plantes grimpantes sont particulièrement bonnes pour l'élimination du formaldéhyde, alors que les plantes avec de larges feuilles contribuent à celle des particules. Le lierre, le lys, le bambou, le chinois sempervirant, le chrysanthème, la pâquerette et le dieffenbachia sont d'autres plantes utiles.

Pollution de l'eau

Boire de l'eau polluée par des organismes microbiens pathogènes produit des effets à court terme dans les quelques heures ou quelques jours qui suivent. Les bactéries, les virus ou les parasites peuvent être à l'origine de maladies aiguës telles la gastro-entérite (« grippe » intestinale ou « tourista »), l'hépatite et le choléra.

Des effets chroniques persistent pendant des années ou des décennies après une exposition aux contaminants contenus dans l'eau. Les polluants de l'eau incluent des produits chimiques utilisés pour tuer des pathogènes, tels que le chlore, des solvants industriels, des pesticides, des éléments radioactifs et des minéraux toxiques comme l'arsenic. L'exposition chronique à de tels contaminants présents dans l'eau a été associée à des cancers et à des problèmes au niveau du foie, du rein et de l'appareil reproducteur.

Lorsque vous augmentez votre consommation d'eau, comme il a été recommandé dans ce livre, il est important que vous prêtiez attention au type d'eau que vous buvez. La plupart des eaux distribuées par les municipalités, celles qui sortent du robinet, ne sont pas optimales pour une santé idéale. Le chlore et le fluor qui leur sont ajoutés sont des produits chimiques extrêmement réactifs avec des effets indésirables sur l'organisme humain[2]. Le chlore est nécessaire pour tuer les germes qui contaminent l'eau lorsqu'elle va de sa source à votre maison ; donc, évitez de boire de l'eau chlorée ou de vous y baigner. Vous devez filtrer l'eau du robinet avant de l'utiliser.

Utilisez un filtre qui de plus alcalinise votre eau de boisson. Dans le chapitre 4, « Aliments et eau », nous avons discuté de l'importance de la réduction de l'acidité de vos tissus en consommant un régime plus alcalin et en buvant de l'eau alcalinisée. La plupart des gens ont déjà trop d'acidité dans leur organisme en raison de leur consommation excessive de viande, d'hydrates de carbone simples et de sucre. L'alcalinisation de l'eau est une étape très efficace pour rétablir l'équilibre.

Vous devez aussi filtrer l'eau du robinet avant de prendre un bain ou une douche. Le chlore de l'eau de votre bain ou de votre douche peut être absorbé directement par la peau. De nombreux systèmes de filtrage domestiques peuvent éliminer la plupart des toxines de l'eau du robinet pour quelques centaines d'euros.

Renforcement de votre capacité de détoxication

Il existe de nombreuses mesures que vous pouvez prendre pour vous aider à éliminer les toxines. Les aliments, les suppléments nutritionnels et les changements de styles de vie ci-après sont précieux.

- Un régime riche en ail, oignon, citron, romarin et thé vert peut contribuer à renforcer les fonctions enzymatiques du foie et aider à l'élimination des métaux lourds.
- Les légumes de la famille des crucifères tels que les brocolis, le chou-fleur, le chou vert, le chou pommé, le chou de Bruxelles et le pak choï contiennent des antioxydants qui ont des propriétés de détoxication. La coriandre est un chélateur naturel des métaux lourds.
- D'autres suppléments nutritionnels utiles incluent la *N*-acétylcystéine (NAC) qui fait monter le taux du glutathion, l'un des plus importants agents de détoxication de phase II dans le foie.
- Le chardon-Marie (silymarin) et l'acide alpha-lipoïque donnent un coup de main au foie.
- Des taux adéquats de vitamine C, de la plupart des vitamines B, de magnésium et de sélénium sont essentiels pour le fonctionnement optimal des enzymes de détoxication.
- L'eau alcaline (voir le chapitre 4) contribue à éviter la constipation et augmente la détoxication.
- D'autres techniques de styles de vie utiles incluent une vigoureuse activité physique aérobie et les saunas, car on a suggéré que les métaux lourds et les toxines dissoutes dans les graisses peuvent être partiellement excrétés par la sueur[3].

Pollution de l'environnement

L'environnement de votre lieu de travail ou de loisirs peut avoir un impact sur votre santé de nombreuses façons. Par exemple, les directeurs de terrains de golf ont une incidence accrue de lymphomes non hodgkiniens, de cancers du cerveau ou de la prostate et de maladies neurologiques[4]. Leur travail implique une exposition prolongée aux pesticides, fongicides, herbicides et engrais. Les employés des raffineries de pétrole, autre groupe exposé à de nombreuses toxines de l'environnement, ont des taux augmentés de mortalité par cancers de la lèvre (384 % par rapport à la normale), de l'estomac (142 %), du foie (238 %), du pancréas (151 %), des tissus conjonctifs (243 %), de la prostate (135 %), de l'œil (407 %) ou du cerveau (181 %), ainsi que par leucémies (175 %)[5]. Les ramoneurs sont exposés à de fortes doses de poussières toxiques et ont un excès de mortalité en raison de nombreuses maladies incluant des cancers du poumon, de la vessie et de l'œsophage, ainsi que des troubles respiratoires et des maladies cardiaques ischémiques[6].

Pollution des aliments

Des produits chimiques sont utilisés intensivement pour la production des aliments. Par exemple, des insecticides, des fongicides et des herbicides sont régulièrement pulvérisés sur les arbres fruitiers au cours de la saison de production. Des grains empoisonnés sont largués par avion sur les vergers de pommiers pour tuer les rongeurs. Des produits chimiques conçus pour empêcher les pommes de tomber des arbres sont pulvérisés sur ces derniers. Après la récolte, les fruits sont recouverts de cire pour améliorer leur aspect puis conservés pendant plusieurs mois dans des entrepôts remplis de gaz toxiques pour prolonger le stockage avant la mise sur le marché. Lorsque vous mangez des pommes cultivées de façon conventionnelle, nombre de ces toxines demeurent sur le fruit, et même à l'*intérieur.*

Quelle que soit votre vigilance, vous ne pouvez éviter l'accumulation des pesticides dans vos tissus. Des résidus de pesticides sont présents dans toutes les catégories d'aliments et il n'est pas rare qu'un seul aliment contienne des résidus de cinq produits chimiques toxiques différents, ou même davantage[7].

Biologique uniquement

Selon l'*Environmental Working Group* (Groupe de travail sur l'environnement), certains fruits et légumes sont fortement contaminés par les pesticides alors que d'autres le sont beaucoup moins. En évitant les fruits et les légumes les plus contaminés et en consommant ceux qui le sont le moins, on estime que vous pouvez réduire votre exposition aux pesticides de 90 %. Bien sûr, vous devez déjà consommer des produits biologiques chaque fois que cela est possible, mais ces recommandations s'appliquent aux situations où le produit obtenu par les méthodes conventionnelles est votre seule possibilité.

Les plus contaminés	**Les moins contaminés**
Poivrons	Maïs sucré
Épinards	Avocats
Céleri	Choux-fleurs
Pommes de terre	Asperges
Pêches	Oignons
Nectarines	Pois
Fraises	Brocolis
Pommes	Ananas
Poires	Mangues
Cerises	Kiwis
Raisins (importés)	Papayes
Framboises	Bananes

Pour réduire ces toxines, consommez des produits biologiques chaque fois que cela est possible et lavez les fruits et les légumes pendant quelques minutes dans de l'eau contenant un détergent qui contribue à l'élimination de certaines toxines à l'extérieur du produit.

Les aliments d'origine animale sont plus riches en toxines que les légumes et les fruits, avec davantage de toxines concentrées dans les tissus gras. Pour réduire votre exposition aux toxines, vous devez favoriser les aliments d'origine végétale, de préférence aux aliments d'origine animale, éliminer les graisses apparentes des viandes rouges et enlever la peau des volailles. Dans les poulets ou viandes en sauce, une quantité importante de graisses s'accumule à la partie supérieure du plat d'où elle peut être éliminée facilement avant consommation.

Pollution électromagnétique

Votre corps est constamment bombardé par toute une série de radiations électromagnétiques (EM) créées par l'Homme. Certaines proviennent de votre environnement immédiat produites par les écrans d'ordinateurs, les téléphones cellulaires, les sèche-cheveux, les rasoirs électriques, les chaufferettes des matelas d'eau et les couvertures chauffantes. D'autres expositions viennent de sources éloignées telles que les antennes des téléphones cellulaires, les stations de télévision et de radio, les émetteurs des satellites et les signaux des radars. Les radiations venant de douzaines de stations de radio et de télévision, ainsi que celles des antennes des téléphones cellulaires de votre région, traversent votre organisme à tout instant de la journée.

Bien que cela soit encore l'objet de débats, il existe des preuves de plus en plus évidentes selon lesquelles l'exposition continue à de telles sources de radiations peut produire des modifications dans le fonctionnement des tissus biologiques qui pourraient conduire à toute une série d'effets indésirables sur la santé. Les radiations EM sont à l'origine de lésions de l'ADN[8] et les radiations des téléphones cellulaires peuvent modifier les protéines de vos cellules[9].

Au cours d'une évolution de milliards d'années, tous les organismes vivant sur la Terre ont appris à s'adapter à la « fréquence terrestre » ambiante de 8 cycles par seconde (8 Hz)[10] ainsi qu'à d'autres fréquences naturelles. Votre ADN et les autres machineries cellulaires de la vie sont bien adaptés à cette radiation mais ils n'ont pas été programmés pour répondre à la fréquence de 60 cycles par seconde (60 Hz) du courant alternatif (CA), ni aux 900 MHz des téléphones cellulaires, ni à la FM 97,3.

Il est impossible d'éviter complètement le brouillard électromagnétique dans lequel vous vivez, mais vous pouvez prendre certaines précautions pour réduire votre exposition et en diminuer les dangers. Utilisez au minimum vos ordinateurs, votre sèche-cheveux, votre rasoir électrique et les autres appareils électriques à forte puissance. Assurez-vous que vous (et en particulier vos enfants) êtes assis à au moins trois mètres de votre écran de télévision, ne dormez pas sous une couverture électrique ou sur un matelas d'eau chauffée[11].

Les téléphones cellulaires peuvent provoquer une exposition significative aux radiations EM. Personne ne connaît réellement les effets à long terme du port d'un émetteur radio (ce qu'est en fait un téléphone cellulaire) à proximité de votre tête pendant des centaines ou des milliers d'heures par an. Par conséquent, vous devriez essayer de limiter l'utilisation de votre téléphone cellulaire. Si vous trouvez que c'est impossible, prenez au moins des précautions pour réduire l'exposition aux EM lorsque vous utilisez votre téléphone cellulaire.

PONT DEUX

Les microorganismes obtenus par bioingénierie à la rescousse

La bioremédiation et d'autres techniques génomiques sont les développements biotechnologiques du Pont Deux qui offrent des stratégies prometteuses pour l'élimination des toxiques accumulés aussi bien dans l'environnement que dans votre corps. Historiquement, nous, les Hommes, nous sommes contentés de rejeter nos produits de déchet dans l'atmosphère, l'eau et le sol sans se demander où ils finiraient.

De nos jours, une telle indifférence pour l'environnement n'est plus aussi évidente mais souvent elle est encore dangereuse ; nous enfermons des déchets toxiques dans des containers que nous enfouissons dans le sous-sol au sein de mines, ou au-dessus du sol dans des remblais, ou encore dans du béton que nous utilisons comme matériau de construction.

Bioremédiation. Une technologie du Pont Deux, connue sous le nom de bioremédiation, peut être de loin plus efficace et moins onéreuse. Pour faire le travail, elle s'appuie sur des micro-organismes tels des champignons ou des bactéries obtenus par bioingénierie. Des chercheurs ont déjà identifié les bactéries qui peuvent digérer et détruire de nombreuses toxines dangereuses, du TNT à la dioxine. Des avancées dans l'ingénierie génétique sont à la base d'un développement rapide dans ce domaine.

Dans l'immédiat, il est apparu que les bactéries actuelles contiennent des trésors de possibilités utiles. Par exemple, la bactérie commune *Geobacter sulfurreducens*, dont le génome a été séquencé en 2003, produit des charges électriques lorsqu'elle élimine une contamination par l'uranium[14]. Cela signifie que ces bactéries pourraient être capables de générer de l'électricité à partir des déchets radioactifs, fournir de l'énergie aux appareils électroniques dans des localisations éloignées ou encore être utilisées dans des cellules microbiennes énergétiques. Craig Venter et d'autres tentent d'écrire des génomes pour des bactéries synthétiques spécifiquement conçues pour des tâches particulières de nettoiement.

L'ingénierie génétique est utilisée pour rendre des céréales résistantes aux insectes nuisibles et cela nécessiterait moins d'insecticides et de fongicides[15]. En dépit de l'opposition de certains groupes à l'ensemble de l'idée d'ingénierie génétique, cette technologie a non seulement le potentiel de contribuer à l'alimentation de l'humanité mais aussi de réduire les besoins d'engrais, de pesticides et d'herbicides synthétiques, ce qui évite de chercher des moyens d'éliminer par la suite ces toxines.

La compréhension de la façon dont les plantes utilisent des traces de métaux tels le zinc et le fer se traduira dans les cultures par « une extraction plus efficace des minéraux du sol » et nécessitera moins d'engrais. Les cultures de protection peuvent être modifiées par ingénierie afin qu'elles s'auto-éliminent à l'époque des plantations. Elles n'auraient alors plus besoin d'être détruites par des herbicides.

Maladies à prions. Les chercheurs appliquent aussi les techniques génomiques à la compréhension des voies de détoxication chez les humains et à la façon dont des défaillances de ces voies peuvent conduire à une maladie. Par exemple, le stress modifie considérablement le métabolisme des lipides et la détoxication dans le foie en modifiant l'expression des gènes qui contrôlent ces processus[16]. Jusqu'à une période récente, la maladie de Parkinson n'avait pas de cause connue et il n'y avait pas de moyens permettant de freiner la maladie. Aujourd'hui, les symptômes ont été reliés à des mutations provoquées par des toxines telle la roténone, un pesticide, dans deux gènes qui influencent la façon dont l'organisme prend en charge les protéines. Ces mutations se traduisent par une accumulation de protéines incorrectement repliées. Les toxines tuent aussi les cellules dopaminergiques. « La dopamine se comporte comme l'huile dans le moteur d'une voiture », d'après Peter Lansbury, professeur associé de biologie à Harvard. « Lorsqu'il y a de l'huile, la voiture roule sans à-coups. Lorsqu'il n'y en a pas, elle se grippe. » La perte des cellules dopaminergiques dans le cerveau est la marque du Parkinson. La compréhension de cette voie a été un formidable pas en avant, et l'on espère que cela va accélérer les traitements par bioingénierie.

Les protéines malformées forment au sein des cellules des agrégats qui peuvent produire des effets néfastes. Aubrey de Grey a décrit des stratégies mettant à profit la thérapie génique somatique pour introduire de nouveaux gènes qui détruiraient ces « agrégats intracellulaires », toxines à l'intérieur des cellules, au même titre que les protofibrilles[17].

Une stratégie clé pour combattre les matériaux toxiques hors de la cellule, y compris les protéines malformées et les plaques amyloïdes observées dans la maladie d'Alzheimer et dans d'autres affections dégénératives, est de créer des vaccins qui agissent contre leurs molécules constituantes[18]. Plusieurs groupes de recherche suivent cette stratégie qui pourrait se traduire par l'ingestion des matériaux toxiques par les cellules du système immunitaire.

L'utilisation d'un ensemble mains-libres avec un microphone incorporé et une oreillette permet d'éloigner d'une trentaine de centimètres le téléphone cellulaire de votre tête et donc vous pourriez penser que votre exposition aux radiations est réduite. Cependant, le fil allant à votre oreille peut se comporter comme une antenne et donc votre oreille et votre cerveau peuvent recevoir des doses de radiations encore plus concentrées dans certaines conditions[12]. Une solution saine est d'utiliser une connexion mains-libres constituée d'un tube, avec la partie de fil de l'appareil passant à travers une inductance de protection en ferrite[13] pour empêcher certaines des radiations d'atteindre votre oreille. Vous pouvez réduire encore plus les radiations en déplaçant leur source loin de votre corps, en utilisant une antenne externe (disponible pour certains téléphones équipés pour l'automobile).

Pollution par les métaux lourds

On a montré que les métaux lourds toxiques augmentent l'activité des radicaux libres, cause majeure de vieillissement accéléré. De nombreuses enzymes essentielles à une bonne santé nécessitent pour une activité correcte un cofacteur vitaminique ou minéral. Les métaux lourds toxiques peuvent prendre la place des cofacteurs minéraux normaux, interférant alors avec le fonctionnement normal de ces enzymes. De cette façon, l'accumulation de métaux lourds contribue à un vieillissement prématuré et à des maladies en rapport avec la vieillesse. La toxicité des métaux lourds peut aussi conduire à un fonctionnement immunitaire anormal, des troubles de l'apprentissage et des maladies neurodégénératives. Les symptômes typiques constatés chez les patients présentant une intoxication par des métaux lourds incluent une fatigue, des troubles de l'humeur, un défaut de concentration et une chute des cheveux.

L'arsenic, le béryllium, le cadmium, le chrome, le cobalt et le nickel sont des métaux lourds cancérigènes présents dans la nature. Au cours d'expériences effectuées sur des animaux, on a montré qu'ils étaient à l'origine du développement de tumeurs et qu'ils inhibaient la capacité de l'organisme à réparer l'ADN lésé[19]. Le mercure et l'aluminium sont également des métaux lourds toxiques, mais il y en existe des dizaines d'autres.

Le mercure est un métal particulièrement toxique qui provoque de nombreux problèmes lorsqu'il est administré à des animaux de laboratoire. Le méthylmercure, forme du mercure qui se trouve dans les aliments d'origine marine, est une neurotoxine connue, massivement présente dans tous les océans de la Terre. Par exemple, les enfants qui vivent dans les communautés Inuits traditionnelles du Groenland, soumis à un régime alimentaire riche en produits de la mer, ont une incidence accrue de problèmes de comportement en raison de leur exposition au mercure[20]. Le mercure a des effets négatifs sur le fonctionnement du système immunitaire chez les animaux de laboratoire[21].

Étant donné que pratiquement tous les produits de la mer sont maintenant contaminés par le mercure, il est important de limiter votre consommation de certaines espèces de poissons et de fruits de mer. Les gros poissons tels le thon, le poisson épée (espadon), le voilier et le requin ont des teneurs en mercure élevées et ne doivent pas être consommés. Les poissons plus petits tels l'anchois, la sardine et le saumon, sont situés plus bas dans la chaîne alimentaire et leurs tissus contiennent moins de mercure. Le saumon sauvage est préférable au saumon d'élevage parce que son taux de mercure est relativement faible et qu'il contient beaucoup de graisses oméga 3 vitales. Notre programme recommande une supplémentation en huiles de poisson, mais vous devez être sûr que votre source d'huile de poisson riche en EPA/DHA a bien été testée et présente une contamination minimale. Le taux du mercure présent chez certains poissons et dans les produits commerciaux qui en dérivent est donné ci-après.

Tableau 14-2 Taux de mercure dans les produits de la mer courants

Taux faible de mercure (à manger régulièrement)	**Taux intermédiaire de mercure** (à manger de temps en temps)	**Taux élevé de mercure** (à éviter le plus possible)
Saumon (sauvage du Pacifique	Saumon des grands lacs	Thon en boîte ou en steak
Églefin	Cabillaud	Flétan de l'Atlantique
Crabe bleu (de l'Atlantique)	Crabe bleu (de la Côte du Golfe)	Requin
Truite (d'élevage)	Coryphène	Espadon (poisson-épée)
Flet (d'été)	Goberge	Bar
Tambour	Poisson-chat (sauvage)	Doré jaune
Crevette	Huîtres de la Côte Est	Huîtres de la Côte du Golfe

Un autre source d'exposition au mercure provient des amalgames d'argent dentaires qui en contiennent plus de 50 %. Nous vous recommandons de ne pas faire mettre en place dans votre bouche, ni dans celle de vos enfants, de nouveaux amalgames contenant du mercure. Assurez-vous que votre dentiste utilise désormais des composites, polymères de verre ou de céramique moins toxiques[22], pour toutes les nouvelles obturations ou les obturations de remplacement. Lorsque du métal doit être utilisé, pour les couronnes ou les bridges par exemple, l'or est le matériau le moins bio-réactif disponible.

Chez certains individus génétiquement susceptibles, l'aluminium pourrait jouer un rôle dans les maladies neurodégénératives, particulièrement celles associées à un déficit de mémoire[23]. Vous pouvez réduire votre exposition en n'utilisant pas de casseroles en aluminium ou de feuille en aluminium. Lorsque vous utilisez un déodorant, appliquez un produit ne contenant pas d'aluminium, disponible dans les magasins d'aliments biologiques.

Les régimes alimentaires et les choix de styles de vie qui peuvent aider votre organisme à éliminer les métaux lourds sont discutés ci-après. Il y a aussi de nombreux produits chimiques connus sous le nom d'agents « de chélation », disponibles sous forme orale ou intraveineuse, très efficaces pour l'élimination des métaux lourds toxiques de l'organisme.

Dosage des toxines

Métaux lourds toxiques

Il est utile d'évaluer le fardeau que constituent les métaux lourds toxiques pour votre organisme afin de déterminer avec quelle énergie vous devez les éliminer. Il existe de nombreuses façons de doser les toxines que représentent les métaux lourds. Les dosages dans les cheveux, l'urine ou le sang sont le plus communément utilisés.

Analyse minérale des cheveux. Ce test offre un moyen peu onéreux et sans douleur pour doser l'accumulation chronique des métaux lourds. Une petite quantité (environ un gramme) de cheveux est collectée au niveau de la nuque, là où le prélèvement n'est pas visible. Les cheveux qui viennent juste de sortir du follicule apportent une bonne représentation de l'exposition aux métaux lourds dans un passé récent. Bien que ce ne soit pas un test parfait car les résultats sont souvent faussés par une contamination externe, il y a une corrélation relativement bonne entre le contenu en métaux lourds des cheveux et leur taux dans l'ensemble du corps. Lorsqu'une analyse de cheveux montre des anomalies significatives, des informations additionnelles peuvent être obtenues en effectuant un test de provocation urinaire en vue de mesures plus exactes et d'une confirmation des résultats.

Test de provocation urinaire. Typiquement, on administre au patient par voie orale ou intraveineuse un agent conçu pour concentrer les métaux lourds dans les urines, qui sont alors collectées pendant les 6 à 24 heures qui suivent pour analyse. En fonction des résultats, on détermine un programme de détoxication des métaux lourds utilisant des agents de chélation oraux ou injectables.

Tests sanguins. Ces derniers sont moins utiles pour mesurer les métaux lourds toxiques. Pour mettre en évidence des métaux toxiques par des tests sanguins, vous devez avoir une intoxication ou un empoisonnement massifs. Les accumulations subaiguës, de même que les accumulations chroniques à bas bruit, sont de loin les plus fréquentes mais elles ne sont que rarement détectées par les tests sanguins et donc, dans la plupart des cas, nous préférons les tests dans les cheveux ou les urines.

Toxines solubles dans les graisses

Il est assez difficile de déterminer le taux dans votre corps des toxines environnementales solubles dans les graisses. Ces tests sont chers et réservés généralement aux patients gravement affectés par une maladie environnementale. Un test est commercialisé, mais il ne détecte que quelques centaines des 70 000 ou plus toxines environnementales connues et donc il est plus simple de mesurer la capacité de détoxication de l'organisme.

La plupart des toxines organiques discutées ci-dessus se concentrent dans la graisse de vos cellules. Le principal mécanisme utilisé par l'organisme pour éliminer les toxines dissoutes dans les graisses est de les convertir en métabolites moins agressifs, solubles dans l'eau, facilement excrétés dans l'urine et les selles. Le foie qui tient le plus grand rôle dans la décontamination des toxines, possède des centaines d'enzymes de détoxication spécialisées pour l'assister dans cette tâche.

En général, la détoxication du foie s'effectue en deux étapes connues sous le nom de réactions de détoxication de phase I et de phase II. Dans la phase I, les toxines subissent une bio-transformation effectuée par des enzymes spécialisées connues sous le nom de cytochrome P450. Dans cette étape, les toxines dissoutes dans les graisses sont transformées de telle façon qu'elles deviennent solubles dans l'eau. Les produits des réactions de la phase I peuvent être encore très toxiques et il est donc important que les réactions de la phase I et de la phase II s'effectuent immédiatement l'une après l'autre car alors les toxines dangereuses de la phase I pourraient s'accumuler. Dans la phase II, une molécule soluble dans l'eau est fixée à la toxine partiellement métabolisée de la phase I, ce qui la rend moins toxique et plus facile à excréter pour l'organisme.

Dans un test courant, un patient prend trois toxines douces : de la caféine, de l'acétaminophène et de l'aspirine. Étant donné que la caféine est presque entièrement métabolisée par les réactions de la phase I, un échantillon de salive prélevé quelques heures après l'ingestion indiquera comment s'effectuent les tâches des voies de la phase I. L'acétaminophène et l'aspirine nécessitent les deux phases pour leur élimination. En faisant une simple analyse de sang et d'urine le matin suivant, la capacité du foie à éliminer les toxines de l'environnement peut être évaluée.

PONT TROIS

Détoxication nanobiotique

Éviter les polluants et éliminer les toxines grâce à des suppléments et un régime sont les seules choses que nous puissions faire jusqu'à maintenant. L'extrême toxicité venant des infections, de la chimiothérapie, de la pollution et d'autres causes peut dépasser les capacités naturelles du foie, des reins et des autres systèmes de détoxication de l'organisme. Lorsque cela se produit, l'inflammation provoquée par les toxines affecte le système cardiovasculaire dans son ensemble, ce qui provoque un effondrement de la pression sanguine. Cet état, connu techniquement sous le nom de « choc », prive l'organisme d'oxygène et il apparaît une insuffisance du foie, des poumons, du cœur et des autres organes. La mort s'ensuit rapidement, le plus souvent en raison de l'insuffisance rénale.

Nanotechnologie et insuffisance rénale. La solution traditionnelle à l'insuffisance rénale est l'hémodialyse. Ce traitement utilise des appareils de la taille d'une machine à laver, qui prennent la relève du rein atteint pour l'épuration du sang habituellement effectuée par les reins sains. Cependant, ils ne peuvent éliminer que certaines toxines. De plus, le traitement peut nécessiter jusqu'à sept heures et les patients doivent être branchés à de grosses machines coûteuses plusieurs fois par semaine. « L'hémodialyse convient bien à la défaillance rénale mais elle est inutile pour la plupart des autres types de détoxication », dit Axel Rosengart, professeur assistant de neurologie et de chirurgie à l'Université de Chicago. Bien qu'utile dans la défaillance rénale chronique, plus de la moitié des patients présentant une défaillance rénale aiguë (telle qu'en cas de « choc ») meurent encore en dépit de l'hémodialyse. Les chercheurs en nanotechnologie recherchent une solution.

Rosengart et Michael Kaminski, ingénieur à *l'Argonne National Laboratory*, ont développé une solution rapide et simple utilisant des nanoparticules magnétiques fixées à des récepteurs conçus pour identifier des molécules de toxines cible et s'y accrocher. Les nanoparticules sont injectées dans la circulation ; elles atteignent toutes les régions de l'organisme où elles fixent les toxines cible. Après le traitement, pour éliminer les particules du corps, un petit aiguillage inséré dans une artère du bras ou de la jambe dirige rapidement le sang vers une unité équipée d'un aimant. Étant donné que les nanoparticules sont faites d'acide polylactique biodégradable, toute particule restante serait éventuellement éliminée du sang. Jusqu'à présent, les essais ont été limités au rat, mais les résultats ont été prometteurs. « Nos essais initiaux ont été couronnés de succès. Je suis très confiant et nous serons capables d'éliminer 99 % des particules », dit Kaminski. Une fois perfectionnée, une approche de ce type ne sera pas nécessairement limitée aux patients présentant une insuffisance rénale, mais elle pourra être utilisée pour augmenter les capacités de détoxication de chacun d'entre nous.

Une machine encore plus perfectionnée permettant d'épurer le sang est un rein bioartificiel qui utilise une cartouche de plastique contenant un milliard de cellules rénales humaines à l'intérieur de 4 000 fibres creuses de plastique. Elle est en cours de développement chez *Nephros Therapeutics*, fondée sur une recherche de l'interniste David Humes de l'Université du Michigan. Elle effectuera toutes les fonctions du rein, y compris ses activités de régulation du système immunitaire. Dans un essai clinique limité, 6 parmi 10 patients présentant une maladie extrêmement grave ont survécu. Tous sauf un étaient considérés comme n'ayant pas plus de 10 à 20 % de chances de survie. Ce rein artificiel biologique pourrait être disponible pour une large utilisation à partir de 2006.

Cependant, pour les centaines de milliers de patients présentant une insuffisance rénale chronique, il serait préférable de remplacer une telle machine externe par des implants de longue durée qui incorporent des cellules rénales vivantes pouvant recevoir leur alimentation du corps lui-même. Le problème de cette technologie est d'implanter des cellules capables de filtrer quelque 100 litres de liquide par jour tout en évitant le rejet par le système immunitaire. William Fissel, chercheur du laboratoire Humes de l'Université du Michigan, est en train de tester une solution : des nanoportes étirées dans des nanofentes allongées.

Nanotechnologie et insuffisance du foie. Pour l'autre organe de détoxication majeur de l'organisme, le foie, plusieurs laboratoires sont en train de développer des appareils semblables utilisant des cellules de foie pour éliminer les toxines qui s'accumulent dans le sang lors d'une insuffisance hépatique. Ces foies bioartificiels pourraient aider les patients présentant une insuffisance chronique hépatique ; leur seul espoir aujourd'hui est la transplantation, et les organes sont rares.

Une approche plus radicale pour répondre à une insuffisance hépatique est de concevoir une « puce de foie », modèle réaliste de foie humain sur une puce de silicone. Actuellement en cours de développement par Linda Griffith, ingénieur tissulaire du MIT, elle ne *remplacerait* pas le foie mais elle permettrait aux scientifiques de tester des médicaments qui combattent le cancer du foie ou l'hépatite et elle découvrirait par avance comment les cellules du foie réagiraient à diverses substances toxiques.

Nanotechnologie et inversion du vieillissement. Le résultat final de ces types d'avancées nanomédicales sera un pas en avant majeur dans la médecine de l'anti-vieillissement, ce que l'expert en nanomédecine Robert A. Freitas Jr. appelle « déchronification » ou « remontage du temps ». Dans un premier temps, la déchronification stoppera le vieillissement biologique puis elle le réduira en effectuant trois types de procédés sur chacune des billions (10^{12}) de cellules des tissus de notre organisme.

Freitas décrit trois étapes vers la déchronification. La première serait d'injecter des nanorobots qui entreraient dans chaque cellule de l'organisme et éliminerait les débris métaboliques entassés et les toxines accumulées. Étant donné que ces dernières pourraient se reformer, cela serait effectué par des nanorobots soit sur une base continue ou, disons une fois par an, à l'occasion d'une révision annuelle. Les nanorobots corrigeraient aussi soigneusement toutes les lésions qui seraient apparues dans votre ADN génétique. Le processus final de la détoxication nanobiotique pourrait être la réparation d'autres structures cellulaires que les cellules sont incapables de réparer elles-mêmes telles les mitochondries en mauvais état de fonctionnement ou à éliminer.

Tests génomiques de détoxication

Le principal système de détoxication de la phase I est constitué des enzymes du cytochrome P450 utilisées par le foie (voir ci-dessus). Les varientes génétiques de ces enzymes peuvent conduire à une capacité de détoxication diminuée (ou parfois augmentée). Parmi les centaines d'enzymes du cytochrome P450, plusieurs douzaines de polymorphismes bien connus ont été identifiés. Certains des plus courants d'entre eux (et les types de problèmes qui leur sont associés) sont listés ci-après.

Tableau 14-3 Risques associés à certains polymorphismes génétiques des enzymes de détoxication du foie

Enzyme	Risques des variants de certains gènes (polymorphismes)
CYP450 1A1	Plus grande susceptibilité à certains cancers tel le cancer du poumon chez les fumeurs[24]
CYP450 2D6	Début plus précoce de la maladie de Parkinson[25]
CYP450 2^{E}1	Risque accru d'alcoolisme dans certains groupes ethniques[26]
CYP450 3A5	Modifications des doses requises pour certains médicaments sur prescription[27]

Une grande source de toxines : les protéines anormales

Les protéines anormales sont peut-être les toxines les plus dangereuses de toutes. Elles sont formées à l'intérieur de nos propres cellules. Des recherches suggèrent que des protéines anormales peuvent être au cœur du processus de nombreuses maladies de notre organisme. Des maladies aussi diverses que la maladie d'Alzheimer, la maladie de Parkinson, la forme humaine de la maladie de la « vache folle », la mucoviscidose, la cataracte et le diabète, résultent de l'incapacité de notre corps à éliminer correctement des protéines dont le repliement est anormal.

Des molécules de protéines effectuent l'essentiel du travail réalisé dans la cellule. Les protéines sont synthétisées au sein de chaque cellule selon les indications de l'ADN. Elles commencent par être de longs chapelets d'aminoacides qui doivent ensuite se replier en une configuration tridimensionnelle précise, afin de fonctionner en tant qu'enzymes, protéines de transport, etc. Des molécules « chaperon » spécialisées protègent les brins d'aminoacides lorsqu'ils subissent le processus de repliement[28]. Même dans ces conditions, environ un tiers des molécules de protéines sont repliées incorrectement. Ces protéines défigurées doivent être immédiatement détruites ou alors elles s'accumuleront rapidement, interrompant les fonctions cellulaires à de nombreux niveaux.

Dans des circonstances normales, dès qu'une protéine anormalement repliée est formée, elle est marquée par une molécule de transport, l'ubiquitine, puis escortée vers une région spécialisée de la cellule où elle est détruite en ses aminoacides constituants qui seront recyclés en de nouvelles protéines et, on peut l'espérer, correctement repliées. Cependant, lorsque les cellules vieillissent, elles produisent moins d'énergie nécessaire à une fonction optimale de ce mécanisme. Les métaux lourds toxiques interfèrent aussi avec le fonctionnement normal de ces enzymes, ce qui rend le problème encore plus grave. Certaines mutations génétiques prédisposent également les individus à former des protéines anormales[29].

Lorsque le processus d'élimination et de recyclage est interrompu, des fragments de protéines incorrectement repliées commencent à s'accumuler au sein de la cellule. Ces particules, connues sous le nom de protofibrilles, flottent dans le cytoplasme ou les parties fluides de la cellule et commencent à s'agglutiner, formant alors des filaments, des fibrilles et finalement des structures globulaires volumineuses. Jusqu'à une période récente, ces accumulations de matériaux insolubles étaient considérées comme la cause de ces maladies. On sait maintenant que les plus petites collections de fragments de protéines, les protofibrilles, sont le vrai problème.

Plus rapidement les protofibrilles seront converties en dépôts insolubles connus sous le nom de dépôts amyloïdes, plus lentement la maladie progressera. Certains forment rapidement des dépôts amyloïdes, ce qui les protège des lésions provoquées par les protofibrilles. D'autres convertissent les protofibrilles en dépôts amyloïdes moins rapidement, ce qui conduit à des lésions plus étendues. Ces derniers ont aussi peu d'amyloïde visible. Cela explique la découverte paradoxale selon laquelle certains ont une forte accumulation de plaque amyloïde dans leur cerveau mais pas de signes de la maladie d'Alzheimer, alors que d'autres ont peu de plaque visible mais des manifestations importantes de la maladie.

L'allèle Apo E4, présenté précédemment comme risque de facteur génétique pour la maladie d'Alzheimer, ralentit le processus de production de dépôt amyloïde. Si vous êtes porteur de l'Apo E4 (comme c'est le cas pour 25 % de la population), vous êtes prédisposé aux lésions par les protofibrilles dans tout le cerveau et vous devez prendre des suppléments nutritionnels spécifiquement conçus pour réduire cette lésion (voir le chapitre 11).

De nombreuses autres maladies ont été associées à une accumulation de protofibrilles. Les prions, qui sont à l'origine de la maladie de la « vache folle » et de son équivalent humain, la maladie de Creutzfeldt-Jakob, sont en fait des protéines anormalement repliées, c'est-à-dire des protofibrilles[30]. De nombreuses autres maladies humaines graves, parmi lesquelles le diabète de type 2, la sclérose latérale amyotrophique (maladie de Lou Gehrig) et la maladie d'Huntington, sont provoquées par un repliement anormal des protéines.

Lorsque les cellules vieillissent, elle deviennent moins efficaces pour la production d'ATP, source d'énergie de toutes les fonctions cellulaires, et moins d'énergie est donc disponible pour recycler rapidement les protéines anormalement repliées. De plus, lorsque les métaux lourds toxiques s'accumulent avec l'âge, ils interrompent la fonction enzymatique normale. Des recherches sont en cours pour découvrir des médications qui puissent neutraliser les lésions dues aux protofibrilles. En attendant, vous pouvez prendre certaines précautions.

Les stratégies pour aider l'organisme à contrôler les lésions provoquées par les protofibrilles incluent des traitements pour augmenter l'énergie ou la production d'ATP. Des nutriments spécifiques tels le coenzyme Q_{10}, le NADH et la carnitine aident l'organisme à synthétiser davantage d'ATP. Les cofacteurs minéraux et vitaminiques tels que les vitamines du groupe B, le magnésium et le manganèse, peuvent tout aussi bien y participer. Les agents de chélation contribuent à éliminer les métaux lourds toxiques.

Dans deux décennies, des nanorobots vous aideront à éliminer de vos cellules les toxines et les débris et à réparer les lésions provoquées par ces derniers. En attendant, il est important de faire des choix de style de vie corrects pour réduire votre exposition aux toxines environnementales et optimiser les capacités de détoxication de votre organisme.

15
Les causes réelles des maladies cardiaques et les moyens de les prévenir

« Une nouvelle compréhension émergente de la façon dont les infarctus du myocarde se produisent indique que les traitements agressifs de plus en plus en vogue pourraient n'avoir que peu ou pas d'effets pour les prévenir… Dans 75 à 80 % des cas, la plaque qui fait saillie n'obstrue pas l'artère et elle ne devrait pas être stentée ou pontée. La plaque dangereuse est molle et fragile ; elle ne donne pas de symptôme et ne devrait pas être considérée comme une obstruction au flux sanguin… Certains médecins adhèrent encore à l'ancien modèle. D'autres disent qu'ils savent qu'il ne tient plus mais que de toute façon, un jour ou à l'autre, ils finiront par ouvrir les artères bloquées, même lorsque les patients n'ont pas de symptômes. Les chercheurs ont aussi découvert que la plaque, et le risque d'infarctus du myocarde, peuvent changer très rapidement – en un mois, selon une étude récente – sous l'influence de quelque chose d'aussi banal qu'un traitement intensif instauré dans le but d'abaisser le taux du cholestérol. Plus inquiétant encore… est le fait que stenter peut être en réalité la cause d'infarctus mineurs du myocarde chez environ 4 % des patients. Cela peut se traduire par nombre de gens souffrant d'une lésion cardiaque provoquée par un procédé sensé la prévenir. »

NEW YORK TIMES, GINA KOLATA, 21 MARS 2004

Les maladies cardiaques sont toujours la cause majeure de mortalité, tant chez les hommes que chez les femmes ; elles tuent plus de 600 000 Américains chaque année (bien qu'à risque comparable, les hommes précèdent les femmes d'environ 10 ans ; un facteur de risque majeur est l'âge de 45 ans ou plus chez l'homme et de 55 ans chez la femme). Jusqu'à une date récente, la compréhension conventionnelle de la cause de la plupart des infarctus du myocarde était la suivante : avec le temps, le cholestérol en excès apporté par la LDL-C (cholestérol de la lipoprotéine de faible densité, ou mauvais cholestérol) s'oxyde, s'organise dans les artères coronaires puis finalement se calcifie pour former une plaque dure. Ces calcifications rétrécissent le passage pour le sang à travers ces artères. Lorsque cette plaque atteint un niveau dangereux, obstruction de 80 % ou plus de l'artère, un caillot de sang peut se bloquer dans l'étroit passage et obstruer le passage pour le flux sanguin. Ce soudain blocage total de l'artère, thrombose coronaire ou infarctus du myocarde, fait que la partie du muscle cardiaque irriguée par cette artère meurt, ce qui se termine par la mort du patient ou une lésion permanente du cœur.

Cette ancienne compréhension de l'infarctus du myocarde a conduit au développement de deux opérations principales qui se sont répandues largement[1]. Le pontage chirurgical « contourne » le problème de l'artère bouchée en envoyant le flux sanguin dans une veine ou une artère mammaire greffée. Le pontage chirurgical des artères coronaires est l'une des interventions chirurgicales les plus invasives et conduit à un taux de mortalité chirurgicale de 2 à 6 %[2]. Parmi ses nombreuses complications, il y a un déclin significatif de l'activité mentale et de l'humeur chez plus de 80 % des survivants[3].

L'angioplastie au moyen d'un ballon est même encore plus pratiquée ; lors d'une angioplastie, un tube (appelé cathéter) fin et flexible, terminé par une ampoule gonflable, est introduit dans une artère au niveau de l'aine du patient puis enfilé à travers les artères jusqu'au niveau du blocage. Après que le « ballon » a été mis en place, il est gonflé pour comprimer la plaque et élargir la lumière de l'artère bloquée, ou pour l'ouvrir. Un perfectionnement de cette technique a été introduit autour des années 2000 : la pose d'un « stent », tube rigide conçu pour empêcher la plaque comprimée de se développer à nouveau et de former alors un blocage au même endroit. L'angioplastie est moins invasive que le pontage, mais elle aussi a d'importantes complications.

Ces interventions chirurgicales peuvent faire croire au patient qu'il a une artère toute neuve, exempte d'athérosclérose (dans le cas d'un pontage chirurgical), ou une artère avec plus de place pour le flux sanguin (dans le cas d'une angioplastie). Cependant, de nombreuses études portant sur ces deux procédés ont démontré qu'ils n'empêchent *pas* des problèmes coronaires ultérieurs[4]. En fait, de nombreuses études n'ont pas pu démontrer une augmentation statistiquement satisfaisante de la survie à la suite d'un pontage ou d'une angioplastie, comparativement au traitement non chirurgical pour la plupart des groupes de patients[5] qui font appel aux bêtabloqueurs, à l'aspirine et aux statines, avec un risque et un coût bien moindres.

Étant donné que les patients obtiennent souvent un soulagement de leur douleur thoracique (angine de poitrine) après une intervention chirurgicale, ils ont l'impression que le traitement « a marché ». Nous savons maintenant que ces interventions chirurgicales n'apportent pas un bénéfice à long terme, sauf chez un petit nombre de patients qui ont une maladie grave affectant plusieurs vaisseaux ou qui ont plus de 80 ans[7]. Le modèle qui consiste à considérer l'infarctus du myocarde comme un simple problème de plomberie est faux dans la plupart des cas. La cause réelle de l'immense majorité des infarctus du myocarde n'est pas traitée et elle peut même être aggravée par ces procédés chirurgicaux.

Une nouvelle conception : la plupart des infarctus du myocarde sont provoqués par des plaques vulnérables et une inflammation

Une plaque large et calcifiée se développant à la surface interne des artères coronaires n'est *pas* la cause de la plupart des infarctus du myocarde. Bien au contraire, le principal coupable est la plaque molle, relativement petite et vulnérable, qui se forme au sein des parois des vaisseaux[8]. Les plaques étendues et calcifiées sont en fait relativement stables et, en raison de leur couverture calcifiée et dure, elles se déchirent habituellement moins. La plaque molle, plus dynamique et moins stable, est beaucoup plus susceptible de se rompre brutalement. Lorsque l'organisme forme un caillot pour tenter de guérir cette rupture, le résultat peut être un blocage total du flux sanguin, en d'autres termes, un infarctus du myocarde. La plaque molle se cache à l'intérieur de la paroi des artères et souvent ne provoque pas un blocage évident ou une diminution du flux sanguin avant, bien sûr, la rupture souvent fatale.

Cette nouvelle conception cache donc une bonne nouvelle, parce que la constitution d'une plaque molle et vulnérable est beaucoup plus facile à inverser que celle d'une plaque dure et calcifiée. Les taux des deux types de plaques sont apparentés, étant donné que le même processus (voir la page 272) semble conduire aux deux formes. Une théorie prévalente sur l'origine d'une plaque dure est qu'elle représente une tentative de l'organisme pour protéger l'artère en couvrant une plaque vulnérable d'une couche calcifiée dure. Cependant, le pontage et l'angioplastie ne ralentissent pas le processus de formation d'une plaque molle ou d'une plaque dure ; souvent, ces procédés l'accélèrent.

Une ancienne étude, réalisée en 1986 par le Dr. Greg Brown de l'Université de Washington à Seattle, a démontré que les blocages soudains à l'origine d'un infarctus du myocarde s'effectuent dans des régions des artères coronaires ne possédant qu'une très petite plaque, loin d'être suffisante pour justifier un pontage ou une angioplastie[9]. À la fin des années 1980, le Dr. Steven Nissen, de la Clinique de Cleveland, a examiné les artères coronaires des cardiaques avec une sonde à ultrasons innovante qu'il introduisait dans les vaisseaux sanguins. Il a constaté de nombreux renflements mous dus à une plaque, pouvant souvent aller jusqu'à des centaines chez un seul patient, mais relativement peu de zones de plaques calcifiées. Il a émis l'idée que ces renflements mous dus à des plaques, et non pas les dépôts d'une plaque dure, étaient les principaux responsables des infarctus du myocarde[10]. Les résultats des recherches de Brown et de Nissen, de même que ceux d'autres études semblables, n'ont été acceptés que lentement. Récemment, le Dr. Nissen est apparu comme un innovateur en encourageant de nouveaux traitements pour les maladies cardiaques et en jouant un rôle dans le développement de plusieurs nouveaux médicaments. (voir le Pont Deux sur le nouveau médicament Torcetrapib de Pfizer et les nouveaux médicaments PPAR, page 277). Le Dr. Nissen a aussi dirigé une importante étude (mentionnée ci-dessous) qui indique que l'abaissement du cholestérol LDL à des niveaux significativement inférieurs à ceux des recommandations standard réduit le risque.

L'étude pivot qui a commencé à changer rapidement les esprits quant à l'importance de la plaque vulnérable a été conduite en 1999 par le Dr. David D. Waters de l'Université de Californie. Dans l'étude appelée AVERT (de *atorvatastin versus revascularization treatments*, traitement par l'atorvastatine comparé à la revascularisation), le Dr. Waters a réparti en deux groupes des patients auxquels on avait préconisé une angioplastie. L'un subissait l'intervention chirurgicale et les soins de suivi standard. L'autre recevait les statines susceptibles d'abaisser le cholestérol, mais ne subissait pas d'intervention chirurgicale. Ce second groupe a eu beaucoup moins d'infarctus du myocarde et beaucoup moins de consultations à l'hôpital pour des douleurs thoraciques que le groupe subissant une intervention chirurgicale[11]. Le Dr. Waters a commenté que la recherche « avait soulevé une tempête de protestations. Nous étions en train de dire que l'athérosclérose était une maladie systémique. Elle se développe n'importe où dans toutes les artères coronaires. Si vous restaurez un segment, l'année d'après un autre segment va éclater et provoquer un infarctus du myocarde, et donc un traitement systémique, avec des statines ou des médicaments anticoagulants, est potentiellement beaucoup plus efficace. Il y a une tradition en cardiologie qui ne veut pas entendre ; selon cette dernière les rétrécissements constituent le problème et si vous les réparez le patient doit aller mieux. »

Le Dr. Eric Topol, cardiologue à la Clinique de Cleveland dans l'Ohio, ajoute « Il existe une croyance ancrée selon laquelle réparer une artère est une bonne chose. » Le Dr. Topol décrit la situation typique où un patient présentant des symptômes tels qu'une vague gêne dans la poitrine, consulte un cardiologue, fait un scanner qui montre des signes de plaque calcifiée, subi une coronarographie (elle-même procédé invasif) puis reçoit rapidement une recommandation d'intervention chirurgicale. « C'est un train dont vous ne pouvez descendre à aucune gare le long de la voie, » dit le Dr. Topol. « Une fois que vous avez pris le train, vous devez prendre les stents. Une fois que vous avez gagné le laboratoire de cathétérisation, il est très vraisemblable que quelque chose vous sera fait. »

Angine de poitrine

L'angine de poitrine est vécue comme une pression, une oppression ou une douleur dans la région du cœur. La théorie dominante en ce qui concerne sa cause est qu'afin d'empêcher la rupture de la plaque vulnérable et la catastrophe qui s'ensuit, l'organisme « emmure » les plaques vulnérables en plaçant une couche calcifiée à leur surface. Lorsqu'une plaque trop calcifiée se forme, elle interfère avec le flux sanguin. Au cours d'un effort physique, le cœur ne reçoit pas suffisamment de sang, ce qui provoque un inconfort ou une douleur dénommée angine de poitrine. Il est aussi possible qu'une plaque calcifiée se développe suffisamment pour bloquer complètement le flux sanguin, ce qui conduit à un infarctus du myocarde ou à un accident vasculaire cérébral, mais cela explique moins de 15 % des infarctus du myocarde[6].

Le Dr. David Hillis, cardiologue au *Southwestern Medical Center* (Centre Médical du Sud-Ouest) de l'Université du Texas à Dallas, propose une explication. « Lorsque vous êtes un cardiologue susceptible d'effectuer des interventions et que Joe Smith, le médecin généraliste local, vous envoie des patients, si vous dites à ces derniers qu'ils n'ont pas besoin d'une intervention, très rapidement Joe Smith ne vous enverra plus de patients. En faisant cela, vous pouvez parfois vous dire, ne serait-ce qu'au plus profond de votre cœur, que vous ne pensez pas que cela soit bien. » Commentant l'avenir du patient, le Dr. Hillis ajoute « Je pense qu'ils ont parlé à quelqu'un qui les a complètement convaincus que cette procédure sauverait leur vie. On leur dit "Si vous ne faites pas cela, vous êtes une bombe à retardement". ».

Les fabricants de stents reconnaissent que les recherches sont incapables de montrer un bénéfice ; les infarctus du myocarde et les décès ne sont pas évités. Paul LaBiolette, vice-président de Boston Scientific, important fabricant de stent, dit : « Le but n'est pas réellement d'éviter les infarctus du myocarde ; le but évident du procédé est de pallier et de soulager les symptômes. »

Cependant, dans la plupart des cas, souvent très rapidement, l'angine de poitrine peut être prise en charge sans intervention chirurgicale. « Les résultats font maintenant boule de neige », dit le Dr. Peter Libby de la *Medical School* (École de Médecine) de Harvard. « La maladie est plus évolutive que nous ne l'avions imaginée. »

PONT DEUX

Blocage de l'inflammation

Depuis la récente reconnaissance du rôle crucial de l'inflammation dans toutes les étapes de la formation des plaques, ainsi que dans la rupture finale d'une plaque vulnérable qui initie un infarctus du myocarde, un autre front majeur de la guerre contre les maladies cardiaques est apparu. Une nouvelle génération de médicaments s'attaque aux leucotriènes, molécules de signalisation qui jouent un rôle important dans le déclenchement de l'inflammation. Dans une récente étude conduite sur l'animal, un nouveau médicament susceptible de bloquer les leucotriènes, développé par Pfizer et dénommé CP-105,696 a été à l'origine d'une très importante rétraction des plaques artérielles en simplement 35 jours (le groupe témoin n'avait pas de rétraction)[12]. Plusieurs autres nouveaux médicaments inhibiteurs des leucotriènes sont eux aussi en développement.

Il existe déjà des bloqueurs des leucotriènes sur le marché pour traiter l'asthme : le Singulair (montelukast) de Merck et l'Accolate (zafirlukast) d'AstraZeneca. Les études animales indiquent qu'ils sont également efficaces pour bloquer l'athérosclérose et des essais cliniques sont en cours pour évaluer l'intérêt de ces médicaments chez l'Homme[13]. À condition que leur intérêt dans les maladies cardiaques soit confirmé, ils pourraient être utilisés immédiatement, étant donné qu'ils sont déjà approuvés et disponibles pour une autre maladie.

Une approche apparentée est de bloquer la première étape de la formation d'une plaque vulnérable, l'oxydation de la lipoprotéine de faible densité – cholestérol (LDL-C). Cette étape est à l'origine de l'inflammation et se traduit par la production de VCAM-1 (de *vascular cell adhesion molecule-1*, molécule d'adhésion des cellules vasculaires –1). Ensuite, la VCAM-1 fait que les particules de LDL-C se collent à la surface de l'artère. Un nouveau médicament d'AtheroGenics appelé AGI-1067 bloque l'oxydation de la LDL-C et semble arrêter la production de VCAM-1. Un essai de 1999 sur 300 patients a montré une régression significative de la plaque d'athérosclérose[14], et un essai en phase finale, sur deux ans, impliquant 4 000 patients est maintenant en cours.

Un autre médicament prometteur en développement, qui empêche la LDL-C de se coller aux parois artérielles, est le Pactimibe de Sankyo Pharmaceuticals. Le médicament, maintenant en phase finale d'essai, bloque l'enzyme ACAT (acyl-CoA cholestérol acyl-transférase) qui joue un rôle dans cette première étape cruciale de la formation de la plaque[15].

Le médicament « 480848 » de GlaxoSmithKline agit aussi en inhibant une enzyme critique, la Lp-PLA2 (de *lipoprotein-associated phospholipase A2*, phospholipase A2 associée à la lipoprotéine). Cette enzyme est en fait un petit fragment qui pend au bout de chaque particule de LDL-C. Le blocage de l'enzyme semble empêcher la particule d'initier le processus de formation de la plaque. Le médicament est en phase finale d'essai[16].

Cette nouvelle perspective explique pourquoi le pontage et l'angioplastie ne marchent pas et elle nous éclaire sur la façon dont les infarctus du myocarde frappent typiquement sans avertissement et affectent souvent des gens qui, selon nos méthodes de diagnostic conventionnelles, semblaient être « en parfaite santé ». Armés de ce modèle plus précis, nous pouvons appliquer des méthodes non invasives pour nous attaquer à chaque étape de ce processus progressif et dégénératif. En associant des approches thérapeutiques ciblées, nous pouvons ramener rapidement et considérablement le risque d'infarctus du myocarde à des taux très bas. À quelques exceptions près, plus personne ne devrait faire d'infarctus du myocarde.

Ce que nous savons aujourd'hui

Notre nouvelle conception de la progression des maladies cardiaques offre plusieurs perspectives importantes.

Le rôle des HDL. Nous continuons à croire que la lipoprotéine de haute densité (HDL), le « bon » cholestérol, peut éliminer le cholestérol des artères avant qu'il ait une chance de s'oxyder. Une recherche récente a montré que la HDL apporte également une protection en interférant avec le processus inflammatoire lui-même[17].

Les facteurs de risque. La fumée des cigarettes, le diabète et l'hypertension sanguine sont des facteurs de risque majeurs pour les maladies cardiaques. Notre nouvelle compréhension explique pourquoi. La fumée des cigarettes accélère l'oxydation de la LDL, première étape dans la formation d'une plaque vulnérable. Le diabète, qui se traduit par des taux élevés de glucose dans le sang, accélère la glycosylation de la LDL qui est aussi partie prenante dans ce stade initial. L'obésité conduit souvent au diabète de type 2 et favorise aussi les processus inflammatoires. La tension sanguine élevée introduit une pression plus importante sur les parois des artères, y créant de petites fissures et donc y favorisant les processus inflammatoires. L'angiotensine II, hormone associée à l'hypertension, augmente aussi l'inflammation.

L'intérêt de l'aspirine. Une supplémentation avec de faibles doses d'aspirine (75 milligrammes par jour) diminue l'incidence de l'infarctus du myocarde en réduisant l'inflammation tout autant que la coagulabilité.

L'imprévisibilité. Un infarctus du myocarde frappe soudainement des gens en bonne santé. Une plaque vulnérable ne provoque aucun symptôme et elle est difficile à détecter par tomodensitométrie du cœur ou tout autre procédé, bien qu'une nouvelle génération d'appareils de tomographie coaxiale ultrarapide et ultrasensible et d'imagerie par résonance magnétique (IRM) pourraient la détecter prochainement[18]. La dernière génération d'appareils de tomodensitométrie à haute vitesse donne des images d'une plaque vulnérable lorsque la fréquence cardiaque est inférieure à 55 battements par minute. Cela nécessite habituellement une injection intraveineuse de bêtabloqueurs.

L'incapacité du pontage et de l'angioplastie à prévenir les infarctus du myocarde ultérieurs. Dans la plupart des cas, le pontage chirurgical remplace par une veine une artère malade qui présente généralement un haut niveau de calcification. Typiquement, les calcifications des artères pontées sont relativement stables, mais la veine est susceptible d'être le siège de la croissance rapide d'une nouvelle plaque vulnérable. De plus, étant donné que les veines ont une plus faible capacité à faire face aux pressions extrêmement élevées du flux sanguin d'une artère coronaire, elles tendent à développer une plaque vulnérable encore plus rapidement que l'artère qu'elles remplacent. Les sites de fixation des veines sont aussi des zones qui attirent le processus inflammatoire où se développe rapidement une plaque vulnérable. Et le traitement chirurgical ne fait rien pour ralentir le processus sous-jacent d'une plaque molle.

Les problèmes de l'angioplastie. L'angioplastie traite la plaque calcifiée mais, comme le pontage chirurgical, elle manque le véritable coupable : les formations de plaques vulnérables largement distribuées qui sont ailleurs. Elle ne fait rien pour les réduire. Lorsque le ballon comprime les obstructions, il endommage la plaque calcifiée préalablement stable, provoquant sa rupture, créant de nombreuses fissures où des plaques vulnérables pourront se développer et produire des fuites. Les nombreux points de lésions dus au processus d'angioplastie accélèrent chacun le processus inflammatoire sous-jacent à la formation d'une plaque vulnérable.

Les problèmes des stents artériels. Non seulement ces procédés chirurgicaux hautement invasifs laissent la plaque vulnérable non traitée, mais ils induisent une forte réponse inflammatoire ce qui, bien évidemment, est extrêmement contre-productif.

Comment se forme une plaque molle ?

Une inflammation aiguë signale que notre système immunitaire est en train de combattre des agents pathogènes. Mais il existe aussi une forme plus insidieuse d'inflammation « silencieuse » qui est sous-jacente à de nombreuses maladies, y compris les maladies cardiaques, la polyarthrite rhumatoïde, la maladie d'Alzheimer et même certains types de cancers[19]. En comprenant comment une inflammation silencieuse conduit à la formation et à la rupture éventuelle d'une plaque molle vulnérable, nous pouvons appliquer des méthodes non invasives pour combattre chaque stade de ce processus dégénératif et, associées à des approches thérapeutiques ciblées, nous pouvons ramener rapidement et considérablement le risque d'infarctus du myocarde à des taux très bas.

1. Le « mauvais » cholestérol s'accumule. Dans les artères coronaires, le processus de formation d'une plaque molle commence avec le cholestérol de la lipoprotéine de faible densité (LDL-C) qui contient des esters de cholestérol, des triglycérides, des phospholipides et d'autres protéines. La LDL-C est à juste titre considérée comme la « méchante » dans cette histoire, mais elle joue un rôle important en transportant le cholestérol du foie vers les tissus de l'organisme qui utilisent le cholestérol pour la tâche vitale de réparation des membranes. La LDL-C est aussi impliquée dans la création de nos hormones stéroïdes, y compris les hormones sexuelles.

Lorsque le taux de la LDL-C est excessif, cette dernière s'accumule dans l'intima de la paroi des artères, couche des vaisseaux sanguins la plus proche du sang, où elle subit des changements chimiques, y compris une oxydation. Le fer du sang peut agir comme catalyseur de ce processus parce qu'il facilite l'oxydation. Cela peut être une des raisons pour lesquelles les femmes sont protégées contre les maladies cardiaques avant la ménopause : la menstruation maintient le fer à des niveaux bas[20]. Les molécules de LDL-C subissent aussi une glycosylation, ou liaison à des molécules de glucides.

2. Les envahisseurs apparaissent. Les molécules de LDL modifiée n'apparaissent plus comme amicales au système immunitaire et sont donc considérées à tort comme des envahisseurs étrangers. Les cellules endothéliales (les cellules de la bordure) de la paroi des vaisseaux sanguins appellent à l'aide en sécrétant des substances chimiques qui avertissent de la contamination, incluant des oxydants,

qui attaquent directement les « envahisseurs », parmi lesquelles figurent des chimiokines et des cytokines, molécules de signal du système immunitaire.

3. Le système immunitaire répond. Les cellules du système immunitaire, y compris les monocytes (globules blancs du sang qui ingèrent les cellules mortes ou lésées) et les lymphocytes T (globules blancs du sang qui attaquent et détruisent les substances étrangères et les germes), répondent au SOS et envahissent la couche de l'intima pour livrer bataille aux molécules de LDL devenues pathologiques. Les chimiokines et les autres molécules sécrétées par les cellules endothéliales et les cellules musculaires de la paroi des vaisseaux provoquent la multiplication des monocytes et leur transformation en macrophages, qui sont les combattants totalement matures du système immunitaire.

4. La strie graisseuse se forme. Les macrophages, littéralement « les gros mangeurs », combattent les envahisseurs apparents (les molécules de LDL oxydées et glycosylées) en les ingérant. Il s'ensuit qu'ils se remplissent de LDL grasse. Ces macrophages « gavés », connus sous le nom de cellules « spumeuses » parce qu'elles ressemblent à de l'écume, associés aux cellules T, forment une strie graisseuse qui est l'ébauche d'une plaque vulnérable (figure 15.1).

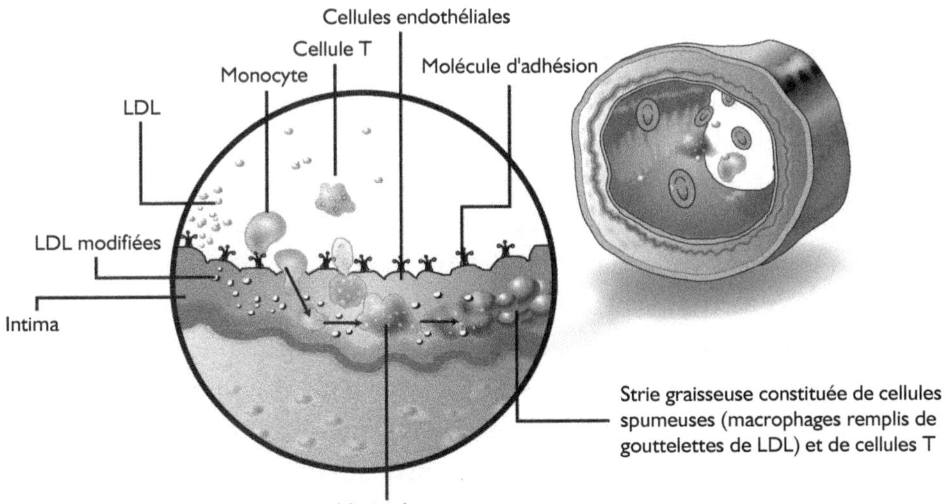

Figure 15.1 Création d'une strie graisseuse

5. Une coiffe fibreuse se forme. L'inflammation fait que les cellules musculaires lisses des vaisseaux sanguins, qui normalement se trouvent en dessous de l'intima, se déplacent vers la partie superficielle de la strie graisseuse, où elles forment une coiffe fibreuse. Cette dernière s'ajoute à la plaque mais elle la protège aussi du flux sanguin. Typiquement, à ce niveau, la plaque ne limite pas le flux sanguin mais, bien au contraire, elle augmente le diamètre extérieur du vaisseau sanguin (figure 15.2).

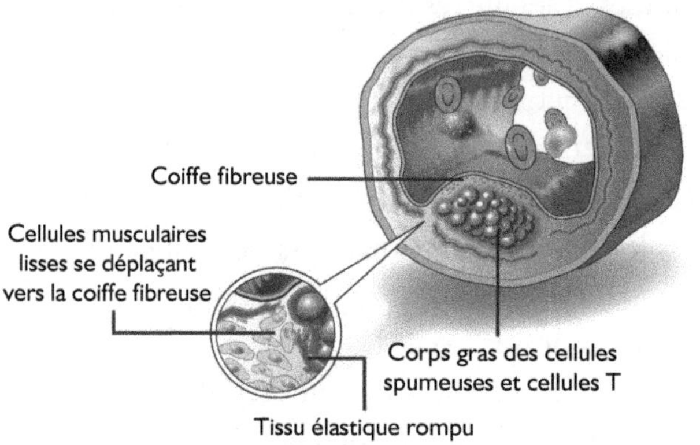

Figure 15.2 Développement d'une coiffe fibreuse

6. La coiffe se rompt. Les cellules spumeuses subissent d'autres changements qui font qu'elles sécrètent davantage de molécules de l'inflammation. Ces dernières lèsent les cellules musculaires et les autres cellules qui constituent la coiffe fibreuse. Le résultat peut être une rupture désastreuse.

7. Un caillot sanguin se forme. Les cellules spumeuses des macrophages font encore plus de dégâts : elles sécrètent une substance appelée « facteur tissulaire ». Lorsque la coiffe se rompt, le facteur tissulaire, de concert avec les mécanismes normaux de coagulation du sang, est à l'origine de la formation d'un gros caillot sanguin, appelé thrombus, qui fait saillie sur la coiffe. Bien que les artères aient les moyens chimiques de rompre de tels caillots menaçants, ces « inhibiteurs de la coagulation » sont bloqués par le facteur tissulaire.

8. Infarctus du myocarde. Si le thrombus résultant est suffisamment gros pour bloquer complètement le vaisseau, le résultat est une thrombose coronaire, un infarctus du myocarde (figure 15.3).

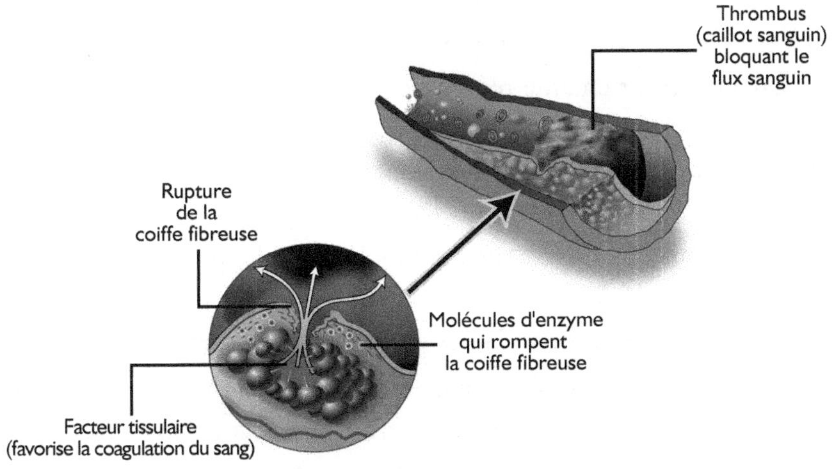

Figure 15.3 Rupture d'une plaque provoquant un infarctus du myocarde

Une plaque vulnérable est difficile à détecter, ce qui explique pourquoi les procédés traditionnels de diagnostic ne réussissent pas à la découvrir. Habituellement, elle ne limite pas significativement le flux sanguin avant qu'elle ne se rompe. Étant donné qu'une plaque vulnérable est localisée au sein de la paroi artérielle et non pas à sa surface, elle provoque simplement un léger bombement de la partie externe de la paroi du vaisseau, ce qui peut passer inaperçu. Cependant, le processus de formation d'une plaque vulnérable décrit ci-dessus explique environ 85 % des infarctus du myocarde[21].

Le rôle de la plaque dure calcifiée

Même si la plupart des infarctus du myocarde sont provoqués par une plaque molle, il y a encore une importante raison de s'inquiéter du taux de plaques dures calcifiées dans vos artères coronaires : les taux de plaques molles et de plaques dures semblent être corrélés l'un à l'autre[22].

Contrairement à la plaque molle vulnérable, il est facile de déterminer la quantité de plaques calcifiées dans les artères coronaires en utilisant la tomodensitométrie coaxiale ultrarapide. C'est une tomodensitométrie tridimensionnelle du cœur qui peut donner des images de calcification dans les parois artérielles.

On fait l'hypothèse que le calcium se trouve au niveau des plaques calcifiées parce qu'il n'y a pas d'autre raison pour qu'il se trouve là. Un ordinateur calcule le scoring calcique pour chaque région de la plaque calcifiée, pour chaque artère et un taux de calcium total pour le cœur tout entier. L'utilité de ce scoring calcique coronaire pour prédire le risque d'infarctus du myocarde est sujet à controverse chez les médecins. Les scorings élevés sont en réalité corrélés à un risque élevé, mais cela peut être dû au fait qu'un scoring calcique élevé est associé à un taux élevé de plaques vulnérables. Nous pensons que c'est une mesure utile si vous comprenez les rôles différents des plaques calcifiées et molles.

Plutôt que d'interpréter le scoring calcique en tant que nombre absolu, vous devez comparer votre taux aux autres personnes de votre âge et de votre sexe. Si votre taux est supérieur à celui de la moyenne présentée dans le Tableau 15.1, il est alors vraisemblable que votre vitesse de formation des plaques est élevée et que vous devez accorder une forte priorité à l'abaissement de vos facteurs de risque de maladies cardiaques. Lorsque votre score est supérieur à 75 % à celui des personnes de votre âge et de votre sexe, vous devez alors considérer cela comme une urgence.

Tableau 15-1 Scoring calcique (moyenne et 75e centile)

Hommes			Femmes		
Âge	Moyenne	75e centile	Âge	Moyenne	75e centile
40–45	2	11	40–45	0,1	1
46–50	3	36	46–50	0,1	2
51–55	15	110	51–55	1	6
56–60	54	229	56–60	1	22
61–65	117	386	61–65	3	68
66–70	166	538	66–70	25	148
70 +	350	844	70 +	51	231

Les individus dont le taux de cholestérol et les autres facteurs de risque sont faiblement contrôlés peuvent augmenter leur taux de plus de 40 % par an[26], au fur et à mesure que l'évolution des plaques calcifiées s'accélère[27]. (Le taux d'augmentation s'accélère de lui-même, au lieu de rester constant. Par exemple, à 40 % de vitesse de formation, en partant disons de 100, votre scoring calcique augmentera chaque année pour atteindre 140, 196, 274, 384 et ainsi de suite, comparativement aux 140, 180, 220 et 260 qui résulteraient d'une augmentation constante de 40 points.) Les personnes qui adoptent un régime plus sain et font certains efforts tels que de prendre des médicaments pour les lipides (discutés ci-dessous) réduisent typiquement cette vitesse de croissance à 10 % environ. Cependant, remarquez que les efforts thérapeutiques habituels n'arrêtent pas la croissance, la formation totale de plaques calcifiées s'accélère toujours, mais à une vitesse moindre.

PONT DEUX

Renforcer l'HDL

Grâce à une meilleure compréhension du développement des maladies cardiaques en termes d'interaction de molécules spécifiques, des médicaments qui s'attaquent précisément à chaque étape clé du processus sont en cours du développement. Bien que l'on ne puisse jamais être certain de ce que feront les médicaments dans le processus de régulation ni quel médicament prévaudra sur le marché, les résultats des essais d'une nouvelle génération de médicaments permettant de réduire le risque de maladie cardiaque sont très encourageants.

Alors que ce livre était en cours de rédaction, des recherches passionnantes ont été conduites sur une forme synthétique de la HDL cholestérol appelée Apo A-I Milano (AAIM) recombinante. Dans les essais sur l'animal, l'AAIM a conduit à une régression rapide et importante de la plaque athérosclérotique[28]. Selon la FDA, dans un essai de phase I, qui incluait 47 personnes, l'administration d'AAIM par injection intraveineuse a conduit à une réduction significative (en moyenne de 4,2 %) de la plaque après cinq semaines seulement de traitement. Aucun autre médicament n'avait jamais montré la possibilité de réduire l'athérosclérose aussi rapidement[24]. D'autres recherches sont nécessaires pour confirmer ces résultats dans de grands essais cliniques, et déterminer l'impact de ce traitement sur l'incidence de l'infarctus du myocarde et des décès par maladies cardiaques. Cependant, une indication de ses potentialités est donnée par le fait que Pfizer a récemment acquis Esperion, la petite compagnie qui a développé le médicament, pour 1,3 milliard de dollars.

Pfizer est également en passe de gagner un pari majeur sur une autre approche permettant de renforcer les taux de HDL et de combattre la formation de la plaque. Le brevet de Tahor, son médicament permettant de diminuer la LDL-cholestérol, rapportant 9 milliards de dollars chaque année, est en train de tomber dans le domaine public, et Pfizer espère donc le remplacer par un nouveau médicament qui associera le Tahor au Torcetrapib, qui augmente la HDL. Le Torcetrapib agit en bloquant une enzyme qui, normalement, dégrade la HDL[25]. Tahor est le médicament le plus vendu de tous les temps et Pfizer s'apprête à dépenser le record d'1 milliard de dollars sur l'essai de phase 3 de Tahor-Torcetrapib, actuellement en cours.

Une autre méthode de renforcement de la HDL est d'activer certains commutateurs cellulaires appelés PPAR (*peroxysome proliferator activated receptors*), ce qui est le mécanisme d'action de « l'agoniste alpha des PPAR » de Eli Lilly. Ce médicament diminue aussi les triglycérides, autre facteur de risque, et il en est aux essais de mi-parcours. Les PPAR retiennent beaucoup l'attention : GlaxoSmithKline, Merck, Bristol-Myers Squibb, Pfizer et AstraZeneca sont en train de travailler sur des médicaments fondés sur l'activation des PPAR. Ces activateurs des PPAR pourraient aussi diminuer la LDH et contribuer au contrôle du taux du glucose sanguin ; ils pourraient donc être efficaces contre le diabète de type 2 tout autant que contre les maladies cardiaques.

Plus votre scoring calcique est élevé par rapport à la moyenne des gens de votre âge et de votre sexe, plus la réduction de la vitesse de croissance à zéro ou, encore mieux, son inversion, est urgente. (Certains médecins disent qu'il est impossible d'inverser les plaques calcifiées, mais de nombreuses études sont en faveur d'une telle inversion. Cette potentialité a été établie pour la première fois par le Dr. Dean Ornish avec son programme d'inversion des maladies cardiaques qui a montré une réduction du taux des plaques coronaires dures[30].)

Si vous avez eu un pontage ou une angioplastie, cela signifie que vous aviez probablement, et presque certainement continué à avoir, un scoring calcique très élevé. Ces chirurgies ne vous ont *pas* guéri. En fait, elles n'ont rien fait d'autre que de réduire une plaque dure ou une plaque molle. Les divers processus inflammatoires à la base de la formation d'une plaque sont typiquement accélérés par ces interventions chirurgicales et leurs suites. Peut-être que le principal bénéfice de ces procédés est de vous avoir fait prendre au sérieux votre santé cardiaque. Il est impératif pour quelqu'un qui a un antécédent d'infarctus du myocarde, d'angine de poitrine et/ou d'intervention chirurgicale cardiaque de mettre activement en place toutes les méthodes de réduction des risques décrites ultérieurement dans ce chapitre.

Facteurs de risque pour les maladies cardiaques et comment les réduire

Armés d'un modèle plus précis de la façon dont les maladies cardiaques se développent, nous pouvons maintenant mieux comprendre le rôle joué par de nombreux facteurs de risque. Bien que certains parmi ces derniers puissent être plus importants chez certaines personnes que chez d'autres, la meilleure stratégie est de prendre des mesures raisonnables pour améliorer vos chances de toutes les façons possibles.

L'urgence de réduire les facteurs de risque cardiovasculaire dépend du stade où vous êtes parvenus dans la progression de la maladie. Les autopsies d'enfants révèlent que les stries graisseuses des coronaires, qui représentent le premier stade, peuvent déjà être bien développées dès le plus jeune âge. Les personnes avec plus de trois facteurs de risque majeur devraient avoir un scanner coronaire par tomodensitométrie tous les cinq ans, ou annuellement si leur scoring calcique est au-dessus du 75e centile.

Pour chaque facteur de risque majeur, nous donnons ci-dessous des recommandations permettant de les réduire. Certains suppléments, tels que les vitamines C et E, l'ail et le policosanol, sont adaptés à divers facteurs de risque. Vous ne devez pas dépasser les quantités recommandées ; une dose couvre tous les facteurs de risque auxquels s'applique le supplément. Par exemple, si vous prenez la dose recommandée de vitamine C pour prendre en charge, disons l'hypertension, n'en prenez pas davantage si vous avez aussi d'autres facteurs de risque qui nécessitent eux aussi ce supplément.

Facteurs de risque majeurs pour les maladies cardiaques

Compter vos facteurs de risque majeurs en ajoutant un point pour chaque catégorie (tel que fumer) présente dans la liste des facteurs de risque. Par exemple, ajouter un point si vous fumez maintenant ou avez fumé pendant plus de 10 ans.

Ce test est conçu uniquement comme un guide grossier vous permettant de déterminer si vous devriez faire une évaluation plus poussée.

Si vous avez trois facteurs de risque majeur, ou davantage, nous recommandons :

- un bilan complet sanguin (cholestérol, HDL, triglycérides, CRP ultrasensible, homocystéine) ;
- scanner coronaire par tomodensitométrie avec scoring calcique ;
- test d'effort.

Ajoutez un facteur de risque pour chaque catégorie du Tableau 15-2.

Hérédité génétique

Votre profil génétique a une profonde influence sur votre prédisposition à de nombreux autres facteurs de risque tels que les taux élevés de LDL et bas de HDL, la résistance à l'insuline, l'hypertension, une homocystéine élevée, etc. Évaluez vos antécédents familiaux, parents et à un moindre degré collatéraux. Si votre père a fait un infarctus du myocarde avant l'âge de 55 ans, ou votre mère avant l'âge de 65 ans, considérez cela comme un facteur de risque majeur. Examinez aussi vos propres prédispositions. Si vous avez une tendance à l'hypertension ou une résistance à l'insuline, il est probable que cela vienne, au moins en partie, de vos gènes.

Tirez profit des tests génomiques récemment disponibles dont nous avons parlé au chapitre 11. Certains parmi les plus courants pour évaluer votre prédisposition génétique à un risque cardiovasculaire incluent les gènes de l'Apo E, de la NOS, de la MTHFR et du PAI-1. Par exemple, le variant Apo E4 de l'apolipoprotéine E se traduit par une prédisposition à des taux excessifs de LDL et par un risque cardiovasculaire accru. Le gène de la NOS oriente la production de l'enzyme NOS (oxyde nitrique synthase), responsable de la dilatation des vaisseaux sanguins. L'oxyde nitrique contribue à empêcher le développement de la progression des plaques[31]. Des mutations courantes de ce gène conduisent à un risque accru d'athérosclérose. Le gène de la MTHFR est intimement impliqué dans les réactions de méthylation et dans la production d'homocystéine (l'homocystéine est l'un des plus puissants déterminants de risque de maladies cardiaques). Les mutations de ce gène sont très courantes, mais faciles à corriger par une supplémentation nutritionnelle simple (voir chapitre 21). Le gène du PAI-1

Tableau 15-2

Catégorie du facteur de risque	Niveau optimal	Niveau de facteur de risque
Héritage génétique	Pas de parents ni de collatéraux affectés de maladies cardiaques	Le père a eu un infarctus du myocarde avant l'âge de 55 ans et/ou la mère a eu un infarctus du myocarde avant l'âge de 65 ans
Sexe et âge	Homme de 44 ans ou plus jeune ; femme de 54 ans ou plus jeune	Homme 45 ou plus âgé ; femme 55 ou plus âgée
Tabagisme	Vous n'avez jamais fumé	Vous fumez maintenant un paquet par jour, et/ou vous avez fumé dans le passé pendant 10 ans ou plus
Poids	95 % du poids optimal (voir le Tableau 8-2 au chapitre 8)	20 % ou plus au-dessus du poids optimal
Cholestérol et triglycérides	Cholestérol total 160-180 ; LDL : 80 (si vous avez moins de 3 facteurs de risque majeurs) ; 70 ou moins (si vous avez 3 facteurs de risque majeurs, ou davantage) ; HDL au-dessus de 60 ; rapport du cholestérol total à la HDL au-dessous de 2,5 ; triglycérides inférieurs à 100 (voir les recommandations pour les taux optimaux de cholestérol, ci-dessous)	L'un des facteurs ci-après : cholestérol total au-dessus de 200 ; LDL au-dessus de 130 ; HDL inférieur à 40 ; rapport du cholestérol total à la HDL supérieur à 4 (voir les recommandations ci-dessous)
Homocystéine	7,5 ou moins	10,0 ou plus
hs-CRP	1,3 ou moins	Au dessus de 5,0 ou plus
Glucose et insuline à jeun	Glucose 60-80 ; Insuline 2-3	Glucose supérieur à 110 ; et/ou insuline supérieure à 10
Tension sanguine	Systolique 120 ou moins ; diastolique 80 ou moins	Systolique 140 ou plus ; et/ou diastolique 90 ou plus
Stress	Pas de personnalité de type A avec un niveau élevé d'irritabilité (voir le chapitre 23 sur le stress) ; pas de type D	Type A avec un haut niveau d'irritabilité ; ou type D
Activité physique	Active	Sédentaire

produit l'inhibiteur de l'activateur du plasminogène qui réduit le risque de formation de caillots sanguins, facteur majeur de l'infarctus du myocarde et des accidents vasculaires cérébraux. Ceux qui présentent des mutations du PAI-1 peuvent prendre des dispositions pour réduire leur risque de formation de caillots sanguins. L'avantage des tests génétiques est que si vous découvrez que vous avez une mutation potentiellement délétère, vous pouvez largement éliminer votre risque en modifiant sans danger et simplement votre style de vie.

Vous pourriez envisager de revenir en arrière et de choisir vos parents avec plus de soin. Inutile de dire que la technologie pour y parvenir n'est pas en vue mais, comme il en a été discuté précédemment, nous sommes tout près d'être capable de bloquer les « mauvais » gènes (par l'intermédiaire de l'interférence de l'ARN) et, par la suite, nous serons capables d'ajouter de nouveaux gènes sains grâce à la thérapie génique. En attendant, il est bon d'être conscient de vos propres prédispositions génétiques et de combattre activement ces facteurs de risque pour lesquels vous avez une tendance génétique.

Sexe et âge

La croyance commune veut que seuls les hommes doivent s'inquiéter des maladies cardiaques. Une enquête de 2002 effectuée par la *Society for Women's Health Research* (Société pour la recherche sur la santé des femmes) a révélé que 60 % des femmes craignaient en priorité le cancer et que seules 5 % craignaient les maladies cardiaques. Pourtant, ces dernières sont le tueur numéro un, tant chez les hommes que chez les femmes. Parmi les 1,1 million d'infarctus du myocarde diagnostiqués chaque année, presque la moitié se produisent chez des femmes. Il est vrai que les femmes ont une certaine protection avant la ménopause ; les statistiques concernant les accidents cardiaques ainsi que pour les scoring calciques coronaires déterminés par les scanners par tomodensitométrie montrent qu'il y a un décalage d'environ 10 ans entre les femmes et les hommes.

Si vous êtes un homme, dès l'âge de 45 ans, vous devrez considérer votre sexe et votre âge comme deux facteurs de risque majeurs. Pour les femmes, l'âge devient un facteur de risque majeur à partir de 55 ans. Si vous avez deux autres facteurs de risque majeurs, vous devez adopter en priorité toutes les recommandations de ce chapitre.

PONT DEUX

Innovation concernant le dernier stade

Empêcher la coagulation du sang combat les maladies cardiaques à leur stade final, en réduisant le risque de formation d'un caillot sanguin fatal qui constitue l'infarctus du myocarde. Des millions de gens présentant des facteurs de risque élevés prennent de l'aspirine, ce qui réduit quelque peu la coagulabilité. Les patients à très haut risque prennent souvent de la Coumadine (warfarine) qui a été le principal médicament anticoagulant délivré sur ordonnance au cours de la deuxième moitié du siècle dernier. Le problème de la Coumadine est qu'elle interagit avec de nombreux autres médicaments, aliments et suppléments, et qu'elle est extrêmement difficile à administrer en toute sécurité. Un nouveau médicament appelé Exanta, d'AstraZeneca, est tout près de l'approbation et semble ne pas présenter ces nombreuses complications[28]. Certaines critiques de l'Exanta ont mis en évidence des taux élevés des enzymes hépatiques chez les patients prenant le médicament, ce qui est une indication possible d'un effet toxique ; cependant, l'élévation des enzymes hépatiques semble n'être que passagère, même lorsque le traitement est continu.

Les patients souffrant d'insuffisance cardiaque congestive pourront prochainement se faire implanter un détecteur de la taille d'un grain de riz dans leur oreillette gauche. L'appareil, développé par *Integrated Sensing Systèmes* (ISSYS) à Ypsilanti, Michigan, lit la pression sanguine à l'intérieur du cœur, indicateur clé de l'état cardiaque. Les informations sortant du détecteur peuvent être lues par un appareil placé à l'extérieur, qui communique sans fil avec l'implant. Actuellement, pour obtenir ce type d'information, les patients souffrant d'une insuffisance cardiaque au dernier stade doivent subir des examens invasifs répétés lors desquels un cathéter est inséré dans le cœur à partir d'une artère du bras ou de la jambe. L'appareil de ISSYS n'a besoin d'être implanté qu'une fois. Il peut être replié et il est implanté dans le cœur en utilisant un cathéter sous contrôle radiologique. La Clinique de Cleveland projette maintenant de commencer l'implantation de l'appareil chez des patients.

Un autre appareil de petites dimensions destiné à diagnostiquer les plaques artérielles depuis l'intérieur des artères en utilisant les ultrasons est en cours de développement par Butrus T. Khuri-Yakub de l'Université de Stanford avec le soutien financier du *National Institutes of Health* (Institut National de la Santé)[29].

Tabacgisme

Fumer augmente considérablement le risque de mort par infarctus du myocarde ou accident vasculaire cérébral[32]. Il y a 4 000 poisons dans le tabac et dans sa fumée et nous pourrions consacrer tout un livre à cataloguer les ravages de ces substances sur vos voies métaboliques. La fumée de cigarette, directe ou indirecte, augmente considérablement l'activité des radicaux libres, ce qui accélère l'oxydation de la LDL, étape critique qui transforme les molécules de LDL en un variant pathologique envahissant les parois des vaisseaux coronaires. De plus, fumer :

- augmente le niveau global d'inflammation dans l'organisme, ce qui accélère toutes les étapes des maladies cardiaques ;
- interfère avec le métabolisme de la vitamine C, antioxydant extrêmement important ;
- augmente le rythme cardiaque et la pression sanguine ce qui, dans les deux cas, accélère la lésion des artères ;
- double le taux sanguin d'adrénaline, provoquant alors une vasoconstriction (resserrement des vaisseaux sanguins) et l'agrégation des plaquettes, ce qui favorise l'apparition finale d'un thrombus coronaire ;
- interfère avec le métabolisme de la vitamine B_6, essentielle à un métabolisme correct de l'homocystéine.

Nos recommandations sont évidentes : ne fumez pas et évitez la fumée des autres.

Poids

Une surcharge pondérale contribue à toute une série de maladies et aux nombreux facteurs de risque considérés ici. C'est un facteur majeur pour le développement d'un syndrome métabolique, d'un diabète de type 2 ou d'une hypertension. L'Étude Framingham a montré l'accroissement du risque des maladies cardiaques avec l'obésité, tant pour les hommes que pour les femmes[33].

Notre recommandation est de vous maintenir à votre poids optimal, comme il en a été discuté au chapitre 8.

Cholestérol et triglycérides

Le cholestérol ainsi que la LDL et la HDL continuent à jouer des rôles majeurs dans la nouvelle conception des maladies cardiaques fondée sur l'inflammation.

Le processus inflammatoire commence par un excès de particules de LDL qui pénètrent dans la bordure des artères coronaires et s'oxydent. Les particules de HDL (le bon cholestérol) réduisent le risque de maladies cardiaques en transportant l'excès de cholestérol vers le foie et aussi en réduisant l'oxydation de la LDL. Bien qu'un excès de cholestérol puisse jouer un rôle clé dans la création d'une plaque vulnérable, des taux trop bas peuvent augmenter d'autres risques. Des taux très bas de cholestérol peuvent augmenter le risque d'accidents vasculaires cérébraux hémorragiques (accidents vasculaires cérébraux causés non pas par l'athérosclérose mais par la rupture d'un vaisseau sanguin). Il y a aussi une corrélation entre des taux très bas de cholestérol et une incidence accrue du suicide[34].

D'après des statistiques obtenues dans la population générale, un cholestérol total de 180 à 200 est optimal. Cependant, les personnes qui suivent nos recommandations sont différentes de celles de la population générale. Dans notre programme, les limites optimales pour le cholestérol vont de 160 à 180. Idéalement, la LDL-C devrait être de 80 ou moins selon le nombre de vos facteurs de risque. La HDL-C devrait être de 60 ou plus. Un rapport idéal du cholestérol total à la HDL-C est inférieur à 2,5. En suivant nos recommandations concernant les nutriments et les suppléments, vous réduirez votre inflammation, votre poids et votre tension sanguine et vous serez beaucoup moins susceptible de faire une hémorragie cérébrale.

Une recherche récente a confirmé que réduire la LDL-cholestérol à des taux bien inférieurs à ceux de la recommandation standard (en dessous de 100) réduit substantiellement le risque de maladies cardiaques. Une étude de 2004 effectuée par des chercheurs de la *Harvard Medical School* (École de Médecine de Harvard) et publiée dans le *New England Journal of Medicine* a cherché à savoir si la réduction des taux de la LDL-C en dessous de 100 (en prenant 80 milligrammes par jour de Tahor, qui est une atorvastatine) réduirait substantiellement le risque de maladies cardiaques. Le groupe « expérimental » recevant le traitement d'abaissement de la LDL-C le plus actif avait un taux moyen de LDL-C de 62, comparativement à celui de 95 pour le groupe témoin qui prenait une dose plus modeste de statines (par exemple, 20 milligrammes de Tahor par jour). Le groupe expérimental qui prenait la plus forte dose avait beaucoup moins d'infarctus du myocarde ainsi qu'une indication bien moindre pour un traitement chirurgical par pontage ou angioplastie. « C'est vraiment tout un programme », commentait le Dr. David Waters, professeur de médecine à l'Université de Californie à San Francisco. Waters, qui n'avait pas été impliqué dans la recherche, ajoutait, « Nous avons en main le pouvoir de réduire de beaucoup le risque des maladies cardiaques. » D'après cette recherche, ainsi que d'autres allant dans le même sens, nous vous recommandons de maintenir le taux de votre LDL-C à approximativement 80 (si vous avez moins de trois facteurs de risque majeurs) ou 70 ou moins (si vous avez trois facteurs de risque majeurs, ou davantage).

Si votre scoring calcique coronarien est supérieur de 75 % à celui des gens de votre âge et de votre sexe, vous avez probablement un processus de création de plaques très actif et il est donc particulièrement urgent que vous réduisiez le plus possible vos facteurs de risque de maladies cardiaques. À ce niveau, votre risque d'infarctus du myocarde est vraisemblablement bien supérieur à votre risque d'hémorragie cérébrale ou de suicide et donc vous devriez accorder la priorité à la réduction des taux de votre cholestérol et de votre LDL-C et amener votre taux de cholestérol total en dessous de 150 à 160.

Une recherche récente a montré que certaines fractions de la LDL-C et de la HDL-C étaient de bien meilleurs indicateurs de risque que la LDL-C et la HDL-C totales. Les chercheurs sont encore en train d'étudier si les fractions HDL2 ou HDL3 de la HDL-C sont les formes les plus protectrices[35]. La LDL-B et la lipoprotéine(a) sont des fractions particulièrement dangereuses de la LDL-C. Les particules de LDL de ces deux fractions sont plus petites que les particules relativement grosses de la LDL A et donc elles envahissent plus facilement la paroi des vaisseaux. Des taux élevés de ces deux formes de la LDL-C triplent le risque de maladies cardiaques, comparativement a des taux élevés de la LDL-C seule[36].

Un autre facteur de risque indépendant de maladies cardiaques est le taux des triglycérides (lipides ou graisses surnageantes) dans le sang. Idéalement, il devrait être inférieur à 100.

La première étape pour améliorer les taux de cholestérol et de triglycérides est d'adopter un régime sain en suivant les recommandations nutritionnelles des chapitres 4 à 8 de ce livre. Plus important encore, vous devriez réduire drastiquement les graisses saturées, ce qui est le plus important du point de vue diététique. Aucun autre nutriment n'augmente plus le taux de la LDL que les graisses saturées.

Le cholestérol d'origine alimentaire soulève quelques controverses. Les taux de cholestérol sanguin sont régulés par le foie et donc un système sain est capable de maintenir des taux normaux de cholestérol dans le sang, en dépit d'une consommation de cholestérol alimentaire. Cependant, si vous avez des taux de lipides anormaux, ces mécanismes de régulation du cholestérol ne fonctionnent probablement pas de façon optimale. Lorsque le taux de votre cholestérol sanguin n'est pas optimal, nous vous recommandons de réduire le cholestérol d'origine alimentaire de telle façon qu'il ne dépasse pas 100 milligrammes par jour. Un jaune d'œuf en contient environ 220 milligrammes.

De nombreux suppléments efficaces qui améliorent significativement le taux du cholestérol, de la LDH, de la HDL et des triglycérides sont en vente libre. Nous vous recommandons de commencer par essayer ces suppléments, puis d'utiliser des médicaments sur ordonnance tels que les statines (discutées ci-dessous) lorsque ces suppléments s'avèrent insuffisants. Les suppléments décrits ici ont des mécanismes indépendants de celui des statines et donc ils peuvent être utilisés en association avec ces dernières.

Les suppléments les plus efficaces incluent les substances ci-après :

Le *policosanol* est un supplément extrêmement efficace pour améliorer le taux des lipides avec des résultats comparables à ceux des statines[37]. Des études ont également démontré que l'association du policosanol avec les statines apporte même des effets plus importants. Une étude a montré qu'à la dose de 10 à 20 milligrammes par jour, le policosanol « abaissait le cholestérol total de 17 à 21 % et le cholestérol de la LDL de 21 à 29 %. Il augmente aussi le cholestérol de la lipoprotéine de haute densité de 8 à 15 %. » Tout comme les médicaments agissant sur les lipides, le policosanol inhibe l'oxydation de la LDL, première étape critique dans la création des cellules spumeuses mortelles.

Le policosanol est utilisé depuis de nombreuses années en Europe et il est devenu récemment populaire aux États-Unis. L'ingrédient principal en est l'octascosanol, alcool gras à longue chaîne présent naturellement dans la partie externe des feuilles et des fruits. Le policosanol agit en synergie avec le *gugulipide* (gugulestérones), un supplément naturel ancien préparé à partir de la résine d'un arbre du nord de l'Inde, le *Commiphora mukul*. Une étude de 125 patients a montré qu'après une période de quatre semaines, le gugulipide réduisait le cholestérol total de 11 % et les triglycérides de 16,8 %. Il augmente aussi l'HDL de 60 %[38].

Tableau 15-3 Niveaux sanguins de référence et optimaux

Examen sanguin	Valeur de référence standard	Niveau « optimal »
Fibrinogène (mg/dL)	Inférieur à 460	Inférieur à 300
Protéine C réactive (mg/L)	Inférieur à 5	Inférieur à 1,3
Homoscystéine (µmol/L)	Inférieur à 15	Inférieur à 7,5
Ferritine (mg/dL)	Inférieur à 180	Inférieur à 100
Cholestérol (mg/dL)	100-199	160-180
LDL (mg/dL)	0-129	LDL : 80 (si vous avez moins de 3 facteurs de risque majeurs) ; 70 ou moins (si vous avez 3 facteurs de risque majeurs ou plus)
HDL (mg/dL)	40-59	60 ou plus
Rapport cholestérol/HDL	2,5-4,0	Inférieur à 2,5
Triglycérides	0-149	Inférieur à 100

La vitamine E peut aussi être efficace, tant pour abaisser le cholestérol que pour réduire considérablement le risque cardiovasculaire dans son ensemble. Dans l'étude *Cambridge Heart Anti-Oxydant Study* (CHAOS, Étude des antioxydants pour le cœur de Cambridge) de 1996, 1 000 patients souffrant du cœur ont reçu 400 à 800 unités internationales de vitamine E, alors qu'un groupe témoin de 1 000 autres hommes (avec le même profil cardiaque) recevait un placebo. Dix huit mois plus tard, dans le groupe recevant la vitamine E, on constatait une diminution de 75 % des infarctus du myocarde[39].

Un autre supplément naturel très efficace pour améliorer le taux des lipides est un ensemble de stérols végétaux. Ces derniers ont été inclus dans des margarines destinées à réduire le cholestérol, mais ces produits contiennent des mauvaises graisses et donc nous recommandons de prendre les stérols végétaux en tant que suppléments sous forme de pilules (voir Fantastic-Voyage.net pour des recommandations spécifiques de produits).

Nous vous conseillons de commencer par le policosanol et le gugulipide, associés à d'autres suppléments d'appoint (voir le tableau ci-dessous) et d'apprécier les résultats deux mois plus tard. Si vos taux doivent encore être améliorés, ajouter des stérols végétaux et faites vos dosages à nouveau deux mois plus tard. Si vos taux continuent à nécessiter une amélioration, vous pouvez envisager d'ajouter une statine sous le contrôle de votre médecin.

La *phosphatidylcholine* (PtC) est un constituant majeur de vos membranes cellulaires. Avec l'âge, le taux de PtC des parois cellulaires diminue, ce qui est un processus important de vieillissement. En vous supplémentant en PtC, vous pouvez arrêter et même inverser ce processus. Une recherche indique que la PtC peut stimuler l'inversion du transport du cholestérol – c'est-à-dire l'élimination du cholestérol des plaques artérielles. C'est essentiellement le même processus

Tableau 15-4

Supplément	Dose par prise	Nombre de fois par jour	Dose totale par jour
Policosanol	10 mg	2	20 mg
Gugulipide	500 mg	2	1 000 mg
Vitamine E	400 UI	2	800 UI
Ail	900 mg	3	2 700 mg
Curcumine	900 mg	1-2	900-1 800 mg
Niacine*	100-500 mg	2	200-1 000 mg
Phosphatidylcholine	900-1 800 mg	2	1 800-3 600 mg
Fibres solubles**	4-6 g	2-3	8-18 g
Extrait protéique de soja	1 1/2 cuillères à café (3 g)	2	3 cuillères à café (6 g)
Extrait de thé vert	500-1 000 mg	2	1 000-2 000 mg

* Nous recommandons l'inositol hexanicotinate, qui est une niacine qui vous évitera des rougeurs de la face. Des dosages supérieurs à 3 000 milligrammes par jour sont souvent utilisés, bien que nous recommandions de commencer par 200 milligrammes par jour. Notez que le contrôle périodique des fonctions hépatiques est recommandé lorsque l'on prend de la niacine.

** Des fibres solubles telles que la pectine, la gomme de guar ou le psyllium, sont recommandées, particulièrement avant les repas riches en graisse. Si vous prenez les médicaments sur prescription nitrofurantoïne ou digitale, ne prenez pas de fibres solubles.

que favorise l'HDL. La PtC (sous forme de suppléments oraux ou par traitement intraveineux) est largement utilisée en Allemagne et approuvée par l'équivalent allemand de la FDA. Lorsque vous absorbez de la PtC, il est important de n'utiliser que celle qui est pure à au moins 99 %. De nombreux suppléments étiquetés comme phosphatidylcholine ne contiennent en fait que 30 % environ de PtC. La lécithine de qualité alimentaire contient de la PtC mais seulement 20 à 25 %. (Voir Fantastic-Voyage.net pour les recommandations de produits spécifiques).

Nous vous recommandons de commencer par le premier cycle de supplémentation décrit ci-après pour améliorer le taux de vos lipides.

Deux mois plus tard, si les taux ne sont pas encore optimaux, nous vous suggérons d'ajouter 3 600 milligrammes (1 800 deux fois par jour) de stérols végétaux puis de faire à nouveau un dosage deux autres mois après.

Si les suppléments naturels ne parviennent pas à amener votre cholestérol, votre LDL et vos triglycérides à des taux idéaux, vous et votre médecin pourriez vouloir considérer les inhibiteurs de l'enzyme HMG-CoA réductase, connus sous le nom de statines. Les statines ralentissent la formation du cholestérol par le foie et augmentent la vitesse à laquelle la LDH est éliminée du sang. Elles semblent aussi inhiber l'oxydation de la LDL et réduisent donc la première étape de la formation d'une plaque vulnérable. Il y a des controverses parmi les chercheurs sur ce dernier point. Certains pensent que la réduction de la formation d'une plaque vulnérable est entièrement due à l'amélioration du taux des lipides.

Il est important de remarquer que les statines peuvent avoir des effets toxiques sur le foie, et donc votre médecin voudra suivre l'état de cet organe par des dosages sanguins qui mesurent vos enzymes hépatiques clé[40].

Une autre considération extrêmement importante lorsque vous prenez des médicaments pour les lipides est qu'ils diminuent le taux du coenzyme Q_{10} de l'organisme, nutriment vital nécessaire au maintien du bon état des mitochondries (les usines qui produisent l'énergie dans toutes les cellules). Il est vital de prendre un supplément de coenzyme Q_{10} lorsque vous prenez des statines. Cinquante à cent milligrammes deux fois par jour sont recommandés si vous êtes sous traitement par les statines.

Une statine particulièrement efficace est l'atorvastatine, connue sous le nom de Tahor. Contrairement aux autres médicaments des lipides, le Tahor est approuvé comme traitement pour réduire les triglycérides en plus de son action sur l'amélioration du taux du cholestérol. Le Tahor peut réduire la LDH de 40 à 60 % et les triglycérides de 20 à 40 %. Il renforce aussi l'HDL de 5 à 10 %[41].

Homocystéine

Comme nous en avons discuté au chapitre 13, des taux excessifs d'homocystéine, qui indiquent des processus de méthylation anormaux, ont des implications extrêmement négatives. Les taux élevés d'homocystéine accélèrent la conversion de la LDL en cellules spumeuses et bloquent la production de l'oxyde nitrique nécessaire à la santé des cellules endothéliales de la paroi des vaisseaux sanguins. Nous recommandons de maintenir le taux d'homocystéine au-dessous de 7,5. Notre programme pour y parvenir est décrit dans le chapitre 13.

Protéine C réactive (hs-CRP)

Une recherche récente a montré que la protéine C réactive, qui mesure le taux d'inflammation dans l'organisme, est un facteur de risque extrêmement important. L'abaissement de l'hs-CRP devrait être considéré avec la même priorité que l'optimisation du taux de cholestérol. Une étude de la revue *Circulation* a montré que le risque d'infarctus du myocarde chez l'homme triple pour des taux d'hs-CRP supérieurs à 2,11, par comparaison avec des taux inférieurs à 0,55, et fait plus que quintupler pour des femmes ayant des taux d'hs-CRP supérieurs à 7,3, par comparaison avec des taux inférieurs à 1,5[42]. Le taux de votre CRP augmente au cours des périodes d'infection et donc des dosages répétés sont nécessaires lorsque votre taux est élevé, particulièrement lorsque vous souffrez d'un rhume ou d'une grippe. Étant donné le rôle vital de l'inflammation à toutes les étapes du processus des maladies cardiaques, l'association de l'hs-CRP et du risque de maladies cardiaques n'est pas surprenant.

Nous recommandons d'amener votre hs-CRP en dessous de 1,3. Nous avons vu le rôle de l'inflammation et notre programme pour la réduire au chapitre 12.

Glucose et insuline à jeun

Comme nous en avons discuté au chapitre 9, le syndrome métabolique et sa forme plus avancée, le diabète de type 2, ont des implications d'une portée considérable pour le développement des maladies cardiaques. Les patients atteints de ces maladies ont une résistance à l'insuline qui se traduit par un taux sanguin d'insuline élevé. L'insuline est un facteur de croissance et elle accélère la formation des plaques coronaires. Comme nous allons le voir, elle favorise aussi l'hypertension (pression sanguine élevée) qui est son propre facteur de risque. Les taux sanguins élevés de glucose favorisent la glycosylation (fixation de molécules de glucides) de la LDL, étape clé dans la transformation des macrophages et de la LDL en cellules spumeuses pathologiques. Le métabolisme des lipides est lui aussi susceptible d'être perturbé par la résistance à l'insuline, à l'origine de taux excessifs de triglycérides, ce qui est un autre facteur de risque coronarien.

Nous vous recommandons de faire doser les taux de votre glucose et de votre insuline à jeun et de suivre les recommandations du chapitre 9.

Pression sanguine

Même dans des circonstances normales, la pression sanguine dans les artères coronaires est très élevée, ce qui favorise l'inflammation à l'origine du processus d'athérosclérose. Le niveau d'inflammation des vaisseaux coronaires est aggravé par une pression sanguine élevée. Une étude de 1 874 hommes publiée dans les *Archives of Internal Medicine* a montré que ceux présentant une hypertension de stade 1 (modérée) (140/90 ou plus) avaient un risque de 50 % plus élevé de mourir d'une maladie des artères coronaires[43]. Même ceux qui ont une pression sanguine à la limite supérieure normale (qui est maintenant appelée « préhypertension » et inclut les pressions sanguines supérieures à 120/80) avaient un risque de 34 % plus élevé. De nombreuses autres études ont démontré la capacité de l'hypertension à accélérer l'athérosclérose et à augmenter la probabilité d'un infarctus du myocarde. L'hypertension est aussi un symptôme du syndrome métabolique (SM, ou syndrome X).

La tension sanguine optimale est inférieure à 12/80. Lorsque votre tension sanguine est au-dessus de ce niveau, nous recommandons de commencer par un programme nutritionnel et un programme de suppléments et d'utiliser les médicaments sur prescription uniquement lorsque cela ne marche pas. La première étape est d'adopter les recommandations nutritionnelles du Programme de longévité de Ray & Terry et d'atteindre votre poids optimal. Cherchez si vous avez un SM ou un diabète de type 2 et suivez notre programme du chapitre 9.

Ces étapes, particulièrement l'adoption d'un régime pauvre en glucides, avec des glucides d'index glycémique très bas, sont souvent suffisantes par elles-mêmes pour résoudre l'hypertension.

Les suppléments utiles pour réduire l'hypertension incluent les substances ci-après. Lorsque ces recommandations s'avèrent insuffisantes et que des médicaments sur prescription sont envisagés, les antagonistes de l'angiotensine II tel le Cozaar (losartan) et l'Hyzaar (hydrochlorothiazide) semblent être moins dangereux et plus efficaces que d'autres médicaments tels que les inhibiteurs calciques[44]. Les diurétiques et les bêtabloqueurs semblent augmenter la résistance à l'insuline, ce qui est contre-productif et augmente le risque de développement d'un SM ou d'un diabète de type 2[45].

Supplément	Dose par prise	Nombre de fois par jour	Dose totale par jour
Vitamine C	1 000 mg	2	2 000 mg
Vitamine E	400 UI	2	800 UI
Coenzyme Q_{10}	100 mg	3	300 mg
Huile de poisson (EPA et DHA)	EPA (500-1 500 mg) DHA (350-1 000 mg)	3	EPA (1 000-3 000 mg) DHA (700-2 000 mg
Acide alpha lipoïque (LA)*	250 mg	2	500 mg
L-arginine**	2-3 g	3	6-9 g
Ail	900 mg	3	2 700 mg
Calcium	500 mg	1-2	500 à 1 000 mg
Magnésium	400 mg	2	800 mg
Potassium	100 mg	1	100 mg
Policosanol***	10 mg	2	20 mg
Extrait de thé vert	500-1 000 mg	2	1 000 –2 000 mg
Aubépine	250 mg	2-3	500-750 mg

* LA est un supplément important pour prévenir ou traiter un syndrome métabolique (voir le chapitre 9). ** La L-arginine a de nombreux bénéfices supplémentaires en améliorant la santé des vaisseaux. *** Le policosanol est très efficace dans l'amélioration du taux du cholestérol et des lipides associés.

Stress

Étant donné le rôle prépondérant de l'inflammation à toutes les étapes du long processus conduisant à l'infarctus du myocarde, il n'est pas difficile de comprendre pourquoi le stress est un facteur de risque. Les études ont démontré que les sentiments d'agressivité et de colère augmentent le taux d'homocystéine. Le stress continu auto-imposé associé à une personnalité de type A se traduit par des taux plus élevés d'adrénaline, ce qui aggrave l'inflammation[46]. Comme nous en discuterons au chapitre 23, « Stress et équilibre », tous ceux qui présentent une personnalité de type A ne sont pas à risque. Les gens qui s'emportent facilement et qui sont continuellement en colère ont le type de personnalité présentant le risque le plus élevé. La personnalité de type D, caractérisée par un manque de sociabilité et d'incapacité à exprimer une émotion, a elle aussi un risque accru de maladies cardiaques[47].

Activité physique

Pour nous placer dans un contexte positif, des niveaux adéquats d'activité physique réduisent tous les facteurs de risque contrôlables, y compris l'amélioration de la sensibilité à l'insuline qui contribue à la perte de poids et réduit la pression sanguine, le stress et l'inflammation. Nous discutons de ce problème clé au chapitre 22.

Facteurs de risque secondaires des maladies cardiaques

Apnée du sommeil obstructive

L'apnée du sommeil obstructive est une maladie courante dans laquelle la bouche s'ouvre largement au cours du sommeil, ce qui provoque un blocage temporaire de l'air et une diminution de l'oxygène disponible, conduisant à une sensation de bâillonnement. Les personnes souffrant d'apnée du sommeil modérée à grave peuvent avoir des dizaines ou des centaines de tels événements chaque nuit. Cette maladie, rencontrée chez de nombreux patients qui ronflent beaucoup, peut être diagnostiquée dans une clinique du sommeil. Des tests praticables à domicile utilisent des sondes électroniques placées au bout des doigts pour suivre les taux d'oxygène sanguin. La plupart des gens qui souffrent d'apnée du sommeil ne sont pas conscients du problème.

PONT DEUX

Guérir le cœur

Les personnes qui ont eu un infarctus du myocarde ont fréquemment un tissu cardiaque lésé. En général, le cœur est incapable de se régénérer lui-même, mais en utilisant les propres cellules souches du patient, on a pu obtenir une telle régénération. Au *Beaumont Hospital* à Royal Oak, Michigan, et au *Pro-Cardiaco Hospital* à Rio de Janeiro, on a injecté dans le ventricule gauche du cœur de patients candidats à une transplantation cardiaque des cellules souches venant de leur propre moelle osseuse. Le tissu cardiaque lésé s'est régénéré, ce qui a écarté la nécessité d'une transplantation. « Cela est une première approche vers une réelle guérison d'un cœur, » dit le Dr Michael Rosen de l'Université Columbia, en se référant aux bénéfices de l'utilisation des cellules souches à la place d'une transplantation chirurgicale.

Des artères humaines complètes ont déjà été développées en laboratoire. En partant de cellules musculaires humaines, une équipe de recherche de l'Université de Birmingham, au Royaume-Uni, a obtenu une multiplication de ces dernières auxquelles il a été ajouté un gène appelé hTERT afin d'augmenter leur longévité. Ensuite, les chercheurs ont utilisé une structure en forme d'échafaudage faite d'un polymère biodégradable (plastique) pour obliger les cellules à croître selon la forme désirée. Après deux mois, le groupe était capable de récolter des artères fonctionnelles de huit centimètres de long. Ces dernières avaient le génotype des cellules musculaires d'origine. La méthode a besoin d'une évaluation avant que les artères puissent être implantées en toute sécurité chez des patients, mais ce projet représente une autre étape encourageante dans la construction d'éléments de remplacement pour le corps humain. En fin de compte, nous serons capables de convertir nos propres cellules, telles que les cellules de la peau, en nouvelles cellules cardiaques et de réparer et de rajeunir nos propres cœurs sans intervention chirurgicale, en introduisant ces cellules dans le flux sanguin.

Enfin, les ordinateurs sont maintenant suffisamment puissants pour simuler le cœur cellule par cellule. Des simulations élaborées du cœur sont en cours de développement dans différentes sociétés et dans des universités, y compris l'Université de Californie à San Diego et l'Université d'Oxford. L'effort global, connu sous le nom collectif de « projet cardiome », cherche à simuler de façon précise chaque aspect du système cardiovasculaire, de la cellule isolée au cœur entier, y compris les délicates interactions des nombreux processus électrochimiques complexes. « Aujourd'hui, nous pouvons réaliser sur ordinateur une bonne modélisation de ce qui arrive aux cellules du cœur lors de l'insuffisance cardiaque et de prédire comment la contraction du cœur répondra à un médicament ou à d'autres stimuli, » dit Andrew McCulloch de l'Université de Californie à San Diego. « Cela nous permettra de répondre à beaucoup de questions expérimentales ou cliniques. »

Ces outils sont déjà opérationnels en clinique. Les médecins reçoivent des résultats venant des scanners par IRM ou tomodensitométrie et obtiennent des diagnostics qui autrement auraient nécessité des interventions chirurgicales invasives[49]. Étant donné que les logiciels et les appareils de simulation cardiaque continuent à s'améliorer, nous serons en fin de compte capables de découvrir réellement de nouveaux médicaments et de les tester par simulation. Un essai qui aurait nécessité des mois sera effectué en quelques heures, ce qui accélérera considérablement le processus de développement des médicaments. Le développement des médicaments et des traitements pour toutes les maladies évolue dans cette direction.

L'apnée du sommeil se traduit par une pression sanguine et une inflammation accrues et elle accélère donc la formation d'une plaque vulnérable[48]. C'est un facteur de risque pour les maladies cardiaques.

La surcharge pondérale contribue à l'apnée du sommeil et atteindre un poids optimal est donc une approche pour résoudre le problème. Un traitement en vogue est le CPAP (de *continuous pulmonary airway pressure*, pression des voies pulmonaire continue) dans lequel le patient porte un masque connecté à un appareil qui maintient positive la pression de l'air, ce qui réduit les événements de l'apnée du sommeil. Cet appareil encombrant peut sembler gênant, mais les personnes qui souffrent d'une apnée du sommeil sévère trouvent cela préférable pour bien dormir.

Avant d'envisager le CPAP, nous vous recommandons d'essayer un produit plus simple, un appareil souple appelé *Sleep Angel* (ange du sommeil) (voir Fantastic-Voyage.net), qui semble efficace pour les apnées du sommeil légères à modérées. Ce bonnet élastique est porté entre la tête et le menton et permet à la bouche de s'ouvrir partiellement, mais pas largement. Étant donné qu'il est moins probable d'avoir un épisode d'apnée du sommeil lorsque la bouche n'est pas complètement ouverte, cet appareil peut les rendre moins fréquents. Une autre approche est d'éviter de dormir sur le dos, car l'apnée est beaucoup plus probable dans cette position. Certaines personnes cousent une balle de tennis dans le dos de leur veste de pyjama pour favoriser le sommeil dans d'autres positions.

Fibrinogène

Le fibrinogène est une protéine du sang qui contribue à la coagulation. Des taux excessifs augmenteront la probabilité de formation d'un caillot lorsque la coiffe fibreuse d'une plaque vulnérable se rompt[50]. Nous vous recommandons de faire doser votre taux de fibrinogène. Les taux de référence se situent habituellement entre 150 et 460, mais nous préférons des taux inférieurs à 300.

Pour des sujets présentant des taux élevés ou à la limite supérieure normale, nous recommandons fortement un traitement par de l'aspirine à faible dose (75 milligrammes par jour), ce qui réduira la tendance à former des caillots sanguins, bien que l'aspirine ne semble pas diminuer directement le taux du fibrinogène.

Il est difficile de réduire les taux sanguins du fibrinogène, mais des suppléments susceptibles de le diminuer, ou au moins de réduire la coagulabilité, incluent la curcumine, l'EPA et le DHA, l'ail, le gingembre, le thé vert, le guguli-pide, le policosanol, le bêta-carotène et les vitamines C et E. Remarquez aussi que les taux élevés d'homocystéine contribuent à augmenter ceux du fibrinogène et donc réduire des taux excessifs d'homocystéine, ce qui sera également bénéfique.

Calvitie de type masculin

Une étude sur 11 années de la *Harvard Medical School* (École de médecine de Harvard) portant sur 22 071 médecins hommes a montré un parallèle entre un risque accru de maladies cardiaques et la chute des cheveux[51]. Ce lien semble dû au fait que la vasoconstriction des vaisseaux sanguins à l'origine de la calvitie joue un rôle dans l'accélération de l'athérosclérose et des infarctus du myocarde. S'attaquer aux symptômes de la calvitie avec des médicaments tels que Propecia (finastéride) est incapable d'améliorer le facteur de risque. Cependant, adopter un régime sain pour le cœur, avec des suppléments et un programme d'activité physique réduira à la fois le risque de maladies cardiaques et la chute des cheveux (mais cela ne fera pas repousser les cheveux perdus !).

Fer sanguin

Des taux élevés de fer sanguin, maladie héréditaire appelée hémochromatose[52], tout particulièrement en association à des taux élevés de LDL, favorisent l'oxydation de la LDL, première étape critique de la formation des cellules spumeuses mortelles. Avant la ménopause, les femmes ont des taux plus faibles de fer en raison de la menstruation. Les hommes peuvent simuler en partie cet effet en donnant régulièrement du sang. (Il semble que les médecins du Moyen âge qui pratiquaient la saignée n'étaient pas tous dans l'erreur.) Les suppléments qui réduisent le taux de fer incluent les fibres, le calcium, le magnésium, l'ail, la vitamine E, le thé vert et le vin rouge. Ne prenez pas de suppléments (particulièrement les suppléments minéraux) qui contiennent du fer et évitez les casseroles en fer. Vous pouvez estimer le niveau de fer dans votre organisme grâce au « taux de ferritine » sérique qui idéalement doit être inférieur à 100.

Maladies des gencives

Les maladies parodontales, telles que la gingivite, sont caractérisées par une inflammation chronique et ont été, dans certaines études, liées à un risque accru de maladies cardiaques[53]. Nous ne savons pas encore si l'existence des maladies des gencives contribue par elle-même aux maladies cardiaques ou si l'inflammation et des processus infectieux sous-jacents contribuent à la fois aux maladies des gencives et aux maladies cardiaques. Il est possible aussi que les diverses bactéries impliquées dans les maladies des gencives contribuent au processus d'athérosclérose. Nous recommandons fermement une bonne hygiène dentaire pour réduire la probabilité des maladies des gencives, y compris un brossage quotidien, des visites régulières chez le dentiste et un traitement approprié lorsqu'une maladie gingivale est diagnostiquée.

Hypothyroïdie

Il existe un lien entre l'hypothyroïdie (faible fonctionnement de la thyroïde) et d'autres facteurs de risque des maladies cardiaques. La moitié des patients hypothyroïdiens ont des taux élevés d'homocystéine, comparativement aux 18 % de la population générale. Plus de 90 % de ces patients ont des taux excessifs de cholestérol ou d'homocystéine, comparativement à seulement un tiers de la population générale. Les hormones thyroïdiennes, particulièrement la triiodothyronine (T3), jouent des rôles importants dans le métabolisme des graisses et du cholestérol. Cela explique les taux élevés d'homocystéine et de cholestérol associés à l'hypothyroïdie. L'évaluation de la fonction thyroïdienne (taux de T3 libre, de T4 libre et de TSH) devrait être effectuée systématiquement dans votre examen annuel et un fonctionnement thyroïdien perturbé devra être traité.

Diagnostic non invasif et traitement

Si vous présentez moins de trois facteurs de risque majeurs (voir le Tableau 15.2), nous recommandons les dosages sanguins ci-après au moins tous les cinq ans.

- un bilan sanguin incluant le cholestérol total, la LDL-C, la HDL-C et les triglycérides ;
- la protéine C réactive ;
- le glucose à jeun ;
- l'hémoglobine A1c (lorsque le glucose à jeun est supérieur à 100) ;
- la lipoprotéine(a).

Les résultats de ces dosages peuvent ajouter un ou plusieurs facteurs de risque. Lorsque vous avez trois facteurs de risque, ou plus, nous vous recommandons d'envisager ce qui suit.

- Un scanner cardiaque par tomodensitométrie avec scoring calcique mesure la quantité totale de plaques calcifiées. Vous devez chercher le scoring calcique associé à chaque lésion, étant donné que la distribution des plaques calcifiées indique aussi le risque. Une plaque concentrée en une seule zone est davantage susceptible de bloquer les artères, ce qui provoque une douleur angineuse. Et lorsque plusieurs artères sont gravement bloquées, cela peut conduire à une insuffisance cardiaque congestive. Cependant, l'indication la plus importante est le scoring calcique total (total des scoring calciques pour toutes les lésions). Lorsque vous avez un scoring supérieur au 50e centile pour votre âge et votre sexe, votre risque est vraisemblablement élevé et vous devez suivre les recommandations de ce chapitre de façon urgente.

PONT TROIS

Des nanorobots remplaceront vos cellules sanguines

Rob Freitas, l'auteur de *Nanomedecine*, a créé et analysé des concepts détaillés pour remplacer les globules rouges (hématies), les plaquettes et les globules blancs (leucocytes) de notre sang. Tout comme la plupart de nos systèmes biologiques, les cellules rouges du sang effectuent très inefficacement leur fonction d'oxygénation et Freitas les a reprogrammé pour un fonctionnement optimal. Avec quelques dizaines de grammes de respirocytes de Freitas circulant dans votre sang normal, vous pouvez rester des heures sans oxygène. Bien que les prototypes soient encore pour le futur, les exigences physiques et chimiques ont été résolues avec beaucoup de précision. Ces analyses montrent que les appareils conçus par Freitas seraient des centaines ou des milliers de fois plus performants que notre sang biologique.

Il sera intéressant de voir comment ce développement pourra être utilisé par les sportifs. Des adolescents (dont la circulation pourrait contenir du sang enrichi en respirocytes) dépasseraient régulièrement en cours de la gymnastique les performances des athlètes olympiques (qui vraisemblablement n'auront pas le droit d'utiliser ces technologies).

Freitas envisage des plaquettes artificielles de quelques microns qui pourraient réaliser l'homéostase (contrôle du saignement) jusqu'à 1 000 fois plus vite que les plaquettes biologiques. Freitas décrit aussi des microbivores nanorobotiques (des remplaçants des globules blancs du sang) qui chargeraient des logiciels d'Internet pour venir à bout d'infections spécifiques des centaines de fois plus rapidement que les antibiotiques et qui seraient efficaces contre toutes les infections bactériennes, virales ou fongiques, et même contre les cellules cancéreuses, sans les limitations résultant de la résistance aux médicaments. Il estime que ses microbivores robotiques pourraient détruire des organismes pathologiques tels que les bactéries ou les virus dangereux en 30 secondes, soit au moins 100 fois plus vite que les globules blancs du sang biologique. L'agent pathogène serait dégradé en aminoacides inoffensifs et en d'autres nutriments et non pas en produits souvent toxiques comme ceux qui résultent de l'action de notre système immunitaire biologique.

Les auteurs de ce livre ont observé au microscope leurs propres globules blancs du sang entourer et dévorer un agent pathogène et ils ont été frappés par la remarquable lenteur de ce processus naturel.

Freitas a aussi conçu des nanorobots qui pourraient remplacer le système circulatoire tout entier. Un système de billions (10^{12}) de nanorobots « vasculoïdes » dérivés du saphir rempliraient toutes les fonctions de notre système circulatoire actuel, y compris la circulation elle-même, remplaçant la fonction du cœur. Freitas décrit cela comme un nanorobot qui « reproduirait toutes les fonctions essentielles de transport thermique et biochimique du sang, y compris la circulation des gaz de la respiration, le glucose, les hormones, les cytokines, les produits de déchet et tous les constituants cellulaires nécessaires. » Le remplacement de votre sang par des billions (10^{12}) d'appareils nanorobotiques nécessitera un long processus de développement, d'affinement et d'approbation réglementaire, mais nous avons déjà la connaissance conceptuelle pour envisager l'ingénierie d'améliorations substantielles portant sur les méthodes remarquables mais extrêmement inefficaces mises en œuvre par notre corps biologique.

- Un test d'effort enregistre votre ECG (électrocardiogramme) au cours d'une activité physique progressive sur un tapis roulant ; cet examen peut évaluer le degré de blocage éventuel dans une ou plusieurs de vos artères coronaires ainsi que la capacité de vos artères coronaires à fournir une quantité adéquate de sang à votre cœur. Comme le scanner cardiaque par tomodensitométrie, le test d'effort n'évalue pas directement le problème clé de la plaque vulnérable. Une version plus sensible est le test d'effort au thallium, au cours duquel du thallium radioactif est injecté lorsque vous arrivez à votre niveau maximum d'effort. Immédiatement après être descendu du tapis roulant, un appareil d'imagerie appelé « caméra gamma » prend des images de votre cœur. Si une partie de votre muscle cardiaque ne reçoit pas une quantité suffisante de sang, cela se traduira dans l'image. Un autre ensemble d'images est pris après que le rythme de votre cœur est revenu à la normale. Les images associées à l'électrocardiogramme au cours de l'effort sont interprétées par un médecin afin d'évaluer la fonction du cœur et des artères cardiaques.
- Une nouvelle génération d'appareils de tomodensitométrie et d'IRM (imagerie par résonance magnétique) est capable de donner des images des fins renflements associés à une plaque vulnérable. Ces systèmes sont d'une grande valeur pour évaluer la véritable origine du risque d'infarctus du myocarde.

Lorsqu'on vous a diagnostiqué une maladie des artères coronaires, deux autres formes intensives d'ECG peuvent apporter à votre médecin des informations détaillées sur le schéma d'occlusion des artères et ses effets sur le cœur.

- *Le holter* consiste en un ECG de 24 heures enregistré au cours de votre vie normale. Les patients portent de multiples électrodes (3 à 5) sur la poitrine, connectées à une unité électronique pas plus grosse qu'un téléphone cellulaire. Pendant 24 heures, l'unité électronique enregistre les signaux de l'ECG qui sont alors traités par un ordinateur puis analysés par un médecin. Ce procédé peut détecter des arythmies (rythmes anormaux du cœur) qui n'auraient pas été vues par un ECG normal, incluant un test d'effort.
- *L'enregistrement ambulatoire de longue durée* est semblable au holter, mais il s'effectue sur une période de temps plus longue, généralement un mois ou plus. L'unité n'enregistre pas tous les signaux mais les tracés d'ECG lorsque le patient appuie sur un bouton indiquant alors qu'il a perçu un symptôme, tel qu'une palpitation cardiaque ou une sensation de douleur angineuse. L'unité stocke continuellement les signaux de l'ECG émis dans les quelques minutes qui ont précédé le symptôme, et donc l'enregistrement de l'ECG stocké pour chaque événement déclenché reflète les signaux de l'ECG quelques minutes avant et quelques minutes après cet événement.

Contre-pulsion externe augmentée

En plus des procédés de traitement non invasifs impliquant régime et suppléments décrits ci-dessus, une ingénieuse méthode pour réduire les douleurs angineuses et améliorer la fonction cardiaque chez les patients présentant une insuffisance cardiaque est la contre-pulsion externe augmentée (CPEA)[54]. Ce traitement complémentaire non invasif implique de mettre en place des manchons remplis d'air autour des mollets, des cuisses et des fesses du patient. Alors que le patient est couché sur une table, les manchons sont comprimés avec de l'air selon un rythme spécifique contrôlé par un ordinateur qui reçoit des signaux venant de l'ECG en temps réel du patient. Le gonflement des manchons est programmé pour survenir précisément lors de la phase de repos du rythme cardiaque, appelée *diastole*. Lorsque l'ordinateur gonfle les manchons, le sang est propulsé de la partie inférieure du corps vers le cœur. Ce traitement, approuvé par la FDA pour certains cas d'angine de poitrine et de défaillance cardiaque, provoque rapidement le développement de vaisseaux sanguins coronaires collatéraux (très petites artères coronaires qui s'ajoutent aux artères coronaires principales). En d'autres termes, *le CPEA oblige le cœur à développer ses propres pontages naturels.*

La CPEA accélère considérablement le processus naturel de développement de la circulation collatérale de pontage. Il est bien connu que les cardiaques âgés, qui ont eu plus de temps pour développer une circulation collatérale, ont pour cette raison un risque moindre de mourir d'un infarctus du myocarde. Cependant, avec la CPEA, les patients peuvent développer une circulation collatérale efficace à tout âge. Un traitement typique par CPEA s'effectue au rythme d'une heure par jour, cinq jours par semaine pendant sept semaines. Bien que cela implique un important investissement en temps et un certain inconfort, ce procédé est de loin préférable à une intervention chirurgicale invasive car il implique un processus de guérison sain sans les risques et les complications d'une intervention chirurgicale. La CPEA est approuvée par la FDA, et *Medicare*, dans certaines circonstances.

Diagnostic invasif et traitement

Des procédés de diagnostic invasifs pour les maladies cardiaques ont aussi de nombreux effets secondaires, y compris la possibilité d'érosion de vos artères, ce qui peut accélérer la formation d'une plaque vulnérable ou d'une plaque calcifiée. Un procédé de diagnostic conventionnel très répandu mais extrêmement invasif est la cathétérisation cardiaque, connue sous le nom de coronarographie. Typiquement, un cardiologue recommandera une coronarographie lorsque le patient « présente un problème » lors d'un test d'effort. Le procédé consiste à introduire un cathéter (un long tuyau) dans une grosse veine (habituellement dans la jambe) et de le pousser vers le cœur. Une substance de contraste est injectée et des clichés radiographiques pris. Les blocages peuvent être diagnostiqués par des changements de la vitesse d'écoulement de la substance de contraste près des parties occluses des artères coronaires.

Le caractère invasif de ce procédé est à l'origine de risques importants : il peut en fait provoquer des infarctus du myocarde, des arythmies et une infection. Il y a aussi un risque de lésion de la bordure sensible des artères coronaires, ce qui favorise alors la formation de nouvelles plaques vulnérables.

PONT TROIS

Sans cœur – à dessein

Une fois que nous aurons perfectionné le remplacement de notre sang par des nanorobots (dans les années 2020), nous serons également en mesure de remplacer le cœur. C'est une remarquable machine, mais il présente un grand nombre d'imperfections. Il est sujet à une myriade d'insuffisances (comme nous en avons discuté tout au long de ce chapitre) et il constitue une faiblesse fondamentale dans notre longévité potentielle. Habituellement, le cœur défaille bien avant le reste de notre organisme, et souvent très prématurément. Bien que des cœurs artificiels commencent à fonctionner, une approche plus efficace sera de s'en débarrasser complètement. Parmi les conceptions de Freitas, il existe des remplaçantes nanorobotiques des cellules du sang qui possèdent leur propre mobilité. Si le système du sang se déplaçait de lui-même, les problèmes d'ingénierie des pressions extrêmes nécessités par un pompage centralisé pourraient être éliminés. Étant donné que nous perfectionnons des moyens pour transférer notre circulation sanguine, à des nanorobots nous pouvons tout aussi bien remplacer continûment les nanorobots qui constituent notre circulation sanguine.

L'énergie serait apportée par des cellules énergétiques microscopiques utilisant soit l'hydrogène, soit d'autres sources d'énergie, ou encore l'ATP, la source d'énergie de notre corps. Des progrès substantiels ont récemment été faits avec des cellules énergétiques, à l'échelle des systèmes micro-électromécaniques (MEMS, *de Micro-Electro-Mechanical Systems),* ainsi qu'à celle du nanomètre[55].

Avec des respirocytes ouvrant un accès beaucoup plus grand à l'oxygénation, nous serons en position d'éliminer aussi les poumons en utilisant des nanorobots pour apporter l'oxygène et éliminer le dioxyde de carbone. On pourrait faire objecter que nous prenons plaisir à respirer (même plus qu'à éliminer). Étant donné qu'avec toutes ces conceptions nouvelles nous passerons par des étapes intermédiaires où les technologies augmenteront nos systèmes naturels, nous pourrons alors avoir le meilleur des deux mondes. Cependant, en fin de compte, il n'y aura pas de raisons de continuer avec les complications de la respiration réelle et le besoin contraignant d'avoir de l'air respirable où que nous allions. Si nous trouvons réellement agréable de respirer, nous développerons des moyens virtuels pour avoir cette sensation.

Nous recommandons fermement que les patients profitent de l'arsenal grandissant de procédés de diagnostic non invasifs qui peuvent apporter autant, sinon plus, d'informations que l'angiographie conventionnelle. Une fois totalement développés, les nouveaux scanners cardiaques non invasifs et les scanners par IRM, qui peuvent donner des images d'une plaque vulnérable, apporteront même plus d'informations, en particulier parce que les angiogrammes sont incapables de détecter une plaque vulnérable. Au début de ce chapitre, nous avons discuté de la façon dont les deux aspects les plus en vogue du traitement invasif conventionnel pour les maladies cardiaques (l'intervention chirurgicale de pontage coronaire et l'angioplastie par ballon) échouent à traiter la cause réelle des maladies cardiaques, en l'occurrence la plaque vulnérable.

Le nombre de ces interventions proposées à ces patients est excessif, même selon les standards médicaux publiés. De nombreuses études montrent peu ou pas de différence dans le devenir des patients traités par des statines ou par une intervention chirurgicale, alors que d'autres études mettent en question la mise en œuvre correcte de ces interventions chirurgicales[56]. Nous pensons que l'immense majorité (au moins 90 %) des pontages pourrait être évitée et que les patients obtiendraient une inversion plus efficace des plaques coronaires, tant pour les plaques vulnérables que pour les plaques calcifiées grâce aux moyens non invasifs décrits dans ce livre. En général, un pontage est un palliatif pour réduire les douleurs angineuses, alors que même ce symptôme peut souvent être rapidement réduit grâce à des moyens non invasifs. Il y a un petit nombre de cas dans lesquels les artères coronaires sont tellement bloquées que l'infarctus du myocarde peut survenir en dehors de la rupture d'une plaque vulnérable. Nous recommandons alors fermement le pontage chirurgical ou l'angioplastie. Cependant, seul un petit pourcentage des pontages chirurgicaux effectués tombe dans cette catégorie[57].

Le pontage chirurgical est extrêmement invasif et implique d'arrêter le cœur du patient au cours de l'intervention. Une machine cœur-poumon maintient le patient en vie pendant le temps de l'intervention. La plupart des complications surviennent à la suite du processus d'arrêt du cœur, de l'utilisation d'une machine cœur-poumon et du processus difficile et incertain de redémarrage du cœur.

Perte cognitive après une intervention chirurgicale

Un des problèmes les plus inquiétants dans la pratique des traitements conventionnels invasifs est la probabilité d'une perte importante des fonctions psychiques et de l'humeur, y compris le déclin cognitif, la dépression et les sautes d'humeur. Certains médecins ont écarté ce problème en le considérant comme un phénomène temporaire, mais des études ont montré que le déclin demeure chez la moitié environ des patients ayant subi un pontage. Une étude publiée dans le *New England Journal of Medicine* qui a suivi 261 patients pontés sur cinq ans a découvert un déclin significatif et permanent de l'état psychique[58]. Des évaluations de la fonction intellectuelle ont mis en évidence une diminution dans environ 36 % des cas six semaines après l'intervention chirurgicale et 24 % à six mois ; 41 % des patients avaient des troubles cognitifs importants cinq ans après l'intervention chirurgicale. Les chercheurs ont conclu que le déclin cognitif immédiatement après un pontage chirurgical (qui est largement présent) était significativement associé à un déclin continu cinq ans après.

Nombre de risques et de complications sont associés au pontage chirurgical. Nous avons mentionné ci-dessus les 2 à 6 % de risques de décès liés à l'intervention chirurgicale elle-même. De plus, il existe des risques non mortels d'infarctus du myocarde, d'accidents vasculaires cérébraux, de lésions nerveuses et de périodes de convalescence prolongées.

Comme nous l'avons rapporté au début de ce chapitre, l'angioplastie peut être efficace en réduisant temporairement la douleur angineuse, mais les études n'ont pas mis en évidence de réduction significative en ce qui concerne les infarctus du myocarde ou les décès ultérieurs. L'angioplastie comprime la plaque calcifiée mais elle ne résout pas le problème de base qui crée une plaque vulnérable, cause réelle de la plupart des infarctus du myocarde. En fait, cette technique chirurgicale invasive a un fort potentiel d'irritation d'une région d'une plaque calcifiée, ce qui la rend instable et favorise donc l'inflammation et la formation d'une plaque vulnérable. Elle peut de plus léser la délicate bordure des artères coronaires, ce qui favorise aussi la formation d'une plaque molle.

L'utilisation des stents, qui est courante depuis 2000, n'a pas changé de façon appréciable ces évolutions. Une autre innovation développée par Johnson & Johnson est le revêtement des stents par un médicament appelé sirolimus qui inhibe la croissance cellulaire et, par conséquent, réduit significativement une nouvelle sténose, résultant de la tendance à une croissance cellulaire à l'intérieur et autour du stent à l'origine d'une occlusion après l'intervention chirurgicale[59]. Nous espérons que cette forme d'angioplastie s'imposera en raison de l'amélioration substantielle du taux de nouvelle sténose. Cependant, cette forme améliorée d'angioplastie ne s'adresse qu'aux zones d'occlusion (blocage) de la plaque calcifiée et donc ignore le réel danger : les régions plus largement distribuées de plaques vulnérables de loin plus susceptibles de se rompre et de déclencher un infarctus du myocarde. Tous les autres dangers, lésion des vaisseaux sanguins et favorisation de l'inflammation, inhérents à ce procédé invasif ne sont aucunement affectés par ce perfectionnement.

Les formes invasives de traitement semblent être des palliatifs rudimentaires à l'origine de nombre de complications et de risques graves pour peu ou pas d'amélioration de l'avenir du patient. Le grand avantage des moyens non invasifs permettant d'arrêter ou d'inverser la formation des plaques vulnérables ou des plaques calcifiées est que ces derniers guérissent réellement la cause du problème. Avec une diligence et une attention suffisantes, presque tout le monde peut éviter un infarctus du myocarde, des traitements invasifs ainsi que l'énorme souffrance et le grand nombre de décès causés par cette maladie.

La fin des maladies cardiaques

Nous connaissons déjà le moyen de réduire considérablement votre risque de maladie cardiaque. Si vous adoptez toutes les méthodes que nous avons décrites dans ce chapitre, vous pouvez réduire votre risque d'infarctus du myocarde jusqu'à un niveau très bas, indépendamment de vos gènes. Une fois que les traitements du Pont Deux seront totalement développés, vous aurez des moyens facilement accessibles pour inverser les lésions déjà provoquées par l'athérosclérose et même par des infarctus antérieurs du myocarde.

Il y existe tant de différentes stratégies efficaces : diminution de la LDL, renforcement de la HDL, arrêt de l'inflammation, prévention de la formation des caillots sanguins et inhibition d'autres étapes critiques des processus selon lesquels évoluent les maladies cardiaques – que vous serez rapidement capables d'éliminer fondamentalement les maladies cardiaques. La plupart de ces traitements sont déjà en cours d'approbation et donc nous croyons que les maladies cardiaques seront facilement contrôlables d'ici la fin de cette décennie.

16
La prévention et le dépistage précoce du cancer

« Il n'y a pas de preuve scientifique que les aliments et les autres éléments essentiels de la nutrition aient une valeur spécifique dans le contrôle du cancer. »

AMERICAN MEDICAL ASSOCIATION, 1949

« Il semble prudent pour tous les adultes de prendre des suppléments vitaminiques. »

AMERICAN MEDICAL ASSOCIATION, 2002

En 2004, toutes les heures, un cancer a été diagnostiqué chez 150 personnes. Chez les hommes, la probabilité de développer un cancer à un moment quelconque de la vie est d'environ 1 sur 2 ; chez les femmes, elle est d'environ 1 sur 3. Le cancer demeure la deuxième cause de mortalité aux États-Unis, avec plus de 560 000 américains morts dans l'année 2004. Cependant, vous pouvez facilement choisir un style de vie permettant de réduire radicalement vos chances d'entrer dans ces statistiques. Plus des trois quarts de l'ensemble des cancers (77 %) sont diagnostiqués chez des gens âges de plus de 55 ans. Bien que nombre de cancers semblent apparaître soudainement tard dans la vie, ils mettent souvent des décennies à se constituer. En choisissant tôt un meilleur style de vie et en apprenant à quel type de cancer vous êtes génétiquement prédisposé, vous pouvez réduire au minimum vos chances d'en développer un.

Les tumeurs les plus fréquentes et le nombre des cas diagnostiqués chaque année aux États-Unis sont les cancers du :

Poumon (1 200 000)
Sein (1 050 000)
Côlon ou rectum (945 000)
Estomac (876 000)
Foie (564 000)
Col de l'utérus (471 000)

En dépit des milliards de dollars dépensés depuis que Richard Nixon a déclenché la guerre contre le cancer en 1971, pratiquement rien n'a changé dans ces statistiques. Le taux de ces cancers courants est demeuré stable et il a même légèrement augmenté au cours des 60 dernières années, sauf pour le cancer de l'estomac qui a diminué de plus de 75 %[1]. Malheureusement, cette décroissance est contrebalancée par une augmentation considérable du cancer du poumon pendant la même période.

Les clés pour réduire les morts par cancer sont *la réduction du risque* et le *dépistage précoce*. Parmi ces deux clés, la diminution du risque est la plus importante et la meilleure façon de la réaliser est d'éviter ou de cesser de fumer. L'*American Cancer Society* (Société Américaine du Cancer) estime qu'en 2002 plus de 170 000 morts par cancer (30,6 % du total) étaient le résultat direct de la consommation de tabac. Une victoire essentielle de la santé publique lors du dernier tiers du XXe siècle a été de répandre très largement l'information concernant le danger du tabac, ce qui s'est traduit par le fait que des millions de gens ont cessé de fumer.

Pourquoi développons-nous un cancer et comment l'éviter ?

Le cancer est une maladie caractérisée par une prolifération cellulaire non contrôlée. Alors que des cellules normales ont une durée de vie fixe, aussi longtemps qu'elles disposent de nourriture, les cellules cancéreuses continuent à se développer et à se multiplier indéfiniment. Ce comportement différent des cellules cancéreuses a été attribué à des mutations de leur ADN provoquées essentiellement par l'exposition à des substances chimiques extrêmement instables et réactives connues sous le nom de radicaux libres. Les radicaux libres se forment naturellement dans l'organisme mais certains facteurs environnementaux spécifiques augmentent votre exposition à ces molécules très instables. Vous êtes en présence d'un excès de radicaux libres générés par :

- une exposition aux radiations (telles que les rayons X et le rayonnement solaire intense) ;
- des métaux lourds toxiques (plomb, cadmium, mercure) ;
- des toxines environnementales (pesticides, plastiques, polluants) ;
- la fumée des cigarettes ;

- les aliments frits ;
- un stress excessif ;
- l'excès de fer d'origine alimentaire.

Chaque cellule de votre organisme subit chaque jour plus de 100 000 attaques par des radicaux libres. Pour maintenir votre santé et empêcher vos tissus de devenir cancéreux, vous avez besoin de mécanismes puissants pour s'y opposer et pour réparer ce barrage constant. Heureusement, chaque cellule est équipée d'un système propre d'enzymes conçues pour neutraliser les attaques des radicaux libres. Nombre de ces enzymes requièrent un apport continu de vitamines et de minéraux pour fonctionner correctement. Voilà une autre raison en faveur d'un aspect fondamental de notre programme qui préconise une supplémentation nutritionnelle active. Nous pensons qu'en assurant un apport adéquat de vitamines et de minéraux dans votre organisme à tout moment, vous pouvez diminuer votre risque de cancer[2]. En revanche, les métaux toxiques peuvent se fixer à vos enzymes en prenant la place des minéraux bénéfiques et rendre ces molécules d'enzymes « pollués » inutiles. Donc, un autre aspect de notre programme met l'accent sur les stratégies de détoxication.

Les antioxydants présents dans les aliments, tels que les vitamines A, C et E, le sélénium minéral et les « super-nutriments » comme le coenzyme Q_{10} et l'acide alpha-lipoïque, sont des anti-radicaux libres très puissants. Nous discuterons de ces suppléments nutritionnels plus avant dans le chapitre 21, « Supplémentation active ». Pour optimiser la fonction des enzymes et prévenir le cancer, il est également essentiel de minimiser votre exposition à la pollution et au stress et de faire le choix de styles de vie susceptibles de promouvoir votre santé.

Dépistage précoce du cancer

Il y a une énorme différence entre *prévention* et *dépistage précoce du cancer*. Cependant, dans les messages des panneaux d'affichage, des publicités des magazines et de la télévision, cette distinction apparaît souvent floue. De nombreux « programmes de prévention du cancer » ne sont en fait rien de plus que des programmes de dépistage précoce[3]. Nous ne souhaitons pas minimiser la valeur des efforts pour dépister tôt le cancer. Bien au contraire, nous voulons mettre l'accent sur le fait que la prévention et le dépistage précoce sont des processus totalement séparés.

PONT DEUX

Dépistage précoce du cancer

Prochainement, davantage de tests génomiques seront disponibles pour aider au dépistage précoce du cancer et contribuer à la détermination des agents de chimiothérapie spécifiques qui seraient les mieux adaptés à sa destruction. Un test développé par *Genomic Health Inc.* étudie 21 gènes spécifiques en vue de déterminer « l'empreinte digitale » spécifique de la tumeur.

À partir de ces tests génétiques, les scientifiques seront capables de juger de l'agressivité d'un cancer, de sa propension à se disséminer dans tout l'organisme et du risque de récidive après le traitement. Ce test révélera aussi quels médicaments seront les plus bénéfiques et même quels patients ne sont pas susceptibles de bénéficier d'une chimiothérapie ou n'en ont nul besoin en première intention. Un test appelé OncotypeDX est en développement et sera commercialisé dans un proche avenir.

Un nouveau scanner à main utilisé à Turin, Italie, appelé TRIMprob (de *Tissue Resonance InterferoMeter Probe*), agité au-dessus du corps comme une baguette magique, peut détecter des tumeurs malignes avec une précision proche de celle des images des plus gros tomodensitomètres ou appareils de résonance magnétique. Il n'est pas encore suffisamment précis pour être utilisé à des fins diagnostiques, mais au cours d'essais cliniques, il a détecté 93 % des cancers de la prostate et 70 % des cancers du sein. En raison de sa petite taille et de son prix tout à fait accessible (il coûte environ 1 % du prix d'un scanner par IRM), et après quelques améliorations dans les années à venir, un simple coup de cette baguette magique pourrait être un élément d'un examen de dépistage précoce du cancer.

Un autre nouveau scanner ressemble à un photocopieur. Il utilise des radiations dont la fréquence s'exprime en terahertz (10^{12}), ou rayons T, pour montrer à la fois la composition et la forme des objets. Les différences de réponse des molécules aux fréquences en terahertz permettent au scanner de créer des images, très semblables à celles obtenues par rayons X mais d'une façon beaucoup plus inoffensive. « Étant donné que les tumeurs ont tendance à retenir davantage l'eau, elles donnent des images en térahertz très brillantes », d'après Don Arnone, un chercheur de Toshiba. « [Les rayons T] pourraient combler un vide important entre les rayons X, l'IRM et l'œil nu du médecin. »

L'imagerie moléculaire emploie toute une série de techniques magnétiques, nucléaires et optiques pour étudier des molécules isolées et non pas des tumeurs mesurables. On administre des sondes qui se fixent aux molécules cible et nombre d'entre elles émettent un signal lumineux qui crée des spots révélateurs sur une image.

Les médecins seront capables d'utiliser cette technologie tant pour identifier les changements précoces qui conduisent au cancer que pour se rendre compte en quelques jours de l'efficacité du traitement d'un cancer. Il en résultera « une façon totalement différente de soigner les patients », selon le Docteur Samuel Wickline de la *Washington University School of Medicine at St. Louis* (École de Médecine de l'Université Washington à St. Louis). « Plusieurs sociétés telles que *GE Medical* s'activent pour mettre sur le marché des machines d'imagerie moléculaire. »[40]

Le dépistage précoce du cancer n'est pas aussi important que la prévention du cancer par la réduction du risque. Comparez l'importance d'arrêter de fumer (prévention) et la découverte d'un cancer limité du poumon sur une radiographie du thorax ou une tomodensitométrie (dépistage précoce). De nombreuses études montrent les faibles bénéfices du dépistage précoce[4], étant donné que la plupart de nos tests actuels nécessitent que les patients présentent déjà un grand nombre de cellules cancéreuses dans leur organisme avant que la maladie ne soit détectable. (Les exceptions incluent le test DR-70 nouvellement développé, discuté page 316, qui ne nécessite la présence que de très peu de cellules cancéreuses pour une détection.)

Le programme de longévité de Ray et Terry est fondé sur le fait, issu d'une vaste recherche, que la majorité des cancers peut être prévenue par des choix d'environnements et de styles de vie appropriés. Dans ce cas, le dépistage précoce ne serait pas nécessaire. Nous pensons qu'au lieu de tenter de découvrir quel type de cancer vous êtes déjà susceptible d'avoir, il est plus efficace de rechercher votre prédisposition génétique à certains types de cancers puis de choisir un style de vie qui vous évitera totalement ces maladies malignes.

Tests de dépistage anciens

Les tests de dépistage du cancer du Pont Un incluent les examens réguliers pour le cancer du sein, du col de l'utérus, du côlon ou du rectum et de la prostate, parmi d'autres. Pour déterminer quels tests ont la plus grande valeur, le *National Cancer Institute* (Institut national du Cancer) a sponsorisé le *Prostate, Lung, Colorectal, and Ovarian (PLCO) Cancer Screening Trial* (Essai de dépistage du cancer de la prostate, du poumon, du côlon et du rectum et de l'ovaire)[7]. Ces quatre cancers représentent chaque année environ 53 % de l'ensemble des décès par cancer chez l'homme et 41 % chez la femme aux États-Unis. Cet essai a enrôlé 150 000 hommes et femmes âgés de 55 à 74 ans dans 10 centres de dépistage répartis dans tout le pays et il est programmé pour durer au moins 13 ans. Lorsque les résultats seront disponibles, des ajustements des recommandations du *National Cancer Institute* pour le dépistage de routine seront faits. Les recommandations actuelles pour les individus à faible risque sont les suivantes. (Votre médecin peut vous aider à déterminer si vous êtes à haut risque et avez besoin d'un dépistage supplémentaire).

Cancer du sein. Les femmes doivent engager un examen de leurs seins dès l'âge de 20 ans avec des examens cliniques tous les trois ans jusqu'à l'âge de 40 ans, puis par la suite les examens cliniques et les mammographies sont recommandés tous les deux ans.

Cancer du col de l'utérus. Les examens cliniques accompagnés d'un frottis doivent commencer dans les trois années suivant les premières relations sexuelles et pas plus tard qu'à l'âge de 21 ans. Par la suite, ils doivent être faits tous les un ou deux ans, en fonction du type de test effectué. Après trois frottis consécutifs normaux, les examens cliniques peuvent être ramenés à une fréquence de deux ou trois ans après l'âge de 30 ans. Si ces frottis ont été négatifs pendant 10 ans, le dépistage peut être arrêté chez les femmes de plus de 70 ans.

Cancer colorectal. Des tests pour la recherche dans les selles de sang non détectable visuellement doivent être faits chaque année après l'âge de 50 ans, avec une rectoscopie tous les cinq ans et une coloscopie tous les 10 ans.

Cancer de la prostate. Le toucher rectal et le dosage sanguin du PSA (de *prostate-specific antigen*, antigène spécifique de la prostate) chaque année ont été recommandés après l'âge de 50 ans, bien que les preuves actuelles n'indiquent pas que de tels dépistages diminuent la mortalité par cancer de la prostate.

PONT DEUX

Prévention et traitement du cancer

Les scientifiques cherchent à développer deux types de vaccins contre le cancer : ceux qui le préviennent et ceux qui le traitent. Un exemple de vaccin du premier groupe est celui contre l'hépatite B, qui protège contre une infection dangereuse pour le foie conduisant souvent à un cancer. La firme pharmaceutique Merck développe également un vaccin contre l'HPV (*human papilloma virus*, virus du papillome humain), que l'on pense être à l'origine des trois quarts environ des cancers du col de l'utérus[5]. Ces deux vaccins sont fabriqués à partir de souches recombinantes développées dans des levures. D'autres vaccins en cours de développement pourraient contribuer à immuniser contre les leucémies, les lymphomes et les cancers du sein, du côlon, du pancréas, de l'ovaire ou du cerveau.

Une stratégie biotechnologique prometteuse utilise des vaccins « thérapeutiques » contre le cancer, conçus pour traiter des tumeurs existantes[6]. Une raison majeure de la capacité des cancers à se développer dans l'organisme est la capacité spécifique des cellules cancéreuses qui leur permet d'échapper au système immunitaire. C'est le rôle des « cellules dendritiques » de servir de sentinelles du système immunitaire. Ces dernières agissent comme une meute de chiens de chasse et se déplacent dans toute la circulation sanguine, à la recherche d'envahisseurs étrangers. Les cellules dendritiques sonnent l'alarme chaque fois qu'un envahisseur, telle une cellule cancéreuse, est identifié ; elles déclenchent alors une attaque puissante du système immunitaire pour détruire les cellules cancéreuses. Une attention considérable et des recherches sont maintenant dirigées vers le développement de vaccins pour les cellules dendritiques.

En prenant un petit échantillon d'une tumeur et en l'incubant avec des cellules dendritiques du patient, il est possible de créer un grand nombre de cellules dendritiques dirigées spécifiquement contre ce cancer. Ces cellules pourraient ensuite être concentrées en un vaccin spécifique pour ce type particulier de cancer. Les cellules dendritiques se déplaceraient alors dans tout le flux sanguin, identifieraient les cellules cancéreuses cible où qu'elles se cachent et alerteraient le système immunitaire de telle façon que les cellules cancéreuses pourraient être rapidement détruites.

Les chercheurs travaillent aussi sur toute une série d'autres molécules, y compris des protéines purifiées, des séquences synthétiques d'ADN de bactéries, une molécule de surface trouvée dans les cellules souches embryonnaires et un gène codant pour l'interleukine-12, afin d'aider les cellules dendritiques de l'organisme à découvrir les cellules cancéreuses encore plus facilement. Plus de 50 vaccins conçus pour stimuler le système immunitaire en vue d'une attaque contre les cancers sont actuellement en développement. Certains, tels que celui de Dendreon pour le cancer de la prostate, sont dans des essais cliniques de phase 3 et pourraient recevoir dans un avenir proche l'approbation de la FDA.

Nouveaux tests de dépistage

Les nouveaux tests de dépistage sont précieux, tant pour le dépistage précoce du cancer que pour la détermination de votre prédisposition génétique. Ces tests incluent des tests sanguins, des scanners et des tests génomiques.

Tests sanguins (DR-70)

Le DR-70 est un marqueur tumoral trouvé dans le sang, capable de détecter 13 types différents de cancers, y compris ceux du poumon, du côlon ou du rectum, du sein, de l'estomac, du foie, de l'ovaire, de l'œsophage, du col de l'utérus, de la thyroïde et du pancréas, à un stade précoce avec un haut degré de spécificité et de sensibilité. Ce test est actuellement disponible dans certaines zones hors des États-Unis et a été soumis à la FDA comme test de dépistage du cancer colorectal.

Ce test mesure en fait les FDP (de *fibrinogen degradation products*, produits de dégradation du fibrinogène) qui sont augmentés dans les tissus cancéreux. Les cellules cancéreuses libèrent des enzymes dénommées protéases qui dégradent les tissus adjacents et sont responsables de la capacité d'envahissement de nombreux cancers. Les protéases dégradent une protéine connue sous le nom de fibrinogène en FDP détectés par le test DR-70. La quantité de DR-70 trouvée dans le sang est directement corrélée à l'activité de la tumeur ou au degré de malignité. Ce test pourrait s'avérer très utile comme moyen de dépistage chez des patients asymptomatiques et il pourrait un jour être inclus dans les dépistages de routine au cours d'un examen clinique régulier.

Imagerie diagnostique

Les scanners de tout le corps, incluant de multiples coupes tomodensitométriques des différentes régions de l'organisme, sont largement disponibles aux États-Unis et sont parfois fortement promus comme dépistage de routine du cancer. Toutefois, on a identifié trois problèmes majeurs associés à une telle utilisation des scanners.

- Une tomodensitométrie typique de tout le corps (qui normalement comporte une mesure de la calcification des artères coronaires, une tomodensitométrie pulmonaire et une tomodensitométrie abdominale) expose le patient à l'équivalent de 250 radiographies thoraciques[8]. Une exposition excessive aux radiations est en elle-même un facteur de risque de cancer.
- Il existe de nombreux faux positifs et faux négatifs.
- Ils sont coûteux et habituellement non couverts par les assurances.

Le Dr Stephen Swensen étudie la valeur prédictive des scanners par tomodensitométrie de dépistage depuis plusieurs années. Dans une étude de 1 520 fumeurs et anciens fumeurs, les scanners ont identifié des anomalies chez plus de 90 % des sujets testés ; 37 tumeurs malignes ont été découvertes, mais il y avait 2 800 nodules pulmonaires « suspects ». Ces derniers nécessitent des examens plus approfondis et de nombreux sujets ont dû avoir recours à une intervention de chirurgie thoracique (qui elle-même comporte un risque de 4 % de décès), afin d'examiner ces lésions par biopsie, qui par la suite se sont révélées bénignes. Le Dr Swensen en a conclu que, même si certains patients ont été sauvés grâce au dépistage, il y a eu aussi de nombreuses opérations inutiles et la perte d'un certain nombre de vies[9].

Plutôt que des scanners de tout le corps, nous recommandons des examens plus focalisés sur des régions spécifiques de l'organisme, par exemple, une tomodensitométrie thoracique pour les fumeurs ou les anciens gros fumeurs et une coloscopie virtuelle plus fréquente pour les individus avec un lourd passé familial de cancer du côlon. Une imagerie diagnostique virtuelle par tomodensitométrie ou IRM est moins invasive, moins coûteuse et mieux appropriée pour la plupart des patients qu'une visualisation directe de leurs tissus par des endoscopies, des biopsies ou une intervention chirurgicale.

PONT DEUX

Inhibiteurs de l'angiogenèse et autres nouveaux traitements

Une autre voie d'attaque, nouvelle et passionnante, est fondée sur un groupe de médicaments appelés inhibiteurs de l'angiogenèse. « Angiogenèse » se réfère à la création de nouveaux vaisseaux sanguins au sein de l'organisme ; c'est un processus essentiel pour que les tumeurs malignes puissent se développer. Sans l'apparition de nouveaux vaisseaux sanguins, les tumeurs cancéreuses sont incapables de se développer au-delà d'une certaine taille. Une fois cette dernière atteinte (environ la grosseur d'un pois) la tumeur libère une hormone appelée VEGF (de *vascular endothelial growth factor*, facteur de croissance endothélial vasculaire) qui stimule l'apparition de nouveaux vaisseaux sanguins pour que le cancer ait accès à plus de nutriments venant de la circulation sanguine et puisse continuer à grossir. Non seulement le VEGF stimule la formation de vaisseaux sanguins directement adjacents à la tumeur elle-même, mais il permet aussi aux cellules de la tumeur de s'échapper dans la circulation sanguine et de s'installer dans des tissus éloignés ; ce processus, appelé métastase, est la principale raison pour laquelle le cancer est une maladie si létale.

L'intérêt pour l'angiogenèse a commencé en fait en 1997 lorsque les essais avec l'endostatine, un des premiers inhibiteurs de l'angiogenèse, se sont traduits par une régression complète de certaines tumeurs[10]. Il y a maintenant au moins 60 médicaments anti-angiogéniques parvenus à des phases différentes d'essais cliniques. En 2003, Genentech a annoncé que l'Avastine, son médicament anti-angiogénique expérimental, donnait une survie de 30 % plus longue à des patients atteints de cancer du côlon. Les inhibiteurs de l'angiogenèse semblent être beaucoup moins agressifs que les traitements standard du cancer, avec beaucoup moins d'effets secondaires. Il est même possible que dans un avenir proche, des personnes saines soient traitées de façon prophylactique par des médicaments anti-angiogéniques, afin d'empêcher les cancers avant même qu'ils se forment.

Des interruptions de la voie normale de la mort cellulaire, ou apoptose, apportent aussi d'importantes pistes. Comme nous en avons discuté précédemment, les brins d'ADN sont coiffés par des télomères qui se raccourcissent au fur et à mesure que les cellules humaines se divisent, conduisant les cellules vers l'instabilité génétique et la mort. La mort cellulaire apparaît habituellement après 50 divisions. Cependant, certaines cellules évitent cette fin préprogrammée en activant la télomérase, enzyme qui synthétise les télomères, inactive dans la plupart des cellules. La réactivation de la télomérase, qui rend les cellules « immortelles », ne provoque pas le cancer par elle-même, mais cet événement combiné à d'autres mutations peut le faire. Selon le Professeur Ron De Pinho, de la *Harvard Medical School,* « Lorsque les cellules subissent ce supplice de la planche des télomères pendant une crise cellulaire, où il y a mort cellulaire massive et instabilité génomique, bien peu de cellules qui seraient devenues cancéreuses renaissent des cendres. » Le blocage de l'enzyme télomérase est une stratégie prometteuse pour arrêter la progression du cancer.

Les chercheurs sont en train d'exploiter leurs nouvelles connaissances des voies de la tumorigenèse (formation d'une tumeur) pour ajouter d'autres nouveaux instruments à leur arsenal de lutte contre le cancer. Certains développent des techniques pour induire l'apoptose, le processus d'encouragement des cellules cancéreuses à se suicider[44]. La Gendicine, dont le lancement commercial en Chine en janvier 2004 la classe comme le premier des traitements génétiques des cancers, insère un gène qui déclenche l'apoptose. Une autre caractéristique intéressante est l'agglutination des cellules cancéreuses. En modifiant une protéine humaine appelée galectine-3, une équipe de l'Université de Californie à San Francisco a empêché les cellules d'un cancer du sein de se coller les unes aux autres, au cours d'expérimentations chez la souris.

De nombreuses cellules cancéreuses produisent une molécule appelée P-glycoprotéine qui agit comme un « chien de garde » du cancer, en éliminant les matériaux menaçants tels que les médicaments anticancéreux. Cette molécule peut être la clé de la résistance croissante des tumeurs à la chimiothérapie. « Le core (la partie interne) d'une tumeur est un environnement extrêmement hostile pour les médicaments anticancéreux, avec l'établissement de toute une série de barrières pour empêcher ces derniers d'y faire leur effet », selon le Dr Richard Callaghan du *Cancer Research UK* (Centre de Recherche contre le Cancer du Royaume-Uni). Le blocage de la P-glycoprotéine peut augmenter l'efficacité de toute une série de médicaments anticancéreux.

D'autres groupes s'intéressent aux chasseurs (un type de globules blancs du sang appelé lymphocyte T) plus qu'aux proies (les cellules cancéreuses). Les chercheurs du *Cancer Research UK* ont modifié des lymphocytes T pour qu'ils reconnaissent une molécule de surface des cellules de cancer de l'intestin et se lient à ces dernières.

Une fois fixées, les globules blancs tueurs exécutent une attaque sur deux fronts : ils libèrent une molécule qui perfore la paroi des cellules cancéreuses et ils attirent davantage de globules blancs du sang. Les chercheurs trichent contre les cellules cancéreuses. « Nous voudrions prendre peut-être 10 millions de cellules, en faire 10 milliards de cellules puis les administrer à nouveau au patient », dit Robert Hawkins, membre de l'équipe. Jusqu'à ce jour, lors des essais effectués chez l'Homme, cette approche a détruit avec succès les cellules cancéreuses.

Le test définitif pour le cancer du côlon est une coloscopie : en passant par le rectum, un câble de fibres optiques flexible de 1,80 mètre de long est introduit dans le côlon et le médecin peut alors voir directement la muqueuse du côlon et faire une biopsie des régions douteuses. La coloscopie virtuelle par tomodensitométrie dans laquelle le côlon est visualisé par des coupes obtenues par tomodensitométrie et non pas par une visualisation directe est maintenant disponible en de nombreuses régions. Une étude récente a comparé les résultats d'un groupe de 1 233 patients asymptomatiques (d'un âge moyen de 58 ans) qui avaient subi une coloscopie virtuelle par tomodensitométrie suivie immédiatement d'une coloscopie standard. Non seulement l'examen virtuel était capable de détecter des polypes (excroissances précancéreuses ou cancéreuses du côlon) avec la même précision que la coloscopie conventionnelle, mais il a même détecté des polypes que l'examen conventionnel n'avait pas pu voir[12]. Le petit pourcentage de patients auxquels on trouve des lésions suspectes par l'examen virtuel subissent ensuite une coloscopie standard et une biopsie. Une autre étude portant sur plusieurs sites de diagnostic a découvert que la coloscopie virtuelle passait à côté de 25 % des tumeurs cancéreuses détectées par coloscopie réelle[13]. Par conséquent, il restera difficile de choisir entre une coloscopie conventionnelle et une coloscopie virtuelle tant qu'un grand nombre d'études n'aura pas suggéré un bénéfice clair pour l'une comparativement à l'autre. Un avantage de la coloscopie virtuelle est qu'on peut obtenir simultanément un scanner de tous les organes de l'abdomen pour la détection précoce éventuelle de tumeurs cancéreuses ou d'autres anomalies.

Test génomique

Il existe des preuves manifestes que votre génome joue un rôle significatif dans le type de cancer que vous êtes le plus susceptible de développer. La *Swedish Twin Study* (Étude suédoise des jumeaux) du *Karolinska Institute* à Stockholm a suivi tous les jumeaux nés en Suède depuis 1886. Cette étude, la plus importante au monde sur des jumeaux, a suivi 140 000 personnes et révélé clairement un risque génétique pour certains cancers tels ceux de la prostate, du pancréas, du côlon ou du rectum, mais pas pour d'autres cancers tels ceux du col de l'utérus et de l'utérus[14].

Vous pouvez maintenant déterminer votre prédisposition génétique à divers types de cancers grâce au tests génomiques. Seuls quelques-uns sont disponibles actuellement mais avec la technologie des « puces à ADN » la disponibilité de cette information va augmenter considérablement dans les toutes prochaines années. Sachant à quel cancer vous êtes prédisposé génétiquement, vous pourrez modifier votre style de vie afin de réduire votre risque.

Par exemple, des enzymes parmi les plus importantes impliquées dans la protection de vos cellules contre des cancers potentiels sont appelés enzymes GST (de glutathion-S-transférase). L'une d'elles, GSTM1, est essentiellement impliquée dans la protection de vos cellules contre l'assaut permanent des radicaux libres venant des toxines environnementales telles que celles de la pollution atmosphérique ou les résidus de pesticides dans les aliments. Cependant, presque la moitié des populations asiatiques et blanches et un tiers de la population noire naissent sans ce gène protecteur. Ce phénomène est connu sous le nom de polymorphisme nul de la GSTM1. Si vous associez cette prédisposition génétique à un style de vie qui augmente le risque de cancer, tel que fumer du tabac, respirer l'air pollué des villes ou consommer des aliments contaminés par des pesticides, le risque de plusieurs cancers augmente considérablement. La GSTM1 a beaucoup d'autres fonctions, y compris la détoxication des hydrocarbures aromatiques présents dans la fumée de cigarette. Si vous êtes un fumeur qui n'a pas le gène de la GSTM1, vous avez un risque accru de développer un cancer du poumon ou de la vessie et vous devriez donc être particulièrement attentif à ne pas vous exposer de façon chronique à la fumée du tabac. Fumer la cigarette a été comparé à la roulette russe. Si vous avez le gène de la GSTM1 protecteur et que vous fumez, vous jouez avec une balle. Si vous n'avez pas ce gène et que vous fumez, vous jouez avec deux balles. Des déficits d'autres gènes de la GST ont eux aussi été associés à des cancers du côlon, du sein, de l'ovaire, du nasopharynx, ainsi qu'à d'autres cancers[15]. Les profils génomiques habituels incluent des tests pour la GSTM1 et plusieurs autres mutations génétiques.

Nombre de mutations protègent contre le développement d'un cancer ou bien en accroissent le risque[16]. Par exemple, un important marqueur génétique auquel est attachée une puissante information pronostique en ce qui concerne le risque de cancer du sein ou de l'ovaire est le gène BRCA1. Une femme qui a une copie anormale de ce gène a 92 % de risques de développer un cancer du sein au cours de sa vie.

Un autre variant génétique associé à un risque de cancer accru est un TP53 anormal ; le TP53 est un gène suppresseur des tumeurs qui oblige les cellules malignes à s'auto-détruire avant qu'elles aient eu la possibilité de se disséminer. Plus de 40 % des cancers sont rencontrés chez des gens dont le TP53 est anormal, ce qui en fait l'anomalie génétique la plus couramment associée au cancer[17]. Vous pouvez aujourd'hui tester votre taux de TP53 facilement et pour un coût raisonnable.

Les secrets du soja et du régime japonais

Outre une incidence moindre des maladies cardiaques et de symptômes de la ménopause, les Japonais semblent aussi avoir moins de cancers. Cela est dû en partie à leur plus grande consommation d'aliments dérivés du soja tels que le lait de soja, le tofu et les graines de soja[21]. Les isoflavones du soja, la génistéine et la daidzéine, ont des propriétés de protection contre le cancer, en particulier contre les cancers hormono-sensibles tels que le cancer de la prostate chez l'homme et du sein chez la femme. De plus, le régime japonais typique est pauvre en viande et riche en produits de la mer. Les poissons contiennent des concentrations significatives des importants acides gras anticancéreux, l'EPA et le DHA. Un autre anticancéreux consommé à presque tous les repas japonais est le thé vert[22] qui contient un puissant agent anticancéreux connu sous le nom d'EGCG (épigallocatéchine-3-gallate). Il est fortement recommandé de boire chaque jour plusieurs tasses de thé vert.

Prévention du cancer

Passons maintenant du dépistage précoce et de la détermination du risque génétique à la prévention du cancer. Un programme efficace pour éviter le cancer impose en premier lieu un régime et une nutrition adaptés, une modification du style de vie et une chimio-prévention.

Régime et nutrition

Les conceptions ont changé depuis 1949, année où l'*American Medical Association* (Association Médicale Américaine) déclarait qu'« Il n'y a pas de preuve scientifique que les aliments et les éléments essentiels de la nutrition aient une valeur spécifique dans le contrôle du cancer. » On a montré que le régime alimentaire, le style de vie et la nutrition jouent un rôle important dans la détermination du risque de cancer. Par exemple, une recherche indique que les populations qui consomment de grandes quantités d'aliments d'origine végétale ont une plus faible incidence de divers types de cancers. En 1991, le *National Cancer Institute* (Institut National du Cancer) a incorporé ces découvertes dans le « *5 a Day for Better Health Program* » (5 fois par jour pour un une meilleure santé). Il a recommandé cinq portions par jour de fruits et de légumes comme constituants d'un régime pauvre en graisse et riche en fibres. En dépit de la large promotion de ce programme au cours de la dernière décennie, selon une statistique qui n'a pas changé en 10 ans, beaucoup moins d'un enfant américain sur cinq et d'un adulte sur quatre consomment cinq portions par jour de ces produits. Le Programme de Longévité de Ray & Terry considère ce programme comme un bon début, mais nous recommandons « dix fois par jour », soit *cinq à sept portions de légumes et zéro à trois portions de fruits par jour.* (Voir la pyramide alimentaire de Ray & Terry, page 140). On doit mettre l'accent sur les légumes à faible charge glycémique (pauvres en amidon), c'est-à-dire les légumes verts, contrairement aux légumes qui sont des racines riches en glucides. Les fruits sont bénéfiques, mais on doit prendre des précautions ; alors qu'il est presque impossible de consommer trop de légumes à faible teneur en amidon, vous *pouvez* manger trop de fruits et consommer une quantité excessive de sucre.

Certaines personnes pensent qu'en prenant des suppléments nutritionnels, ils peuvent compenser un régime insuffisant en aliments végétaux. Bien que les suppléments aient une valeur prouvée, ils ne peuvent pas à eux seuls offrir une protection suffisante contre le cancer. Un régime riche en nutriments naturels, tels qu'ils se trouvent dans les fruits et les végétaux, est nécessaire à une prévention optimale du cancer[18]. Nos recommandations diététiques incluent de :

Boire des jus de légume. Débutez bien votre journée avec un verre de 225 à 350 millilitres de jus de légume fraîchement pressé comme partie, ou même à la place, du petit-déjeuner : jus de quelques concombres, brocolis, chou frisé, chou, d'une carotte (pour le goût, mais pas plus d'une pour éviter des excès de sucre) et d'autres légumes verts que vous trouvez dans votre réfrigérateur. Cela peut apporter presque la moitié de vos besoins de 5 à 10 fois par jour avant même d'avoir quitté votre demeure le matin. À nouveau, nous insistons aussi sur l'importance de consommer autant que possible des produits biologiques pour minimiser l'exposition aux pesticides et autres résidus chimiques carcinogènes.

Consommer un régime méditerranéen. Le régime méditerranéen qui est pauvre en viande rouge et donne la priorité aux céréales complètes, au poisson et aux fruits et légumes frais, a été associé à une réduction du risque de cancer[19]. Les cancers du tube digestif (bouche, œsophage, estomac et côlon), ainsi que ceux du poumon et de la prostate sont moins fréquents dans ces régions. Dans une étude récente portant sur plus de 22 000 Grecs, ceux qui suivaient le régime méditerranéen présentaient une diminution de 24 % de l'incidence totale de cancers, comparativement aux individus qui ne mangeaient pas de cette façon[20]. Le régime méditerranéen inclut des quantités généreuses d'huile d'olive extra-vierge qui protège contre divers types de cancer (côlon, sein et peau), ainsi que contre les maladies cardiaques affectant les coronaires[23]. Le régime méditerranéen fait appel aussi à de bonnes portions de tomates fraîches et de sauce tomate. Les tomates cuites, de même que les autres fruits et légumes rouges, sont riches en lycopène bioflavonoïde qui a été associé à un risque plus faible de cancer de la prostate[24].

Éviter le Satan blanc, le sucre. Étant donné que les cellules cancéreuses consomment si avidement le sucre, la tomographie par émission de positons utilisée par les médecins pour localiser un cancer dans l'organisme, implique de donner au patient du glucose (ou du sucre) radioactif qui se concentre dans les zones hébergeant des cellules malignes ; ces dernières apparaissent alors sur l'enregistrement sous forme de points chauds. Le lauréat du Prix Nobel de médecine Otto Warburg a démontré en 1931 que les cellules cancéreuses avaient un métabolisme fondamentalement différent de celui des cellules normales et qu'elles utilisent préférentiellement le glucose comme aliment pour leur croissance[25]. Vous pouvez inhiber la formation d'un cancer en évitant les sources de sucre ainsi que les aliments dont la charge glycémique est élevée et qui sont rapidement convertis en sucre dans l'organisme.

Une relation directe entre la consommation de sucre et le cancer du pancréas a été observée chez les femmes qui participaient à la *Nurse Health Study* (Étude de la santé des infirmières). La *Women's Health Study* (Étude de la santé des femmes), publiée en 2004 par des chercheurs de l'UCLA (*University of California at Los Angeles*, Université de Californie à Los Angeles), a constaté que les régimes dont la charge glycémique est élevée augmentaient significativement le risque de cancer colorectal[26]. Les femmes de cette étude qui consommaient un excès de sucre, associé à une surcharge pondérale et un style de vie sédentaire, présentaient un risque moyen de développer un cancer du pancréas trois fois plus grand[27]. Évitez « le Satan blanc » chaque fois que c'est possible et où que ce soit.

PONT DEUX

Aider les patients à récupérer après un traitement anticancéreux

Les traitements dirigés contre le cancer seront dans le futur beaucoup moins invasifs que la chimiothérapie et la radiothérapie d'aujourd'hui. Par exemple, lorsque les vaccins contre le cancer seront efficaces, les tumeurs seront détruites par la réponse immunitaire normale de l'organisme, sans chimiothérapie répétée ni intervention chirurgicale. En attendant, la recherche en génomique montre des directions pour aider les patients atteints de cancer à récupérer. Les chercheurs de l'*University Health Network* à Toronto ont identifié une nouvelle classe de cellules souches humaines qui pourraient aider les patients à reconstruire leur système sanguin mis à mal par un traitement contre le cancer. « C'est une découverte passionnante parce que pour la première fois nous avons trouvé des cellules souches humaines qui reconstruisent rapidement le système sanguin », dit le Dr John Dick du département de génétique moléculaire et médicale de l'Université de Toronto.

Modifier votre style de vie

Avoir une activité physique. L'activité physique a été associée à une plus faible incidence du cancer, alors qu'un style de vie sédentaire augmente le risque de cancer. Nous sommes en faveur des recommandations ci-après de *l'American Cancer Society* (Société américaine du cancer) :

- Les adultes doivent pratiquer une activité modérée (ou même plus vigoureuse) pendant un minimum de 150 minutes par semaine. Cela peut être obtenu en trois sessions de 50 minutes, en multiples sessions de 10 minutes ou en toute autre combinaison d'un total de deux heures et demi par semaine.
- Les enfants et les adolescents doivent pratiquer une activité physique modérée à vigoureuse au moins pendant 60 minutes presque chaque jour.

Il est souvent bon de prendre de l'exercice à l'extérieur. Une exposition aux rayons du soleil est par elle-même protectrice contre de nombreux types de cancers. Les radiations UVB (ultraviolet B) présentes dans la lumière solaire sont associées à un risque diminué de cancers du sein, du côlon, de l'ovaire, de la prostate ainsi que de lymphomes. Des taux de mortalité plus faibles sont constatés avec des expositions à des taux plus élevés d'UVB pour les cancers de la vessie, de l'œsophage, du rein, du poumon, du pancréas, du rectum et de l'estomac[28]. Les crèmes solaires interfèrent avec l'absorption des rayons UVB et donc nous ne sommes pas d'accord avec les recommandations conventionnelles selon lesquelles on doit utiliser de l'écran total chaque fois qu'on est à l'extérieur. Sauf si vous prenez facilement des coups de soleil, comme les personnes au teint très clair ou roux, nous vous recommandons de ne pas utiliser de crème solaire systématiquement. Appliquez en seulement lorsque le risque d'atteinte solaire est élevé : au cours de la mi-journée en été, à haute altitude ou lors d'une exposition prolongée à une lumière solaire intense, par exemple lorsque vous faites du bateau ou du ski, un jour de grand soleil.

Encore mieux, couvrez la peau exposée avec des vêtements ou évitez l'exposition directe au soleil à la mi-journée si possible. Une exposition régulière de la peau à une lumière solaire non brûlante est par elle-même protectrice contre le cancer. Une consommation accrue de poisson et d'acides gras oméga 3 EPA et DHA (de concert avec une consommation moindre d'acides gras oméga 6 telle que l'huile de maïs ou de carthame) peut être très protectrice contre le mélanome, forme la plus dangereuse du cancer de la peau, qui été associé à une exposition *excessive* au soleil[29].

Éviter les pesticides. L'exposition aux produits chimiques agricoles a été liée à de nombreux cancers. Les agriculteurs sont à haut risque de cancers de l'estomac (risque accru de 40 %), du rectum (50 %), du larynx (40 %) et de la prostate (40 %). Le risque accru de cancer de la prostate a été spécifiquement corrélé à l'application de pesticides (risque accru de 70 %)[30]. À nouveau, nous insistons sur l'importance de manger des aliments cultivés biologiquement chaque fois que possible.

Perdre votre excès de poids. Être en surcharge pondérale ou obèse est un facteur de risque indépendant pour divers types de cancers ; cela n'est pas très connu. Une enquête conduite en 2002 par l'*American Cancer Society* (Société américaine pour le cancer) a révélé que seulement 1 % du public américain réalise que le maintien d'un poids normal réduit le risque de cancer. Selon les *Centers for Disease Control and Prevention* (Centres pour le contrôle et la prévention des maladies), en 2000, 64 % des américains adultes étaient en surcharge pondérale et environ 30 % étaient obèses[31]. Une étude récente publiée dans le *New England Journal of Medicine* a suivi dans une étude prospective plus de 900 000 américains adultes pour évaluer la relation entre le poids et le risque de cancer. Cette étude a montré qu'être en surcharge pondérale ou obèse expliquait 20 % des morts par cancer chez les femmes et 14 % chez les hommes. L'obésité était spécifiquement liée aux cancers du foie, du pancréas, de la prostate et du col de l'utérus, aux lymphomes non hodgkiniens et aux myélomes multiples.

Éviter le tabac. Il y a plus de 40 ans que le premier rapport du *Surgeon General's Advisory Committee on Smoking and Health* (Comité consultatif du ministère de la Santé sur le tabagisme et la santé) a été publié, le 11 janvier 1964. Grâce à la dissémination de l'information reliant le tabagisme à de nombreux risques concernant la santé, y compris le cancer, l'emphysème et les maladies cardiaques, le pourcentage des américains qui fument a diminué significativement. Cette tendance est plus importante parmi les hommes américains : 52 % fumaient en 1965 mais seulement 28 % actuellement ; 34 % des femmes américaines fumaient en 1965, contre 22 % aujourd'hui. Malheureusement, le taux des fumeurs aux États-Unis est demeuré constant pendant plusieurs années, avec une faible diminution à partir de 1990.

PONT TROIS

Biopsies sans bistouri

Le Prix Nobel de chimie Richard E. Smalley, lui-même atteint d'un lymphome, a déclaré à un sous-comité du Congrès américain, le 22 juin 1999 : « Il y a vingt ans, avant cette chimiothérapie même grossière, je serais déjà mort. Mais dans 20 ans, je suis sûr que nous n'aurons plus à utiliser ce traitement peu performant. D'ici là, la nanotechnologie nous aura donné des médicaments spécifiquement conçus... qui atteindront spécifiquement les seules cellules cancéreuses mutantes du corps humain et laisseront heureusement tout le reste intact... Je ne vivrai peut-être pas assez longtemps pour voir cela. Mais, avec votre aide, je suis sûr que cela arrivera. Le cancer (le type de cancer que j'ai) sera une chose du passé. »[32]

Smalley n'aura peut-être pas 20 années à attendre. Les chercheurs sont déjà en train de développer toute une série d'instruments prometteurs de nanomédecine du Pont Trois pour le diagnostic et le traitement du cancer. Les instruments de diagnostic se concentrent sur la détection des cancers à leur tout début, au lieu d'attendre qu'ils se constituent sous forme de tumeurs visibles. Ils vont des points quantiques extrêmement petits (de la taille d'un atome) qui émettent de la lumière lorsqu'ils détectent des molécules associées à des cellules cancéreuses[33] au Bioanalyzer Raman développé par le *Fred Hutchinson Research Center* (le Centre de Recherche Fred Hutchinson) à Seattle. Cette machine, de la taille d'une chambre, lit des structures moléculaires en envoyant des faisceaux laser dans des échantillons de tissus, aidée par la fameuse expertise d'Intel dans la détection des imperfections microscopiques des puces.

Par exemple, à ce jour, le diagnostic définitif d'un cancer nécessite habituellement une biopsie (prélèvement chirurgical d'un échantillon de tissu pour examen au laboratoire). Cela est douloureux, coûteux et dangereux pour le patient, en raison des risques inhérents à la chirurgie elle-même mais aussi par le fait que chaque fois qu'une tumeur est sectionnée, il y a un risque de dissémination de ses cellules dans la circulation sanguine. Cela augmente le risque de métastase, ce qui est un désastre pour un patient présentant une tumeur localisée. C'est pourquoi des biophysiciens des universités Cornell et Harvard sont en train de développer des « biopsies optiques » sans bistouri, utilisant « la microscopie multiphotonique » pour diagnostiquer les tissus cancéreux en détail et de façon précise. Ils envoient un laser ultraviolet à travers l'organe intact, obligeant certains constituants (tels que les aminoacides) des tissus à émettre de la lumière. Le résultat est une représentation tridimensionnelle à haute résolution des tissus avec le minimum de lésions pour les cellules vivantes.

Des chercheurs de Triton Biosciences ont fait un pas de plus en combinant le diagnostic et le traitement. Ils visent des micrométastases ou des groupes de cellules cancéreuses beaucoup trop petits pour que les chirurgiens les trouvent et les éliminent. Contrairement à la chimiothérapie, qui tue les cellules normales tout autant que les cellules malignes, leur technique se centre uniquement sur les cellules de la tumeur. Les scientifiques attachent des nanoparticules de fer à des anticorps pour former des « sondes biologiques » (bioprobes) d'environ 40 nanomètres de long. Ces dernières sont injectées dans l'organisme où les anticorps recherchent les cellules tumorales et se fixent à elles. Puis, les scientifiques utilisent un champ magnétique puissant (semblable à celui d'un appareil d'IRM) pour faire chauffer les particules de fer, ce qui tue immédiatement les cellules cancéreuses.

Nanospectra Biosciences utilise une approche semblable en injectant de très petites « nanocouches » d'or et de silice dans le patient.[35] Ces dernières circulent dans tout l'organisme et s'accumulent près des cellules tumorales. Les médecins utilisent alors un laser à infrarouge pour chauffer les couches et tuer le tissu tumoral. Les deux firmes espèrent que ces systèmes seront disponibles dans les cabinets médicaux à partir de 2006.

Une autre tactique nanotechnologique implique l'anti-angiogenèse. Une équipe du *Scripps Research Institute* (Institut de Recherche Scripps) fixe des molécules susceptibles de se lier aux protéines « v3 » (elles sont toujours présentes sur les vaisseaux sanguins en formation et elles sont également aptes à introduire des petites particules dans les cellules) sur des nanoparticules, de concert avec un gène mutant appelé Raf-1. Une fois à l'intérieur, ce gène interfère avec la croissance des cellules des vaisseaux sanguins et détruit la cellule. Chez la souris, un seul traitement a éliminé une grosse tumeur en six jours seulement.

La liste des maladies liées à la fumée des cigarettes se lit comme le petit livre noir de l'Ange de la Mort. La fumée des cigarettes augmente le risque de cancer dans tous les tissus que touche la fumée du tabac au niveau de ses voies de pénétration dans l'organisme (poumons, bouche, gorge et larynx), de ses voies de sortie de l'organisme (reins et vessie) et en différents endroits situés entre ces voies (col de l'utérus et pancréas). Les maladies cardiovasculaires, y compris l'infarctus du myocarde, la mort cardiaque subite et les accidents vasculaires cérébraux sont augmentées de façon très importante chez les individus qui fument. Les problèmes pulmonaires tels que l'emphysème, l'asthme, la bronchite chronique et la broncho-pneumo-pathie chronique obstructive (BPCO) sont tous beaucoup plus fréquents chez les fumeurs. Et cela n'est qu'une liste incomplète ! Cesser de fumer est une partie fondamentale du programme de prévention contre tous les cancers. Il existe aujourd'hui nombre de médicaments et de traitements pour aider les fumeurs à se débarrasser de cette habitude. Si vous fumez encore, nous vous conseillons vivement de vous engager immédiatement dans un programme d'arrêt du tabac.

Chimioprévention

La « chimioprévention » se réfère à l'usage de substances naturelles ou synthétiques pour réduire le risque de cancer. De nombreux nutriments naturels sont des chimioprotecteurs ; parmi ces derniers, figurent des vitamines, des minéraux, des plantes, des antioxydants et des hormones. Bien qu'insuffisants pour prévenir par eux-mêmes le cancer, les agents chimioprotecteurs naturels suivants sont une partie précieuse d'un programme complet de prévention du cancer. D'autres agents chimioprotecteurs sont discutés dans le chapitre 21, « Supplémentation active ».

Vitamine C. Linus Pauling, le seul scientifique à avoir reçu deux prix Nobel, était si impressionné par la capacité de la vitamine C à prévenir et à traiter le cancer qu'il a co-écrit un livre sur le sujet[34]. La vitamine C, particulièrement lorsqu'elle est associée à un élément minéral, le sélénium, peut induire les cellules « en cours » de cancérisation de quitter le « côté noir » et de demeurer bénignes[35]. L'estimation des doses optimales de vitamine C varie entre 1 et 10 grammes par jour. Notre programme recommande que la plupart des adultes prennent 2 grammes (2 000 milligrammes) de vitamine C par jour en vue d'une chimio-prévention.

PONT TROIS

Délivrance furtive

Le problème de la délivrance des traitements anticancéreux est le système immunitaire du patient qui parfois se trompe en prenant des molécules utiles pour des envahisseurs étrangers et tente de les détruire. Une solution innovante est l'empaquetage « furtif » pour délivrer les médicaments directement dans les tumeurs. Dans cette optique, le *Center for Biologic Nanotechnology* de l'Université du Michigan a créé des molécules sphériques appelées « dendrimères ». Un type de dendrimère trouve et marque les cellules cancéreuses, un autre diagnostique le type de cancer, un troisième délivre les médicaments directement dans le cancer qu'il détruit et montre au médecin la localisation du tissu détruit en se comportant en marqueur pour l'imagerie par rayons X ou IRM. Dans les essais sur l'animal, en utilisant des dendrimères, les chercheurs ont été capables de détruire 30 fois plus de cellules cancéreuses avec le médicament anticancéreux méthotrexate sans ses effets secondaires tels que les nausées et la perte des poils.

Les chercheurs de l'Université d'Alberta ont utilisé une technique semblable : des « bombes constituées de groupes de nanoparticules » qui portent les médicaments au niveau du cancer du poumon. Les nanoparticules délivrées par inhalation sont programmées pour échapper à la surveillance du système immunitaire et ne laisser que les cellules saines.

ALZA Corp. a développé un autre schéma de délivrance furtive utilisant de petites sphères appelées « liposomes ». Pour empêcher le système immunitaire de les attaquer, ils sont enrobés de polyéthylène glycol.

Le système de délivrance furtive le plus évolué est peut-être celui qui emploie les « fullerènes » ou les « buckyballs ». Ces molécules ultrafines (de seulement 1 nanomètre de diamètre et dénommées d'après l'inventeur futuriste R. Buckminster Fuller) sont constituées de 60 atomes de carbone disposés de façon sphérique. Elles ont une partie interne creuse où divers médicaments ou atomes radioactifs peuvent être cachés en vue d'une délivrance furtive à une tumeur. Les buckyballs peuvent être utilisées aussi pour délivrer en toute sécurité des radionucléotides dangereux (atomes métalliques radioactifs) dans les cellules à utiliser comme agents de contraste pour l'imagerie par IRM ou rayons X.

Les progrès dans l'utilisation des buckyballs ont été lents mais un arrangement légèrement différent des atomes de carbone appelé « nanotubes » semble prometteur. Les nanotubes sont des longs tubes en forme d'aiguille qui peuvent pénétrer facilement dans les cellules. Eux aussi sont creux, ils peuvent donc être utilisés aisément pour fixer et délivrer des médicaments.

Des chercheurs du *Memorial Sloan-Kettering Cancer Center* (Centre contre le Cancer Sloan-Kettering) ont choisi une approche semblable à celle des buckyballs pour délivrer des matériaux radioactifs. Ils ont développé un « nanogénérateur » moléculaire ; il s'agit d'un seul atome radioactif contenu à l'intérieur d'une cage moléculaire et attaché à un anticorps qui se dirige automatiquement vers les cellules cancéreuses, portant alors le nanogénérateur à l'intérieur de ces dernières et les détruisant[40].

Sélénium. Il y a quatre antioxydants « ACES » bien connus : trois sont des vitamines (les vitamines A, C et E) et un est un minéral (le sélénium). Le sélénium est le cofacteur minéral qui active une puissante enzyme antioxydante, la GSH-Px (glutathion peroxydase). Dans l'essai *Nutritional Prevention of Cancer* (Prévention nutritionnelle du cancer), la supplémentation en sélénium réduisait l'incidence totale du cancer, particulièrement le cancer de la prostate[36]. Nous recommandons une dose chimiopréventive de 400 à 600 microgrammes de sélénium par jour.

Coenzyme Q_{10}. Le coenzyme Q_{10} est impliqué de façon critique dans la création de l'énergie au sein des mitochondries de la cellule. Les tissus malins de l'organisme créent des taux accrus de radicaux libres. Les enzymes antioxydantes sont soumises à un stress accru lorsqu'elles tentent de contrôler les dommages des radicaux libres constatés dans les tumeurs cancéreuses. Les besoins métaboliques de ces enzymes protectrices augmentent considérablement et le coenzyme Q_{10} est vital pour contribuer à leur apporter l'énergie nécessaire pour combattre le cancer.

Les tumeurs du sein ont des taux de coenzyme Q_{10} considérablement diminués en raison du stress des radicaux libres[37] et les médecins nutritionnistes donnent classiquement de fortes doses de coenzyme Q_{10} supplémentaires aux patientes atteintes d'un cancer du sein. Le coenzyme Q_{10} a de nombreux autres effets protecteurs dans l'organisme, y compris la réduction de la pression sanguine et la protection du cœur. Nous recommandons que chaque adulte sain prenne 60 à 200 microgrammes de coenzyme Q_{10} par jour.

Curcumine. Cette herbe, dérivée du curcuma (safran des Indes) , a été utilisée depuis des siècles dans la médecine ayurvédique ainsi que dans la médecine chinoise. La curcumine a de puissantes propriétés anti-inflammatoires et arrête la croissance des cellules cancéreuses au stade G2 de leur division cellulaire. L'association de la curcumine et de l'ECGC (épigallocatéchine-3-gallate) du thé vert apporte une prévention synergique contre le cancer.

La curcumine combat la croissance des cellules cancéreuses selon au moins une douzaine de voies séparées. Elle empêche les produits chimiques à action œstrogénique tels que les pesticides de provoquer une stimulation excessive des tissus hormono-sensibles du sein et de la prostate. Par cette voie, elle travaille en harmonie avec d'autres phytonutriments qui ont des actions semblables, telles que les isoflavones du soja et les légumes de la famille des crucifères[38]. La curcumine est utilisée comme anti-inflammatoire naturel pour traiter les patients présentant des affections comme l'arthrite. Elle bloque l'enzyme cyclo-oxygénase (COX) à l'origine de l'inflammation dans l'organisme. Il est également bien connu que le cancer du côlon a une composante inflammatoire importante et que les patients qui prennent des inhibiteurs de la COX telle l'aspirine ont une incidence réduite de cancer du côlon. Des études ont montré que la prise de curcumine pourrait aussi contribuer à prévenir le cancer du côlon[39].

Nous encourageons l'utilisation régulière comme épice du safran qui contient de la curcumine dans la préparation des aliment ; nous préconisons également la prise de 900 milligrammes de curcumine supplémentaire par jour pour la prévention du cancer.

Mélatonine. De nombreuses personnes savent que la mélatonine peut aider au sommeil. Peu savent aussi que c'est une puissante hormone de l'anti-vieillissement. Encore moins sont conscients du fait que la mélatonine a un rôle important en tant qu'agent protecteur contre le cancer. Un article a passé en revue 27 études consacrées à l'utilisation de la mélatonine pour la prévention ou le traitement des cancers. Les auteurs concluent qu'« en fait, la mélatonine pourrait être considérée comme une substance physiologique anticancéreuse. »[41]

PONT TROIS

Nanochirurgie

Une équipe de chercheurs de l'Université de Californie, à Irvine (UCI) a reçu une subvention du *National Institutes of Health* de 2,9 millions de dollars sur cinq ans pour développer une sonde microscopique destinée à détecter et à traiter les tumeurs précancéreuses et les tumeurs malignes chez l'Homme. Autre version du vaisseau de *Fantastic Voyage*, cette sonde de dimensions nanométriques serait insérée chez un patient et, sous le contrôle télécommandé par un chirurgien, elle serait guidée à travers l'œsophage, l'estomac et le côlon pour déterminer si des tumeurs sont en cours de développement sur les parois de l'intestin. En cas de succès, la sonde pourrait aider au diagnostic précoce des cancers et des précancers du système gastro-intestinal. Les chercheurs testeront cette sonde chez le porc puis chez des volontaires pour déterminer son efficacité et son innocuité.

« Actuellement, les cancers gastro-intestinaux et les autres maladies ne sont diagnostiqués que par examen visuel de la surface de l'intestin », dit le Dr Kenneth Chang, directeur du *H.H. Chao Comprehensive Digestive Disease Center* à UCI. « Le dépistage du cancer au début est difficile parce que vous cherchez des changements microscopiques. Une nanosonde optique pourrait aider à trouver ces changements avant qu'ils ne se transforment en cancer avancé. Elle pourrait aussi permettre aux médecins d'éviter les biopsies traditionnelles qui nécessitent un prélèvement de tissu en apportant un échantillon biopsique optique ou virtuel de plus grande surface. »

Dans le futur, les chirurgiens seront capables de supprimer des cellules cancéreuses à l'intérieur des tissus qui ne peuvent pas être touchés par des mains humaines, en utilisant une nanochirurgie à laser en cours de développement par le physicien Eric Mazur et ses collègues de l'Université de Harvard. Dans une version microscopique d'un scénario à la James Bond, la lumière du laser est focalisée de façon extrêmement étroite, en utilisant un microscope, dans un espace d'une centaine de nanomètres seulement. Des chercheurs ont même détruit une seule mitochondrie à l'intérieur d'une cellule sans tuer cette dernière.

Une équipe de chercheurs conduite par le Dr Kevin Prise du *Gray Center Institute*, en Angleterre, a découvert qu'au lieu d'utiliser une radiation mortelle pour frapper chaque cellule de la tumeur, ne viser que quelques cellules avec un « microfaisceau » peut provoquer une destruction massive des autres cellules malades. Les cellules cancéreuses détruites par le microfaisceau : un flux d'ions d'hélium d'à peine un micron (un millionième de mètre) de large, envoient, lorsqu'elles meurent, des signaux suicidaires aux autres cellules anormales, leur demandant, comme Jim Jones, de s'autodétruire elles aussi. Un autre instrument chirurgical du futur, développé par des chercheurs de l'*URobotics Lab* de la Johns Hopkins University, est un robot non métallique qui peut travailler en conjonction avec des systèmes d'imagerie par IRM. En utilisant une aiguille fine, il peut effectuer une opération chirurgicale avec une précision de l'ordre du dixième de millimètre, bien meilleure qu'avec la main humaine. Par exemple, il pourrait être utilisé pour effectuer des biopsies précises de taches précancéreuses dans le poumon ou pour localiser avec précision la délivrance d'une chimiothérapie.

Nous avons mentionné précédemment les schémas conceptuels de Robert Freitas pour des petits nanorobots, les microbivores, qui pourraient patrouiller dans la circulation sanguine, cherchant et détruisant les bactéries, les virus et les autres agents pathogènes indésirables. Ce type de nanorobot sera capable de télécharger des logiciels d'Internet pour des problèmes particuliers et pourrait être programmé pour reconnaître et détruire des cellules cancéreuses avant qu'elles n'aient eu la possibilité de croître et de se disséminer.

De nombreuses études se sont centrées sur l'étude de la mélatonine dans la prévention et le traitement du cancer du sein. La mélatonine peut inhiber directement la croissance des cellules du cancer du sein[42]. Elle est aussi un important antioxydant et elle a des effets de stimulation du système immunitaire. Nous recommandons de prendre 1 à 3 milligrammes par jour, au coucher, de cet agent chimiopréventif naturel.

Acide folique. Comme il en a été discuté au chapitre 13, l'acide folique est intimement impliqué dans de nombreuses réactions de méthylation. Ces dernières incluent la synthèse de l'ADN, l'activation ou l'inhibition des gènes au sein de la cellule et la détoxication des toxines chimiques. Des anomalies de toutes ces réactions ont été associées à un risque de cancer. Récemment, un déficit en acide folique a été impliqué en tant que facteur de risque pour le développement du cancer. Dans un article passant en revue 34 études sur les rapports de l'acide folique et du cancer, un lien direct a été trouvé entre des taux faibles d'acide folique et les cancers du côlon et du sein[43].

L'acide folique, important pour la santé du cœur et la protection contre le cancer, est l'un des rares nutriments qui soit plus efficace lorsqu'il est pris sous forme de supplément séparé que de constituant des aliments. Un minimum de 800 microgrammes par jour est recommandé, mais en fonction d'autres facteurs (tels que le taux d'homocystéine), cela peut être porté à 5 000 ou à 10 000 microgrammes ou plus.

EPA/DHA. Les bénéfices cardiaques des dérivés des acides gras essentiels, l'EPA (acide eicosapentaénoïque) et le DHA (acide docosahexaénoïque) sont bien connus, mais ces « huiles de poisson » jouent aussi des rôles importants en tant qu'agents chimio-protecteurs naturels. Tout comme la curcumine, les huiles de poisson possèdent une action anti-inflammatoire qui est à la base de leur effet protecteur contre le cancer. Comme nous l'avons vu au chapitre 12, l'EPA et le DHA sont des inhibiteurs naturels de la COX-2. La COX-2 est l'enzyme qui élève le taux des substances chimiques à propriété inflammatoire de l'organisme telles que la PG E2 (prostaglandine E2) et qui est présente en grande quantité dans les tissus précancéreux ou cancéreux. Des taux élevés de COX-2 et de PG E2 ont été constatés dans les cancers associés à une inflammation tels que les cancers du sein ou du côlon[44]. La consommation de poissons d'eau douce, riches en EPA et en DHA, ainsi qu'une supplémentation en EPA/DHA, est anti-inflammatoire, cardioprotectrice et chimioprotectrice.

Nous recommandons un minimum de 1 000-3 000 milligrammes d'EPA et de 700-2 000 milligrammes de DHA chaque jour.

Bêta-carotène (un cas spécial). Les vitamines ne sont pas toutes cardioprotectrices, du moins, pas pour tout le monde. En particulier, la *Finnish Alpha-Tocopherol, Beta Carotène Cancer Prevention Study* (Étude finlandaise de prévention du cancer par l'alpha-tocophérol et le bêta-carotène) (ATBC) a montré qu'une supplémentation en bêta-carotène augmentait en fait l'incidence du cancer du poumon chez les fumeurs de cigarettes[45]. Plusieurs autres études ont confirmé cette association et donc nous recommandons aux personnes à risque accru de cancer du poumon (par exemple les fumeurs ou les travailleurs exposés à l'amiante) de ne pas prendre de suppléments de bêta-carotène[46]. Voici donc la solution pour ceux qui sont sérieusement soucieux de prévention contre le cancer : si vous fumez, arrêtez. Arrêtez aujourd'hui, tout de suite. Si pour une raison quelconque vous en êtes incapable, ne prenez pas de suppléments de bêta-carotène.

Avec les tests de dépistage précoce et les stratégies de prévention et de traitement, il est probable que le nombre de morts par cancer va rapidement commencer à diminuer et, dans un proche avenir, le cancer ne sera plus l'épouvantable tueur qu'il est aujourd'hui.

17
Le programme personnel de Terry

« Quel est le secret de votre longévité ? » demandions-nous à notre grand-père à la réception en l'honneur de son 100e anniversaire. Baissant la voix, afin que nous nous rapprochions tous de lui pour l'entendre, il répondait « Bien, dès que je suis né, j'ai pris une bonne inspiration, puis je l'ai laissée sortir. Et j'ai recommencé… encore et encore. »

JACOB LIGHT, 21 septembre 1986

Si vous voulez vivre longtemps en excellente santé, cela ne fait pas de mal d'avoir de bons gènes. J'ai eu la chance d'avoir au moins un de mes grands-parents, le père de ma mère cité ci-dessus, qui a joui d'une santé remarquablement bonne jusqu'à ce qu'il meure soudainement, à près de 105 ans, d'un accident vasculaire cérébral au cours du déjeuner. Il n'avait été hospitalisé brièvement que deux fois dans sa vie, pour une pneumonie à l'âge de 96 ans et une appendicite à l'âge de 97 ans. La plupart de ses frères et sœurs ont bien vécu jusqu'à 90 ans ou plus. Savoir que je possède certains de ces gènes m'est un réconfort parce que je n'ignore pas que j'ai aussi beaucoup de gènes potentiellement dangereux. Par exemple, sa femme, ma grand-mère maternelle, est morte d'un cancer du côlon à 57 ans et j'ai reçu aussi beaucoup de ses gènes.

Je me suis fait faire un ensemble complet de tests génomiques et cette information a joué un rôle important dans la mise au point du programme de maintien de ma santé. Après avoir récupéré de la déprime initiale provoquée par la découverte de mes « mauvais gènes » (peut-être que je me sentais comme Néo après qu'il ait pris la pilule rouge au début du film Matrix et que mes yeux s'étaient ouverts sur « le monde réel »), ma motivation à suivre les principes exposés dans ce livre s'est accrue.

Statistiquement, je pourrais espérer vivre encore 20 ou 30 ans de plus. L'hypothèse des 20 ans est fondée sur les tables actuarielles de la *Social Security Administration* (Sécurité sociale) et celle des 30 ans sur les questionnaires (« Combien de temps vivrez-vous ») qui posent des questions spécifiques sur le style de vie. Mais cette longévité prévue ne prend pas en compte les progrès accélérés des découvertes scientifiques. Les tables actuarielles d'aujourd'hui sont fondées sur le passé.

Dans mon espérance de vie actuarielle, de nombreux traitements du Pont Deux devraient m'être très bénéfiques. Comme il en a été fait mention dans le chapitre 16 « La prévention et le dépistage précoce du cancer », des scanners sophistiqués et de nouveaux traitements devraient prochainement être capables de détecter et de détruire toutes les cellules cancéreuses de mon organisme avant qu'elles n'aient eu la possibilité d'échapper à tout contrôle. Si mon cœur venait à présenter des défaillances, ce qui se produira très vraisemblablement, j'espère être capable de recevoir un nouveau tissu cardiaque cloné à partir de mes propres cellules, évitant ainsi le débat éthique engendré par l'utilisation d'un tissu embryonnaire. Un échantillon de mon ADN cellulaire a été prélevé et placé dans un congélateur il y a quelques années, afin que je dispose des cellules les plus jeunes possible pour ce type d'éventualité. D'autres options incluent une transplantation cardiaque à partir d'un animal transgénique (un animal chez lequel on a introduit des gènes humains) ou même un nouveau petit cœur bionique.

Maintenant, comme Ray l'a fait dans le chapitre 10, je voudrais partager avec vous certains points spécifiques auxquels je me conforme pour optimiser mes chances de vivre suffisamment longtemps afin de vivre toujours.

Poids et régime

D'une taille de 1,82 mètre, je pèse 81 kilos. La graisse de mon corps en représente 19,9 %, alors que les limites acceptables pour un homme sont de 16 à 20 % (bien que certains chercheurs pensent que le pourcentage optimal de la graisse corporelle pour un homme ne devrait pas être supérieur à 10 %). J'ai trouvé que la restriction calorique stricte était difficile, mais grâce à l'utilisation de quelques nouveaux aliments pauvres en hydrates de carbone et de faible valeur calorique que Ray et moi avons développés, j'ai commencé à pratiquer la

« Restriction Calorique Sans la Restriction™ » et j'espère faire tomber mon pourcentage de graisse corporelle en dessous de 14 %, ce qui se traduirait par une perte de 3,6 kilos.

Je suis de façon très stricte les concepts alimentaires présentés dans ce livre. Bien que mon glucose sanguin à jeun soit normal, il est dans la « normale haute », et avant que je ne suive un régime pauvre en hydrates de carbone, il était souvent dans le 90e centile. Donc, je considère que je suis dans le groupe devant consommer peu d'hydrates de carbone et j'en maintiens ma consommation journalière à moins d'un sixième de mes calories.

J'apprécie la cuisine asiatique et je penche pour le régime japonais modifié que nous recommandons. Je prends souvent au petit-déjeuner de la soupe miso, du saumon, des légumes cuits à la vapeur, des algues et du thé vert. D'autres matins, je bois un mélange de protéines que Ray et moi avons développé comme partie de notre programme. Je m'efforce de boire du jus de légume le matin plusieurs fois par semaine, et je prends plusieurs tasses de thé vert au cours de la matinée et au moins 10 verres d'eau alcaline par jour.

Mon déjeuner typique est constitué de légumes cuits à la vapeur, de tofu ou de poulet sans la peau, d'une faible quantité de riz brun et de thé vert. Pour le dîner, je prends du saumon sauvage deux ou trois soirs par semaine avec des légumes. Je mange de la dinde et du poulet biologiques. Parfois, je prends du saumon grillé, de la dinde ou un hamburger de bœuf sans le pain. Je ne mange pas de bonbons ni de produits contenant du sucre raffiné, du miel, de la mélasse, du fructose, etc. Quand j'ai envie de quelque chose de sucré, je mange quelques myrtilles biologiques ou un autre fruit à faible charge glycémique. Certains soirs de la semaine, je prends un verre de vin rouge mais j'évite la bière en raison de sa charge glycémique élevée.

Étant donné que je voyage fréquemment et mange hors de chez moi, j'ai trouvé toute une série de restaurants qui s'accommodent très bien de mon programme alimentaire. Les repas constitués de protéines et de légumes sont faciles à trouver. Je ne mange jamais dans les établissements conventionnels de restauration rapide. Comme vous pouvez le constater, je suis très strictement les recommandations nutritionnelles de Ray et Terry.

Tests génomiques

J'ai subi une série complète de tests génomiques et j'ai pris des mesures pour adapter mon régime et mon programme de suppléments afin de contrer et de minimiser les risques présentés par mes polymorphismes spécifiques. Par exemple, l'hypertension artérielle est très commune dans ma famille. Mes tests génomiques ont révélé que je possédais des copies de polymorphismes de l'ACE, de l'AGT et de l'AT1R qui me prédisposent à l'hypertension artérielle. Donc, je limite avec beaucoup d'attention ma consommation de sodium, je m'efforce d'avoir une activité physique régulière et de ne pas grossir. Jusqu'à présent, ma pression sanguine reste dans des limites acceptables.

Inflammation et méthylation

J'ai fait doser ma hs-CRP (le test de recherche d'une inflammation silencieuse dans l'organisme) et elle est acceptable, à 1,1. Pour continuer dans cette voie, je prends deux cuillerées à café (10 grammes) d'huile de poisson et deux capsules de curcumine chaque jour. Le taux de mon homocystéine est de 7,0, dans nos limites optimales qui sont inférieures à 7,5. Mais je porte la mutation MTHFR commune, ce qui me prédispose à une méthylation anormale. Par conséquent, pour maintenir mon homocystéine dans ses limites optimales, je prends de l'acide folique, de la B_6, de la B_{12}, de la triméthyl-glycine et d'autres nutriments permettant d'améliorer la méthylation.

Détoxication

Mes tests de détoxication étaient un point favorable dans mon profil génomique qui, par ailleurs, donne à réfléchir. Ma capacité de détoxication semble, au moins en moyenne, permettre de survivre dans un monde pollué. Cependant, je m'efforce de limiter autant que possible mon exposition aux toxines environnementales. Je consomme des aliments biologiques chaque fois que c'est possible. Je bois de l'eau doublement filtrée et alcalinisée à la maison. Je me baigne dans de l'eau filtrée une fois. J'ai fait enlever mes obturations dentaires contenant du mercure. Je subis régulièrement deux types de traitements intraveineux pour aider à la détoxication : une formule intraveineuse d'aminoacides, de vitamines et de minéraux pour éliminer les métaux lourds toxiques accumulés et un échange de phospholipides pour rajeunir et détoxifier mes membranes cellulaires. J'ai un filtre à air ionique dans ma chambre à coucher et il y a nombre de fougères et autres plantes d'appartement dans toute ma maison. Je m'efforce de limiter l'utilisation de mon téléphone cellulaire et mon exposition aux radiations électromagnétiques. J'utilise un mini-trempoline pour augmenter la détoxication lymphatique.

Maladies cardiaques affectant les coronaires et cancers

Je me suis fait faire un scanner par tomodensitométrie ultrarapide de tout le corps, y compris un scanner cardiaque, et je subis périodiquement un bilan de dépistage sanguin. Régulièrement, je fais faire un test d'effort et une coloscopie virtuelle de dépistage. Pour maintenir mon cholestérol dans des limites optimales, je prends du polycosanol avec du gugulipide.

Hormones

Je fais doser régulièrement le taux de mes hormones, mais je n'utilise encore aucune supplémentation hormonale. Je prends aussi une formule d'herbes conçue pour augmenter le taux de la testostérone libre. Je prends de l'I-3-C (indole-3-carbinol) pour réduire la conversion de la testostérone en œstrogène, ainsi qu'un complexe de chou palmiste pour la santé de la prostate et pour réduire la formation en excès de DHT (dihydrotestostérone).

Cerveau

J'essaie de m'impliquer dans des activités intellectuelles suscitant le cerveau gauche, ainsi que des activités artistiques impliquant le cerveau droit. Je constate qu'écrire apporte un excellent débouché pour les deux. Je prends nombre de « nutriments de l'intelligence » pour augmenter la mémoire, y compris la vinpocétine, la phosphatidylsérine, la phosphatidylcholine, le ginkgo biloba et l'acétyl-L-carnitine.

Suppléments

Je prends beaucoup de suppléments. J'en absorbe beaucoup sous forme de poudre ou de liquide, mais cela équivaut à environ 64 pilules et gélules par jour.

Bien sûr, c'est sans compter les 24 petites « pilules » que ma femme Karen, praticienne diplômée d'acupuncture et de médecine chinoise traditionnelle, me donne aussi. Je consomme 4 des 10 verres que je bois chaque jour pour prendre mes suppléments.

Nutriments essentiels. Il s'agit d'une formule associant vitamines, minéraux et antioxydants. Pour m'apporter les acides gras essentiels, je prends une formule d'EPA/DHA d'huile de poisson (oméga 3) et d'huile d'œnothère (d'onagre) (oméga 6).

Super-nutriments. Pour leurs puissantes propriétés antioxydantes ainsi que pour d'autres actions bénéfiques, je prends de l'acide alpha lipoïque, du coenzyme Q_{10}, de l'extrait de pépin de raisin, de l'arginine et du resvératrol. Pour maintenir mon esprit clair et protéger mes fonctions cérébrales, je prends les nutriments « de l'intelligence » cités ci-dessus. Pour les besoins de la détoxication, je prends de la N-acétyl-L-cystéine et pour inhiber les liaisons croisées dans les tissus en relation avec l'âge, de la carnosine.

Suppléments spécifiques. En raison de mes antécédents familiaux de dégénérescence maculaire sénile, je prends des suppléments de lutéine, de zéaxanthine et de myrtille. De la glucosamine et de la chondroïtine me protégent contre les maladies arthritiques. Pour aider mes fonctions digestives, je prends une formule comprenant des enzymes digestives. Pour mieux contrôler mon stress et dormir, je prends de l'inositol et de la mélatonine avant de me mettre au lit. J'envisage de prendre une faible dose de statine, étant donné que tant de recherches en suggèrent un bénéfice.

Mon programme pourrait sembler décourageant, mais je trouve qu'il est très simple de prendre quelques poignées de pilules chaque jour pour m'assurer que mes cellules baignent tout le temps dans ces puissants antioxydants et ces nutriments.

Activité physique

Je m'efforce de marcher à l'extérieur 30 minutes ou plus chaque jour. J'apprécie des activités plus dynamiques telles que le ski de randonnée en hiver et le roller et la bicyclette en été. À la maison, je pratique un entraînement musculaire avec poids et haltères.

Stress

J'ai de nombreux amis proches et j'essaie de maintenir de fortes relations avec ma famille, ce que je ressens comme l'aspect le plus important de mon programme de réduction du stress. Je m'efforce de me faire masser régulièrement, ce qui contribue à ma détoxication lymphatique et à la réduction de mon stress. J'utilise un stimulateur à onde alpha pour augmenter les ondes alpha calmantes dans mon cerveau, et je suis les enseignements d'une classe de yoga coréen et de méditation deux fois par semaine.

Le futur

Comme je vois de nombreuses personnes de mon âge s'efforcer de se donner les moyens d'utiliser leur temps « disponible » maintenant qu'ils sont en retraite, un gros problème pour moi est de m'efforcer de maintenir un équilibre dans ma vie en ne travaillant pas à de trop nombreux projets à la fois. J'ai encore de nombreux objectifs à atteindre et je m'efforce d'inclure les conseils de ce livre dans ma vie de tous les jours. Je pense, qu'en tant que médecin et guide de la santé, je dois absolument suivre à la lettre mes recommandations. En mangeant bien, en prenant régulièrement de l'exercice, en contrôlant le stress et en suivant très strictement le Programme de Longévité de Ray & Terry, je me sens bien presque tout le temps. Et bien que nous ne puissions jamais être absolument certains de l'avenir, j'ai bon espoir que mes choix de styles de vie porteront à leur maximum mes perspectives de vivre suffisamment longtemps pour tirer un plein avantage des traitements radicaux d'allongement de la vie qui sont tout juste devant nous.

18

Votre cerveau : le pouvoir de la pensée… et des idées

« L'intelligence est cette faculté de l'esprit par laquelle de l'ordre est perçu dans une situation considérée antérieurement comme désordonnée. »

R. W. YOUNG

La masse de près de 1,5 kilo de cellules nerveuses et de tissus de support connue sous le nom de cerveau est sans conteste l'objet le plus complexe et le plus magnifique que nous connaissions. Bien qu'il soit aisé de devenir d'humeur poétique lorsque l'on parle des merveilles du cerveau humain, cet organe est aussi rempli de limitations et de difficultés. L'essentiel de notre pensée s'effectue dans les connexions inter-neuronales qui utilisent une méthode de signalisation électrochimique environ un million de fois plus lente que les circuits électroniques actuels. La myriade de problèmes auxquels le cerveau est confronté est tout à fait en rapport avec la thèse de ce livre, d'un comportement qui crée une dépendance à un déclin graduel ou soudain apparaissant avec le vieillissement.

Cependant, nous réalisons rapidement et de façon accélérée des gains dans notre compréhension de la façon dont le cerveau travaille, de la biochimie des composants neuronaux tels que les synapses (interconnexions entre les cellules du cerveau) aux principes du mode d'action de vastes régions du cerveau tels que le cervelet (siège de l'origine du contrôle de l'équilibre musculaire) et l'hippocampe (impliquée dans l'acquisition de la mémoire). Les idées du Pont Un de ce chapitre sont susceptibles d'optimiser aujourd'hui votre fonctionnement mental, alors que vous ralentirez considérablement le vieillissement de votre cerveau ainsi que d'autres processus pathologiques. Les traitements du Pont Deux et du début du Pont Trois promettent en fin de compte d'arrêter et d'inverser la plupart des causes du vieillissement et du déclin du cerveau. Finalement, les technologies du Pont Trois nous rendront capables d'augmenter considérablement nos capacités mentales au moyen d'une fusion intime avec des formes puissantes d'intelligence non biologique.

Toutes les pensées et les émotions, de même que la régulation principale de la plupart des fonctions de l'organisme, de la vitesse de vos battements cardiaques à la dilatation de vos pupilles, sont contrôlées par des signaux électrochimiques venant du cerveau. Le cerveau a environ 100 milliards (10^{11}) de neurones qui sont les cellules actives du cerveau, maintenus en place et soutenus par plus d'un billion (10^{12}) de cellules « gliales ». Un neurone typique est connecté à d'autres neurones par 1 000 interconnexions (ou synapses) en moyenne et donc le cerveau humain a en moyenne quelques 100 billion (10^{14}) de connexions. Les cellules gliales semblent jouer aussi un rôle en agissant sur les actions des synapses.

Au cours des dernières années, il y a eu de rapides progrès dans la modélisation et même la simulation de régions importantes du cerveau. Le chercheur américain Lloyd Watts et ses collègues ont développé sur ordinateur une simulation de 15 régions du cortex auditif qui a des performances semblables à la perception auditive humaine.

En rassemblant les données de nombreuses études, Javier F. Medina, Michael D. Mauk et leurs collègues de l'*University of Texas Medical School* (l'École de Médecine de l'Université du Texas) ont conçu une simulation détaillée sur ordinateur du cervelet, région du cerveau située à l'arrière de la tête, responsable du contrôle des mouvements. Elle inclut tous les types principaux de cellules cérébelleuses, avec plus de 10 000 neurones simulés et 300 000 synapses.

Les processus de la pensée associés à la décision rationnelle d'agir, à l'élaboration de plans et à la capacité d'utiliser le langage sont concentrés dans une fine couche de neurones à la surface externe du cerveau, appelée cortex cérébral, qui n'a que 1,5 à 4,5 millimètres d'épaisseur[1]. Bien que ne constituant que 2 % du poids total du corps, le cerveau reçoit 20 % du sang sortant du cœur et consomme 20 % de l'ensemble de l'oxygène du corps. En poids, le cerveau est constitué à 60 % de graisses, ce qui contribue à expliquer l'extrême importance d'une consommation adéquate de graisses saines.

PONT DEUX

Interfaces cerveau-ordinateur, membres bioniques et robots contrôlés par la pensée

Une communication à double sens, en temps réel et non invasive entre les cellules nerveuses et des machines commence à fonctionner. Dans une expérience récente, un singe a contrôlé un bras robot comme si ce dernier était son propre membre et un patient victime d'une attaque cérébrale a été capable de faire fonctionner un ordinateur. La clé pour progresser dans ce domaine est l'interprétation de l'ensemble complexe de signaux à la fois à l'intérieur et à l'extérieur du cerveau. Une telle communication pourrait aussi permettre aux quadriplégiques, par exemple, de faire fonctionner un ordinateur ou d'autres appareils.

Un système appelé BrainBrowser est en cours de développement à l'Université d'État de Géorgie pour se relier au cerveau des gens et de leur permettre de surfer sur Internet par le seul pouvoir de leur pensée.

Un petit système implantable développé par Advanced Control Research (ARC) à Plymouth en Angleterre peut déterminer les intentions d'une personne puis déplacer une main prothétique en fonction de ces dernières. Selon le professeur Roland Burns, l'un des directeurs d'ACR, le système considérera l'information contenue dans le signal neural et, grâce à un système de reconnaissance des formes, dira ce que l'amputé pense, puis il utilisera cette information pour demander au poignet de tourner ou à l'index de se déplacer. « Notre objectif final est d'avoir une main complètement multifonctionnelle, » dit-il.

Une équipe de recherche de l'Université Stanford a développé une puce implantable qui apporte des synapses artificielles. L'appareil pompe les neurotransmetteurs biologiques initiés par des commandes électroniques, ce qui fournit une autre voie pour connecter directement des appareils électroniques aux neurones.

Nous pensons que les applications de ces technologies seront disponibles pour les patients atteints de paralysie ou de troubles sensoriels dans quelques années. D'ici 10 ans, une personne présentant des problèmes physiques pourrait couramment déplacer ses membres paralysés ou commander un robot pour effectuer les tâches journalières ou encore un individu avec une main artificielle pourrait retrouver la dextérité nécessaire pour couper du papier avec des ciseaux et avoir suffisamment de sensations pour sentir la main d'une personne aimée.

Supprimer les intermédiaires : les nerfs et les muscles des bras et des jambes, et connecter directement le cerveau à des machines externes pourrait augmenter, et pas seulement remplacer, les performances humaines. Ce but est activement poursuivi par un programme de recherche majeur à la *Defense Advanced Research Projects Agency* (l'Agence pour les projets de recherche avancée dans le domaine de la défense) qui veut raccourcir radicalement le temps de réponse des soldats, améliorer la prise de décision et diriger des robots et des systèmes d'armes avec l'esprit.

Quelque 50 000 chercheurs et ingénieurs travaillent sur certains aspects de la compréhension du cerveau humain. Le pouvoir de nos instruments pour regarder à l'intérieur du cerveau et notre connaissance du cerveau humain vont en s'accélérant. Par exemple, nous doublons chaque année la résolution, la diminution des coûts et la bande passante des examens du cerveau (invasifs ou non invasifs). Nombre de ces avancées nous aideront à imiter l'intelligence humaine dans nos machines. Dans ce chapitre, nous nous concentrerons sur les connaissances pratiques qui peuvent vous aider à maintenir un fonctionnement mental optimal et nous considérerons aussi certaines technologies du Pont Deux et du Pont Trois qui nous aideront grandement dans cet effort lors des années à venir.

Maintien du cerveau (pont Un)

Pendant presqu'un siècle, la science conventionnelle tenait le cerveau pour relativement inaltérable et nos précieuses cellules cérébrales pour irremplaçables. On pensait être né avec un nombre donné de neurones puis que l'on ne perdait un certain nombre chaque jour en raison de l'usure de la vie. Contrairement aux autres organes de l'organisme qui ont de puissantes capacités de régénération, (considérez comment un os se ressoude après avoir été fracturé ou comment le foie guérit des effets destructeurs d'une nuit de consommation excessive d'alcool) le cerveau était considéré comme ne possédant qu'une capacité très limitée de guérison après une lésion. Mais une des plus profondes compréhensions de la recherche contemporaine en neurosciences est que le cerveau a en réalité une énorme capacité à se guérir de lui-même et à se régénérer.

Pendant plus d'un siècle, les scientifiques ont cru que des régions spécifiques du cerveau étaient uniquement dévolues à des tâches spécifiques. En 1857, le neurochirurgien français Paul Broca a relié des régions lésées ou chirurgicalement affectées du cerveau à la perte de certaines fonctions telles que le contrôle fin de la motricité ou la capacité du langage. Bien que des zones spécifiques tendent à contrôler des types particuliers de compétences, nous savons maintenant que ces assignations peuvent changer après une lésion du cerveau ou de la moelle épinière qui paralyse une partie du corps. Dans une étude classique de 1965, Hubel et Wiesel ont montré qu'une vaste réorganisation du cerveau pouvait avoir lieu après une lésion grave, par exemple une lésion apparue à la suite d'un accident vasculaire cérébral[2], étant donné que d'autres régions du cerveau prennent en charge les tâches des zones lésées.

Selon ce nouveau concept de la plasticité du cerveau, différentes régions de ce dernier peuvent prendre en charge des fonctions habituellement effectuées par d'autres zones. Des scientifiques utilisent cette approche pour traiter des patients ayant subi des lésions au niveau d'une région spécifique du cerveau. Par exemple, une région du lobe temporal, la zone de Broca localisée juste au-dessus de la partie supérieure de l'oreille, est fortement associée à l'interprétation du langage et à la capacité de parler. Un patient ayant subi une attaque cérébrale qui a lésé la zone de Broca peut avoir des difficultés à s'exprimer et est incapable de parler de façon intelligible. Mais d'autres régions du cerveau peuvent être éduquées pour prendre en charge la fonction de la parole afin que le patient retrouve sa capacité de parler.

De plus, la disposition détaillée des connexions et des synapses résulte directement de l'intensité avec laquelle vous utilisez une région particulière. Étant donné que le scanner cérébral a développé une résolution suffisante pour observer la croissance des épines dendritiques (la croissance des petites protusions qui partent des dendrites pour former de nouvelles connexions interneuronales) et la formation de nouvelles synapses, nous pouvons voir notre cerveau croître et littéralement « suivre nos pensées ». Une expérience faite sur des singes par Michael Merzenich et ses collègues à l'Université de Californie à San Francisco, a disposé l'alimentation des animaux de sorte que ces derniers avaient à placer très adroitement un doigt pour l'obtenir. Des scanners du cerveau avant et après ont montré une croissance très importante de connexions interneuronales et de synapses dans la région du cerveau responsable du contrôle de ce doigt.

Edward Taub de l'Université d'Alabama a confirmé cela par une étude de la région du cortex responsable de l'évaluation des données tactiles pour les doigts. En comparant les cerveaux de sujets non musiciens droitiers à des joueurs expérimentés d'instruments à cordes, il n'a pas trouvé de différence dans les régions du cerveau consacrées aux doigts de la main droite, mais une très grande différence dans les régions consacrées aux doigts de la main gauche impliqués dans le positionnement complexe sur les cordes.

PONT DEUX

Nouveaux traitements de l'attaque cérébrale

Un médicament actuellement en essai clinique, le Desmotéplase, a été développé à partir d'une protéine de la salive des chauves-souris ; il détruit les caillots sanguins du cerveau à l'origine d'une attaque cérébrale, mais n'empêche pas le sang d'un patient de coaguler ailleurs dans l'organisme, par exemple au niveau d'une éraflure du bras. Une équipe d'Israéliens a aussi construit un appareil de filtration analogue à un passe-thé qui bloque les caillots d'une largeur supérieure à 300 micromètres se déplaçant de l'artère carotide du cou vers le cerveau[5].

Bien qu'elles n'aient pas encore atteint l'étape des essais cliniques, de nombreuses autres approches de réparation ou de régénération du tissu nerveux se sont révélées, elles aussi, prometteuses. Des chercheurs de l'*University of Rochester Medical Center* (Centre médical de l'Université de Rochester) travaillent sur le développement de faisceaux de cellules nerveuses humaines susceptibles d'être injectées dans la moelle épinière pour produire de nouvelles cellules. Ils ont manipulé génétiquement des cellules progénitrices spinales pour qu'elles se divisent indéfiniment, résolvant ainsi le problème de la création d'un nombre suffisant de ces cellules pour une utilisation clinique. Les cellules progénitrices sont déjà engagées pour devenir un type particulier de cellule et donc un type de ces cellules pourrait être injecté à un parkinsonien qui a besoin de neurones producteurs de dopamine et un autre à un patient affecté d'une sclérose en plaque qui a besoin de neurones producteurs de myéline. Une autre source possible pour le remplacement des cellules nerveuses est le propre corps du patient. Des chercheurs ont eu des premiers succès dans la réduction des symptômes du Parkinson en extrayant les cellules souche neurales d'un patient, en les cultivant en laboratoire puis en les réimplantant.

Il y a au moins huit facteurs de croissance qui entrent en jeu lorsque les cellules nerveuses sont créées et deviennent matures. Plusieurs compagnies de biotechnologie, parmi lesquelles Amgen et ViaCell, prennent ces facteurs pour cible en vue du développement de médicaments. En les stimulant ou en les inhibant, il pourrait être possible d'activer ou d'inhiber la neurogenèse dans différentes régions du cerveau. La capacité à contrôler la neurogenèse pourrait aider les patients présentant des maladies où les cellules nerveuses meurent et même venir en aide aux personnes dont le cerveau est sain[6]. Biogen et le neurobiologiste Stephen Strittmatter de l'Université de Yale, sont en train d'utiliser des modèles de rongeurs pour déterminer comment bloquer une protéine qui inhibe la croissance, ouvrant ainsi la porte à l'organisme pour régénérer ses propres nerfs dans la colonne vertébrale après un traumatisme. En utilisant la thérapie génique, une équipe de chercheurs du *Children's Hospital in Boston* (l'Hôpital pour enfants de Boston) a stimulé ce qu'ils appellent une « régénération extrêmement importante » des cellules nerveuses dans l'œil du rat.

De plus, les chercheurs ont appris que, même chez l'adulte, le cerveau possède des cellules souche, restes du développement embryonnaire. Une intense recherche est actuellement entreprise pour développer des mécanismes permettant de stimuler ces cellules souche cérébrales capables de se transformer elles-mêmes en nouveaux neurones et de contribuer à réparer ou, idéalement, à inverser les lésions des maladies neurodégénératives, y compris celles du vieillissement lui-même. Une clé pour ce processus paraît être en relation avec l'oxyde nitrique, l'une des molécules de signalisation majeures de l'organisme. Dans une expérience sur l'animal, en supprimant la production d'oxyde nitrique dans le cerveau, les scientifiques ont pu augmenter le nombre de cellules souche qui se développaient à 70 % en nouveaux neurones[3].

Les cellules souche neurales peuvent devenir des précurseurs des cellules neurales qui, à leur tour, subissent une maturation en neurones eux-mêmes et en cellules gliales de support (appelées astrocytes et oligodendrocytes). Ces neurones prototypes évoluent par la suite vers des types spécifiques de cellules neurales, des petites cellules de Golgi de type II vers des neurones cortico-spinaux de près d'un mètre de long. Cependant, cette différenciation ne peut pas s'effectuer tant que les cellules souche neurales n'ont pas quitté leur lieu d'origine, au niveau des ventricules cérébraux ou de l'hippocampe et seule la moitié d'entre elles environ accomplissent ce voyage avec succès. Les scientifiques pensent contourner ce processus de migration neurale défectueux en injectant directement des cellules souche neurales dans des régions cible et en créant des médicaments susceptibles de promouvoir la neurogenèse (le processus de création de nouveaux neurones) afin de réparer les altérations du cerveau résultant d'une lésion ou d'une maladie[4].

Une expérimentation conduite par les chercheurs Fred Gage et Henriette van Praag du *Salk Institute for Biological Study in San Diego* (Institut Salk d'Études biologiques à San Diego) a montré que la neurogenèse est en fait stimulée par nos expériences. Déplacer des souris d'une cage stérile sans intérêt à une cage stimulante (avec une roue pour une activité physique) doublait approximativement le nombre de cellules en division dans l'hippocampe. Vous pouvez tirer le même bénéfice en apportant à votre cerveau des expériences intéressantes de façon suivie. Il y a de nombreuses façons de développer de nouvelles cellules cérébrales : suivre des cours de formation permanente, découvrir de nouveaux pays, rencontrer des gens intéressants ou vous impliquer dans des conversations stimulantes. Les possibilités sont innombrables.

Une voie « douce » pour conserver les tissus du cerveau

Chaque année, environ 700 000 Américains ont un accident vasculaire cérébral, troisième cause de mortalité après les maladies cardiaques et les cancers. La plupart des accidents vasculaires cérébraux surviennent lorsqu'un caillot sanguin arrive dans le cerveau, venant habituellement des artères apportant le sang au cerveau, et bloque le flux sanguin en direction d'une zone spécifique, ce qui provoque alors la mort de cette dernière par manque d'oxygène. Mais la mort des cellules cérébrales après un accident vasculaire ne survient pas instantanément. Cela prend de nombreuses heures. Les scientifiques savent déjà que le refroidissement du tissu cérébral ralentit son métabolisme et permet à ce dernier de subir de plus longues périodes de temps sans oxygène. C'est pourquoi certaines personnes « immergées » dans de l'eau froide, même pendant une heure, puis ressuscitées, n'ont presque pas de perte de la fonction cérébrale.

À la *International Stroke Conference* (Conférence Internationale sur les accidents vasculaires cérébraux), au début de 2004, une étude de chercheurs japonais a présenté ses résultats concernant l'application d'un casque refroidi sur la tête de patients victimes d'un accident vasculaire cérébral, avec une chute de la température du cerveau d'environ 7 degrés Fahrenheit, de 98,6 à 92 environ. En ralentissant le métabolisme cérébral, le taux de survie était très amélioré.

Un groupe de l'UCLA (*University of California at Los Angeles,* Université de Californie à Los Angeles) a développé le *MERCI Retriever*, appareil introduit au niveau d'une artère de l'aine qui peut se transformer en tire-bouchon lorsqu'il atteint la zone affectée du cerveau. Il peut ensuite s'accrocher au caillot à l'origine de l'incident et l'éliminer, ce qui met fin effectivement à l'attaque[7]. Dans deux décennies, ces appareils grossiers seront remplacés par des nanorobots qui parcourront la circulation sanguine et détruiront les caillots dès que ces derniers se seront formés. Les accidents vasculaires cérébraux seront alors effectivement maîtrisés et tomberont dans les annales de l'histoire de la médecine, comme la syphilis et la lèpre dans la plupart des régions du monde actuel.

Évaluation de la fonction du cerveau

Jusqu'à une période récente, les techniques de scanner telles que la magnéto-encéphalographie (MEG), qui mesure les champs magnétiques du cerveau, ne pouvaient montrer que de manière approximative où s'effectuait l'activité du cerveau. De nouveaux appareils permettent maintenant aux médecins d'avoir une meilleure approche.

Imagerie par résonance magnétique

Un scanner par IRM (imagerie par résonance magnétique) permet aux médecins de visualiser aisément les changements et les problèmes intervenus dans la structure du cerveau tels que des tumeurs cérébrales, une atrophie (comme celle rencontrée dans la maladie d'Alzheimer), des hémorragies et des accidents vasculaires cérébraux. Cependant, l'IRM standard apporte un minimum d'information diagnostique sur les fonctions du cerveau telles la mémoire, les émotions ou la pensée. Par exemple, les médecins peuvent constater à partir d'un scanner par IRM que les patients atteints de maladie d'Alzheimer ont des ventricules élargis (zones remplies de liquide dans le cerveau) mais cela est un signe non spécifique rencontré aussi chez les personnes atteintes de schizophrénie ou d'alcoolisme chronique. L'hippocampe (région de formation de la mémoire à court terme) de patients présentant un stress post-traumatique apparaît plus petite que celle des sujets normaux mais cela est également communément observé dans la maladie d'Alzheimer. De plus, l'IRM standard n'apporte aucune information sur le fonctionnement cérébral.

Imagerie par résonance magnétique fonctionnelle

Un appareil de fIRM (imagerie par résonance magnétique fonctionnelle) permet de voir à l'intérieur du cerveau avec une résolution spatiale et temporelle beaucoup plus grande et de considérer le cerveau effectuant des tâches en temps réel (figure 18.1). La fIRM travaille en mesurant les effets magnétiques du fer de l'hémoglobine du sang, ce qui indique le rapport du sang oxygéné au sang

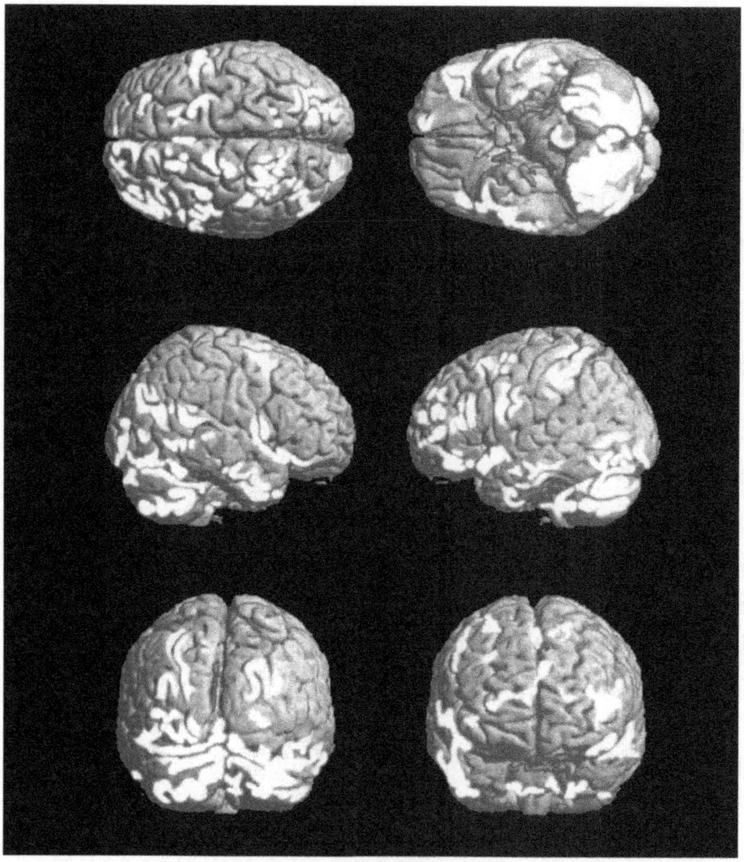

Figure 18.1 Image par fIRM du cerveau de Ray (avec l'autorisation de *Inc. Magazine*)

désoxygéné dans les diverses régions du cerveau. Les régions de plus forte activité montrent un apport accru de sang oxygéné (dû à la vasodilatation)[8].

Le scanner par fIRM a été l'une des avancées diagnostiques les plus significatives dans les neurosciences au cours des années 1990. Elle permet aux scientifiques de voir quelles régions du cerveau sont stimulées (claires) lorsque le cerveau est impliqué dans différentes activités, par exemple dans une pensée profonde par opposition à un bavardage sans importance, dans des moments de profonde ferveur religieuse ou lors de la contemplation d'une œuvre d'art ou encore lors d'un coup de foudre !

Un des auteurs, Ray, a subi une fIRM à l'occasion de la rédaction d'un article de fond pour un magazine en 2002. Elle a montré comment différentes régions de son cerveau devenaient actives lorsqu'on lui demandait de cesser de penser à des choses quotidiennes pour effectuer une tâche mentale créative[9].

La fIRM est encore incapable de montrer l'activité de chaque neurone ou synapse, mais plusieurs technologies nouvelles de scanning actuellement en cours d'expérimentation seront capables de le faire.

Technologies de scanning émergentes

Une approche extrêmement nouvelle est appelée TPLSM (*two-photon laser scanning microscopy*, microscopie par balayage laser à deux photons)[10]. Le balayage laser à deux photons crée un point focal dans l'espace tridimensionnel qui permet un balayage à très haute résolution dans des coupes multiples. Il utilise des durées d'impulsions laser d'un millionième de milliardième (10^{-15}) de seconde pour détecter l'excitation de synapses individualisées en mesurant l'accumulation du calcium intracellulaire associé à l'activation des récepteurs synaptiques[11]. Cette méthode est capable de donner des images d'une résolution extrêmement élevée d'épines dentritiques et de synapses en action individualisées.

Le physicien Eric Mazur et ses collègues à l'Université Harvard ont démontré la possibilité d'utiliser des lasers de haute puissance pour effectuer des modifications précises des cellules telles que la coupure d'une connexion interneuronale ou la destruction d'une seule mitochondrie, sans affecter d'autres constituants cellulaires. « Cela génère la même quantité de chaleur que le soleil », dit un collègue de Mazur, Donald Ingber, « mais seulement pendant un trillionième (10^{18}) de seconde et dans un espace extrêmement petit ».

PONT DEUX

Implants neuraux

L'époque des implants neuraux est bien en cours. Il existe des implants du cerveau basés sur une modélisation neuromorphique (c'est-à-dire, ingénierie inverse du cerveau et du système nerveux humain) qui fournit une liste croissante de régions du cerveau[13]. Un de nos amis, qui est devenu sourd à l'âge adulte, peut maintenant engager des conversations téléphoniques grâce à son implant cochléaire, appareil qui crée directement des interfaces avec le système nerveux auditif. Il envisage de le remplacer par un nouveau modèle possédant 1 000 niveaux de discrimination de fréquence, ce qui lui permettra d'écouter à nouveau de la musique. (Il s'est plaint pendant les 15 dernières années d'entendre toujours les mêmes mélodies dans sa tête et il espère maintenant en entendre de nouvelles.) Une future génération d'implants cochléaires actuellement sur la table à dessin apportera des niveaux de discrimination de fréquences qui iront significativement au-delà de l'audition normale[14].

« Plutôt que de considérer le cerveau comme une soupe à laquelle on ajoute des produits chimiques qui augmentent ou suppriment certains neurotransmetteurs », dit Rick Trosch, médecin américain qui contribue à développer ces traitements, « nous sommes maintenant en passe de les traiter comme un circuit. » Des chercheurs du MIT et de Harvard sont en train de développer des implants neuraux pour remplacer les rétines lésées[15]. Il existe des implants de cerveau pour des parkinsoniens qui communiquent directement avec des régions spécifiques du cerveau (en l'occurrence, le noyau postérieur ventral et le noyau sous-thalamique) pour inverser les symptômes les plus dévastateurs de cette maladie. Un implant pour des personnes présentant une paralysie cérébrale ou une sclérose en plaque communique avec une autre région du cerveau (le thalamus ventral latéral) et s'est montré efficace dans le contrôle du tremblement. Une puce de silicone qui sert d'hippocampe artificiel (centre de la mémoire à court terme) est en train d'être testée chez le rat.

Toute une série de techniques sont en cours de développement pour connecter le monde du traitement de l'information biologique et l'électronique digitale. Des chercheurs de l'Institut Max Planck en Allemagne ont développé des appareils non invasifs qui peuvent transmettre vers les neurones et recevoir à partir de ces derniers. Ils ont démontré que leurs appareils fonctionnaient en contrôlant les mouvements d'une sangsue vivante à partir d'un ordinateur personnel. Une technologie semblable a été utilisée pour reconnecter les neurones d'une sangsue et les amener à effectuer des problèmes simples de logique ou d'arithmétique.

Des scientifiques sont maintenant en train d'expérimenter des points quantiques, des puces ultrafines constituées de cristaux de matériaux semi-conducteurs photoconducteurs (réagissant avec la lumière). Ces dernières sont recouvertes de peptides qui se lient à des zones spécifiques de la surface des cellules neurales. Elles peuvent permettre aux chercheurs d'utiliser des longueurs d'onde lumineuses précises pour activer à distance des neurones spécifiques pour la délivrance de médicaments, par exemple, en remplaçant les électrodes externes invasives normalement utilisées pour activer les neurones.

Un autre test des fonctions corticales est appelé P300, une onde positive large apparaissant pendant environ 30 millisecondes, soit 0,3 seconde, à la suite de la présentation d'un stimulus. Dans ce test, la forme et la latence (la vitesse) de l'onde électrique du cerveau sont mesurées en réponse à une série de stimuli sonores ou visuels au hasard. Le temps de réponse normal est de 300 millisecondes auquel il faut ajouter l'âge du patient.

Des signaux faibles et un temps de réponse plus long (qu'attendu pour l'âge du sujet) sont rencontrés dans des maladies mentales telles que la dépression, la schizophrénie ou l'addiction, dans des perturbations de la mémoire ou de la pensée, dans les maladies d'Alzheimer ou de Parkinson et chez des personnes âgées qui n'ont pas d'activité[12]. Ces changements peuvent être observés de nombreuses années avant que les symptômes ne se déclarent et donc ce test peut être utile pour prédire le risque futur de problèmes cognitifs graves.

Une autre approche d'identification du fonctionnement cérébral est la stimulation magnétique transcrânienne qui implique d'appliquer un fort champ magnétique pulsé sur le crâne en utilisant des bobines magnétiques posées de façon précise sur la tête. Bien que ce ne soit pas, au sens strict du terme, une technologie de scanning, soit en stimulant soit en induisant une lésion virtuelle (en inhibant temporairement de petites régions du cerveau), les capacités peuvent être diminuées ou augmentées[16]. La stimulation magnétique transcrânienne peut aussi être utilisée pour l'étude des relations entre des zones différentes du cerveau pour des tâches et elle a même induit des sensations d'expérience mystique. C'est un traitement prometteur de maladies psychiatriques comme la dépression.

Tests génomiques

Les tests génomiques peuvent aussi apporter une information utile. Nombre de marqueurs génétiques indiquent un risque accru de maladies neurologiques ou mentales telles que la maladie d'Alzheimer, l'autisme, la schizophrénie et la dépression. Comme nous l'avons déjà mentionné, le type E4 du gène de l'Apo E peut augmenter le risque de maladie d'Alzheimer jusqu'à 18 fois.

Un vrai jumeau d'un enfant autiste a 60 % de risques d'être autiste – soit 600 fois le risque normal. Des variants de trois gènes localisés sur le chromosome 7 ont été associés à un risque accru d'autisme : un polymorphisme de WNT2, gène du développement associé à l'apparition du langage, des gènes Reelin anormaux qui codent pour une protéine contribuant à diriger les neurones en cours de développement vers leur localisation correcte dans le système nerveux et Hoxa 1 qui est essentiel au développement du cerveau postérieur (rhombencéphale). Les souris qui n'ont pas ce dernier gène développent des symptômes ressemblant à l'autisme[17].

Un vrai jumeau d'un schizophrène a 45 % de risque de développer la maladie, ce qui est significativement supérieur au 1 % en moyenne de la population générale. De nombreux gènes sont associés à un risque accru de schizophrénie, mais un intérêt récent s'est concentré sur le gène qui code pour l'enzyme calcineurine du cerveau. Les souris génétiquement modifiées qui n'ont pas ce gène sont plus susceptibles de développer les symptômes de la schizophrénie[18].

Manifestement, bien que sa contribution ne soit pas absolue, la génétique joue un grand rôle dans la détermination d'une prédisposition à ces maladies du cerveau. L'ADN des vrais jumeaux est à 100 % le même, mais tous les vrais jumeaux ne développent pas les mêmes maladies ; les marqueurs génétiques ne représentent que des tendances. Un jour, dans un futur proche, les médecins pourront commencer à évaluer les patients pour les maladies neurologiques ou mentales en utilisant des tests génétiques pour déterminer à quelles maladies ils sont génétiquement prédisposés. Ils pratiqueront alors une imagerie fonctionnelle du cerveau et des tests P300 pour voir si des changements suggèrent une maladie neurologique ou mentale spécifique.

En diagnostiquant une maladie avant sa pleine expression, il sera possible de tracer le contour de programmes spécifiquement conçus pour réduire ou éliminer l'expression des maladies auxquelles est prédisposé un patient donné. Nous aurons alors un modèle réaliste pour prévenir de graves maladies neurologiques ou psychiatriques. Pour une population âgée, cela sera extrêmement important.

Éviter une « épidémie » d'Alzheimer

Lorsque les traitements du Pont Deux et du Pont Trois seront largement répandus dans les toutes prochaines décennies, la durée de vie humaine sera considérablement allongée. Actuellement, 4 millions d'Américains ont une maladie d'Alzheimer et 12 millions de plus ont une maladie moins grave connue sous le nom de perturbation cognitive modérée, alors qu'un pourcentage élevé des 80 millions d'Américains de plus de 50 ans ont un certain degré de perte de mémoire connu sous le nom de trouble de la mémoire associé à l'âge. À présent, plus de 50 % de la population des plus de 85 ans est atteint d'un certain degré de sénilité ; ce pourcentage est même plus élevé pour les gens d'un âge supérieur. Étant donné que des durées de vie de plus de 120 ans seront probables dans les vingt prochaines années, cela pourrait représenter un problème majeur. Mais les traitements du Pont Deux et du Pont Trois qui permettent une extension de la vie préviendront aussi la perte des facultés mentales en rapport avec le vieillissement.

La pire des choses serait que les gens finissent comme Tithonus, un personnage de la mythologie grecque. Eos, la déesse immortelle de l'aube, a commis l'erreur de tomber amoureuse d'un mortel, Tithonus. Ne voulant pas passer l'éternité sans lui, elle pria Zeus de lui conférer l'immortalité. Son souhait fut exaucé et Tithonus est devenu immortel mais, contrairement aux autres immortels du Mont Olympe, il n'est pas demeuré éternellement jeune. Son horloge biologique continuait son tic-tac et, à chaque année passée, il devenait plus vieux et plus décrépi. Personne ne recherchera une extrême longévité si c'est ainsi que les années supplémentaires doivent être vécues.

Comment garder votre cerveau en bonne santé ?

« Utilisez-le ou perdez-le »

Les nouvelles cellules du cerveau sont formées essentiellement dans deux zones : les ventricules remplis de liquide du cerveau antérieur et l'hippocampe, région du cerveau où est créée la nouvelle mémoire. Comme il a été mentionné ci-dessus, les expérimentations effectuées sur des souris ont montré qu'une exposition régulière à de nouvelles expériences se traduisait par une augmentation considérable de la formation de nouveaux neurones[19]. Vous pouvez même « faire grossir » votre cerveau en ayant une activité, tout comme pour vos muscles situés au-dessous du cou. Une équipe allemande a récemment enseigné la façon de jongler à un groupe de volontaires jeunes. Ces individus ont augmenté le volume de leur matière grise dans des régions spécifiques au cours de leur entraînement, mais ces gains ont disparu lorsqu'ils ont cessé de pratiquer[20].

Chez l'Homme, certaines études ont aussi suggéré que le maintien d'une activité intellectuelle tout au long de la vie peut protéger contre un déclin cognitif dans les années de vieillesse. La *Victoria Longitudinal Study*, actuellement en cours dans l'ouest du Canada, a montré que les individus d'âge moyen ainsi que les individus âgés qui s'engagent dans des projets intellectuellement stimulants et complexes, incluant des activités de tous les jours telles que la lecture d'un quotidien, sont moins susceptibles de souffrir d'un déclin du fonctionnement cognitif[21].

En plus de faire travailler votre cerveau gauche, vous devez aussi garder votre cerveau droit au top de sa forme en exprimant des besoins créatifs ou artistiques : apprentissage d'un instrument de musique, de la peinture, de la sculpture ou du chant, engagement dans un nouveau hobby. Restez en liaison avec les autres. Faites-vous de nouveaux amis et continuez à maintenir des relations personnelles anciennes. Avec ces techniques simples, vous pouvez contribuer à éviter la détérioration de vos fonctions intellectuelles, de même que les troubles si fréquents de l'humeur chez les gens âgés.

Pensez à votre santé

Un autre moyen par lequel vous pourrez garder votre cerveau actif est de penser à votre santé et de rechercher continuellement de nouvelles voies pour l'améliorer. Une telle activité répond à deux objectifs, comme le veut l'adage de Thoreau selon lequel la chaleur du bois est un type d'énergie qui vous réchauffe deux fois : une fois parce que vous le coupez et une fois parce que vous le brûlez. Penser à votre santé est doublement bénéfique pour votre cerveau : premièrement, lorsque vous vous engagez dans une activité intellectuelle pour tenter de déterminer votre voie optimale vers le bien-être (lire ce livre est une étape dans cette direction) ; deuxièmement, lorsque vous récoltez les bénéfices créés par de tels choix de styles de vie en raison de l'amélioration de la santé de votre cerveau.

Évitez la toxicomanie

Les drogues et les habitudes entraînant une addiction stimulent fortement les récepteurs de la dopamine du cerveau, le neurotransmetteur du plaisir. Notre cerveau devient programmé pour la recherche du plaisir et ceux qui ne peuvent pas l'obtenir par des moyens socialement acceptés cherchent parfois d'autres voies pour obtenir la dopamine dont ils ont un besoin maladif. À l'état physiologique normal, la stimulation de la dopamine résulte d'événements tels que le sentiment d'accomplissement qui accompagne l'issue heureuse d'une tâche difficile, une relation amoureuse, une éducation réussie ou l'appréciation du travail d'un génie créateur. Les récepteurs de la dopamine s'enflamment aussi à l'occasion d'une victoire telle que le gain d'un match de football, d'une bataille au cours d'une guerre. Une libération de dopamine encore plus importante apparaît lorsque l'issue positive se présente comme une surprise, par exemple un gain à une loterie ou avec une machine à sous. Cela contribue à expliquer pourquoi le renfort aléatoire apporté par le gain du jeu crée plus de dépendance que le renfort prévisible apporté par les gains du travail ; davantage de dopamine est libérée lorsque des issues positives sont inattendues ou se présentent comme une surprise.

Des recherches génomiques ont révélé que certaines mutations des gènes des récepteurs de la dopamine du cerveau prédisposent certaines personnes à tirer un plaisir inhabituellement vif d'un comportement susceptible de créer une dépendance. Des mutations du gène du récepteur de la dopamine D2 (DRD2) ont été associées à l'alcoolisme et à d'autres addictions, y compris pour la cocaïne, l'héroïne, le tabac et même l'excès de nourriture. Les personnes qui possèdent un DRD2 muté libèrent moins de dopamine dans leur cerveau à la suite d'un stimulus donné et apparemment elles se tournent vers d'autres substances entraînant une addiction pour tenter d'amener à la normale leur taux de dopamine[22].

PONT TROIS

Percée vers le cerveau

À partir de la fin des années 2020, des nanorobots devraient atteindre le cerveau en passant par les capillaires. Toutefois, ces nanorobots devront lutter contre la barrière sang-cerveau (BSC), système biologique qui protège le cerveau des substances étrangères. Des études récentes ont montré que la BSC était un système complexe composé de portes biologiques complètes avec clés et mots de passe qui permettent l'entrée dans le cerveau.

De nombreuses stratégies ont été proposées pour que les nanorobots puissent vaincre la BSC. Une possibilité : projeter un bras robotique à travers la BSC et dans le fluide extracellulaire qui borde les cellules neurales. Le nanorobot lui-même pourrait demeurer dans les capillaires et donc être suffisamment gros pour contenir des ressources informatiques suffisantes pour sa navigation. Étant donné que la plupart des neurones se situent à deux ou trois largeurs cellulaires d'un capillaire, le bras devrait mesurer environ 50 micromètres. Des analyses conduites par Rob Freitas ainsi que par d'autres montrent qu'il est possible de limiter la largeur d'un tel bras manipulateur à moins de 20 nanomètres, ce qui est la taille de la BSC.

Une autre stratégie suggérée par Freitas serait que le nanorobot enfonce littéralement la BSC en y perçant un trou, sorte du vaisseau sanguin, puis répare les dommages. Étant donné que le nanorobot pourrait être construit en diamondoïde – matériau flexible mais très dur, formé de carbone – il pourrait être beaucoup plus fort que les tissus biologiques.

Comme nous l'avons vu, il existe déjà toute une variété de moyens pour que des systèmes électroniques interagissent avec des neurones biologiques. Les implants neuraux actuels, tels que les implants décrits ailleurs dans ce chapitre pour la maladie de Parkinson, fournissent cette communication directe. Les scientifiques ont déjà démontré que les neurones biologiques recevant des signaux de systèmes électroniques se comportent exactement comme s'ils avaient reçu ces signaux d'autres neurones biologiques.

Ces nanorobots apportent effectivement un implant neural, mais les implants qui apparaîtront aux environs de 2029 auront des possibilités infiniment supérieures à celles des systèmes actuels, relativement grossiers. Les implants basés sur des nanorobots pourraient être introduits de façon simple, soit en les avalant soit en les inhalant. De plus, les implants actuels ne peuvent affecter dans le cerveau qu'une seule localisation (ou un très petit nombre) alors qu'avec la technologie fondée sur les nanorobots, des milliards d'implants pourraient être distribués dans l'ensemble du cerveau. Les implants d'aujourd'hui peuvent déjà charger des logiciels améliorés venant de l'extérieur du patient. Les nanorobots des années 2029 seront capables de communiquer les uns avec les autres au moyen d'un réseau local sans fil, avec Internet ou avec vos neurones biologiques.

Grâce à cette technologie, votre cerveau évoluera en un hybride d'intelligence biologique et d'intelligence non biologique. Aujourd'hui, vous êtes limités à seulement 100 billions (10^{14}) de connexions interneurales biologiques qui de plus sont extrêmement lentes et travaillant à seulement 200 transactions par seconde environ. Avec les implants neuraux fondés sur les nanorobots, vous amplifierez votre pensée en ajoutant des billions (10^{12}) de nouvelles connexions qui travailleront des millions de fois plus vite que vos connexions biologiques. Cela vous permettra d'étendre considérablement vos possibilités de reconnaissance, vos capacités cognitives et émotionnelles, mais cela vous apportera aussi une connexion intime pour de nouvelles formes puissantes de pensées non biologiques. Vous aurez aussi les moyens de communiquer directement à grande vitesse avec Internet et avec les autres personnes directement à partir de votre cerveau.

Cependant, s'adonner à ces addictions en consommant des drogues entraînant une pharmacodépendance ou en s'engageant de façon pathologique dans le jeu ou encore en s'adonnant au sexe de façon à créer une dépendance conduit à l'échec. Les raisons en sont biochimiques et non pas morales ou éthiques (même si les individus qui s'engagent à l'excès dans des comportements conduisant à une dépendance se trouvent souvent eux-mêmes face à des dilemmes moraux et éthiques). Voici pourquoi : dites à quelqu'un de boire une petite quantité d'alcool. Cela augmente la libération dans le cerveau de neurotransmetteurs du plaisir tels que la dopamine. Cependant, une consommation excessive épuise l'apport de dopamine au cerveau ainsi que celui d'autres neurotransmetteurs associés au sentiment de bien-être et de plaisir. Afin de se sentir mieux, les alcooliques boivent de plus en plus, épuisant toujours davantage le taux de ces neurotransmetteurs et créant alors une spirale vers le bas non contrôlée. Le même mécanisme général s'applique aussi aux autres comportements créant une dépendance et aux drogues.

Choix de styles de vie pour la santé du cerveau

La santé du cerveau est liée aussi à un régime correct, un style de vie physiquement actif, un contrôle du stress, un bon sommeil et une supplémentation nutritionnelle ciblée[23]. Jetons un coup d'œil plus précis sur les nutriments qui maintiennent ou améliorent le fonctionnement mental.

En 2003, la revue *Nutrition* a étudié nombre de composés nutritionnels en vente libre utilisés comme nutriments du cerveau. Il n'a pris en compte que les études en double aveugle avec placebo et il a trouvé des effets positifs pour la plupart des nutriments énumérés ci-après[24].

Vinpocétine

La vinpocétine, nutriment dérivé d'une plante, la pervenche, augmente le flux sanguin vers le cerveau ainsi que la production d'ATP (pour l'énergie). La vinpocétine augmente la mémoire chez les gens qui ont une mémoire normale tout comme chez ceux qui ont une mémoire défaillante. Combinée au ginkgo biloba (discuté ci-après), elle augmente la vitesse à laquelle la mémoire à court terme peut être stockée dans le cerveau des gens possédant unc mémoire normale[25]. Chez les patients dont la mémoire est défaillante en raison de l'âge, les effets bénéfiques ont été significatifs[26]. Dose suggérée : 10 milligrammes deux fois par jour.

Phosphatidylsérine[27]

La phosphatidylsérine est un phospholipide naturel trouvé dans les membranes cellulaires de tous les tissus de l'organisme, mais en concentration particulièrement élevée dans le cerveau. Une supplémentation en phosphatidylsérine ralentit et, dans certains cas, inverse la perte de mémoire chez des patients où a été diagnostiqué un déclin de la mémoire en relation avec le vieillissement. Elle contribue aussi à diminuer le taux de l'hormone de stress qu'est le cortisol, principale hormone du vieillissement. Dose suggérée : 100 milligrammes deux fois par jour pendant un mois, en diminuant jusqu'à 100 milligrammes par jour par la suite.

Acétyl-L-carnitine

L'ALC (acétyl-L-carnitine) est une substance naturelle qui contribue au transport des acides gras à l'intérieur des mitochondries où ils peuvent être brûlés pour produire de l'énergie. Une molécule semblable, la carnitine, a été utilisée depuis longtemps pour traiter certaines maladies cardiaques ou musculaires et les scientifiques ont observé chez certains patients une amélioration de l'humeur et de la concentration. Des recherches ultérieures ont démontré que l'ALC était même plus efficace sur le cerveau que la carnitine. L'ALC protège aussi le cerveau normal des effets du vieillissement en ralentissant les lésions oxydatives et l'inflammation des tissus cérébraux[28]. Dose suggérée : 500 à 1 000 milligrammes deux fois par jour.

Ginkgo biloba

Les feuilles de l'arbre ginkgo biloba, le plus ancien arbre connu remontant à 300 millions d'années, ont été utilisées par les praticiens de la médecine chinoise traditionnelle pendant des milliers d'années. Le ginkgo biloba augmente la circulation cérébrale et améliore le fonctionnement général du cerveau ; de plus, de nombreuses études ont montré qu'il réduisait la perte de mémoire à court terme de la vieillesse[29]. Aux États-Unis, les ventes de ginkgo biloba dépassent 1 milliards de dollars par an. En Europe, où il est disponible sur prescription, les médecins le prescrivent plus souvent que tout autre agent pharmaceutique pour traiter la perte de la mémoire. Dose suggérée : 80 à 120 milligrammes deux fois par jour.

Pregnénolone

Récemment, la pregnénolone a soulevé l'intérêt des chercheurs en tant qu'« hormone du système nerveux ». Des études sur l'animal ont montré qu'elle est susceptible d'améliorer la communication entre les neurones. Les souris présentant un déficit d'apprentissage et de mémoire ont des taux plus faibles de pregnénolone que les animaux témoins qui ne présentent pas ces problèmes et leur capacité à retenir ce qui leur a été enseigné augmentait après la prise de pregnénolone.

La pregnénolone est synthétisée dans les cellules de support du cerveau humain, la glie, où elle semble être capable de calmer l'activité cérébrale en stimulant les récepteurs du GABA (acide gamma aminobutyrique). De nombreuses drogues anxiolytiques se lient à ces mêmes récepteurs pour réduire l'anxiété. Dose suggérée : 5 à 25 milligrammes une fois par jour. Les hommes doivent contrôler leur taux de PSA (de *prostate specific antigen*, antigène spécifique de la prostate) lorsqu'ils prennent de la pregnénolone de la même façon que lorsqu'ils prennent de la testostérone ou de la DHEA.

EPA/DHA

Le cerveau est constitué à 60 % de graisses ; pour un tiers, ce sont des acides gras polyinsaturés[30]. L'acide gras polyinsaturé DHA, l'un des acides gras les plus flexibles, est présent à des taux élevés dans le tissu cérébral. Une supplémentation en DHA ou en son précurseur alimentaire, l'EPA, présent en grandes quantités dans les poissons, contribue à garder la flexibilité des membranes cellulaires du cerveau. Lorsque la consommation des graisses oméga 3 est inadéquate, l'organisme substituera à ces dernières le cholestérol, les acides gras oméga 6 ou même les graisses trans d'origine alimentaire. Lorsque cela se produit, les membranes des cellules deviennent plus rigides, ce qui conduit à une détérioration de la transmission des signaux nerveux entre les cellules du cerveau et modifie le fonctionnement cérébral[31].

Le rapport des graisses oméga 6 aux graisses oméga 3 dans l'alimentation a augmenté considérablement au cours des derniers siècles. Actuellement, la consommation des graisses oméga 6, telles que celles trouvées dans l'huile de maïs ou de carthame, est 20 fois supérieure à celle des graisses oméga 3[32]. Cela est loin du rapport un pour un recommandé par de nombreux experts[33].

De nombreuses études ont montré qu'une supplémentation en EPA/DHA peut contribuer à traiter des syndromes neuropsychiatriques tels que la dépression, l'agressivité et l'anxiété[34] et donc un aspect clé de notre programme est la consommation journalière d'EPA/DHA. Afin de préserver la santé et en particulier de protéger les tissus du cerveau, nous recommandons 1 000 à 3 000 milligrammes d'EPA et 700 à 2 000 milligrammes de DHA chaque jour, mais pour le traitement des syndromes neuropsychiatriques des quantités beaucoup plus importantes peuvent être nécessaires.

Phosphatidylcholine

Un autre constituant clé des membranes cellulaires est la phosphatidylcholine (PTC), qui est elle aussi une graisse flexible. Elle est présente à fortes concentrations dans les membranes cellulaires de l'organisme, particulièrement dans le cerveau, des gens jeunes ; sa concentration diminue avec l'âge. La PTC améliore la mémoire des souris présentant une démence[35] et peut aider la mémoire et l'apprentissage chez les sujets humains normaux[36].

La phosphatidylcholine aide aussi le foie dans sa tâche de détoxication et a des bénéfices généraux en tant que supplément contre le vieillissement. La PTC est généralement vendue sous la forme de lécithine qui ne contient que 10 à 20 % de PTC et certains suppléments de PTC ne sont purs qu'à 25 à 35 %. Étant donné que la PTC orale n'est absorbée qu'à 20 %, il est préférable de prendre une forme pure à 100 %. Dose suggérée : 90 milligrammes deux à quatre fois par jour.

Le pouvoir des idées

Les auteurs de ce livre sont convaincus par cette philosophie. Quelles que soient les difficultés auxquelles vous devez faire face : problèmes dans votre travail, problèmes de santé ou difficultés relationnelles, tout autant que les grands problèmes scientifiques, sociaux et culturels de notre temps, il existe une idée qui nous permettra de les résoudre. De plus, nous sommes capables de trouver cette idée. Et quand nous l'avons trouvée, nous avons l'obligation de la mettre en pratique. Comme nous l'avons dit dans les chapitres 10 et 17, nous avons eu tous les deux des problèmes de santé au cours de notre vie. Au lieu d'accepter simplement les recommandations publiques de santé, qui ne sont qu'un compromis, ou des conseils médicaux limités, nous avons chacun cherché à comprendre la vraie nature de notre corps et à appliquer toutes les idées que nous pouvions réunir pour vaincre ces problèmes. Nous sommes tous deux satisfaits que notre recherche active d'idées justes nous ait permis de surmonter ces problèmes.

Souvent, la « bonne idée » qui résout un problème n'est pas du tout une idée simple, mais bien plutôt un ensemble d'idées dont chacune réduit petit à petit le problème jusqu'à ce qu'il n'y ait plus de problème du tout. Par exemple, il n'existe aucune panacée pour éviter les maladies cardiaques (du moins pas encore). Nous avons une demi-douzaine de moyens pour améliorer le taux de notre cholestérol et de nos lipides apparentés, d'autres possibilités pour réduire le taux d'homocystéine et encore d'autres procédés pour calmer une inflammation dangereuse, et ainsi de suite. Nous n'allons pas à la bataille avec une seule arme. Nous devons exploiter toutes les armes disponibles, pour la santé comme pour la guerre.

Drogues « intelligentes »

De nombreuses recherches et des laboratoires de développement tentent de trouver un Viagra pour le cerveau. Comme pour le Viagra, les gens utilisent nombre de médications approuvées pour des maladies spécifiques du cerveau ou des altérations mentales, même lorsqu'ils n'ont pas ces maladies.

Le Modafinil (Provigil) est approuvé par la FDA pour le traitement de la narcolepsie mais de nombreux étudiants ont trouvé qu'il peut les aider à se concentrer lorsqu'ils préparent leurs examens. D'autres l'utilisent pour accroître leurs facultés cognitives ; ils trouvent qu'ils ont davantage d'énergie, besoin de moins de sommeil et peuvent mieux travailler et jouer lorsqu'ils en prennent.

Le Donazépril (Aricept) est approuvé par la FDA pour ralentir la perte de mémoire chez les patients présentant un Alzheimer. Des études ont montré que cette médication aide les individus normaux à obtenir de meilleurs résultats dans les tests de mémoire et soutiennent mieux leur attention[37].

Remarquez aussi que les bonnes idées que vous utilisez pour résoudre un problème n'ont pas besoin d'être vos propres idées. Des centaines de milliers de scientifiques de par le monde font avancer notre connaissance dans le domaine de la santé et le vrai problème est de trouver quelles sont leurs idées qui s'appliquent à vos propres problèmes.

Les nombreuses suggestions de ce livre seront un bon début pour tous ceux qui cherchent à vaincre leurs prédispositions à des problèmes de santé et à atteindre et maintenir une santé optimale. Mais ce livre n'est pas un simple livre de recettes de cuisine que vous pouvez suivre sans réfléchir. Notre message sans doute le plus important, est que vous commenciez à appliquer vos propres facultés mentales à l'amélioration de votre propre bien-être. Comme il a été établi précédemment, cela a le double bénéfice de faire travailler votre cerveau, ce qui vous aidera à le garder en bonne santé, et d'engager votre pensée vers un but qui en vaut la peine et qui est accessible.

19
Les hormones du vieillissement, les hormones de la jeunesse

« Vous n'êtes jamais trop vieux pour devenir plus jeune. »

MAE WEST

Il est bien connu que le taux des hormones diminue avec l'âge. Dans l'Antiquité, Grecs, Égyptiens ou Indiens tentaient déjà de lutter contre le déclin de leurs performances sexuelles et d'accroître leur énergie en ingérant des extraits de testicules animaux. Aujourd'hui, nous savons que la diminution du taux des hormones explique aussi l'augmentation de nombreuses maladies dégénératives liées à l'âge telles que les maladies cardiovasculaires, l'ostéoporose et le cancer. D'autres symptômes associés à l'âge tels que la fonte de la masse musculaire, l'accroissement de la graisse corporelle et les déficits cognitifs, sont eux aussi liés à des variations hormonales. Nous savons aujourd'hui que nombre de ces changements indésirables sont provoqués non seulement par la diminution du taux absolu des hormones dans l'organisme mais aussi par un déséquilibre entre le taux des diverses hormones.

Les hormones présentes naturellement dans l'organisme se répartissent en deux groupes principaux, celui des hormones *anaboliques* et celui des hormones *cataboliques*.

Les *hormones anaboliques* permettent la croissance et la formation des tissus ; par exemple, elles sont responsables de muscles plus gros et d'os plus forts. Vous avez peut-être entendu parler des stéroïdes anabolisants qui sont des substances chimiques synthétiques utilisées par les culturistes pour développer une musculature exagérée (ce qui conduit les amateurs éventuels à être interdits de compétition aux Jeux Olympiques). Mais les hormones sexuelles telles que la testostérone, les hormones de croissance et la DHEA (déhydroépiandrostérone) sont des hormones stéroïdes anabolisantes naturelles et leur taux diminue presque toujours après les années de fécondité.

Les *hormones cataboliques*, par ailleurs, stimulent la dégradation des tissus. La principale hormone catabolique est le cortisol, hormone du stress, sécrété par les surrénales. Dans une certaine mesure, l'insuline (produite par le pancréas) et les œstrogènes (chez l'homme) se comportent aussi en hormones cataboliques. Contrairement à ce qui se passe pour les hormones anaboliques, les taux du cortisol et de l'insuline dans les deux sexes et des œstrogènes particulièrement chez l'homme ne diminuent pas avec l'âge ; parfois, ils baissent quelque peu mais ils peuvent demeurer stables ou même, dans certains cas (comme les œstrogènes chez l'homme), augmenter[1]. Cela peut conduire à un déséquilibre dans les rapports hormonaux qui semble jouer un rôle important dans le processus du vieillissement.

L'insuline est l'hormone sécrétée par le pancréas en réponse à une augmentation du taux du glucose sanguin. L'insuline n'est pas toujours une hormone catabolique. À faible concentration, elle est anabolique et stimule la croissance des tissus. Cependant, à des concentrations plus élevées telles que celles atteintes lorsqu'une quantité importante de sucreries ou de sucres à index glycémique élevé est ingérée, l'insuline provoque essentiellement la croissance d'un seul type de tissu, le tissu adipeux, encore appelé graisse. Avec l'âge, les cellules de l'organisme deviennent moins sensibles aux effets de l'insuline, et le taux de cette dernière s'élève. C'est la principale raison pour laquelle nombre d'individus prennent du poids ou augmentent leur graisse corporelle lorsqu'ils vieillissent. Avec l'âge, l'équilibre se déplace des hormones anaboliques vers les hormones cataboliques.

Les *hormones anaboliques* : testostérone, œstrogènes (chez la femme), progestérone, hormone de croissance, mélatonine et DHEA, forment les tissus et peuvent vous maintenir jeune. C'est la raison pour laquelle nous les désignerons sous le nom d'hormones de la jeunesse. Inversement, nous appellerons le cortisol, l'insuline et les œstrogènes (chez l'homme) hormones du vieillissement.

Hormones du vieillissement

Que pouvez-vous faire pour maintenir un équilibre favorisant la jeunesse entre les deux groupes d'hormones ? Commençons par parler des façons de ralentir, ou même d'inverser, l'augmentation progressive de la prépondérance des hormones cataboliques.

Cortisol

L'organisme répond à un stress aigu en faisant appel à une bouffée de cortisol ; ce dernier, sécrété par les glandes surrénales, accroît les fonctions cardiovasculaire et pulmonaire, tout en inhibant les systèmes de l'immunité, de la digestion et de la reproduction[2]. Une bouffée rapide de cortisol accélère votre rythme cardiaque et vous pouvez courir plus vite, dilater vos pupilles et voir mieux, augmenter le taux de votre glucose sanguin et penser plus clairement. Mais une exposition chronique des tissus à des taux élevés de cortisol accélère le vieillissement et les processus pathologiques, fait fondre vos muscles (sarcopénie) et vos os (ostéoporose), provoque une rétention du sodium et une augmentation de la pression sanguine, augmente le taux du glucose sanguin et déprime votre système immunitaire.

Les patients qui présentent une maladie de Cushing (due à des taux excessifs de cortisol) ou qui doivent prendre des formes synthétiques de cortisol pendant des périodes prolongées ont une perte importante de muscle et de substance osseuse. Dans la nouvelle « *Dune* », de Frank Herbert, nous lisons, « La peur détruit la pensée. » En fait, la peur augmente le taux du cortisol ce qui peut détruire la pensée ainsi que des recherches l'ont prouvé. Lors d'une étude sur des patients atteints de la maladie d'Alzheimer, le Dr D. S. Khalsa à Tucson a montré que le stress chronique pouvait détruire la mémoire[3].

Comme on peut l'observer sur la Figure 19.1, les hormones stéroïdes (y compris le cortisol) sont toutes synthétisées à partir du cholestérol. Le cholestérol est tout d'abord converti en prégnénolone ; cette dernière peut ensuite donner soit la progestérone soit la DHEA, l'« hormone-mère » de la testostérone et des œstrogènes. Lorsque le stress est chronique ou excessif, davantage de cortisol est produit aux dépens de la DHEA, de la testostérone et des œstrogènes. Le vieillissement normal est associé au même décalage en direction d'une production accrue de cortisol accompagnée d'une diminution simultanée de celle des autres hormones[4].

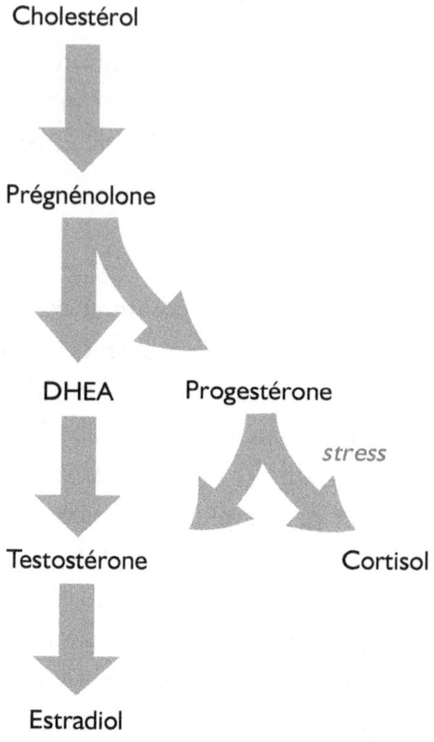

Figure 19.1 Les hormones stéroïdes

Une des façons les plus faciles de déterminer la diminution du taux de vos hormones de la jeunesse au profit de vos hormones du vieillissement est de calculer le rapport du taux de votre DHEA (une hormone anabolique de jeunesse) à celui de votre cortisol (une hormone catabolique du vieillissement). Vous pouvez trouver cette information, ainsi qu'évaluer l'état de santé de vos glandes corticosurrénales, en effectuant un test de stress surrénalien. Vous pouvez obtenir une trousse sur prescription d'un médecin ou d'un professionnel de santé et vous n'avez même pas besoin de donner votre sang. Vous effectuez le test à la maison en collectant des échantillons de salive quatre fois par jour : après le réveil, au déjeuner, au dîner et au coucher. Une réponse normale montre que le taux de cortisol est à son maximum le matin, avec une diminution progressive au cours de la journée. Dans les états de stress chronique, cette variation nyctémérale est souvent diminuée et la courbe apparaît plate (voir la figure 19-2).

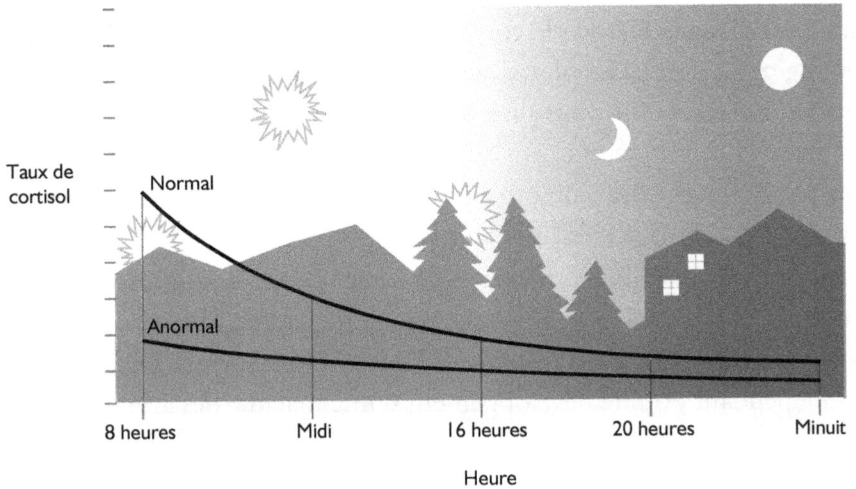

Figure 19.2 Test de stress corticosurrénal

Dans un test de stress surrénal, le rapport de la DHEA au cortisol est lui aussi mesuré. Chez les sujets jeunes, ce rapport est habituellement élevé, alors que chez les sujets âgés, il est souvent bas.

Des suggestions spécifiques pour augmenter votre rapport comportent une supplémentation en DHEA (les doses sont discutées ci-après)[5], la consommation de plantes telles que la réglisse naturelle[6], utilisée dans la médecine chinoise, ou l'ashwaganda, de la pharmacopée ayurvédique[7], et l'adoption d'un style de vie qui permet de diminuer le cortisol, fondé sur un régime alimentaire à charge glycémique basse, une réduction du stress, des exercices réguliers et un sommeil réparateur.

Insuline

Dans une compétition entre l'insuline et le cortisol pour savoir lequel des deux pourrait détruire le plus rapidement notre organisme, nous parierions sur l'insuline. Barry Sears dans *The Anti-Aging Zone* appelle les taux élevés d'insuline « votre passeport pour un vieillissement accéléré »[8].

L'excès d'insuline augmente la graisse corporelle, les taux de cortisol et la résistance à l'insuline, accélère l'athérosclérose, accroît le risque de maladies cardiaques et interfère avec les fonctions de certaines hormones de la jeunesse. L'insuline est sécrétée lorsque le corps reçoit des calories en abondance. Lorsque vous mangez du sucre ou prenez un repas à charge glycémique élevée, vous déclenchez une sécrétion d'insuline jusqu'à des taux élevés afin que votre organisme puisse éliminer ce mauvais sucre de votre sang. Une fois le taux d'insuline augmenté, le glucose sanguin est converti plus rapidement en graisses qui se déposent alors dans vos cellules adipeuses[9].

Le cortisol et l'insuline appartiennent au même réseau de « bons vieux copains » du club de loisir hormonal. L'excès d'insuline augmente le cortisol et l'excès de cortisol augmente l'insuline[10]. L'excès d'insuline est aussi un facteur de risque indépendant pour le développement d'une maladie des artères coronaires[11].

PONT DEUX

La connaissance des nématodes

C. elegans est un vers rond couramment utilisé par les chercheurs. Ce nématode est devenu célèbre lorsqu'il a été le premier organisme multicellulaire à voir son génome séquencé en totalité en 1999. En 2003, *C. elegans* est revenu sous les projecteurs pour avoir vécu 188 jours, ce qui est stupéfiant cela équivaut à une durée de vie de 500 ans pour l'Homme.

Dans des expérimentations antérieures, des durées de vie de presque 150 jours avaient été obtenues en manipulant les gènes du vers rond qui codent pour l'IGF-1, protéine étroitement apparentée à l'hormone de croissance humaine. Il y a un seul problème avec un tel traitement : bien que ces vers apprécient une longévité extrêmement augmentée, ils semblent très léthargiques tout au long de leur longue vie. Des études ultérieures effectuées par Cynthia Kenton de l'Université de Californie à San Francisco ont impliqué la manipulation des taux d'insuline et l'élimination de certains tissus gonadiques. Cela s'est traduit par une longévité encore plus grande pour le vers, sans léthargie. Étant donné que *C. elegans* et les êtres humains partagent la majorité de leurs gènes, cette recherche pourrait conduire à des traitements en vue d'allonger la durée de vie humaine grâce à des manipulations des taux d'insuline et d'autres hormones, mais sans élimination des tissus d'aucun organe.

L'insuline ralentit l'efficacité de vos hormones de jeunesse et donc vous vieillissez plus rapidement. Pour cette raison, les sucreries et les aliments à index glycémique élevé qui augmentent l'insuline vous font vieillir beaucoup plus rapidement que tout ce que vous pourriez manger d'autre. Il est facile d'adopter des styles de vie qui conduisent à un excès d'insuline : manque d'exercice physique, stress constant à bas bruit et consommation d'hydrates de carbone à index glycémique élevé. Le programme de longévité de Ray & Terry est conçu pour diminuer drastiquement les taux d'insuline.

Hormones de la jeunesse

La diminution du taux des hormones cataboliques améliorera leur rapport aux hormones anaboliques de la jeunesse. Mais historiquement, la méthode la plus habituelle pour influer favorablement sur ce rapport a été le remplacement direct des hormones. Habituellement, le terme « traitement hormonal de substitution » (THS) se réfère à l'utilisation des hormones sexuelles œstrogènes, progestérone et testostérone qui sera discutée dans le prochain chapitre. Ici, nous discuterons d'hormones de la jeunesse elles aussi importantes, mais moins habituellement utilisées : la DHEA, l'hormone de croissance et la mélatonine.

DHEA

La DHEA, ou déhydroépiandrostérone, est la plus abondante des hormones stéroïdes produites par l'organisme humain. Dans le passé, on pensait que la DHEA était simplement un précurseur d'autres hormones, n'ayant par elle-même aucune autre fonction physiologique particulière. Mais le médecin chercheur anti-vieillissement bien connu, le regretté William Regelson, Docteur en Médecine, a reconnu la DHEA comme « la superstar des super-hormones »[12]. Le taux de DHEA atteint un maximum à 25 ans environ, puis il diminue régulièrement pour atteindre 50 pour cent à vos 40 ans et tomber à moins de 5 pour cent environ du taux de votre jeunesse à partir de 85 ans. Cela signifie-t-il que la DHEA pourrait jouer un rôle dans la longévité ?[13] Certaines expérimentations animales ont en fait confirmé que la prise de DHEA peut ralentir le vieillissement et accroître la longévité[14].

Il existe des preuves selon lesquelles les hommes qui possèdent des taux élevés de DHEA sont moins susceptibles de mourir d'une maladie cardiovasculaire[15].

La DHEA a des propriétés anti-inflammatoires et peut abaisser le taux de l'IL-6 (interleukine 6) et du TNF-α (facteur de nécrose tumorale alpha), causes puissantes et souvent dangereuses d'inflammation dans l'organisme[16]. Dans les recherches du Dr Regelson sur le cancer, la DHEA semble bloquer la capacité des cellules à se diviser de façon incontrôlée, caractéristique des cellules cancéreuses[17].

Effets bénéfiques de la DHEA

Diminue le risque de maladies cardiaques
Combat le stress
Renforce la fonction immunitaire
Réduit la dépression
Augmente la mémoire
Guérit les symptômes de la ménopause
Empêche la perte de substance osseuse
Augmente la libido
Améliore la sensibilité à l'insuline et la tolérance au glucose
Augmente la masse corporelle des individus maigres.

La DHEA peut « dompter » le cortisol. Lorsque votre corps est soumis à un stress, l'excès de cortisol produit déprime votre système immunitaire, ce qui augmente la probabilité de maladies et accélère l'évolution vers le vieillissement. Des études ont aussi lié une diminution de l'activité du système immunitaire à un déséquilibre entre le cortisol et la DHEA. Avec une supplémentation en DHEA, on obtient une correction de la dépression du système immunitaire qui accompagne la prise de cortisone ou d'autres stéroïdes[18]. Étant donné que la DHEA est un précurseur de la testostérone, elle peut avoir un effet positif sur la libido, particulièrement chez la femme[19]. La DHEA améliore aussi la capacité de l'organisme à transformer les aliments en énergie et à brûler l'excès de graisse[20].

Avant d'instituer une supplémentation en DHEA, faites doser le taux de votre S-DHEA (sulfate de DHEA), puis faites un nouveau dosage six à huit semaines après avoir commencé le traitement pour vous assurer que le niveau désiré a bien été atteint. Essayez d'atteindre un taux sérique de S-DHEA d'environ 300 chez l'homme et 250 chez la femme. Les hommes devraient commencer par une dose de 15 à 25 milligrammes de DHEA par jour et les femmes de 5 à 10 milligrammes par jour, puis de l'augmenter si nécessaire pour atteindre les taux donnés ci-dessus.

Attention : Étant donné que la DHEA est une hormone androgène avec des effets mâles prédominants, elle peut être facilement convertie en testostérone. Un apport de DHEA peut alors augmenter le taux du PSA (de *prostate-specific antigen*, antigène spécifique de la prostate) chez l'homme, important marqueur du cancer de la prostate. Les hommes doivent faire doser leur PSA avant de commencer à prendre de la DHEA, puis régulièrement (tous les 6 à 12 mois) tant qu'ils prennent de la DHEA. Si le taux du PSA s'élève, cessez de prendre de la DHEA et consultez un médecin.

Hormone de croissance humaine

L'enthousiasme pour l'hormone de croissance (HC) comme traitement contre le vieillissement a débuté en 1990 avec la publication d'un article de Daniel Rudman, chercheur au *Medical College* du Wisconsin. Il a publié les résultats d'études contrôlées par placebo de 21 hommes sains âgés de 61 à 81 ans, chez lesquels il a comparé les effets de l'HC sur divers paramètres physiques[21]. Parmi les bénéfices d'un traitement par l'hormone de croissance, il a trouvé une augmentation de la masse musculaire, une diminution de la graisse corporelle, un renforcement des os, une amélioration du profil du cholestérol et une amélioration de la sensibilité à l'insuline.

De nombreux autres chercheurs ont reproduit des résultats semblables. Une récente recherche en ligne de la *National Library of Medicine* a recensé plus de 38 000 articles en rapport avec l'hormone de croissance.

Il semble qu'il y ait peu de doute sur le fait que, même sans changements du régime alimentaire ou des habitudes en ce qui concerne l'activité physique, un traitement par l'hormone de croissance peut réduire la masse de la graisse corporelle et augmenter la masse musculaire[22]. L'HC peut apporter des effets bénéfiques profonds sur la fonction cardiovasculaire, le profil lipidique[23] et la pression sanguine[24]. La diminution de la sensibilité à l'insuline qui, typiquement, apparaît avec l'âge, a été inversée par un traitement par l'HC chez des patients traités de façon continue pendant des périodes pouvant aller jusqu'à sept années[25].

PONT TROIS

Nos organes obsolètes

Dans le chapitre 7, « Vous êtes ce que vous digérez », nous avons discuté des technologies futures qui maintiendront des taux optimaux de tous les nutriments et des autres substances dans notre sang, à tout moment. Une fois ces technologies développées, nous n'aurons plus besoin des organes qui produisent des substances chimiques, des hormones et des enzymes. Dans le corps humain version 2.0, les hormones et les substances apparentées (dans la mesure où nous aurons encore besoin d'elles) seront délivrées par des nanorobots et contrôlées par des systèmes de bio-rétroinhibition intelligente pour maintenir et équilibrer les taux requis. Finalement, il sera possible d'éliminer la plupart de nos organes biologiques. Ce processus de restructuration ne sera pas accompli dans un seul cycle. Chaque organe et chaque idée aura sa propre progression, ses structures intermédiaires et ses étapes de réalisation. Néanmoins, nous sommes manifestement orientés vers une restructuration fondamentale et radicale de la version 1.0 du corps humain, extrêmement inefficace, non fiable et aux fonctionnalités limitées.

L'HC injectable a été le traitement de prédilection des enfants présentant un manque d'hormone de croissance depuis de nombreuses années. Mais le manque d'hormone de croissance chez l'adulte, appelé actuellement déficit en hormone de croissance adulte (DHCA), a récemment été reconnu comme un syndrome à part entière et son traitement par l'HC a reçu l'approbation de la FDA (*Food and Drug Administration*)[26].

Bien qu'il y ait des bénéfices évidents pour les patients qui présentent un manque d'hormone de croissance, le traitement substitutif par l'HC présente certains effets secondaires. Il est relativement onéreux, coûtant de 2000 à 8 000 dollars par an, selon les doses nécessaires, et il n'est que partiellement pris en charge par l'assurance maladie. Il nécessite aussi des injections quotidiennes et son utilisation chez les adultes sains demeure extrêmement controversée. Dans une étude de 2002 subventionnée par le *National Institutes of Health*, 121 hommes et femmes ont été suivis après un traitement par l'HC injectable, accompagné ou non d'un THS synthétique entre 1992 et 1998. L'augmentation de la masse musculaire et la fonte de la masse graisseuse, publiées à l'origine par Rudman, ont été confirmées, mais un grand nombre de sujets souffraient aussi d'effets secondaires importants : 24 % des hommes développaient une intolérance au glucose ou un diabète, 32 % présentaient un syndrome du canal carpien et 41 % avaient des douleurs articulaires. Trente-neuf pour cent des femmes de l'étude avaient un œdème. Les auteurs de cette étude ont conclu qu'« étant donné les effets pervers fréquents (surtout le diabète et l'intolérance au glucose), les traitements par l'HC chez les sujets âgés devaient se limiter à des cas contrôlés »[27]. Il y a actuellement un débat pour savoir si un traitement par l'HC peut augmenter les chances d'un patient de développer un cancer. Mais Shim et Cohen, de l'UCLA (*University of California at Los Angeles*) déclarent que « le risque de cancer à la suite d'un traitement par l'HC n'est pas significativement supérieur à celui observé dans la population normale »[28], et d'autres études ne montrent pas d'augmentation du taux du cancer du côlon ou de la prostate[29].

Néanmoins, étant donné que l'HC injectable n'est utilisée comme stratégie anti-vieillissement chez les adultes sains que depuis très peu d'années, on doit garder à l'esprit ses effets secondaires possibles. Il est important de considérer que des études à long terme sur l'innocuité des injections d'HC à des adultes sains n'ont pas encore été effectuées. Cependant, il y a heureusement de nombreux choix de styles de vie pour vous permettre d'obtenir les bénéfices de taux accrus d'HC sans avoir recours à des injections.

- Le sucre et les hydrates de carbone à index glycémique élevé diminuent la libération d'HC par l'hypophyse, alors qu'un régime alimentaire où dominent les protéines l'augmente. Suivre nos recommandations concernant un régime avec peu de sucreries et d'hydrates de carbone à index glycémique élevé augmentera les taux d'HC.
- Un sommeil profond et un exercice anaérobie comme l'haltérophilie sont les deux principaux moyens de stimuler la sécrétion d'HC chez les sujets sains. Les adultes qui continuent à pratiquer des exercices tout au long de leur vie gardent un corps svelte et ont un taux élevé d'HC[30].

- La consommation de certains aminoacides parmi lesquels figurent l'arginine, l'ornithine, la glycine et la glutamine fait que l'hypophyse libère davantage d'HC. Des suppléments contenant diverses quantités de ces aminoacides, appelés sécrétagogues parce qu'ils stimulent la sécrétion de l'hormone de croissance que l'hypophyse a en réserve, sont largement accessibles.
- Un apport de DHEA est aussi une façon peu onéreuse d'augmenter les taux d'HC[31].

Pour ceux qui voudraient expérimenter les bénéfices contre le vieillissement de taux plus élevés d'hormones de croissance, nous conseillons de changer de style de vie. En attendant d'autres recherches, nous recommandons de réserver les injections d'HC aux seuls adultes pour lesquels un DHCA a été prouvée sur la base d'une évaluation soigneuse par un médecin expérimenté.

Avant d'adopter une de ces mesures permettant d'élever le taux d'HC, mesurez votre taux sanguin d'IGF-1 (*insulin-like growth factor*-1, facteur de croissance semblable à l'insuline 1). Le taux de l'IGF-1 est plus utile que celui de l'HC lui-même, parce qu'il vous donne une valeur moyenne de votre taux sanguin d'HC circulante qui fluctue constamment. Votre médecin peut vous dire quel devrait être votre taux optimal, en fonction de votre âge et de votre sexe.

Mélatonine

Bien que le sommeil soit essentiel à une bonne santé, on estime qu'au moins 50 % des Américains de plus de 65 ans souffrent d'une forme de perturbation du sommeil. Le manque de sommeil pendant une période prolongée peut conduire au stress et à une dépression de votre fonction immunitaire.

La mélatonine est une hormone sensible à la lumière sécrétée de façon rythmée par la glande pinéale (épiphyse), localisée profondément au sein du cerveau. Les Hommes ont une horloge interne qui impose à leur corps un cycle de 24 heures. Le taux sanguin de mélatonine est faible pendant les heures du jour et commence à augmenter dans la soirée, avant le début du sommeil. Il atteint son maximum à minuit environ, ou peu après, puis il diminue, que le sommeil s'ensuive ou non. La sécrétion de mélatonine est affectée par le cycle nycthéméral. La durée de la sécrétion dépend de celle de l'obscurité et donc la quantité totale de mélatonine sécrétée est plus grande en hiver qu'en été.

La sécrétion de mélatonine atteint un maximum à l'âge de 7 ans, puis diminue rapidement au cours de l'adolescence. À l'âge de 45 ans environ, la glande pinéale commence à se rétracter et perd les cellules qui produisent la mélatonine. La production d'hormone devient erratique. À partir de 60 ans, vous ne produisez que 50 pour cent de la quantité que vous sécrétiez lors de vos 20 ans, ce qui explique pourquoi tant de personnes âgées souffrent de problèmes de sommeil. Des études récentes en double aveugle, contrôlées par placebo, ont montré qu'un apport de mélatonine peut augmenter la qualité du sommeil chez les gens de plus de 55 ans[32].

La mélatonine est un puissant antioxydant et peut être précieuse dans le traitement de certains cancers, plus particulièrement le cancer du sein[33]. En l'absence d'un taux élevé de mélatonine, un cycle vicieux se développe :

1. Vous perdez la capacité de produire davantage de mélatonine et vous commencez à vieillir plus rapidement.
2. Avec le vieillissement, il apparaît une diminution supplémentaire de la sécrétion de mélatonine.
3. La chute de la mélatonine alerte les autres glandes et les organes que le temps a affaibli. Chez la femme, les ovaires cessent de fonctionner, le taux des œstrogènes chute et la ménopause s'installe. Chez l'homme, bien que des spermatozoïdes soient encore produits, le taux de testostérone diminue.
4. Dans les deux sexes, le système immunitaire commence à s'affaiblir, vous laissant alors plus vulnérable aux maladies, des infections au cancer et aux maladies auto-immunes (maladies où le système immunitaire de votre organisme s'active et attaque vos propres tissus).
5. Des lésions des organes et des systèmes corporels suivent et l'évolution s'accélère.

Vous pouvez ralentir cette spirale vers le bas en prenant de petites quantités de mélatonine chaque jour. Étant donné que certaines personnes qui prennent de la mélatonine toutes les nuits développent une intolérance à ses effets, vous devez commencer à ne prendre de la mélatonine que quatre ou cinq nuits par semaine, bien que beaucoup de gens en prenne chaque nuit sans problème.

La mélatonine n'est pas onéreuse et elle est largement accessible sans prescription, mais elle peut exercer des effets puissants sur votre organisme. Nous vous suggérons d'essayer de faibles doses si vous l'utilisez strictement comme une composante de votre régime anti-vieillissement. Pour la plupart des gens sains qui n'ont pas de problèmes de sommeil, nous suggérons de commencer par 0,1 milligramme, une demi-heure avant le coucher. Vous pouvez augmenter la dose à 0,5 ou 1 milligramme, mais des doses supérieures ne sont habituellement pas nécessaires chez les gens qui n'ont pas de troubles du sommeil.

Si vous avez de façon persistante des difficultés à vous endormir, une version sublinguale de mélatonine est recommandée parce qu'elle est rapidement absorbée. Commencez par des doses de 3 à 5 milligrammes et augmentez jusqu'à 10 si nécessaire. Selon notre expérience, l'augmentation du dosage au-delà de cette limite ne produira pas de bénéfice supplémentaire. Si la mélatonine ne marche pas, vous devez alors consulter votre médecin.

Si vous vous réveillez fréquemment au cours de la nuit, essayez la mélatonine à libération prolongée. Remarquez cependant que vous pouvez être fatigué le matin. Si vous avez des troubles d'endormissement et que de plus vous vous réveillez fréquemment, essayez une association de produits à action rapide et à libération lente. Pour vous aider à éviter le *jetlag* (troubles dus au décalage horaire), vous pouvez prendre 1 à 3 milligrammes au coucher après votre arrivée et pendant les trois jours suivants. Vous devrez essayer de trouver la dose qui vous convient le mieux.

20
Autres hormones de la jeunesse : les hormones sexuelles

« Les gens me demandent ce que j'apprécierais le plus comme cadeau pour mon 87e anniversaire. Je leur réponds, une action en recherche de paternité. »

GEORGES BURNS, comédien, 1896-1996

Les traitements modernes de substitution par les hormones sexuelles ont commencé à la fin du XIXe siècle, lorsqu'un physiologiste français, le Docteur Charles Édouard Brown-Sequard, broyait des testicules de cobaye ou de chien et s'injectait l'extrait résultant. Il croyait que ce dernier pourrait restaurer une partie de la vigueur de sa jeunesse.

Il a présenté ses résultats à un congrès de la Société française de biologie en 1899. Il affirmait que « les injections m'ont rajeuni de 30 ans… et j'ai retrouvé au moins toute la force que j'avais de nombreuses années auparavant. » Heureusement pour tous les cobayes du monde, la plupart des produits hormonaux à usage humain sont maintenant synthétisés au laboratoire.

Il y a une raison pour laquelle les hormones sexuelles sont ainsi dénommées. À leur concentration sanguine normale, elles font que les hommes et les femmes restent profondément intéressés par le sexe. Historiquement, le sexe a été essentiel pour la survie de notre espèce. Les hormones sexuelles créent de puissants désirs qui assurent que l'activité sexuelle interviendra suffisamment souvent pour garantir qu'il y aura toujours une nouvelle génération. Avec la mortalité infantile jadis habituelle en raison des infections, du jeûne, de la malnutrition, des accidents et des autres dangers, chaque couple humain devait avoir plus de deux descendants, uniquement pour assurer la stabilité de la population. Une activité sexuelle fréquente était impérative lors de la période de fécondité du couple car cette dernière était souvent écourtée par les mêmes maux que ceux qui affectaient leurs enfants.

Les changements survenus dans l'accès à la nourriture et les soins médicaux modernes assurent maintenant que la majorité des grossesses vont à leur terme et que la plupart des enfants survivent jusqu'à l'âge adulte, particulièrement dans les pays développés mais aussi, du moins en grande partie, dans les pays en voie de développement. Aujourd'hui, les gens ont de nombreuses occasions d'avoir des relations sexuelles au cours de leur vie, mais seuls certaines de ces dernières ont un rapport direct avec la procréation. Dans les temps modernes, l'essentiel de l'activité sexuelle est une activité de plaisir destinée à améliorer la communication au sein du couple et à élever la qualité de vie.

Il n'y a pas à proprement parler d'hormone « mâle » ni d'hormone « femelle ». Bien qu'habituellement considérés comme étant des « hormones femelles », les œstrogènes et la progestérone sont naturellement présents chez l'homme où ils exercent de profonds effets physiologiques. De même, les hormones mâles telles que la testostérone et la DHEA sont présentes chez la femme et nécessaires à sa santé[1]. Beaucoup de gens sont surpris d'apprendre qu'à la cinquantaine l'homme a autant, si ce n'est plus, d'œstrogènes plasmatiques circulants que la femme du même âge. Mais, dans ce cas particulier, ce qui est bon pour l'un ne l'est pas pour l'autre et donc nous discuterons séparément des effets bénéfiques (et des effets préjudiciables) spécifiques de chacune de ces hormones sexuelles, tant pour l'homme que pour la femme.

Il est plus déroutant encore de constater qu'il n'y a peut-être pas d'autres domaines de la médecine où l'opinion médicale change si fréquemment et de façon si importante. Ainsi, il se peut qu'une année une certaine hormone soit recommandée et que l'année suivante elle soit critiquée et remplacée par quelque chose d'autre, et enfin que l'année suivante le premier traitement soit à nouveau conseillé. Cela a été particulièrement vrai pour les œstrogènes de substitution chez la femme.

Œstrogènes chez la femme

Depuis des décennies, de nombreux effets bénéfiques ont été attribués au THS (traitement hormonal de substitution) chez la femme et en particulier au TSO (traitement de substitution par les œstrogènes).

- Diminution des symptômes de la ménopause (« bouffées de chaleur » et sécheresse vaginale).
- Prévention de l'ostéoporose.
- Amélioration du profil du cholestérol et protection contre les maladies cardiaques.
- Amélioration de l'humeur et diminution de la fréquence des dépressions.
- Amélioration de la concentration et du sommeil.
- Prévention de la maladie d'Alzheimer.
- Augmentation de la libido.

Aujourd'hui, il y a deux types de THS disponibles pour la femme. Le premier, le plus habituellement prescrit, fait appel à des médicaments synthétiques qui sont de pures substances chimiques brevetées, étrangères à l'organisme humain. Ces dernières incluent des œstrogènes chimiquement modifiés dont la forme la plus habituelle est celle des œstrogènes sulfo-conjugués (Premarin) ainsi que de la progestérone chimiquement modifiée, qui n'est plus une vraie progestérone mais des substances chimiques appelées progestatifs (ou progestogènes), telles que l'acétate de médroxyprogestérone (Gestoral) qui agissent comme la progestérone dans l'organisme.

Pour le traitement de substitution par les œstrogènes chimiques, nous parlerons de TSOC (Traitement de substitution par des oestrogènes chimiquement modifiés). L'autre type de THS est le véritable traitement hormonal de substitution, étant donné que les hormones sont remplacées par des hormones et non par des médicaments chimiquement modifiés ; en fait, les hormones de substitution sont identiques à celles qui se trouvent naturellement dans l'organisme. Pour le traitement de substitution par les œstrogènes au moyen d'œstrogènes bio-identiques, nous parlerons de TSOB. Comme nous le verrons bientôt, il y a une grande différence entre le TSOC qui a eu une très mauvaise presse récemment et le TSOB pour lequel ce n'est pas le cas. En fait, le TSOB gagne de plus en plus la faveur des millions de femmes qui le découvrent.

Abandon du THS chimiquement modifié

Dans les toutes dernières années, plusieurs grandes études impliquant des dizaines de milliers de femmes suivant un TSOC ont conduit à des résultats inquiétants. Sur la base de ces études, il y a maintenant un consensus partagé par de nombreux médecins selon lequel les œstrogènes, en l'occurrence un traitement substitutif par les œstrogènes chimiquement modifiés, n'est pas aussi bénéfique qu'on l'avait pensé.

Ce qui est plus important, c'est que ces études montrent que le TSOC n'est pas sans risques et donc son indication chez la femme ménopausée a considérablement changé[3]. Pas plus tard qu'au milieu de l'année 2002, 38 pour cent des femmes américaines post-ménopausiques utilisaient un traitement substitutif par les œstrogènes, avec pour la plus grande majorité d'entre elles, 15 millions, un TSOC. Avec un si grand nombre de femmes utilisant ce traitement, on attendait résultats solides dans la littérature médicale permettant de prouver son innocuité et son efficacité. Cependant, après que les résultats des études successives ont été examinés soigneusement, la plupart des raisons en faveur d'une administration de routine du TSOC ont semblé s'évanouir.

Il est remarquable qu'il n'y ait pratiquement aucune discussion dans la presse médicale sérieuse sur le fait que le soit disant traitement substitutif par les œstrogènes n'ait pas du tout fait appel aux œstrogènes humains. L'attitude prudente partagée maintenant est que l'utilisation à long terme des œstrogènes augmente le risque d'affections telles que les maladies cardiaques et le cancer, mais les études significatives qui ont montré cela ont été faites en utilisant le TSOC et non pas le TSOB. Nous savons maintenant que de très faibles changements dans la structure chimique des substances peuvent avoir des effets extrêmement marqués. Par exemple, la modification de seulement quelques liaisons carbone-hydrogène peut changer une graisse utile pour la santé telle qu'un oméga 3 en une mauvaise graisse telle qu'un acide gras trans.

Les problèmes de santé liés au TSOC ne doivent pas surprendre. Nous avons exactement la même expérience avec le traitement substitutif par la testostérone. Initialement, des formes synthétiques de testostérone étaient utilisées et ces hormones chimiquement modifiées provoquaient de graves problèmes de santé tels que des anomalies du foie. La profession médicale s'est alors adressée à la testostérone bio-identique qui, comme nous le rapportons ici, a conduit à de nombreux bénéfices pour la santé, y compris la réduction des risques de maladies cardiaques.

Premarin, le médicament le plus en vogue du TSOC, contient des dérivés d'œstrogènes complètement étrangers à l'organisme humain. De fait, le Premarin (de *pre*gnant *ma*re's u*rin*e) est préparé à partir d'urine de jument gravide et dans la littérature médicale il est souvent désigné sous le nom générique d'œstrogènes équins conjugués (OEC). Les OEC ont une composition différente des œstrogènes qui se trouvent naturellement dans l'organisme humain. Les trois œstrogènes normalement présents chez la femme sont l'œstriol (90 %), l'œstradiol (7 %) et l'œstrone (3 %). Les OEC ne contiennent presque pas d'œstriol, mais beaucoup d'œstrone (75 %) et de l'œstradiol (5 à 15 %). De plus, le cheval a de nombreux œstrogènes spécifiques à son espèce et plus particulièrement l'équiline (6 à 15 %).

Symptômes de la ménopause

Lorsqu'une femme approche de la ménopause, le taux des œstrogènes circulants chute. L'âge moyen de la ménopause est de 51 ans et chaque jour environ 4 200 Américaines débutent leur ménopause. Les variations des taux hormonaux et l'arrêt de l'ovulation peuvent précéder de plusieurs années l'arrêt total des règles. Au cours de cette période de sa vie appelée préménopause la femme ressent souvent de nombreuses sensations d'inconfort et présente des symptômes divers. Les plus notables sont des bouffées de chaleur caractéristiques et des troubles émotionnels. Il ne fait aucun doute que le traitement conventionnel de substitution par les œstrogènes puisse guérir de tels symptômes[2] ni les autres symptômes très désagréables de la ménopause tels que la dépression et les troubles du sommeil.

Ostéoporose

Le TSOC a la réputation de conserver la masse osseuse chez la femme post-ménopausique et de contribuer à éviter les fractures du col du fémur et le tassement des vertèbres de la colonne vertébrale. Cependant, parmi les 2 763 femmes post-ménopausiques participant à l'essai HERS (de *Heart and Estrogen/Progestin Replacement Study*), « il n'y avait aucune preuve d'une réduction de l'incidence des fractures ou de la rapidité de la diminution de la taille chez les femmes âgées. »[4] Dans une autre étude impliquant des danseuses de ballet qui étaient devenues aménorrhéiques (arrêt des règles) en raison d'une masse de graisse corporelle trop faible et qui avaient été soumises à un traitement de substitution par Premarin et Gestoral, le TSOC n'avait pas contribué à réduire la perte osseuse[5]. Mais la grande étude WHI (de *Women's Health Initiative*) a montré que Prémarin et Gestoral contribuaient à la prévention de l'ostéoporose et que la densité osseuse augmentait de 3,7 % chez les femmes suivant le traitement, comparativement au 0,14 % seulement dans le groupe recevant un placebo[6].

Maladie d'Alzheimer

On a pensé que le TSOC protégeait contre la démence d'Alzheimer. Dans une méta-analyse (une analyse de plusieurs études) qui envisageait les relations entre le TSOC de la post-ménopause et la démence, certaines études ont montré que les femmes qui suivaient un TSOC développaient moins la maladie d'Alzheimer alors que d'autres études suggéraient que le TSOC n'avait aucun effet. Les auteurs de la méta-analyse ont conclu que « Nous ne conseillerons pas les œstrogènes pour la prévention ou le traitement de la maladie d'Alzheimer ou d'autres démences tant que des essais appropriés n'auront pas été effectués. »[7]

Maladies cardiaques

Après la ménopause, le taux de la HDL-cholestérol (le « bon » cholestérol, cardioprotecteur) chute. Étant donné que les œstrogènes de substitution provoquent une augmentation significative du taux de la HDL, ils ont été considérés depuis longtemps comme des protecteurs contre l'infarctus du myocarde et les accidents vasculaires cérébraux chez la femme post-ménopausique. Cependant, plusieurs autres études s'appuyant sur un grand nombre de patientes, y compris la HERS et la WHI, ont montré tout le contraire. La femme sous TSOC est exposée à un risque accru de maladies cardiaques.

Cancer du sein et cancer de l'ovaire

La fameuse *Nurse's Health Study* de Harvard a montré qu'il y avait une augmentation de 32 % des cancers du sein chez les femmes qui ne prenaient que des œstrogènes alors que le risque était accru et atteignait 41 % chez celles qui prenaient un œstrogène et un progestagène (une forme artificielle de progestérone). Pour les femmes de plus de 60 ans sous TSO depuis plus de 5 ans, le risque atteignait 71 %[8]. Le taux de mortalité pour cancer de l'ovaire chez les femmes qui avaient suivi un TSOC était augmenté de 40 % après 6 à 10 ans et de 71 % après 11 années ou plus de TSOC[9].

La Women's Health Initiative

Les résultats de la *Women's Health Initiative* ont enfoncé le dernier clou dans le cercueil du TSOC. Cette étude a commencé en 1997 et a été conduite par le Docteur Bernardine Healy et le *National Institute of Health* (NIH, Institut national de la santé) (figure 20.1). La WHI a impliqué 16 608 femmes post-ménopausiques et a été conçue pour évaluer les principaux bénéfices ou risques pour la santé de Prempro, qui contient Prémarin et Gestoral, l'association hormonale la plus habituellement utilisée aux États-Unis. En 2002, le NIH a mis fin à cet essai parce qu'il est apparu que les risques associés à cette médication en dépassaient les enjeux. Selon les termes mêmes du comité de pilotage, « Le rapport risque-bénéfice apparu dans cet essai n'est pas compatible avec les exigences concernant une intervention comportant des chances de réussite dans la prévention des maladies chroniques. »[10] Comme représenté dans le graphique ci-dessous, parmi les utilisatrices de Prempro, il y avait une augmentation de 29 pour cent de l'infarctus du myocarde, de 41 pour cent des accidents vasculaires cérébraux, de 26 % des cancers du sein et un risque presque double de thrombose (le nombre de patientes présentant l'une de ces affections est indiqué). Certains médecins pensent que les résultats de la WHI étaient faussés par le fait que la moyenne d'âge des femmes engagées dans l'étude était de 63,2 ans.

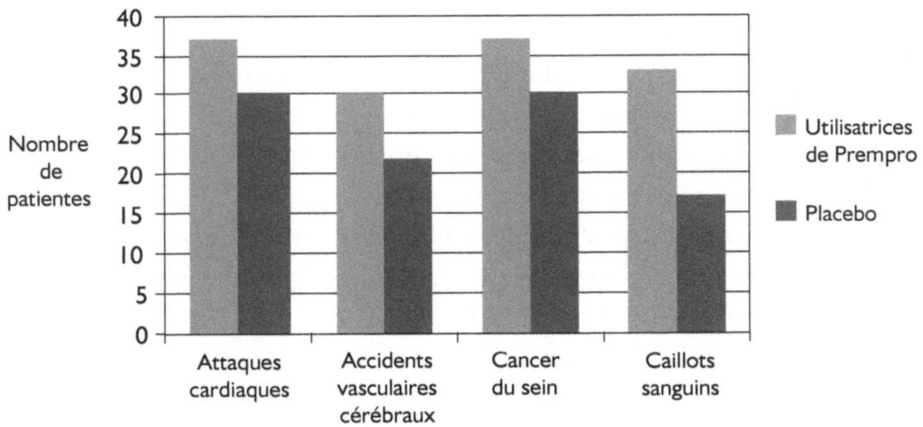

Figure 20.1 L'essai *Women's Health Initiative*, 1997-2002

Ils pensent que le TSOC demeure une option saine (c'est-à-dire avec plus de bénéfices que de risques) pour les femmes post-ménopausiques plus jeunes, de 50 ans environ. Des études ultérieures contribueront à clarifier ce problème.

La décision du comité de pilotage d'interrompre prématurément une étude de cette importance, parce que les risques encourus n'étaient pas compensés, a mis un coup d'arrêt à l'administration de routine du traitement hormonal de substitution au moyen d'hormones chimiquement modifiées. Par conséquent, dès le milieu de l'année 2002, les femmes ménopausées saines n'ont plus eu la possibilité de s'adresser à Prémarin et à Gestoral comme stratégies anti-vieillissement ayant des chances de succès. Les femmes et leurs médecins ont pris très au sérieux les résultats largement diffusés de la WHI et les prescriptions de Prempro ont chuté de 66 % et celles de Prémarin de 33 % en une année[11].

Hormones bio-identiques

Dans le même temps, de nombreuses patientes et leurs médecins se sont tournés vers le traitement de substitution par les œstrogènes bio-identiques, ou TSOB, comme option au cours de la ménopause. Mais une femme peut-elle réellement avoir les bénéfices sans les risques décrits pour les hormones chimiquement modifiées en prenant des œstrogènes bio-identiques et de la progestérone ? Malheureusement, nous ne disposons pas de larges études commandées par un laboratoire pharmaceutique pour que cela soit prouvé sans l'ombre d'un doute, mais nombre d'études limitées ont suggéré que ce pourrait être le cas. Dans l'une d'elles, les hormones bio-identiques semblent conférer les bénéfices sans les risques du THS artificiel conventionnel[12]. Une autre étude limitée de 1991 a montré que l'œstradiol bio-identique était capable de conférer le même taux d'œstrogènes circulants et les mêmes bénéfices pour la santé de Prémarin, mais sans certains effets secondaires de ce dernier[13]. Dans une étude datée de l'année 2000 effectuée à l'Université du Connecticut, les bénéfices concernant la prévention de l'ostéoporose ont été constatés, avec des effets secondaires minimes, lorsqu'un TSOB à faible dose était prescrit à des femmes de plus de 65 ans[14]. Le TSOB peut apporter une protection contre la maladie d'Alzheimer et même contribuer à maintenir la jeunesse de la peau. Plusieurs autres études limitées ont aussi apporté des preuves selon lesquelles le TSOB n'accroît pas le risque de maladies cardiaques et a des effets bénéfiques sur les lipides sanguins[15]. Une étude récente par coronarographie (cathétérisation du cœur) a démontré que le TSOB ne conduit pas au développement d'une maladie artérielle coronarienne chez les femmes post-ménopausiques déjà connues pour avoir une maladie cardiaque[16].

Le TSOB est maintenant largement disponible dans les pharmacies susceptibles de réaliser les prescriptions à partir de matières premières actives, contrairement aux pharmacies qui ne sont capables que de compter des pilules toutes faites sortant d'un flacon. Le rapport de l'œstrone (E1) à l'œstradiol (E2) et à l'œstriol (E3) dans le TSOB est établi pour reproduire étroitement le rapport trouvé naturellement dans l'organisme féminin. Typiquement, des doses de 2,5 à 5 milligrammes par jour de « Tri-Est » (E1, E2 et E3) ou de « Bi-Est » (E2 et E3) sont administrées en association avec de la progestérone bio-identique et si nécessaire de la testostérone bio-identique. Les effets secondaires associés au THS bio-identique sont manifestement moindres que les effets observés avec les médicaments synthétiques.

Fractions œstrogéniques et métabolites

Comme il a déjà été mentionné, les œstrogènes humains sont en fait un mélange de trois œstrogènes : l'œstrone, E1 (3 pour cent du total), l'œstradiol, E2 (7 pour cent) et l'œstriol, E3 (90 pour cent). Ces œstrogènes ont des effets différents. L'œstradiol est le plus puissant des œstrogènes présents naturellement et contribue à prévenir l'ostéoporose mais il a été aussi considéré comme une cause de cancers. L'œstriol, en revanche, semble apporter une certaine protection contre nombre de cancers féminins (du sein et de l'utérus, en particulier). Un avantage majeur des formules de TSOB est qu'elles incluent habituellement de l'œstriol, protecteur contre les cancers, qui n'était pas présent dans les œstrogènes équins conjugués.

L'œstradiol est chimiquement converti en 2OHE1 (2-hydroxyœstrone) et 16α–OHE1 (16α-hydroxyœstrone). La 2OHE1 est semblable à l'œstriol ; c'est un œstrogène faible qui a des propriétés anticancéreuses. En revanche, la 16α–OHE1 est plus semblable à l'œstradiol ; elle contribue à prévenir l'ostéoporose mais elle augmente aussi le risque de cancer.

Il est préférable d'avoir un rapport élevé de la 2OHE1 à la 16α–OHE1 (nous désignerons ce rapport sous le nom de rapport 2:16) parce qu'alors le risque de cancer du sein peut être réduit[17]. Pour avoir une évaluation hormonale complète, les femmes devraient faire évaluer leur rapport 2:16 et s'efforcer de faire en sorte qu'il soit supérieur à 1 (plus de « 2 » bénéfique que de « 16 » dangereux). Cela est facile à réaliser grâce à des changements de régime appropriés et à des suppléments nutritionnels, comme il est expliqué plus loin (figure 20.2).

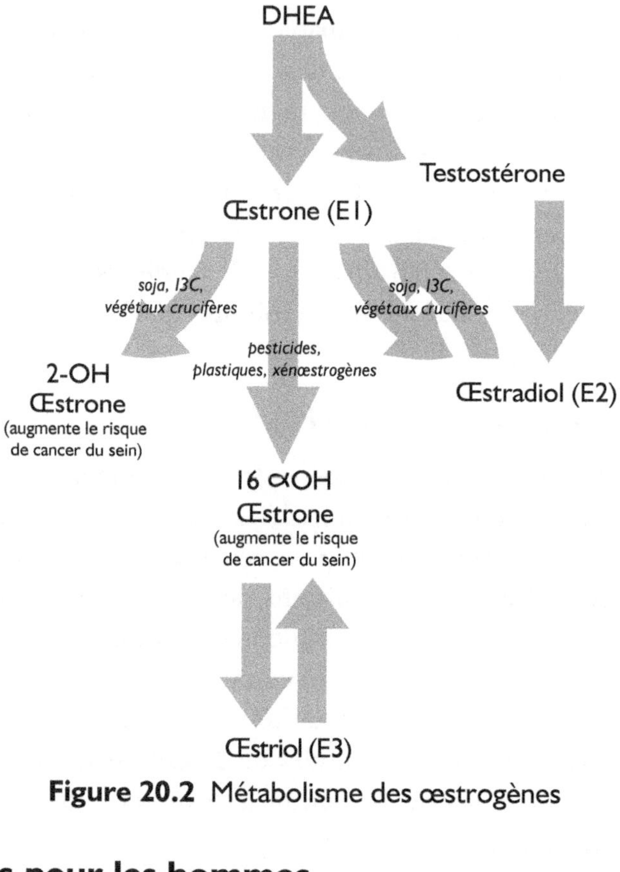

Figure 20.2 Métabolisme des œstrogènes

Œstrogènes pour les hommes

Bien que les œstrogènes soient essentiellement des hormones féminisantes, les hommes en ont quelque peu besoin. De petites quantités contribuent à équilibrer la testostérone, et les œstrogènes chez les hommes protègent le fonctionnement du cerveau[18]. Cependant, pour les hommes de plus de 50 ans, le problème est qu'ils aient trop ou trop peu d'œstrogènes. Un homme convertit la testostérone en œstrogènes par un processus chimique appelé aromatisation sous l'influence de l'enzyme aromatase. Chez les hommes jeunes, l'activité de l'aromatase est relativement faible et le taux d'œstrogènes est bas. Cependant, avec l'âge, l'activité aromatase augmente et le taux des œstrogènes s'élève.

Tableau 20.1 Dosage des œstrogènes et recommandations de traitement

Femmes	Hommes
Lorsque l'on dose le taux des hormones chez la femme, en particulier pendant la ménopause, les trois types d'œstrogènes : œstrone, oestriol et oestradiol, doivent être dosés individuellement.	Le taux des œstrogènes doit être dosé et les taux élevés traités par des inhibiteurs de l'aromatase tels I3C, chrysine et Arimidex (voir ci-dessous).
Lorsque l'on prend la décision de mettre en place un THS, utiliser des œstrogènes bio-identiques sous la forme de Bi-Est (E2 et E3) ou Tri-Est (E1, E2 et E3) obtenus dans une pharmacie susceptible de réaliser des préparations. Si votre médecin n'est pas familier ou pas à l'aise avec la prescription de formules, lui ou elle peuvent prescrire de l'Estreva, qui est de l'œstradiol bio-identique (E2), mais cela n'est pas tout à fait satisfaisant car il n'a pas d'E3 protecteur (estriol).	Une supplémentation en œstrogènes n'est pas recommandée pour l'homme.
Les œstrogènes bio-identiques ont une demi-vie courte, et donc idéalement ils devraient être pris deux fois par jour, environ toutes les 12 heures.*	Dans les cas rares où le taux des œstrogènes est trop bas, une certaine augmentation est possible avec la DHEA.
Faire un suivi en testant à nouveau le taux des œstrogènes sanguins jusqu'à ce qu'un niveau correct soit atteint.	—
Pour évaluer le risque de cancer du sein, les œstrogènes fractionnés (2OHE1 et 16aOHE1) doivent être aussi mesurés avec pour objectif un rapport 2:16 supérieur à 1.	—
En ce qui concerne les symptômes de la ménopause, une consommation accrue de produits dérivés du soja et de légumes de la famille des crucifères est recommandée. Une supplémentation en herbe de Saint-Christophe peut tout aussi bien être essayée .	—

* Il existe aussi des préparations d'œstradiol transdermique à appliquer tous les 2 à 3 jours (NDT).

Comme nous en discuterons ci-dessous, un apport de testostérone pourrait être une stratégie anti-vieillessement bénéfique pour les hommes. Cependant, l'un des plus gros problèmes pour un traitement substitutif par la testostérone est que pour nombre des hommes qui en ont le plus besoin, en l'occurrence les plus âgés, l'activité aromatase est souvent très élevée. Chez ces derniers, une partie de la testostérone administrée est aromatisée en œstrogènes et donc, bien qu'ils conservent encore le bénéfice de taux élevés de testostérone, c'est souvent aux dépens d'une trop grande quantité d'œstrogènes circulants. Ainsi, les hommes qui font appel à un traitement de substitution par la testostérone doivent aussi faire doser leurs œstrogènes et mesurer la quantité de testostérone convertie en œstrogènes (voir plus loin).

PONT DEUX

Modulateurs sélectifs des récepteurs hormonaux

Le Saint-Graal du traitement de substitution hormonal se compose des médicaments qui produisent les bénéfices des hormones sexuelles de la jeunesse tels que les œstrogènes et la testostérone, mais sans effets secondaires et sans danger.

Une voie prometteuse pour la recherche de nouveaux médicaments se concentre sur un groupe de médicaments connus sous le nom de modulateurs sélectifs des récepteurs hormonaux (SERM, de *selective hormone receptor modulators*). Pour produire leurs effets, les hormones doivent tout d'abord se fixer à des récepteurs spécialisés de la membrane du noyau cellulaire ; cependant, un type particulier de récepteur hormonal n'est pas spécifique d'une hormone donnée. Par exemple, à côté des œstrogènes, le récepteur des œstrogènes peut aussi être affecté par de nombreuses autres molécules dont on dit qu'elles ont une activité œstrogénique. Ces molécules peuvent agir comme les œstrogènes eux-mêmes ou s'opposer complètement à l'action des hormones. Le premier SERM à avoir subi une évaluation poussée est le tamoxifène qui est encore largement utilisé dans le traitement de certains types de cancers du sein. Mais en raison d'une incidence accrue de bouffées de chaleur et d'un risque légèrement augmenté de cancer de l'utérus et de caillots sanguins, le tamoxigène n'est pas indiqué comme traitement de routine anti-vieillissement.

Un SERM plus récent, qui s'approche davantage des buts recherchés envers le contrôle des symptômes de la ménopause, la prévention de l'ostéoporose et du cancer du sein ainsi que de la protection du cœur et du cerveau, est le raloxifène (Évista). Le raloxifène a de nombreux effets bénéfiques, se comportant comme un œstrogène dans la prévention de l'ostéoporose tout en abaissant aussi le taux du mauvais cholestérol LDL. Mais même le raloxifène n'est pas idéal ; des résultats préliminaires ont montré qu'il ne soulageait pas les bouffées de chaleur, en fait, il semble les provoquer, et comme le tamoxifène, il est associé à un risque accru de caillots sanguins. De par le monde, des chercheurs sont au travail pour développer « le SERM parfait » et de nombreux médicaments de cette classe sont actuellement à l'étude[19].

De l'autre côté de la barrière génétique, la recherche est également intense pour découvrir le SARM (de *selective androgen receptor modulator*, modulateur sélectif du récepteur des androgènes) parfait. Les SARM ont des applications potentielles pour le traitement de l'ostéoporose (qui se développe aussi chez l'homme), la sarcopénie (perte de la masse musculaire sénile) et l'accroissement de la prostate. Bien qu'il n'y ait pas encore de SARM disponibles dans le commerce, GTx, une compagnie biopharmaceutique spécialisée dans le développement de médicaments en rapport avec la santé de l'homme, a développé à ce jour plus de 250 SARM potentiellement utiles. Tout comme les SERM, les SARM peuvent mimer l'action de l'hormone naturelle, en l'occurrence, la testostérone, ou s'opposer à l'action de cette dernière. Le but est de développer un médicament qui puisse produire les effets bénéfiques de la testostérone tels que le maintien de la libido et de la masse osseuse ou musculaire, tout en évitant les effets secondaires ou toxiques de la substitution par la testostérone, tels qu'un accroissement du volume de la prostate et une calvitie de type mâle[20].

Xenœstrogènes – pour personne !

Xenos est la racine grecque pour « étranger ». Les xénœstrogènes sont des produits chimiques étrangers qui ne sont pas normalement présents dans l'organisme humain mais qui reproduisent l'action des œstrogènes. De nombreuses substances fabriquées par l'Homme sont des xénœstrogènes ; parmi elles, figurent des pesticides, des plastiques, des pilules contraceptives et les œstrogènes artificiels trouvés dans les formules du TSOC. Lorsque vous pratiquez vos activités de la vie quotidienne, vos tissus sont en contact constant avec des xénœstrogènes, ce qui crée un état d'excès relatif d'œstrogènes et perturbe l'important équilibre entre les divers types d'hormones. Ce déséquilibre est une cause possible de nombreux cas de cancers hormono-dépendants, en particulier le cancer du sein chez la femme et le cancer de la prostate chez l'homme.

Approches naturelles du contrôle des symptômes de la ménopause

Comme alternative aux œstrogènes, il existe plusieurs approches non hormonales pour traiter la ménopause. Les produits à base de soja contiennent des isoflavones, essentiellement de la génistéine et de la daidzéine, qui sont des phyto-œstrogènes (œstrogènes d'origine végétale). On a découvert que la consommation de produits à base de soja réduisait les bouffées de chaleur et protégeait de l'ostéoporose, des maladies cardiaques et du cancer[21]. Le cancer du sein est relativement rare au Japon, où la consommation journalière moyenne d'isoflavones de soja avoisine 50 milligrammes par jour, ce qui doit être comparé aux 1 à 5 milligrammes par jour aux États-Unis. On a aussi montré que la consommation de soja prévenait l'ostéoporose et la maladie d'Alzheimer et diminuait les taux de la LDL-cholestérol potentiellement dangereux[22]. De plus, le soja déplace le métabolisme des œstrogènes vers un rapport 2:16 plus favorable[23].

Pour obtenir ces effets hormonaux bénéfiques, vous devez consommer environ 50 milligrammes d'isoflavone de soja. Vous pouvez obtenir ces quantités en mangeant environ 170 grammes de tofu ou 110 grammes d'un produit fermenté du soja (tempeh) ou en buvant 2 tasses de lait de soja. Une précaution : soyez certains que ce soit du lait non sucré ; de nombreuses marques très répandues contiennent des quantités significatives de sucre. Vous pouvez aussi obtenir des isoflavones de soja sous la forme de poudre de soja ou de suppléments nutritionnels.

On a constaté que l'herbe de Saint-Christophe aidait au contrôle des bouffées de chaleur et des autres symptômes de la ménopause. Vendue de par le monde sous le nom de marque Rémifémine, l'herbe de Saint-Christophe est une aide en ce qui concerne les symptômes désagréables de la ménopause mais elle ne protège pas contre l'ostéoporose et donc elle doit être associée à d'autres traitements.

Plusieurs autres suppléments, y compris le dong quai, l'huile d'œnothère et la vitamine E sont fréquemment inclus dans des formules pour la ménopause mais des études n'ont pas montré de bénéfices réguliers avec ces produits[24].

Les légumes de la famille des crucifères tels que les brocolis et les choux de Bruxelles peuvent contribuer à améliorer votre rapport 2:16[25], grâce à leur composant actif, le I3C (indole-3-carbinole)[26]. L'I3C est aussi disponible sous forme de supplément nutritionnel. Les femmes qui constatent qu'elles ont un mauvais rapport 2:16 doivent consommer davantage de produits venant du soja ou de légumes de la famille des crucifères et prendre de l'I3C en supplément (200 milligrammes deux fois par jour).

Nous recommandons les changements simples ci-après pour réduire votre exposition à ces œstrogènes étrangers courants.

Les *pesticides* ont des effets œstrogéniques sur le corps humain. La consommation d'aliments cultivés de façon conventionnelle expose notre organisme à des quantités significatives de pesticides et vous devez donc consommer autant que possible des produits et des productions animales biologiques. Évitez l'utilisation des pesticides, tant dans votre maison que dans votre jardin. Utilisez à la place des méthodes naturelles de contrôle des insectes nuisibles.

Les *plastiques* eux aussi ont des effets œstrogéniques sur notre organisme. Tentez de limiter votre exposition aux plastiques, en particulier lorsqu'ils viennent au contact de vos aliments. Par exemple, conservez ces derniers au réfrigérateur dans des récipients en verre et non pas dans les emballages en plastiques d'origine. Ne chauffez jamais vos aliments dans un four à micro-ondes en utilisant un bol en plastique. Les plastiques mous tendent à libérer plus d'œstrogènes que les plastiques durs ; tentez d'éviter de boire de l'eau venant de bouteilles de plastique mou. Au contraire, buvez de l'eau venant de bouteilles en verre.

Nous demandons aussi aux femmes d'éviter de prendre des pilules contraceptives ou d'autres formes d'œstrogènes synthétiques, sauf en cas d'absolue nécessité. Les crèmes spermicides doivent tout autant être évitées. À leur place, nous recommandons les méthodes naturelles de contraception.

Progestérone – pour les femmes

Jusqu'à une période récente, on pensait que la progestérone était une hormone moins importante que les œstrogènes. Un travail récent du regretté Docteur John Lee suggère que, loin d'être d'une importance moindre, la progestérone peut être l'hormone la plus dominante chez les femmes préménopausiques[27]. Elle est loin d'être la méchante belle-fille des œstrogènes, utilisée essentiellement pour équilibrer les effets beaucoup plus puissants de ces derniers ; certains médecins considèrent maintenant la progestérone comme l'hormone féminine dominante que les œstrogènes ne servent qu'à équilibrer.

Cliniquement, les médecins ont montré que la progestérone équilibre les symptômes dus à un excès d'œstrogènes, tels qu'une diminution de l'activité sexuelle, une dépression, une glycémie anormale, une fatigue, une confusion mentale, une irritabilité, un dysfonctionnement thyroïdien, une rétention d'eau, une perte osseuse, un gain de graisse et une fonction surrénale faible.

Symptômes de la ménopause

Des chercheurs du St. Luke's Hospital à Bethlehem, Pennsylvanie, ont constaté que la progestérone bio-identique en crème dermique peut être un traitement efficace des symptômes de la ménopause. Dans leur étude, 83 % des femmes qui utilisaient 20 milligrammes de progestérone sous forme de crème chaque jour présentaient une amélioration ou une disparition totale de leurs bouffées de chaleur[28].

Ostéoporose

Contrairement aux recommandations parues dans la presse non spécialisée sous la plume de commentateurs de santé qui considèrent la progestérone bio-identique comme bénéfique dans la prévention de l'ostéoporose, la presse médicale ne confirme pas cet effet. En réalité, la plupart des études suggèrent que la progestérone ne participe en rien à la prévention de l'ostéoporose[29].

Prévention du cancer

Les cancérologues ont découvert que les mutations à l'origine d'une surexpression du gène p53 augmentent le risque de cancer. Les études montrent que les œstrogènes augmentent l'expression du gène p53 alors que la progestérone la ralentit[30].

Une autre étude a montré que contrairement à l'application d'une crème à base d'œstradiol qui augmente la croissance des cellules du sein de 230 pour cent, les topiques à base de progestérone la diminuent de 400 pour cent[31]. De cette façon, la progestérone pourrait contribuer à la prévention du cancer du sein.

Tableau 20.2 Dosage de la progestérone et recommandations de traitement

Femmes	Hommes
Le taux de progestérone doit être dosé en tant que constituant d'une évaluation hormonale de routine. Les femmes post-ménopausiques peuvent avoir leur taux dosé à tout moment. Les femmes pré-ménopausiques doivent être testées entre le 17e et le 20e jour de leur cycle. Si les taux sont en dessous de ce qui est optimal, une substitution par de l'hormone bio-identique avec soit de la progestérone bio-identique micronisée par voie buccale, soit une crème à base de progestérone doit être utilisée. Le dosage doit être sous le contrôle d'un médecin.	Les hommes ne doivent pas utiliser de progestérone, à moins que ce ne soit sur le conseil de leur médecin.

Dangers de la progestérone synthétique

Dans leur pratique, la plupart des médecins américains n'ont jamais vraiment prescrit de progestérone elle-même, mais ils ont rédigé des millions de prescriptions pour des progestatifs tels que Gestoral. De nombreux effets secondaires graves sont associés aux progestatifs de synthèse, parmi lesquels figurent les thromboses, la dépression, la sensibilité des seins, les saignements vaginaux anormaux, la tolérance anormale au glucose, l'œdème (rétention de liquide), l'acné et les éruptions cutanées, l'hyperpilosité faciale et le gain de poids.

La progestérone bio-identique provoque beaucoup moins d'effets secondaires[32]. Les problèmes hépatiques résultant parfois d'un traitement par des progestatifs chimiquement modifiés ne sont pas rencontrés lorsque de la progestérone bio-identique est utilisée[33]. À nouveau, il est important d'insister sur le fait que de profondes différences peuvent résulter de différences même minimes dans la structure chimique ; ainsi, les différences entre la progestérone bio-identique et les progestatifs utilisés comme médicaments sont considérables.

Historiquement, la progestérone bio-identique n'a pas été recommandée par la plupart des médecins parce qu'elle ne résiste pas au passage dans le tube digestif lorsqu'elle est sous forme de pilule ou de capsule normale. Cependant, les médecins qui voulaient la prescrire ont trouvé un moyen de contourner cette difficulté en demandant à leurs patientes d'utiliser des crèmes ou des gels dermiques à base d'hormone.

Dans les dernières années, des préparations orales micronisées sont devenues disponibles sur prescription, soit sous forme de progestérone générique, soit sous le nom de spécialité « Utrogestan ». Dans ces préparations, l'hormone a été encapsulée dans des microclusters qui sont capables de traverser le tube digestif et de pénétrer intacts dans la circulation. Ainsi, aujourd'hui, les prescriptions orales de progestérone bio-identiques sont largement disponibles et le principal avantage des hormones artificielles a disparu[34]. Néanmoins, les progestatifs de synthèse, et non pas la progestérone bio-identique, sont encore prescrits par la plupart des médecins.

Progestérone – pour les hommes

De nombreux articles de la presse non spécialisée ont commencé à plaider en faveur de l'utilisation de la progestérone en tant que stratégie anti-vieillissement pour l'homme, en suggérant que la progestérone pouvait réduire l'incidence des maladies prostatiques, y compris le cancer. Étant donné qu'il n'y a pas dans la littérature médicale d'études susceptibles de venir à l'appui de cette hypothèse, nous ne pouvons pas la recommander actuellement.

Testostérone pour les femmes

À l'âge d'environ 20 ans, une femme présente ses taux les plus élevés d'œstrogènes, de progestérone et de testostérone. Dès qu'elle atteint 40 ans, son organisme n'en synthétise plus que la moitié. À la ménopause, nombre de femmes suivent un traitement hormonal substitutif avec des œstrogènes ou une combinaison d'œstrogènes et de progestérone afin de traiter les symptômes ménopausiques. Même dans ce cas, de nombreuses femmes ne se sentent pas aussi bien qu'elles le souhaiteraient. Elles souffrent souvent des effets d'une diminution du taux de testostérone.

Chez la femme, les ovaires et les glandes surrénales ne produisent qu'environ 5 pour cent de la testostérone présente chez l'homme mais cette quantité est cruciale pour la bonne santé et le bien-être. En fait, la puberté et le début des règles sont déclenchés par les hormones « mâles », la testostérone et la DHEA. Juste avant l'ovulation, une montée de testostérone crée une augmentation de l'attirance sexuelle chez la plupart des femmes.

Chez la femme, les deux problèmes sexuels les plus habituels sont la difficulté de parvenir à l'orgasme et le manque de libido. L'application sur la peau de petites quantités d'une crème contenant de la testostérone bio-identique peut contribuer à résoudre ces problèmes[35].

La testostérone est un stéroïde anabolisant naturel, ce qui signifie qu'elle contribue à développer les tissus du corps. En administrant des doses appropriées de cette hormone, on peut ralentir la perte de poids des tissus maigres de l'organisme. La testostérone se convertit dans l'organisme en œstradiol qui prévient la perte osseuse.

Les femmes ont des taux circulants de testostérone 20 fois moins élevés que ceux des hommes et elles sont typiquement supplémentées par 1/20e environ de la dose pour les hommes. La plupart des femmes reçoivent des doses de testostérone bio-identique de 1 à 5 milligrammes par jour.

Testostérone pour les hommes

Chez l'homme, le taux de testostérone demeure relativement constant jusqu'à l'âge de 50 ans environ, puis il commence à décroître lentement. Cette contrepartie de la ménopause de la femme est appelée *andropause*, ou ménopause de l'homme. Cependant, contrairement à ce qui se passe chez la femme, où la diminution de la production d'hormones est souvent soudaine et brutale, chez l'homme, le processus est beaucoup plus progressif. Il y a une diminution du désir sexuel et de la fonction érectile, de l'activité intellectuelle, de la masse musculaire et de la densité osseuse ; il y a aussi une augmentation de la fatigue, de l'état dépressif, de la graisse viscérale et de l'obésité, un amincissement de la peau et une chute des cheveux[36].

PONT TROIS

Hormones virtuelles

Une des plus importantes implications de la technologie des nanorobots du Pont Trois est que nous serons capables de faire des expériences dans une réalité virtuelle qui seront tout aussi réalistes et concluantes que les expériences faites dans le réel. Il y aura de nombreux avantages aux expériences virtuelles en termes de diversité, d'intensité et de sécurité.

Vous pourrez faire n'importe quelle type d'expérience avec n'importe qui, des négociations d'affaires aux rencontres sensuelles ou sexuelles, dans des environnements virtuels que vous pourrez quitter aussi facilement que vous raccrochez une communication téléphonique. Cela marche de la façon suivante : lorsque vous souhaitez entrer dans une réalité virtuelle, les nanorobots de votre cerveau suppriment toutes les données entrantes venant de vos sens réels et les remplacent par les signaux qui seraient appropriés à l'environnement virtuel. Vous, c'est-à-dire votre cerveau, pouvez décider de la façon normale de contracter vos muscles et de déplacer vos membres, mais les nanorobots interceptent à nouveau ces signaux interneuraux, empêchent vos membres réels de se déplacer, ajustent de façon appropriée votre système vestibulaire et fournissent le mouvement approprié et la réorientation dans l'environnement virtuel. Ainsi, il vous semble être dans l'environnement virtuel.

Le Web vous apportera une panoplie d'environnements virtuels à explorer. Certains seront des recréations d'espaces réels, d'autres des environnements imaginaires sans contrepartie « réelle ». Vous serez capable d'aller vers ces lieux virtuels et d'interagir avec d'autres personnes réelles ou simulées. En fin de compte, il n'y aura pas de distinction claire entre les deux.

En plus d'intéresser tous les sens, ces environnements partagés pourront inclure des revêtements émotionnels, étant donné que les nanorobots seront capables de déclencher l'équivalent neurologique des émotions, du plaisir sexuel et des autres sensations déviées de notre expérience personnelle et de nos réactions mentales. Nous n'aurons pas besoin des hormones sexuelles pour créer le plaisir sexuel, ce qui pourrait éliminer une source possible de problèmes médicaux. Nous serons capables d'avoir des expériences dans des environnements virtuels tout en ayant une influence sur notre réponse émotionnelle et sexuelle.

Les hormones sexuelles jouent aussi un rôle clé dans votre état général et votre vieillissement. À partir des années 2020, nous aurons terminé l'ingénierie inverse de tous les processus métaboliques de l'organisme et alors nous serons en position de déterminer les taux optimaux de vos hormones et de toutes les autres substances de vos cellules. Une des principales responsabilités des nanorobots de votre circulation sanguine sera d'ajuster en permanence et très finement ces niveaux pour maintenir votre bien-être et votre jeunesse. En fin de compte, les nanorobots seront capables de faire des réparations à l'intérieur des cellules pour restaurer leur capacité à utiliser correctement les hormones.

Libido

En vieillissant, les hommes se plaignent de deux troubles principaux, un dysfonctionnement de l'érection et une diminution de la libido. Bien qu'un supplément de testostérone ne soit qu'occasionnellement bénéfique pour corriger les dysfonctionnements de l'érection, son effet sur la libido est souvent extrêmement important.

Résistance à l'insuline et cholestérol

La testostérone diminue la résistance à l'insuline et abaisse le cholestérol total et le mauvais cholestérol LDH. Lorsque les hommes vieillissent, l'équilibre entre la testostérone et l'œstradiol se modifie en faveur de ce dernier. L'excès d'œstradiol diminue le taux de la LH (hormone lutéinisante), hormone hypophysaire responsable de la stimulation de la production de testostérone par le testicule.

Ostéoporose

Bien que l'ostéoporose soit habituellement considérée comme une maladie de la femme, à partir de 70 ans, l'homme est lui aussi susceptible de courir le risque de fracture de la hanche en rapport avec une ostéoporose, tout comme la femme. L'incidence plus faible des fractures chez l'homme d'âge moyen, comparativement à celle de la femme, pourrait être due simplement au fait que les os de l'homme sont initialement plus gros et plus denses.

Testostérone et dihydrotestostérone

Dans les toutes dernières années, il y a eu un renversement très important de notre conception concernant la testostérone. Autrefois, il y a une douzaine d'années, la testostérone était considérée comme l'ennemi. Elle n'était vue comme bénéfique que pour les hommes jeunes auxquels elle apportait une masse musculaire accrue, des os plus forts, des pulsions sexuelles puissantes et les « trois V », de volonté, vigueur et vitalité. Pour l'homme plus âgé, la testostérone était à craindre et habituellement à éviter. On pensait qu'elle était la cause de troubles liés à l'âge tels que la calvitie, les difficultés urinaires et le cancer de la prostate.

Aujourd'hui, cette prudence conventionnelle a complètement disparu : le traitement substitutif par la testostérone est souvent recommandé comme traitement des symptômes de l'andropause[37]. De nombreuses autorités recommandent maintenant que les hommes de plus de 50 ans fassent doser leur taux de testostérone et pensent à un traitement de substitution par la testostérone sous surveillance médicale. De nombreux bénéfices contre le vieillissement tels qu'une énergie augmentée, des muscles et des os plus forts et une libido accrue sont possibles grâce à un apport supplémentaire de testostérone bio-identique.

Alors que la testostérone revenait en grâce, des doigts accusateurs se sont tournés vers l'un de ses produits dérivés, la DHT (dihydrotestostérone), forme puissante de testostérone associée à l'hypertrophie de la prostate et à la calvitie de type masculin. On pensait que le taux de testostérone de l'homme jeune était très élevé alors que celui de la DHT était bas. Chez l'homme vieillissant, cette situation est inversée. La raison d'une telle inversion semble être en rapport avec l'enzyme 5-α-réductase qui convertit la testostérone en DHT. Cette enzyme devient plus active avec l'âge et donc le taux de DHT augmente.

Les chercheurs ont commencé à s'intéresser aux moyens de bloquer la conversion de testostérone en DHT. Le finastéride, délivré sur prescription médicale, a été développé comme inhibiteur spécifique de la 5-α-réductase. Il a reçu l'approbation de la FDA (*Federal Drug Administration*) en 1994 pour le traitement de l'hypertrophie prostatique bénigne, affection qui est à l'origine de la plupart des difficultés d'uriner dont souffrent les hommes âgés en raison de l'augmentation de la taille de la prostate. Peu après, un dosage plus faible de finastéride a été approuvé comme traitement de la calvitie de type mâle. Cependant, le finastéride n'est pas sans effets secondaires tels qu'une diminution de l'activité sexuelle et une difficulté d'érection.

Ces problèmes sont rarement rencontrés avec un produit dérivé d'une plante naturelle connue sous le nom de *serenoa repens*, qui vient des baies du chou palmiste (*saw palmetto*). Le chou palmiste est un petit arbuste du sud-est des États-Unis et les Américains ont utilisé ses baies depuis des siècles pour traiter les affections urinaires. Des études récentes ont confirmé que l'extrait de chou palmiste est un inhibiteur efficace de la 5-α-réductase[38]. Il a aussi été prouvé que le chou palmiste agit également comme inhibiteur de l'aromatase, bloquant ainsi la conversion de la testostérone en œstrogènes (voir figure 20.3).

À ce jour, aucune étude n'a montré d'effets secondaires importants ou de toxicité pour l'extrait de chou palmiste, bien que des études plus poussées devraient être faites[39]. L'utilisation du chou palmiste n'interfère pas avec le dosage du PSA (*prostate specific antigen*, antigène spécifique de la prostate), marqueur du cancer de la prostate ; ce problème avait occasionnellement été rencontré avec le finastéride.

La dose recommandée de chou palmiste est de 320 milligrammes par jour. Nous recommandons que la plupart des hommes qui prennent des hormones androgènes telles la testostérone ou la DHEA ajoutent du chou palmiste à leur traitement.

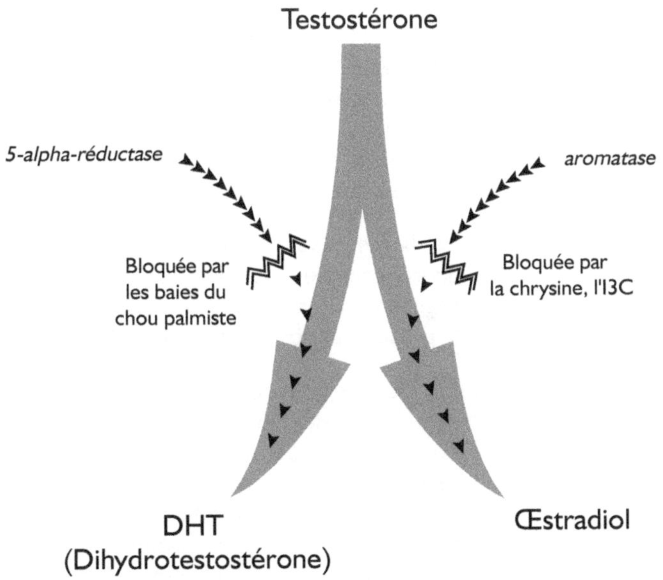

Figure 20.3 Métabolisme de la testostérone

Tableau 20.3 Dosage de la testostérone et recommandations de traitement

Femmes	Hommes
Le taux de testostérone libre et de testostérone totale doit être mesuré comme partie intégrante d'une évaluation hormonale complète.	Avant de commencer un traitement de remplacement par la testostérone, nous recommandons une évaluation hormonale qui inclut les taux de testostérone libre et de testostérone totale, de DHT, d'œstradiol ainsi qu'un dosage du PSA pour le cancer de la prostate.
Si le taux est inférieur à la valeur normale, un traitement de substitution par la testostérone peut être fait avec des crèmes à base de testostérone, à la dose de 1 à 5 milligrammes par jour.	Si on prend la décision d'installer un traitement permettant d'augmenter le taux de testostérone, une formulation topique (peau) de testostérone bio-identique est recommandée. Les formulations de testostérone par voie orale peuvent être à l'origine de problèmes hépatiques. Les doses prescrites sont typiquement de 25 à 50 milligrammes de testostérone bio-identique percutanée, une ou deux fois par jour. Suivre les directives pour l'application.
—	160 milligrammes de chou palmiste deux fois par jour aideront à empêcher la conversion de la testostérone en DHT et ils doivent être pris comme indiqué.
—	200 milligrammes d'I3C deux fois par jour et 1 000 à 3 000 de chrysine chaque jour peuvent aider à empêcher la conversion de la testostérone en œstrogène et doivent être pris comme indiqué. La prescription du médicament Arimidex doit être utilisée lorsque le taux des œstrogènes est encore élevé en dépit de ce qui a été prescrit ci-dessus.
—	Les hommes sous traitement de substitution par les androgènes (testostérone ou DHEA) doivent être régulièrement suivis pour la recherche d'un cancer de la prostate par toucher rectal et dosage sanguin du PSA.
—	Les taux sanguins de la testostérone, de l'œstradiol et l'hématocrite doivent être évalués périodiquement pour assurer la pertinence de la prescription et pour rechercher s'il n'y a pas une trop grande conversion de la testostérone en œstradiol. Un excès de testostérone peut être cause d'un épaississement du sang et donc votre médecin le déterminera en faisant pratiquer un hématocrite.

Diminution des œstrogènes

Jusqu'à une période récente, on pensait que la testostérone et la DHT étaient de mauvais garçons. La conception actuelle se centre sur le taux augmenté des œstrogènes[40]. La conversion de la testostérone en œstradiol s'effectue sous l'influence de l'enzyme *aromatase*, autre enzyme qui devient plus active avec l'âge.

Très souvent, lorsqu'un homme entame un traitement par la testostérone, son organisme en transforme une partie en œstrogènes. Bien que les hommes aient besoin d'un peu d'œstrogènes, ils peuvent ressentir de nombreux effets néfastes, y compris des problèmes de prostate et une augmentation de la graisse abdominale, lorsque leur taux d'œstrogènes augmente trop[41]. Ainsi, chaque fois qu'un apport de testostérone est utilisé, les hommes doivent aussi vouloir bloquer toute augmentation de l'activité œstrogénique. L'I3C (indole-3-carbinole), l'extrait de crucifère mentionné ci-dessus pour une prévention utile du cancer du sein chez la femme, réduit tout aussi bien le taux d'œstradiol chez l'homme[42]. L'association de l'I3C au soja peut même être meilleure pour le blocage de la production des œstrogènes[43].

Il existe d'autres moyens pour bloquer la conversion de la testostérone en œstrogènes, entre autres la chrysine, inhibiteur naturel de l'aromatase dérivé d'une plante[44]. En prenant de la chrysine, habituellement 1 000 à 3 000 milligrammes par jour, un homme est susceptible de bénéficier d'un traitement par un apport de testostérone sans souffrir simultanément d'une production accrue d'œstrogènes.

De nombreuses associations en vente libre, qui peuvent contenir des herbes tels que l'ortie brûlante et le maca, sont aussi disponibles dans ce but. Les épices comme le curcuma, le gingembre et le boswelia sont eux aussi utiles. Lorsque ces produits sont incapables d'amener le taux des œstrogènes à un niveau satisfaisant, vous pouvez alors considérer l'utilisation de médicaments délivrés sur prescription tels les inhibiteurs de l'aromatase. Ces médicaments diminuent le taux des œstrogènes chez la femme et sont approuvés par la FDA pour le traitement du cancer, mais ils bloquent aussi la conversion de la testostérone en œstrogènes chez l'homme. Lorsque la chrysine, ou une combinaison de produits en vente libre se montre insuffisante, nous vous recommandons de vous mettre en rapport avec votre médecin pour vous tourner vers la prescription d'un inhibiteur de l'aromatase, l'Arimidex. Dans de nombreux cas, cela vous aidera à faire diminuer le taux des œstrogènes[45].

De plus, nos recommandations diététiques pour un régime alimentaire de type japonais modifié, avec thé vert, poisson, crustacés et produits dérivés du soja mais avec une limitation du riz blanc dont l'index glycémique est élevé, peuvent contribuer à réduire le taux d'aromatase et à diminuer la conversion de la testostérone en œstrogènes. Des régimes riches en graisses saturées, en sucre et en alcool font tout le contraire et l'on a montré qu'ils augmentaient le risque de cancer de la prostate[46].

Un autre moyen d'élever le taux de testostérone est d'utiliser le clomiphène, ou Clomid. Le clomiphène est plus habituellement utilisé comme médicament de la fertilité parce qu'il stimule l'ovulation chez la femme. Le clomiphène a un effet de stimulation directe de certaines cellules du cerveau qui agissent sur les cellules Leydig du testicule pour qu'elles libèrent davantage de testostérone. Bien que l'administration de testostérone soit utile pour lutter contre les symptômes de l'andropause, elle est souvent d'un bénéfice limité dans le traitement du dysfonctionnement de l'érection. Le clomiphène intervient favorablement contre les symptômes de l'andropause et le dysfonctionnement de l'érection[47].

Un supplément en testostérone peut jouer un rôle dans le Pont Un de notre programme, mais il ne doit pas être utilisé en cas de maladies prostatiques. Cependant, un supplément en testostérone ne semble pas augmenter le risque de cancer de la prostate chez l'homme sain[48]. Nous suggérons que la plupart des hommes ne commencent pas un traitement substitutif par la testostérone avant d'avoir commencé à présenter des signes de déficit en testostérone (tels qu'une libido diminuée et un dysfonctionnement érectile).

Tout comme pour la DHEA, lorsqu'un homme commence un traitement substitutif par la testostérone, il doit faire doser le taux de son PSA avant de commencer le traitement, et renouveler régulièrement cet examen au moins tous les six mois. Le traitement de substitution par la testostérone n'est pas recommandé pour les hommes qui ont un cancer avéré de la prostate ou un taux de PSA élevé.

La généralisation du traitement par un supplément de testostérone chez l'homme d'âge moyen sain est relativement récente. Actuellement, les prescriptions écrites de testostérone pour l'homme sont passées de 650 000 environ en 1999 à plus de deux millions en 2003. De nombreuses études à court terme suggèrent que le traitement de substitution par la testostérone est sans danger pour la plupart des hommes et montre des bénéfices pour la santé tels qu'une amélioration du profil du cholestérol. Cependant, les essais à grande échelle ne sont pas encore terminés et nous ne pouvons pas assurer qu'un traitement à long terme soit totalement anodin. Il serait bon de voir les résultats de ces essais. En attendant, les hommes doivent approcher le traitement substitutif par la testostérone avec précaution, accompagné d'examens cliniques réguliers et d'un suivi par des examens sanguins[49].

21
La supplémentation active

> « *La plupart des gens ne tirent pas de la seule alimentation une quantité optimale de toutes les vitamines.* »
>
> *Journal of the American Medical Association*, juin 2002

De nombreuses personnes pensent que si elles mangent correctement, une supplémentation en vitamines et en minéraux n'est pas nécessaire. Mais il y a d'excellentes raisons qui prouvent que cela est faux. De nouvelles recherches ont démontré que la plus grande partie de la population naît avec des anomalies génétiques qui ne peuvent être corrigés que par la prise de mégadoses de suppléments appropriés. Un exemple clé que nous avons discuté est le cas des gens qui ont des taux élevés d'homocystéine et donc un risque considérablement accru de maladies cardiovasculaires et de maladie d'Alzheimer. De tels individus ont besoin de beaucoup plus de vitamine B_6, de vitamine B_{12} et d'acide folique pour diminuer l'homocystéine et réduire ses risques. Les quantités du RDA (de *Recommanded Dietary Allowance*, Apport alimentaire recommandé) ne feront pas l'affaire. Avec l'apparition de nouveaux tests génétiques, il apparaît que de nombreuses personnes ont des besoins en un ou plusieurs nutriments largement en excès par rapport aux quantités du RDA et pour une santé optimale ces besoins ne peuvent pas être ignorés.

De nombreux autres facteurs vont dans le sens du besoin d'une supplémentation. Il est souvent difficile de consommer des quantités suffisantes d'aliments même riches en nutriments pour atteindre les taux optimaux de vitamines et de minéraux. La conservation, la préparation et la cuisson des aliments réduisent encore le taux des nutriments. De plus, des années de culture intensive ont épuisé les terres cultivables jadis fertiles et donc la plupart des aliments disponibles sont déficitaires en nutriments essentiels. La capacité de l'intestin à absorber des nutriments varie aussi d'un individu à un autre et décroît avec l'âge.

On estime que même dans les pays développés, la plus grande partie de la population consomme des quantités d'une ou de plusieurs vitamines inférieures à celles qui sont recommandées par le RDA. Dans les pays sous-développés, la situation est souvent critique et implique des déficits multiples. Les conséquences du manque de nutriments, même lorsque ce dernier est limité à l'un d'entre eux, peuvent être très graves. Des déficits en vitamines C, B_6, B_{12}, en acide folique et en minéraux tels que le fer ou le zinc conduisent à des lésions de l'ADN et peuvent provoquer des cancers[1].

La prise de suppléments nutritionnels a des raisons économiques tout autant que scientifiques. Dans une étude conduite par le Groupe Lewin et commandée par le *Wyeth Consumer Healthcare*, si tous les Américains de plus de 65 ans prenaient chaque jour un complexe vitaminique, *Medicare* (l'assurance maladie aux États-Unis) économiserait une somme estimée à 1,6 milliard de dollars sur cinq ans, en raison de la diminution du risque de maladie des artères coronaires et d'une amélioration de la fonction immunitaire[2].

À des dosages appropriés, les suppléments nutritionnels peuvent non seulement prévenir des maladies par carence mais aussi avoir des effets thérapeutiques, tout comme des médications traditionnelles. Les suppléments peuvent réduire le risque de cataracte, prévenir la perte de mémoire, renforcer le système immunitaire, diminuer le cholestérol, empêcher les problèmes de prostate et soulager les effets de la ménopause pour ne citer que quelques effets bénéfiques. De plus, prenez en considération le rôle important joué par l'inflammation silencieuse dans de nombreuses maladies chroniques graves, comme nous en avons discuté. Les résultats d'une étude contrôlée par placebo en double aveugle, publiée récemment dans le *American Journal of Medicine*, a montré que cette inflammation était réduite de 32 % lorsque les patients prenaient chaque jour un complexe vitaminique[3].

Protégez votre corps de la rouille

Laissez votre bicyclette dehors sous la pluie et elle rouille. Laissez une pomme coupée sur la table et elle devient brune. Oubliez de remettre le beurre dans le réfrigérateur et il rancit. Ces changements sont dus à la combinaison de l'oxygène avec les molécules exposées au cours d'un processus connu sous le nom d'oxydation. Nous ne pouvons pas vivre sans oxygène et cependant cet élément si vital pour notre existence est aussi un instrument du processus de vieillissement. Donc, cela signifie-t-il que lorsque nous vieillissons, nous devenons rouillés ? Oui, en quelque sorte. Pour mieux expliquer ce qui arrive, nous devons parler des radicaux libres.

Très simplement, les radicaux libres sont des molécules auxquelles il manque un électron dans leur couche externe. Les molécules sont composées d'atomes liées les uns aux autres par des paires d'électrons partagés. Toutes les molécules stables sont constituées d'un nombre fixe d'électrons appariés. Lorsqu'une liaison dans une paire d'électrons est rompue, des radicaux libres sont formés.

Les radicaux libres sont très instables et doivent retrouver leur statut avec électrons appariés en captant immédiatement un autre électron. Ils le font en volant des électrons à n'importe quelle molécule qui se trouve proche d'eux, lésant ces autres molécules et les transformant à leur tour en radicaux libres. Lorsque cette molécule est l'ADN, le capital génétique nécessaire à la réplication de toutes les cellules de l'organisme, la lésion persistera lorsque l'ADN se répliquera. Cela causera des dommages cellulaires et augmentera le risque de cancer.

Les radicaux libres apparaissent constamment au sein des cellules lorsque l'oxygène est brûlé pour créer de l'énergie à partir des nutriments. D'autres circonstances qui peuvent augmenter la charge en radicaux libres de l'organisme incluent l'inflammation, l'infection, la consommation insuffisante d'aliments riches en antioxydants et l'exposition à des taux élevés de radicaux libres dans l'environnement.

Des antioxydants, connus aussi comme des substances susceptibles d'éliminer les radicaux libres, fonctionnent en offrant des électrons qui sont des cibles faciles pour les radicaux libres. En absorbant un radical libre, les antioxydants « piègent » (font perdre de l'énergie) l'électron non apparié du radical libre et rendent ce dernier suffisamment stable pour qu'il puisse être transporté vers une enzyme qui combine deux radicaux libres et donc les neutralise. En l'absence de ces tampons antioxydants, les lésions par les radicaux libres échapperaient rapidement à tout contrôle et détruiraient l'organisme tout entier.

Nos défenses contre les radicaux libres : enzymes et antioxydants

Heureusement, notre organisme est équipé de deux systèmes de défense capables de neutraliser les radicaux libres avant qu'ils n'aient conduit à des dommages tissulaires : un qui se trouve constitutivement dans nos cellules et un que vous tirez de vos aliments ou de vos suppléments. Vos propres exterminateurs de radicaux libres sont appelés enzymes antioxydantes ; la superoxyde dismutase (SOD) en est un exemple. Ces enzymes antioxydantes bénéfiques stabilisent les radicaux libres de telle façon qu'ils ne puissent pas endommager les tissus de votre organisme.

Votre système antioxydant d'origine alimentaire inclut des vitamines, des minéraux et d'autres nutriments antioxydants, parmi lesquels les plus connus sont les vitamines A, C, E et un élément minéral, le sélénium (nos « ACES »). D'autres vitamines telles les vitamines B_2, B_3 et B_6, ainsi que quelques éléments non vitaminiques tels que le coenzyme Q_{10}, l'acide alpha lipoïque et les proanthocyanidines (extrait de pépins de raisin) servent aussi de puissants antioxydants.

Les gènes présents dans votre ADN sont les éléments qui indiquent à votre organisme comment élaborer les protéines dont il a besoin. Parmi les plus importantes, citons les enzymes qui aident vos cellules à synthétiser les autres constituants essentiels nécessaires à un fonctionnement normal. Parmi les 3 870 enzymes du corps humain identifiées à ce jour, 860 (23 %) nécessitent un cofacteur vitaminique. Nombre d'enzymes nécessitent des cofacteurs minéraux. Tant que ces cofacteurs ne sont pas en place, les enzymes ne sont d'aucune utilité. Donc, les vitamines et les minéraux ont deux rôles essentiels dans l'apport d'une protection contre les oxydants et dans le maintien de la santé ; tous deux servent eux-mêmes d'antioxydants et sont nécessaires à l'action des enzymes antioxydantes propres à l'organisme. En prenant des suppléments vitaminiques ou minéraux, vous vous assurez que votre organisme aura les éléments nécessaires pour créer un apport correct d'enzymes antioxydantes fonctionnelles à tout moment.

Vous pouvez prendre ces enzymes antioxydantes en tant que suppléments, mais elles sont faiblement absorbées lorsqu'elles sont prises oralement et donc il est bien plus simple de faire appel à des cofacteurs vitaminiques ou minéraux et de laisser votre organisme élaborer ses propres enzymes. Une recherche génomique a révélé que de nombreuses personnes ont des anomalies génétiques qui empêchent les cofacteurs de se fixer correctement aux enzymes qui en ont besoin ; ce problème ne peut être résolu que par la prise de quantités plus importantes de ces nutriments. Cela nous a conduit à l'importante découverte selon laquelle la plupart des gens ont besoin d'une ou de plusieurs vitamines ou d'antioxydants en quantités bien plus importantes que celles préconisées par le RDA et à la conclusion encore plus importante qu'une santé optimale n'est pas possible sans supplémentation.

PONT DEUX

Avancées dans les antioxydants

Il y a actuellement une intense activité de recherche pour créer davantage d'antioxydants synthétiques puissants. À titre d'exemple, une équipe internationale de scientifique a développé les *pyridinols*, antioxydants synthétiques dérivés de la vitamine E mais avec un pouvoir antioxydant 100 fois plus grand. Étant donné que d'autres composés puissants sont en cours de développement, le nombre de pilules que vous devez prendre va diminuer.

Avec les systèmes de délivrance plus efficaces à l'horizon, il sera aussi plus facile et plus pratique de prendre des suppléments nutritionnels que ce n'est le cas aujourd'hui. Une option est l'inhalation : les médicaments inhalés dans les poumons sont immédiatement absorbés dans la circulation sanguine. Au moins trois produits de ce type sont actuellement en développement.

Polymerix Corporation, une retombée de la recherche de Rutgers University, est en train d'envisager une approche différente pour la délivrance des médicaments. Ce sont ces derniers eux-mêmes qui formeront des structures et des revêtements polymériques spéciaux que l'organisme dégradera en vue d'une libération progressive de la médication. Les pilules de Polymerix contiennent 70 à 90 % d'ingrédients actifs, ce qui s'oppose aux 30 % des systèmes actuels qui utilisent des revêtements et des matrices de polymères qui ne sont pas des médicaments.

Une autre façon de délivrer des suppléments est encore d'utiliser vos aliments. Grâce à des cultures génétiquement modifiées, les chercheurs peuvent non seulement réduire les besoins en herbicides, pesticides ou engrais mais aussi augmenter la valeur nutritionnelle d'un aliment. Par exemple, une race de riz génétiquement modifié a été développée pour contenir davantage de vitamine A et on s'attend à ce que la carte du génome du riz conduise encore à d'autres variants bénéfiques.

Environ 60 % de la vitamine E tirée du régime des Américains vient des huiles végétales, essentiellement de l'huile de soja. 70 % de la vitamine E de la plupart des huiles végétales est du gamma-tocophérol alors que 7 % seulement est de l'alpha-tocophérol, forme dont l'activité antioxydante est la plus puissante. Dean DellaPenna est en train d'utiliser une approche fondée sur la génomique pour identifier le gène qui code pour le type le plus puissant de vitamine E. Avec l'aide de modèles sur ordinateur, son équipe a été capable d'insérer ce gène dans une souche de bactérie, de le cloner puis d'en insérer de nombreuses copies dans des plantes qui produisent de l'huile. Le résultat : une nouvelle plante génétiquement modifiée qui produit jusqu'à 10 fois plus d'alpha-tocophérol[4].

Une modification génétique a produit de nombreux autres effets potentiellement bénéfiques, y compris une « protato » GM, pomme de terre qui contient de fortes quantités de protéines[5], ainsi qu'une souche génétiquement modifiée de soja, avec un gène qui fait qu'il n'apparaît pas d'allergie au soja chez les enfants. D'autres efforts sont en cours pour augmenter le contenu en acides gras oméga 3 bénéfiques dans les œufs, le lait et les steaks afin de faire de ces derniers des choix alimentaires plus sains[6].

Les efforts pour développer des cultures génétiquement modifiées possédant des taux plus élevés d'antioxydants bénéficieront de la compréhension des réponses à des stress tels qu'un ensoleillement fort. Les produits chimiques qui permettent aux plantes de tolérer le flux constant des radicaux libres venant de leur exposition permanente au fort ensoleillement de l'été nous aident, nous aussi, à combattre les radicaux libres dans notre propre organisme. C'est la raison pour laquelle la consommation de légumes contribue à prévenir le cancer et les maladies cardiaques, protège notre vision et conforte notre système immunitaire[7]. Aider les plantes à résister au stress peut aussi en faire de meilleures sources d'aliments[8].

Quels tests génomiques peuvent vous informer sur vos besoins en vitamines ?

Étonnamment, jusqu'à un tiers de l'ensemble des polymorphismes (variations) génétiques identifiés se traduisent par des enzymes qui ne fixent pas correctement les facteurs vitaminiques dont ils ont besoin[9]. Cela signifie que ces enzymes se synthétisent à partir de l'ensemble ADN-ARN avec toute une série d'anomalies géométriques au niveau des « sites d'accueil » (sites actifs) où habituellement doivent se fixer les cofacteurs minéraux ou vitaminiques. Étant donné que ces derniers ont beaucoup plus de difficultés à se fixer (et donc à activer) à des enzymes anormales, la seule façon de mettre ces dernières au travail est de leur apporter de beaucoup plus grandes quantités de ces nutriments. Le moyen le plus pratique pour corriger cela est de prendre des suppléments nutritionnels.

Lorsque suffisamment de vitamines et de minéraux circulent dans le sang, le problème des enzymes anormales peut être surmonté. Si vous projetez des spaghettis partiellement cuits sur un mur, la plupart d'entre eux tomberont sur le sol, mais occasionnellement un se collera. Même si les enzymes anormales (le mur) ne fixent pas les cofacteurs vitaminiques (les spaghettis) aussi bien qu'elles le devraient, lorsqu'il y a suffisamment de molécules de vitamines dans l'environnement, le travail sera fait. Dans certains cas, des taux de vitamines plusieurs centaines de fois supérieurs à ceux du RDA sont nécessaires.

Une recherche fructueuse sur ce sujet a été effectuée par Bruce Ames, chercheur connu dans le domaine de la nutrition, et son groupe à l'Université de Californie à Berkeley. On a déjà identifié plus de 50 maladies génétiques caractérisées par des sites de liaison pour les cofacteurs vitaminiques anormaux ; elles peuvent être corrigées par une supplémentation nutritionnelle active[10]. Donc, à la place de la vieille notion qui voulait que prendre des suppléments est inutile, nous avons maintenant des preuves scientifiques solides à l'appui de l'utilisation d'un traitement par de fortes doses de vitamines en vue du maintien de la santé et du traitement de nombreuses maladies (figure 21.1).

Étant donné que chaque personne a environ un million de variants génétiques dont plus d'un tiers conduisent à des enzymes qui fixent incorrectement les vitamines, il est difficile d'imaginer quelqu'un qui n'aurait pas besoin de certains nutriments en quantités bien supérieures à celles publiées par le RDA. En faisant

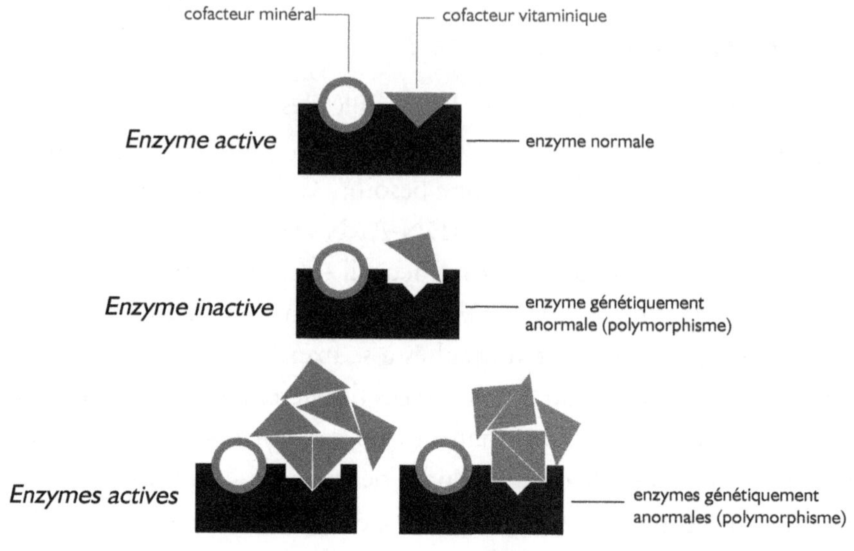

Figure 21.1 Comment les polymorphismes génétiques augmentent le besoin de vitamines

effectuer les tests génomiques accessibles aujourd'hui, vous pouvez obtenir une information précise sur les enzymes que vous pourriez « avoir besoin d'aider » par une supplémentation et sur les nutriments qui seraient les plus précieux pour vous.

Comme exemples pratiques, considérons trois polymorphismes génétiques très courants. Ensemble, ils affectent des *milliards* de personnes. Chacun de ces polymorphismes génétiques fait qu'un aminoacide incorrect est inséré quelque part dans la chaîne protéique de l'enzyme codée par ce gène. Cela se traduit par des enzymes qui ne fixent pas leurs cofacteurs vitaminiques comme ils le devraient. Dans chaque cas, le problème ne peut être corrigé (mais pas facilement) que par la prise de quantités de vitamines beaucoup plus importantes que celles préconisées par le RDA.

La G6PD (glucose-6-phosphate-1-déshydrogénase) est une enzyme impliquée dans la transformation chimique du glucose. Un polymorphisme banal de la G6PD provoque une maladie appelée favisme. Vous n'en avez peut-être jamais entendu parler mais c'est le défaut métabolique le plus courant au monde et il affecte plus de 400 millions de personnes. Pour aider à combattre ce gène anormal, il faut une concentration de niacine (vitamine B_3) cinq fois supérieure à la normale afin d'activer les enzymes anormales. Pour presque un quart de milliard de personnes, les quantités de niacine préconisées par le RDA sont inadéquates.

La MTHFR (méhylenetétrahydrofolate réductase), dont nous avons parlé au chapitre 13, est une enzyme extrêmement importante qui transforme l'acide folique en sa forme active, de telle façon qu'elle puisse effectuer son travail de diminution du taux d'homocystéine, de lutte contre les cellules cancéreuses, de prévention des maladies cardiaques et de nombreuses autres fonctions. Dans les populations blanches américaines ou asiatiques, jusqu'à 40 % des gens âgés de plus de 60 ans ont un polymorphisme de la MTHFR et ont besoin de 50 fois plus d'acide folique que les 400 microgrammes par jour préconisés par le RDA. Pour les 10 à 20 % de la population mondiale qui portent ce polymorphisme, prendre les quantités préconisées par le RDA est rarement adéquat pour contrôler une méthylation anormale, cause majeure de nombreuses maladies graves et d'un vieillissement accéléré.

L'aldéhyde déshydrogénase est une enzyme qui, entre autres fonctions, aide à métaboliser l'alcool. Un polymorphisme de cette enzyme est particulièrement banal parmi les Asiatiques ; il affecte 50 % ou plus de cette population. Les personnes présentant cette anomalie génétique ne métabolisent pas correctement l'alcool et sont aussi à risque accru de maladie d'Alzheimer. L'enzyme anormale ne fixe pas très bien son cofacteur dérivé de la niacine. Pour activer correctement l'enzyme, les personnes qui présentent ce polymorphisme ont souvent besoin de 20 fois plus de niacine que préconisé par le RDA.

Conceptions actuelles concernant la supplémentation en vitamine et en minéraux

Les recherches sur les vitamines et les antioxydants ont explosé dans les dernières années. Des milliers d'articles sont publiés chaque année dans les journaux scientifiques, rien que pour les antioxydants. Bien qu'il n'y ait pas de consensus général, la recherche nutritionnelle actuelle montre que des taux élevés de vitamines et de minéraux sont associés à une meilleure santé et à un fonctionnement cellulaire plus efficace, alors que des taux faibles sont liés à un fonctionnement cellulaire sous-optimal.

Ces recherches ont aussi augmenté notre compréhension de la façon dont fonctionnent les suppléments nutritionnels. Par exemple, nous savons maintenant que l'acide folique peut réduire le risque de cancer en réparant l'ADN lésé et que la vitamine E diminue le risque d'attaque cardiaque en maintenant la flexibilité des vaisseaux sanguins et en évitant les altérations du cholestérol par les radicaux libres.

L'opinion médicale conventionnelle est lentement mais sûrement en train de se rapprocher de la conception selon laquelle les vitamines peuvent faire plus que de prévenir les maladies par déficit. Les deux journaux médicaux américains les plus lus, le *New England Journal of Medicine* et le *Journal of the American Medical Association*, ont publié dans les toutes dernières années des articles conseillant aux adultes sains de prendre des suppléments contenant de nombreuses vitamines et de nombreux minéraux[11]. Cela représente un changement considérable dans la pensée médicale conventionnelle, étant donné que pendant de nombreuses années, la plupart des médecins croyaient que les suppléments ne faisaient pratiquement rien de plus que de contribuer à la formation d'une urine chère !

Quels sont donc les suppléments nutritionnels que vous avez besoin de prendre ? Il y a 13 vitamines *essentielles*, 17 minéraux *essentiels* et 2 acides gras *essentiels*. Essentiel signifie que vous devez les obtenir de l'extérieur de votre corps, parce que vous ne pouvez pas les fabriquer par vous-même. De nombreux autres nutriments que vous pouvez synthétiser sont *conditionnellement* essentiels, ce qui signifie que dans certains *états* tels qu'une maladie ou un stress, vous avez besoin de quantités plus importantes que celles que votre organisme est capable de fabriquer.

Les vitamines sont divisées en deux groupes : les vitamines hydrosolubles, qui incluent la vitamine C et les vitamines B, et les vitamines liposolubles, A, D, E et K. Les vitamines hydrosolubles sont facilement éliminées par l'urine et vous devez en prendre chaque jour. Par ailleurs, les vitamines liposolubles sont stockées dans votre tissu adipeux et ne nécessitent pas un apport aussi fréquent. Cependant, étant donné qu'elles sont mises en réserve pendant de longues périodes dans votre corps, vous devez prendre plus de précautions quant à leur dosage car leur dose toxique est facilement atteinte par surconsommation.

Parmi les 17 minéraux essentiels, les plus courants sont le calcium, le cuivre, l'iode, le fer, le magnésium, le manganèse, le molybdène, le phosphore, le sélénium et le zinc. Parmi les 100 ou quelques éléments minéraux trouvés dans la Nature, seuls ces 17 sont nécessaires à la santé. La plupart des autres éléments rencontrés dans la Nature (tels que l'aluminium, le plomb, le cadmium et le mercure) ne sont pas du tout nécessaires à l'organisme et sont tout simplement toxiques.

Les deux acides gras essentiels (EFA, de *essential fatty acids*) sont l'acide linoléique et l'acide alpha linolénique.

Apports nutritionnels recommandés (RDA) contre apports nutritionnels optimaux (ONA)

La *National Academy of Sciences* (l'Académie des Sciences américaine) a établi des recommandations pour la prise de nutriments qui sont maintenant dénommées DRI, de *Dietary Reference Intakes* (Prises de référence pour les Aliments). Ces recommandations ont ensuite été subdivisées en quatre sous-groupes.

Le besoin moyen estimé (EAR) (de *Estimated Average Requirement*) est le niveau moyen de la consommation journalière d'un nutriment supposé correspondre aux besoins de la moitié des individus sains, à une étape donnée de leur vie, mais aussi en fonction du sexe.

L'apport alimentaire recommandé (RDA) (de *Recommanded Dietary Allowance*) est le niveau moyen de consommation journalière d'un nutriment suffisant pour satisfaire les besoins de presque tous les individus sains (97 à 98 %), à une étape donnée de leur vie, mais aussi en fonction du sexe.

La consommation adéquate (AI) (de *Adequate Intake*) est un niveau moyen recommandé de la consommation journalière d'un nutriment fondé sur des approximations ou des estimations observées ou expérimentalement déterminées de la prise d'un nutriment pour un groupe (ou des groupes) de gens apparemment sains et qu'on estime approprié ; il est utilisé lorsque le RDA ne peut pas être déterminé.

Le niveau supérieur tolérable de consommation (UL) (de *Upper Level*) est le niveau moyen le plus élevé de la consommation journalière d'un nutriment supposé ne pas comporter de risque d'effets indésirables sur la santé de presque tous les individus de la population générale. Lorsque la consommation passe au-dessus de l'UL, le risque potentiel d'effets indésirables augmente[12].

Bien que plus précis que les RDA du passé, les sous-groupes des DRI n'apportent toujours pas une solution au problème fondamental qui est de vous informer sur la quantité de chaque nutriment dont *vous* avez besoin pour surmonter *vos* propres variations génétiques. Et étant donné que chacun d'entre nous présente un certain nombre de ces variations, les RDA échouent encore quant à leur but qui est de créer des conditions de santé optimales. Avoir des quantités adéquates ou même optimales de la plupart des nutriments n'est pas suffisant. En ce qui concerne la plupart des nutriments, les RDA peuvent être applicables à la *majorité* des gens, mais ils ne parviennent pas à *vous* apporter le mécanisme utile permettant de corriger tous les problèmes métaboliques qui se posent à vous en raison de vos polymorphismes génétiques.

Il y a d'autres raisons pour lesquelles les DRI/RDA ne vous apportent pas la véritable information dont vous avez besoin. Tels que définis ci-dessus, les RDA pour un nutriment sont « le niveau moyen de la consommation journalière d'un nutriment suffisant pour satisfaire les besoins de presque tous les individus *sains* (97 à 98 %) à une étape donnée de la vie, mais aussi en fonction du sexe. » Le premier problème est que ces chiffres sont fondés sur l'hypothèse imparfaite selon laquelle la population américaine est saine. D'où les chercheurs de la *National Academy of Sciences*, qui ont établi les RDA, ont-ils sortis ces 97 à 98 % d'individus « sains » ? Ont-ils exclus les 55 % d'Américains qui sont en surcharge pondérale, les 47 millions qui ont un syndrome métabolique ou les 40 % auxquels on diagnostiquera un jour prochain un cancer ? Les dizaines de millions d'Américains qui ont un traitement pour une hypertension, un diabète, de l'asthme, de l'arthrite, de la dépression ou des troubles de l'érection ont-ils été considérés comme sains ? Étant donné qu'ils ont commencé par cette hypothèse fausse selon laquelle ces gens étaient « sains », leur seule conclusion possible était la recommandation fausse selon laquelle les quantités relativement faibles de vitamines des RDA étaient adéquates pour maintenir la « santé ».

Par conséquent, plutôt que de nous référer aux RDA, nous préférons les ONA (de *Optimal Nutritional Allowances*) (apports nutritionnels optimaux).

Dans certains cas, les quantités de vitamines que nous recommandons sont considérablement plus élevées que celles des RDA. Dans d'autres, nos recommandations sont les mêmes. Mais nos ONA sont conçus pour optimiser la santé et non pas pour maintenir le *statu quo* d'une population qui dépense 1,5 billions de dollars (10^{12} ! soit environ 15 % du produit national brut) pour ce que l'on nomme par euphémisme les « soins de santé » (*health care*).

Abondance de biens ne nuit pas

Pour optimiser votre santé, maximiser sainement votre longévité et éviter les conséquences funestes de votre héritage de polymorphismes génétiques qui augmentent vos besoins personnels en un ou plusieurs nutriments spécifiques, le seul moyen de couvrir vos besoins de base est de prendre un peu plus de tout. Nous sommes les premiers à admettre que cela peut signifier que vous finirez par prendre plus de vitamines et de minéraux que vous n'en avez vraiment besoin, mais à ce stade de notre connaissance, c'est le meilleur traitement que puisse nous offrir le Pont Un. Prenez-les tous et laissez votre organisme utiliser ce dont il a besoin.

Nos recommandations d'ONA comprennent un grand choix de dosages. La raison en est qu'il existe toute une gamme de variations individuelles et de besoins sous-jacents pour une protection par des antioxydants, une détoxication ou une production d'énergie. Les individus qui présentent des polymorphismes génétiques nécessitant des quantités élevées de cofacteurs vitaminiques ou minéraux sont au sommet de cette échelle ou même au-dessus. À moins que vous ne sachiez que vous avez une maladie spécifique, un état, une prédisposition héréditaire ou un polymorphisme suggérant le besoin d'une supplémentation plus forte, nous vous recommandons de commencer par la limite inférieure de ces fourchettes et d'expérimenter ces dosages. Cependant, des recherches en thérapie vitaminique sont en cours et il se pourrait qu'apparaissent des effets au long terme ou des interactions vitaminiques qui demeurent inconnus.

Effectuer certains des tests recommandés dans d'autres chapitres de ce livre pourrait suggérer que vous avez besoin de quantités plus importantes de certains suppléments. Si vous savez que vous avez un taux élevé d'homocystéine, par exemple, il pourrait être nécessaire d'augmenter votre prise de vitamines B et d'acide folique pour atteindre les limites supérieures de nos recommandations d'ONA (ou même aller plus loin). Si vous avez une hs-CRP élevée indiquant une inflammation importante, davantage d'EPA et de DHA sont nécessaires. Si votre cholestérol est élevé, des mégadoses de niacine pourraient être utiles.

De plus, si votre style de vie vous expose fortement aux radicaux libres, vous devriez augmenter votre consommation globale d'antioxydants. Si votre travail consiste à pulvériser toute la journée des insecticides et que vous rentrez le soir dans votre appartement proche d'une autoroute avec un trafic intense, manifestement vous aurez besoin d'une protection par des antioxydants et d'une détoxication plus importantes que celles qui sont nécessaires à un fermier biologique qui vit sur une colline éloignée de toute source de pollution. Le stress et les voyages contribuent fréquemment eux aussi à la production des radicaux libres et si tel est votre style de vie vous devez augmenter proportionnellement votre consommation d'antioxydants.

Choisir quels suppléments sont bons pour vous

En plus des nutriments essentiels, nombre de suppléments nutritionnels ne sont pas essentiels mais hautement souhaitables (super-nutriments) et vous pouvez les prendre pour optimiser les fonctions de votre organisme et ralentir le processus du vieillissement. Ces super-nutriments ne sont pas nécessaires à la survie mais ils peuvent modifier significativement la vitesse et l'apparition du vieillissement chez de nombreuses personnes. Nous recommandons plusieurs super-nutriments dans notre protocole d'ONA.

Un problème est le nombre grandissant de tels nutriments disponibles. Si vous êtes comme nous, votre boîte aux lettres (et même encore plus, votre e-mail) est régulièrement encombrée d'une littérature cherchant à vous vendre quelques produits nouveaux ou révolutionnaires pour vous aider à sembler plus jeune, à devenir une bombe sexuelle, à augmenter votre mémoire, etc. Il est difficile de faire le tri entre toutes les informations et les désinformations que vous recevez afin de décider quels suppléments vous devez prendre. Dans ce livre, nous avons tenté de nous concentrer sur les meilleurs de ces suppléments nutritionnels. Ceux que nous mentionnons ne sont pas les seuls disponibles et vous n'avez pas besoin de prendre tous ceux que nous discutons. Pour contribuer à la clarification de la question vitale de savoir ce que vous devez prendre, nous avons divisé les suppléments en trois groupes :

- Les suppléments « universels », recommandés pour tous.
- Les suppléments de « super-nutriments », pas indispensables pour une santé optimale mais qui pourraient être fort utiles à beaucoup de gens.
- Les suppléments « spécifiques », typiquement pris pour le traitement ou la prévention de certaines maladies ou symptômes.

La plupart des suppléments que nous discutons ne sont pas chers et ils sont presque tous dénués d'effets secondaires lorsqu'ils sont pris à des doses correctes, bien que chacun ait de profonds bénéfices anti-âge. Mais vous devrez en faire l'expérience et découvrir par vous-même lesquels sont les meilleurs pour vous. Vous pouvez prendre aussi certains des super-nutriments ou des suppléments spécifiques de façon intermittente, passant de l'un à l'autre de temps en temps. Dans les chapitres 10 et 17, nous avons détaillé notre programme personnel de suppléments pour vous donner une idée de ce que nous prenons afin de constituer notre propre programme anti-vieillissement.

Nous serons les premiers à admettre que dans ces derniers jours de l'ère du Pont Un, si vous suivez notre avis, vous serez amené à prendre beaucoup de pilules chaque jour. Mais soyez patient – les nouveaux traitements du Pont Deux et du Pont Trois vous permettront bientôt d'utiliser des méthodes plus faciles de délivrance des médicaments et des nutriments, au moyen de crèmes dermiques et d'inhalations par exemple, ainsi que des formulations plus puissantes, réduisant drastiquement le nombre de pilules que vous devrez avaler.

De plus, votre accès à l'information génomique précise dont vous avez besoin pour prendre des décisions pointues concernant les nutriments spécifiques dont vous avez besoin demeure quelque peu limité. Mais dans quelques années, vous pourrez obtenir une carte génétique personnalisée qui vous informera sur les quantités optimales de chaque nutriment dont vous avez besoin, d'après votre propre constitution biochimique. En attendant, le meilleur comportement à adopter est simplement de prendre un peu plus de tous les nutriments qui ont des effets bénéfiques chez la plupart des gens. Étant donné que ces suppléments sont très peu toxiques, notre approche du Pont Un consistant à prendre des quantités supplémentaires de tous est le meilleur moyen d'écarter des problèmes potentiels. Vous pouvez accorder et personnaliser votre programme en effectuant les tests recommandés tout au long de ce livre, ce qui vous permettra de cibler les nutriments spécifiques dont vous avez besoin en plus grandes quantités.

Si vous effectuez un test dynamique d'homocystéine et que vous découvrez que vous avez un problème de méthylation inadéquate, vous saurez que vous avez besoin d'augmenter votre consommation de vitamines B_6, B_{12} et d'acide folique bien au-delà des quantités des RDA. Si votre hs-CRP (test d'inflammation silencieuse) est élevée, vous devrez prendre plus d'acides gras essentiels que les 1,2 à 1,6 gramme des RDA.

Vous devez aussi ajouter des quantités de nutriments spécifiques selon vos problèmes de santé connus ou vos tendances héréditaires. S'il y a des cancers ou les maladies cardiaques dans votre famille, prenez les suppléments recommandés dans les protocoles appropriés. Ne vous fiez *pas* aux RDA, mais supplémentez-vous activement et prenez des quantités de suppléments nutritionnels susceptibles d'optimiser le fonctionnement de vos enzymes et de minimiser vos risques. Vous avez maintenant la possibilité de diagnostiquer votre prédisposition à de nombreuses maladies en effectuant les tests que nous recommandons. Associez les résultats de ces tests à vos antécédents familiaux, les résultats d'un test génomique que vous aurez effectué aux informations apportées par le Programme de Longévité de Ray & Terry, et vous serez capable de reprogrammer efficacement l'expression de votre code génétique afin d'éviter complètement les maladies auxquelles vous êtes prédisposé.

Les suppléments « universels »[13]

Vitamine A

La vitamine A favorise la guérison et l'intégrité de vos tissus épithéliaux parmi lesquels figurent la peau et les tractus respiratoires et gastro-intestinaux. Elle joue aussi un rôle important dans le fonctionnement du système immunitaire et elle peut aider à augmenter la résistance à l'infection. La vitamine A est nécessaire à la croissance et au maintien des os et de la peau et elle est essentielle à un fonctionnement correct de l'œil. La vitamine A réduit les lésions tissulaires par radicaux libres provoquées par la lumière ultraviolette et protège la peau contre les cancers et les dommages en rapport avec le vieillissement telles les taches de vieillesse et les rides. Les RDA pour la vitamine A sont de 2 660 UI pour la femme et de 3 330 UI pour l'homme. Pour la plupart des gens, l'ONA (apport nutritionnel optimal) est de 5 000 à 10 000 UI de vitamine A et d'une dose semblable de bêta-carotène.

Vitamine D

La vitamine D est importante dans la formation d'os sains. Lorsque la vitamine D n'est pas consommée en quantité suffisante, les enfants souffrent de rachitisme, maladie qui déforme les os, et les adultes d'ostéomalacie qui se manifestent par des os mous. Chez le vieillard, le déficit en vitamine D est commun et il prédispose à la perte osseuse et aux fractures.

La vitamine D peut provenir soit de votre alimentation (le lait enrichi est une source habituelle), soit de l'exposition au soleil qui permet à l'organisme de former sa propre vitamine D dans la peau. Bien que l'exposition au soleil ait été considérée comme une cause de cancer de la peau, elle protège aussi contre d'autres cancers internes habituellement plus graves, le cancer du sein et le cancer de la prostate, en particulier[14]. La plupart des experts s'inquiètent de la toxicité des doses excessives de vitamine D qui peuvent conduire à des taux élevés de calcium dans le sang. Cependant, de nouvelles recherches ont suggéré que les recommandations antérieures des RDA et de l'UL étaient beaucoup trop faibles.

Le meilleur moyen de déterminer la quantité de vitamine D que vous devriez prendre est de faire mesurer votre taux de vitamine D dans le sang. Le test qu'il vous faut s'appelle 25(OH) D (25-hydroxyvitamine D). Les valeurs normales de la 25(OH) vitamine D vont de 20 à 56 nanogrammes par décilitre, mais il vaut mieux que votre taux soit proche des limites supérieures de cet intervalle, 45 à 56 environ. La DRI de la vitamine D est de 200 à 600 UI, mais nous pensons qu'une meilleure dose de ONA (à condition que le contrôle sanguin soit fait) est de 1 600 UI par jour. Guidés par les dosages, nous trouvons parfois que des doses de 2 000 UI par jour, ou plus, sont nécessaires[15].

Dans une récente étude de 150 patients consécutifs qui s'étaient présentés à un centre de soins des quartiers déshérités de Minneapolis et qui se plaignaient de troubles et de douleurs musculo-squelettiques non spécifiques, 93 % avaient des taux faibles de 25-hydroxyvitamine D (inférieurs à 20). Les auteurs de cette étude de la *Mayo Clinic* suggèrent que les médecins dosent les taux de vitamine D chez tous les patients qui présentent des troubles et des douleurs vagues, problèmes couramment rencontrés par les médecins[16].

Vitamine E

La vitamine E est un évacuateur puissant de radicaux libres et elle travaille aussi en harmonie avec le glutathion pour recycler la vitamine C. La vitamine E protège l'organisme contre diverses substances toxiques ou cancérigènes qui provoquent des lésions par l'intermédiaire des radicaux libres ; parmi elles figurent le mercure, le plomb, l'ozone et l'oxyde nitreux. En tant que protecteur du système cardiovasculaire, la vitamine E contribue au traitement de l'angine de poitrine, de l'artériosclérose (durcissement des artères) et de la thrombophlébite (caillots de sang dans les jambes). Elle contribue aussi à empêcher la formation des caillots sanguins qui provoquent des attaques cérébrales, elle améliore la circulation sanguine aux extrémités et soulage les problèmes circulatoires. La vitamine E augmente la HDL, ou bon cholestérol, alors qu'elle diminue le taux sanguin du cholestérol total. Elle contribue aussi à la protection contre les cancers du poumon, de l'œsophage, du côlon, du col de l'utérus et du sein.

Jusqu'à 80 % des personnes âgées n'ont pas la DRI minimale de 30 UI de vitamine E. Les sources alimentaires de vitamine E comprennent les huiles végétales, les céréales complètes, le germe de blé, le riz brun, les œufs, les noix et les légumes à feuilles vertes mais il est presque impossible d'obtenir la dose optimale à partir du seul régime. Notre ONA pour la vitamine E est de 400 à 1 200 UI d'un mélange de tocophérols qui inclut plusieurs types de vitamine E, tels l'alpha-, le bêta-, le delta- et le gamma-tocophérol. La vitamine E peut augmenter la tendance aux saignements lorsqu'elle est prise en même temps que l'aspirine ou d'autres fluidifiants du sang et dans ce cas des précautions doivent être prises.

Vitamines B

Le complexe des vitamines B inclut la B_1 (thiamine), la B_2 (riboflavine), la B_3 (niacine et niacinamide), la B_5 (l'acide pantothénique), la B_6 (pyridoxine), la B_{12} (cobalamine), l'acide folique, la biotine, la choline, l'inositol et le PABA (acide para-aminobenzoïque). Ces nutriments sont regroupés parce qu'ils ont des fonctions semblables et sont souvent trouvés ensemble dans la Nature. Les vitamines B sont particulièrement importantes comme cofacteurs des enzymes impliquées dans l'extraction de l'énergie à partir des aliments. Les vitamines B sont aussi importantes pour le maintien d'un fonctionnement gastro-intestinal correct et le développement harmonieux des nerfs, des cheveux, de la peau et des yeux.

Les vitamines du complexe B sont importantes pour combattre le stress. Le stress émotionnel ou le stress physique, en particulier le stress occasionné par les maladies, les lésions ou les interventions chirurgicales, peuvent augmenter considérablement les besoins de l'organisme en vitamines B. Les vitamines B agissent aussi comme coenzymes dans les cellules du système immunitaire et donc elles renforcent la fonction immunitaire.

Les suppléments vitaminiques contiennent fréquemment une combinaison des diverses vitamines du complexe B. Par exemple, un supplément courant est le complexe B 50. Ce dernier contient habituellement 50 milligrammes de B_1, de B_2, de B_3, de B_6, de choline, d'inositol et de PABA et 50 microgrammes de B_{12}, d'acide folique et de biotine. Étant donné que les vitamines B sont si intimement intriquées, il est bon d'utiliser une formule équilibrée telle que celle qui évite la compétition pour l'absorption d'une vitamine plutôt que d'une autre dans les intestins. Étant donné que les vitamines du complexe B sont hydrosolubles, un effet toxique résultant de leur utilisation est relativement rare. Nos recommandations d'ONA pour les vitamines B sont listées dans le « Résumé des recommandations » pages 440-441.

Vitamine C

La vitamine C est le principal antioxydant hydrosoluble. La plupart des effets bénéfiques de la vitamine C semblent être en rapport avec son rôle d'antioxydant et sa capacité à neutraliser les radicaux libres. De nombreux chercheurs pensent que la capacité de la vitamine C à protéger contre les maladies cardiaques est due à la protection qu'elle apporte contre l'oxydation du cholestérol circulant. La vitamine C semble aussi offrir une certaine protection contre les cancers du tractus gastro-intestinal, du côlon, du sein et du poumon. Elle est très peu toxique, même à des doses relativement élevées. Son principal effet secondaire à hautes doses est la diarrhée ; il peut être minimisé en augmentant graduellement la dose sur une certaine période de temps et en la répartissant dans la journée. Le taux de vitamine C peut être réduit par l'aspirine et l'exposition à la fumée du tabac.

La DRI est de 60 milligrammes, quantité nécessaire pour prévenir le syndrome résultant d'un déficit connu sous le nom de scorbut, décrit initialement chez les marins. Des doses allant jusqu'à 5 000 milligrammes par jour pendant plus de trois années se sont révélées sans danger et sans effets secondaires. D'après plusieurs études épidémiologiques, nous avons établi notre dose d'ONA pour la vitamine C à 2 000 milligrammes. Les études suggèrent que les personnes qui consomment soit plus, soit moins que cette quantité vivent moins longtemps !

Minéraux

Certains minéraux tels que le zinc sont les cofacteurs de centaines d'enzymes différentes, alors que d'autres tels que le sélénium sont les cofacteurs de relativement peu d'enzymes. Selon le *National Research Council* (Conseil national de la recherche), 25 minéraux ou éléments ont une certaine valeur nutritionnelle pour les êtres humains. Parmi ces derniers, seuls 17 sont essentiels pour la santé, ce qui signifie qu'un déficit de l'un d'entre eux se traduira par un état pathologique. Le dosage des supplémentations en minéraux doit être abordé avec plus de précautions que celui de nombre de vitamines parce que la marge de sécurité est plus étroite. Pour le zinc, cofacteur minéral présent dans plus de 300 enzymes, les besoins journaliers sont d'environ 10 milligrammes, mais une toxicité est souvent constatée pour des doses supérieures à 100 milligrammes par jour[17].

Dans des conditions idéales, la supplémentation en minéraux ne devrait pas être nécessaire. En raison des techniques de culture « modernes », de l'utilisation d'engrais artificiels, de méthodes « commodes » de préparation des aliments, etc., le contenu en minéraux de notre apport alimentaire s'est détérioré au cours des 50 dernières années. Un nombre important d'américains adultes souffrent maintenant d'un déficit d'un ou plusieurs minéraux essentiels. Pour corriger ces déséquilibres et retrouver une santé optimale, une supplémentation en minéraux sous une certaine forme est devenue une nécessité pour presque tout le monde.

Il y a plus de 100 éléments minéraux distincts. En ce qui concerne les minéraux autres que ceux qui sont essentiels, la plupart non seulement ne sont pas essentiels mais doivent être évités pour une bonne santé, car ils représentent un fardeau toxique pour les voies d'élimination de notre organisme et ils ne sont que des formes de pollution. En entrant en compétition avec les minéraux essentiels au niveau des sites de liaison, ces éléments toxiques peuvent « bousiller » nos systèmes enzymatiques essentiels et avoir des conséquences aussi néfastes pour la santé que celles qui résulteraient d'un déficit de minéraux essentiels. Cet état est appelé syndrome des métaux toxiques et c'est un état inévitable de la vie moderne, en raison de la pollution qui nous entoure.

Une supplémentation optimale nécessite le remplacement adéquat des minéraux essentiels ci-après.

Calcium	Sélénium	Fluor
Magnésium	Manganèse	Sodium
Phosphore	Iode	Fer*
Potassium	Chrome	
Zinc	Bore	
Cuivre	Molybdène	

Vous remarquerez que le fer est suivi d'un astérisque. En effet, le fer est un minéral essentiel nécessaire à la formation de l'hémoglobine, la molécule de nos globules rouges du sang qui transporte l'oxygène. Cependant le fer, ainsi que le cuivre, est une épée à double tranchant. Alors qu'une certaine quantité est bonne, une quantité supplémentaire n'est pas nécessairement meilleure. Le fer et le cuivre sont tous deux des métaux dits de transition et, dans des circonstances favorables, ils peuvent conduire à une production excessive de radicaux libres. Par conséquent, une supplémentation en fer n'est généralement pas recommandée parce que l'organisme n'a pas de mécanismes lui permettant de se débarrasser lui-même d'un excès. Certains chercheurs ont lié un excès de fer aux maladies cardiaques, au diabète, aux cancers, au risque accru d'infections et à l'aggravation de la polyarthrite rhumatoïde. Si l'on excepte certains états où le besoin en fer est augmenté tels que la grossesse ou les hémorragies chroniques ou encore un saignement menstruel modéré ou abondant, habituellement nous ne recommandons pas de supplémentation en fer[18].

Acides gras essentiels

Comme il en a été discuté précédemment, il n'y a que deux acides gras essentiels : l'acide linoléique et l'acide alpha linolénique. Dans les conditions optimales, l'organisme est capable de synthétiser les deux autres acides gras oméga 3 essentiels pour une bonne santé : l'EPA (l'acide eicosapentaénoïque) et le DHA (acide docosahexaénoïque). L'EPA et le DHA sont tous deux nécessaires au contrôle de la production d'une famille de messagers chimiques appelés *eicosanoïdes* qui sont des hormones intercellulaires à courte durée de vie. Un type d'eicosanoïde est les prostaglandines qui ont de profonds effets sur vos cellules.

Certaines prostaglandines sont anti-inflammatoires alors que d'autres augmentent l'inflammation dans l'organisme. En prenant des acides gras oméga 3 essentiels sous forme de suppléments tels que ceux qu'on trouve dans les huiles de poisson ou en consommant du poisson, vous diminuez l'inflammation. La limitation de la consommation de viande rouge et d'œufs riches en acides gras pro-inflammatoires diminue aussi l'inflammation. Un régime anti-inflammatoire réduit vos chances de développer les maladies graves associées à l'inflammation chronique telles que les maladies cardiaques, l'Alzheimer et divers cancers et peut même contribuer à soulager la douleur, le gonflement et la raideur associés à l'arthrite.

Outre notre encouragement à la consommation de poisson plusieurs fois par semaine, nous recommandons une supplémentation en EPA et DHA venant d'huiles de poisson. Les RDA pour les acides gras essentiels sont de 1 000 milligrammes pour la femme et de 1 600 pour l'homme. Nos recommandations d'ONA sont de 1 700 à 5 000 milligrammes par jour dont 1 000-3 000 d'EPA et 700-200 de DHA. Les individus présentant des maladies inflammatoires telles que l'arthrite, l'asthme ou les désordres coliques inflammatoires peuvent avoir besoin d'en prendre 10 à 15 grammes par jour, ou même davantage.

Suppléments super-nutritionnels

Coenzyme Q_{10}

Le CoQ_{10} (coenzyme Q_{10}) est un antioxydant naturel qui joue un rôle important dans la synthèse de l'ATP (adénosine triphosphate), l'unité universelle d'énergie pour l'organisme. Il y parvient en contribuant au métabolisme (la combustion) des hydrates de carbone et des graisses. Le CoQ_{10} est un puissant antioxydant qui aide à la régénération et au recyclage des vitamines C et E. Le CoQ_{10} joue aussi un rôle important en protégeant l'organisme des maladies cardiaques et de divers types de cancers. Nous savons que chaque cellule du corps est continuellement soumise à l'attaque des radicaux libres. Ces derniers réagissent avec l'oxygène pour former les dérivés réactifs de l'oxygène (ROS, de *reactive oxygen species*). Les ROS peuvent provoquer de graves dommages, particulièrement aux molécules d'ADN. Un ADN endommagé est une précondition pour la transformation maligne d'une cellule. En aidant à neutraliser les ROS avant qu'ils ne puissent léser les molécules d'ADN, le CoQ_{10} contribue à la prévention du cancer[19].

Le coenzyme Q_{10}, connu aussi sous le nom d'ubiquinone, est précieux dans le traitement de nombreuses maladies cardiovasculaires parmi lesquelles l'angine de poitrine, l'hypertension et l'insuffisance cardiaque[20]. Les statines sont des médicaments qui détruisent le CoQ_{10} de l'organisme et il est particulièrement important pour les gens sous traitement par des statines de prendre ce supplément.

Personne ne refuserait d'être aidé par la prise de coenzyme Q_{10} supplémentaire. Nous recommandons aux gens sains d'en prendre entre 30 et 100 milligrammes deux fois par jour aux repas. Les patients présentant une insuffisance cardiaque ou un cancer devraient en prendre 400 à 600 milligrammes par jour.

Proanthocyanidines

La proanthocyanidine de l'extrait de pépins de raisin (GSPE, de *grapeseed proanthocyanidin extract*) est un autre antioxydant puissant qui contribue à protéger l'organisme des dommages causés par les radicaux libres. Le GSPE élimine plus puissamment les radicaux libres que la vitamine C, la vitamine E ou le bêta carotène. Le GSPE favorise la croissance des cellules saines alors qu'il attaque simultanément plusieurs types de cancers[21]. Le GSPE peut protéger les cellules du foie et du rein des effets indésirables d'un surdosage d'acétaminophène. De même, il contribue à prévenir les lésions cardiaques observées au cours d'une chimiothérapie par des médicaments telle la doxorubicine et les lésions pulmonaires associées à l'amiodarone, médicament pour le cœur[22].

De nombreux effets bénéfiques ont été attribués au GSPE[23] :

- Il agit comme antioxydant exceptionnel.
- Il prévient les maladies cardiaques, les accidents vasculaires cérébraux et les cancers.
- Il augmente l'élasticité et la force des vaisseaux sanguins.
- Il inhibe l'inflammation.
- Il augmente la capacité de l'organisme à réparer le collagène.
- Il inverse les signes du vieillissement
- Il élimine les substances amyloïdes (cause des taches de vieillesse et de l'Alzheimer, par exemple).

Nous recommandons une dose de 50 à 100 milligrammes de GSPE deux fois par jour.

PONT TROIS

Manger pour être heureux dans le futur

Dans le chapitre 7, « Vous êtes ce que vous digérez », nous avons discuté des technologies futures fondées sur des nanorobots qui délivreront directement dans votre circulation sanguine des quantités optimales de tous les nutriments, y compris tous les « suppléments » dont nous avons discuté dans ce chapitre. Des versions plus avancées de cette technologie incluront des nanorobots qui peuvent délivrer ces nutriments directement dans vos cellules, là où ils sont finalement nécessaires. D'autres nanorobots de la circulation sanguine seront aussi capables de détruire les substances indésirables telles que les toxines, ainsi que l'excès de certains nutriments tels que les graisses malsaines et le glucose. Ces technologies doivent apparaître dans les années 2020.

Initialement, ce système digestif de nanorobots augmentera le processus digestif biologique de telle façon que le taux de toutes les substances présentes dans votre sang soient à un niveau optimal pour votre propre biochimie, indépendamment de ce que vous mangez. Cependant, une fois que ce processus aura été perfectionné, nous lui demanderons toujours plus et donc vous serez finalement capable de séparer les aspects agréables, sensuels et sociaux du fait de manger, des besoins biochimiques de votre organisme.

Acide alpha lipoïque

La vitamine C est notre premier antioxydant hydrosoluble et la vitamine E notre principal antioxydant liposoluble. Mais l'acide alpha lipoïque (LA) sert à la fois d'antioxydant hydrosoluble et liposoluble. Il ressemble aussi au CoQ_{10} et au GSPE, en ce sens qu'il contribue à recycler d'autres antioxydants tels que la vitamine C, la vitamine E, le glutathion et même le CoQ_{10} lui-même. L'acide alpha lipoïque est capable de neutraliser les ROS les plus dangereux de tous, les radicaux libres OH (hydroxyles), ainsi que d'autres radicaux libres néfastes[24].

Le LA augmente l'utilisation du glucose et l'efficacité avec laquelle l'insuline fait pénétrer le sucre dans les cellules[25]. En présence de radicaux libres, l'excès de glucose se fixe aux molécules des protéines pour former les AGE (produits de glycosylation avancée). Les AGE sont la cause de maladies aussi diverses que la cataracte et les taches de vieillesse sur la peau. Le LA ralentit ou inverse leur formation ainsi que celle de nombreux autres types d'AGE en rapport avec le vieillissement.

En raison de l'innocuité du LA, la marge de dosage est importante.. Chez les adultes sains, 50 à 100 milligrammes, une ou deux fois par jour, devraient être suffisants. Pour les individus qui s'efforcent de corriger une intolérance au glucose ou un syndrome métabolique (voir chapitre 9), nous recommandons 100 à 300 milligrammes. Pour les diabétiques, la dose recommandée est de 300 à 600 milligrammes, bien que les diabétiques présentant une complication neurologique (lésion des nerfs) devraient prendre au moins 600 à 900 milligrammes par jour jusqu'à ce que leurs symptômes disparaissent.

Carnosine

La carnosine est une petite molécule protéique qui se trouve naturellement dans l'organisme et qui est constituée simplement d'une molécule d'alanine et une d'histidine. En dépit de sa petite taille, la carnosine est un inhibiteur puissant de la formation des AGE. Tout comme l'acide lipoïque, la carnosine peut protéger les cellules contre les liaisons croisées formées entre l'ADN et les protéines. La carnosine peut augmenter la durée de vie des cellules en culture et rajeunir des cellules mourantes (sénescentes). La carnosine inhibe la formation toxique des peptides amyloïdes à partir des produits de déchets, ce qui est à l'origine de nombreux processus pathologiques tels que l'Alzheimer et le diabète de type 2 ;

elle pourrait donc être précieuse pour la prévention ou le traitement de ces maladies. La formation de liaisons croisées entre les protéines et le sucre (les AGE) ou entre les protéines et l'ADN est un signe du processus du vieillissement et donc certains scientifiques font l'hypothèse que la carnosine pourrait être un nutriment anti-vieillissement puissant[26]. Nous recommandons aux adultes sains de prendre 500 à 1 500 milligrammes de carnosine par jour.

Resvératrol

Le resvératrol se trouve naturellement dans le vin rouge. Ses propriétés antioxydantes contribuent à expliquer le paradoxe français : pourquoi le régime français, typiquement très riche en graisses saturées malsaines présentes dans le beurre et le fromage, n'est-il pas associé à une forte incidence de maladies des artères coronaires ? Tout comme les antioxydants discutés précédemment, le resvératrol peut protéger l'organisme de l'attaque des radicaux libres en empêchant la formation de ROS extrêmement dangereux, même après que les cellules ont été exposées à la fumée du tabac. Le resvératrol protège l'ADN des dommages occasionnés par les radicaux libres et donc il peut jouer un rôle important dans la protection des cellules contre une transformation maligne induite par l'environnement[27].

La plupart des cancers et des maladies chroniques en général sont le résultat final d'années de dommages environnementaux chez des individus génétiquement prédisposés. Le resvératrol, le CoQ_{10}, les proanthocyanidines et l'acide alpha lipoïque peuvent servir de nutriments chimio-protecteurs puissants pour aider les cellules de l'organisme à résister à l'assaut constant de l'exposition aux radicaux libres. Nous recommandons 400 milligrammes de resvératrol par jour comme supplément anti-vieillissement et chimio-protecteur.

Suppléments spécifiques

Lutéine

Notre vision devient plus claire lorsque la lumière est focalisée sur une petite région circulaire jaune au centre de la rétine, connue sous le nom de *macula lutea*. Cette petite zone, où l'énergie lumineuse est transformée en signaux électriques transmis au cerveau, est une région d'intense activité métabolique. Une forte concentration d'antioxydants est nécessaire pour neutraliser les dommages résultant d'électrons de haute énergie perdus qui inévitablement s'échappent au cours des divers mécanismes de transport d'électrons au sein de la macula. Au cours des décennies, ces dommages s'accumulent et peuvent conduire à une dégénérescence maculaire sénile (DMS), cause majeure de cécité dans les pays développés.

La lutéine est un biflavonoïde jaune présent naturellement dans de nombreux fruits et légumes. Consommer un régime riche en lutéine et autres biflavonoïdes naturels qui se trouvent dans les produits brillamment colorés peut aider à empêcher ou retarder l'apparition d'une DMS[28]. Le maïs et les légumes à feuilles vertes sont des sources particulièrement riches de ces nutriments. Dans certains groupes étudiés, on constatait une différence pouvant atteindre un facteur 10 dans l'apparition des drusen molles (dépôts précoces de débris sur la rétine qui typiquement se traduisent par une DMS) entre des gens qui avaient les concentrations en lutéine les plus élevées ou les plus basses[29]. Pour une protection contre la dégénérescence maculaire sénile et pour la santé de l'œil, nous recommandons 6 milligrammes de lutéine supplémentaires par jour.

I3C (indole-3-carbinol)

L'essentiel du risque de cancer associé aux œstrogènes résulte de la présence d'un produit de dégradation des œstrogènes, la 16αOHE1 (16-alpha-hydroxyoestrone), alors qu'un autre produit de dégradation des œstrogènes, la 2OHE1 (2-hydroxyoestrone) protège contre le cancer. Comme il en a été discuté dans le chapitre 20, le rapport entre ces deux composés (le rapport 2:16) peut servir de biomarqueur utile pour le risque de cancer associé aux œstrogènes. Le fait que l'oestradiol se transforme en produit le plus bénéfique ou le plus dangereux est déterminé par le niveau d'activité d'une enzyme du foie connue sous le nom de CYP1A1. La consommation de légumes de la famille des crucifères tels que les brocolis, les choux palmés et les choux de Bruxelles active CYP1A1, ce qui conduit à un rapport 2:16 plus sain. L'ingrédient actif responsable de cet effet bénéfique est connu comme étant l'indole-3-carbinol (I3C)[30].

Pour un rapport 2:16 plus sain, vous devriez inclure de généreuses quantités de légumes de la famille des crucifères dans votre régime de tous les jours. D'autres nutriments diététiques qui amélioreront le rapport 2:16 incluent les acides gras oméga 3 polyinsaturés trouvés dans le poisson et la lignane trouvée dans des aliments tels que les graines de lin. L'I3C est aussi disponible sous la forme de supplément.

Résumé des recommandations

Suppléments universels (nécessaires à tous)		
Nutriments	**RDA (Apport Alimentaire Recommandé)**	**ONA (Apport Nutritionnel Optimal)**
Vitamine A (UI)	2 660 (femme) ; 3 300 (homme)	5 000
Vitamine D (UI)	200-600	600-2 000
Vitamine E (UI)	22-33	400-800
Vitamine K (UI)	90 (femme) ; 120 (homme)	90-120
B1 (Thiamine) (mg)	1,1 (femme) ; 1,2 (homme)	10-200
B2 (Riboflavine) (mg)	1,1 (femme) ; 1,3 (homme)	10-100
B3 (Niacine) (mg	14 (femme) ; 16 (homme)	20-100
B6 (Pyridoxine) (mg)	1,3-1,5 (femme) ; 1,3-1,7 (homme)	50-100
B12 (Cobalamine) (mcg)	2,4	10-25
Acide folique (mcg)	400	400-800
Vitamine C (mg)	75 (femme) ; 90 (homme)	500-2 000
Calcium (mg)	1 000-1 200	1 000-1 500
Magnésium (mg)	320 (femme) ; 420 (homme)	400-600
Fer (mg)	15-18 (femme avant la ménopause) ; 8 (après la ménopause) ; 8 (homme)	15 (femme avant la ménopause) ; 0 (après la ménopause) ; 0 (homme)
Zinc (mg)	12 (femme) ; 15 (homme	15-30
Cuivre (mg)	0,9	0,5-4
Sélénium (mcg)	55	100-250
Manganèse (mg)	1,8 (femme) ; 2,3 (homme)	2-5
Chrome (mcg)	20-25 (femme) ; (30-35 (homme)	120-200
Acides gras essentiels oméga 3 (mg)	1,100 (femme) ; 1 600 (homme)	EPA 1 000-3 000 DHA 700-2 000

Résumé des recommandations (suite)

Suppléments de super-nutriments (utiles pour presque tous)	
Supplément	**Quantités**
Coenzyme Q_{10}	30-300 mg 2/jour
Extrait de pépins de raisin	50-100 mg 2/jour
Acide alpha lipoïque	50-100 mg 2/jour
Carnosine	250-500 mg 2-3/jour
Resvératrol	200 mg 2/jour

Suppléments spécifiques (recommandés dans certaines maladies		
Supplément	**Indication**	**Dose journalière**
Lutéine	Santé de l'œil	6 mg
I3C	Prévention du cancer du sein ou de la prostate	200 mg
Lycopène	Prévient la maladie de la prostate	10-30 mg
Chou palmiste	Prévient la maladie de la prostate	320 mg
Extrait d'ail	Cœur, pression sanguine	1 600 mg
Arginine	Cœur, pression sanguine	6 000-9 000 mg
Vinpocétine	Mémoire	10-20 mg

En effectuant des tests génomiques (sur les gènes), vous pouvez rechercher si vous avez une variation génétique commune de votre enzyme CYP1A1 qui vous rende plus susceptible aux risques en rapport avec les œstrogènes. Les plastiques et les pesticides sont des pseudo-œstrogènes environnementaux (ou *xénœstrogènes*, comme on les appelle), qui doivent être métabolisés par la voie du CYP1A1. Ceux qui découvrent qu'ils sont porteurs de cette variation génétique doivent limiter leur exposition aux xénœstrogènes environnementaux et consommer un régime riche en végétaux de la famille des crucifères et en acides gras oméga 3 polyinsaturés[31].

De l'I3C supplémentaire peut protéger contre les cancers sensibles aux œstrogènes tels que le cancer du sein chez la femme et le cancer de la prostate chez l'homme. La plupart des individus doivent en prendre 200 milligrammes par jour. Ceux qui ont des variations génétiques du CYP1A1 ou d'autres preuves de prédisposition génétique aux cancers sensibles aux œstrogènes (tels que des antécédents familiaux positifs) devraient porter cette dose à 300 à 400 milligrammes par jour.

Lycopène et chou palmiste

Le lycopène est un biflavonoïde essentiellement dérivé des fruits rouges et des légumes tels que les tomates et les produits à base de tomate. Dans une large étude prospective des professionnels de santé, la prise de lycopène était associée à un risque légèrement réduit de cancer de la prostate[32]. La sauce tomate semblait plus protectrice que les tomates fraîches bien que la réduction du risque était modeste. Les hommes qui prenaient de la sauce tomate deux fois par semaine avaient 23 % de risques en moins de développer un cancer de la prostate que ceux qui consommaient de la sauce tomate moins d'une fois par mois[33].

Le lycopène est disponible sous forme de supplément nutritionnel. Étant donné qu'il est facilement accessible en consommant de la sauce tomate, une supplémentation n'est pas spécifiquement recommandée, à moins que vous n'ayez un risque accru de cancer de la prostate, par exemple si vous avez des antécédents familiaux positifs, auquel cas 10 à 30 milligrammes par jour sont suggérés.

Après 50 ans, les hommes ont davantage de symptômes urinaires gênants tels qu'une fréquence accrue, un jet diminué, un écoulement lent et des envies nocturnes d'uriner. Ces symptômes sont dus à une augmentation sans gravité du volume de la prostate connue sous le nom d'hypertrophie prostatique bénigne (HPB) ou prostatisme. Les options de traitement conventionnel non chirurgical s'appuient essentiellement sur la prescription de médicaments tels le finastéride (Proscar) ou le chlorohydrate de tamsulosine (Josir, Omix). Ces médications sont souvent efficaces dans l'amélioration des symptômes de l'HPB mais elles sont onéreuses et peuvent avoir des effets secondaires. Dans plusieurs études cliniques, on a constaté qu'un extrait du chou palmiste américain, ou *Serenoa repens*, était aussi actif que les médicaments sur prescription pour le traitement de l'HPB pour un prix considérablement moins élevé et avec une incidence moindre d'effets secondaires[34].

On ne sait pas clairement si le chou palmiste peut prévenir le début des symptômes de l'HPB ou s'il protège contre le cancer de la prostate mais il est certainement précieux dans le traitement des symptômes du prostatisme une fois qu'ils sont apparus. Le chou palmiste est pris à la dose de 160 milligrammes deux fois par jour.

Ail

Une pression sanguine élevée, ou hypertension, est une cause majeure de mort et d'incapacité aux États-Unis. Bien que 14/9 soient les limites habituelles d'une pression sanguine « normale », l'idéal serait plus vraisemblablement 11/7. Des diminutions de la pression sanguine, même modestes de 3 à 5 millimètres, ont été associées à des bénéfices significatifs pour la santé. Des expériences conduites sur des animaux ont clairement montré que l'ail est capable de diminuer la pression sanguine[35].

L'ail protège aussi contre les maladies créées par les radicaux libres tels que les dommages en rapport avec le processus du vieillissement, l'exposition aux radiations ou aux produits chimiques et l'exposition au long cours aux toxines environnementales. La consommation d'extrait d'ail peut diminuer le risque de maladies cardiaques, d'accidents vasculaires cérébraux, de cancers et de maladie d'Alzheimer[36]. Nous recommandons 1 600 milligrammes par jour d'ail vieilli, sans odeur (frais, non empaqueté).

Arginine

L'arginine est un aminoacide essentiel qui sert de donneur essentiel d'azote dans de nombreuses réactions biochimiques de l'organisme telles que la formation de monoxyde d'azote (NO), gaz dont la durée de vie est très courte (de 5 secondes seulement) dans l'organisme. Au cours de ce bref intervalle, le NO oblige les cellules des muscles lisses des parois artérielles à se dilater. En prenant des suppléments d'arginine, vous pouvez être sûr que le matériau brut adéquat pour la synthèse du NO est entre vos mains[37].

En dilatant les artères, davantage de flux sanguin est disponible pour les tissus. Les effets bénéfiques de la supplémentation en arginine incluent un meilleur flux sanguin vers le cœur et le cerveau, une diminution de la pression sanguine et de meilleures érections chez l'homme.

Les doses typiques d'arginine se situent entre 2 et 18 grammes. Étant donné le gros volume impliqué, elle est souvent consommée sous forme de poudre. Pour la plupart des gens, nous recommandons 6 à 9 grammes par jour.

Vinpocétine

La vinpocétine est un renforçateur puissant de la mémoire. Elle améliore le flux sanguin cérébral, augmentant donc la production d'ATP (énergie) par les cellules du cerveau et l'utilisation du glucose et de l'oxygène. La vinpocétine dérive d'un extrait de la petite pervenche.

En Europe, la vinpocétine est à la mode comme traitement des problèmes de mémoire et de maintes autres maladies neurologiques. Dix à vingt milligrammes de vinpocétine seulement peuvent augmenter la mémoire à court terme, comme l'ont confirmé de nombreuses études scientifiques.

22
Mobilisez votre corps : le pouvoir de l'activité physique

Il existe aujourd'hui de nombreuses preuves qui montrent les grands bénéfices de l'activité physique (sport), tant aérobie (active, « avec l'oxygène »), qu'anaérobie (résistance)[1]. Le taux des maladies et des décès liés aux maladies progressives telles que les maladies cardiaques, les accidents vasculaires cérébraux, le diabète de type 2 et les cancers est considérablement réduit. Les êtres humains ont évolué pour être actifs physiquement et, pour partie, l'épidémie moderne de maladies dégénératives résulte du développement dans notre société d'un style de vie exagérément sédentaire. Le message essentiel que nous délivre la recherche de plus en plus intense concernant notre corps et notre cerveau est tout simplement : « Utilisez-le ou perdez-le ».

Le fond du problème est qu'il y a seulement quelques dizaines de siècles, la plupart de nos ancêtres passaient leur vie à chasser et à cueillir. L'ADN de l'Homme du XXIe siècle est, à plus de 99,99 %, le même que celui de nos ancêtres chasseurs cueilleurs. Ils se dépensaient physiquement. Ils couraient, grimpaient, marchaient. À ce vigoureux régime, leur corps (lisez « notre corps ») se développait bien. Les révolutions de la biotechnologie et de la nanotechnologie nous donneront en fin de compte le moyen de modifier notre héritage génétique ; cependant, pour le moment, nous demeurons prisonniers de notre corps qui, pour un fonctionnement idéal a besoin d'une activité physique régulière.

Les bénéfices de l'activité physique

Le Dr. Ron Klatz, président de l'*American Academy of Anti-Aging Medicine* (Académie américaine de médecine contre le vieillissement) et le Dr. Robert Goldman, président du conseil de ce même organisme et président du N*ational Academy of Sports Medicine* (Académie nationale de médecine du sport) ont identifié les divers bénéfices ci-après qui résultent de l'activité physique :

- diminution du risque de maladies ;
- réduction de la pression sanguine ;
- augmentation de la force des ligaments et des tendons ;
- réduction du stress et aide à la guérison de la dépression ;
- amélioration du sommeil ;
- réduction du risque de plusieurs types de cancers (entre autres, ceux du côlon, de la prostate et du sein) ;
- amélioration de l'apparence physique ;
- augmentation de la confiance en soi ;
- renforcement des os, réduction du risque d'ostéoporose ;
- augmentation de l'énergie.

Considérez les résultats d'une étude d'une durée de huit ans parue dans le *Journal of the American Medical Association*[2]. Les chercheurs ont réparti les 13 344 participants en cinq catégories de condition physique, selon leurs habitudes : catégorie un, sédentaire (pas de programme régulier d'activité physique) ; catégorie deux et trois, condition physique moyenne (marche de 30 à 60 minutes par jour, quatre ou cinq fois par semaine) ; et catégorie 4 et 5, très bonne condition physique (marche ou course de 30 à 50 kilomètres par semaine ou plus).

Les résultats ont été au-delà ce qu'on pouvait attendre. On a constaté des gains significatifs entre les conditions physiques faibles et moyennes et à nouveau entre les conditions physiques moyennes et élevées. Les gains les plus importants se situaient entre les conditions physiques faibles et moyennes, ce qui indiquait que même une activité physique modérée régulière apporte un immense bénéfice. Le taux global de décès pour ceux qui pratiquaient une activité physique moyenne était inférieur de 60 % à celui du groupe sédentaire. La mort par maladie cardiovasculaire pour les hommes était diminuée de plus des deux tiers. Il y avait un bénéfice supplémentaire pour les hommes et les femmes dans la catégorie de condition physique élevée, particulièrement en ce qui concernait les maladies cardiovasculaires.

La condition physique diminue les risques pour la santé associés à de nombreux autres facteurs de mortalité, tels que l'obésité, le tabagisme et l'hypertension artérielle. Par exemple, une étude de 1999, publiée dans le *American Journal of Clinical Nutrition*, a montré que les hommes obèses en bonne condition physique étaient moins susceptibles de mourir de maladies cardiaques ou d'autres causes que les hommes maigres en mauvaise condition physique[3]. Une autre étude a suivi plus de 25 000 hommes et 7 000 femmes pour quantifier la relation entre la bonne condition physique et la mortalité cardiovasculaire au sein « de couches d'autres caractéristiques personnelles qui prédisposent à une mortalité précoce. »[4] Les résultats n'ont mis en évidence que deux facteurs de prédiction de mortalité statistiquement indépendants, tant pour les hommes que pour les femmes : le tabagisme et la faible condition physique. De plus, selon les chercheurs, « les personnes en bonne condition physique présentant une association de tabagisme, d'hypertension ou de taux de cholestérol élevé avaient des taux de mortalité plus faibles que les personnes en mauvaise condition physique mais avec aucune de ces caractéristiques ».

En dépit de cet ensemble de preuves qui devrait les alerter, 72 % des femmes américaines et 64 % des hommes américains ne pratiquent aucune activité physique régulière. Par conséquent, de nombreux débats se sont focalisés pour déterminer quel était le plus *faible* niveau d'activité physique nécessaire pour créer un effet bénéfique. Plus le but fixé aurait été bas, plus une large population sédentaire aurait être tentée de s'en rapprocher. Dans un éditorial de 2003 discutant de cette recherche, un chercheur de la *Harvard Medical School* (École de médecine de Harvard) a fait remarquer que le niveau modeste et atteignable de 30 minutes par jour peut avoir un effet significatif pour les femmes et que même une activité modérée de une ou deux heures par semaine peut diminuer le taux des maladies cardiaques coronariennes et de la mortalité prématurée[5].

Activité physique aérobie

Le pilier de votre programme doit être une activité physique aérobie régulière. Cette dernière a pour objectif d'accélérer le rythme de votre cœur et de votre respiration et, comme son nom le suggère, d'augmenter la consommation d'air (oxygène). Des activité physique aérobies telles que la marche, la natation, la bicyclette, l'aviron et le ski de fond diminuent significativement le risque de maladies cardiovasculaires, de cancers et d'autres maladies, tout en apportant des bénéfices immédiats en ce qui concerne la perte de poids, la réduction de l'hypertension, la qualité du sommeil et l'humeur. Une activité physique aérobie régulière peut aussi réduire des taux de triglycérides élevés et augmenter ceux de la HDL, le bon cholestérol[6].

Un aspect clé de l'activité physique aérobie est qu'elle implique pendant au moins 20 minutes un effort continu et rythmé des muscles importants de la partie supérieure tout comme de la partie inférieure du corps. Elle augmente votre rythme cardiaque et votre demande d'oxygène lorsqu'elle est soutenue pendant un temps suffisant. Bien que votre cœur bénéficie de l'effort significatif impliqué dans les sports nécessitant une activité intense suivie d'un relâchement, tels que le tennis et le basket-ball, ces derniers ne sont pas des formes optimales d'activité physique aérobie. Nous considérons ces types de sports plutôt comme les compléments d'un programme d'activité physique aérobie régulière et non pas comme la composante fondamentale de ce dernier.

Au cours d'une activité physique aérobie, vous devez être à votre rythme cardiaque d'entraînement. Il doit être entre 50 et 75 % de votre rythme cardiaque maximal que vous pouvez estimer à 220 diminué du nombre de vos années, selon l'*American College of Sports Medicine* (ACSM, le Collège américain de médecine du sport) et la Mayo Clinic. Ainsi, par exemple, si vous avez 40 ans, votre rythme cardiaque théorique maximum est de 180 et votre rythme d'entraînement devrait être entre 90 et 135 pulsations par minute. (figure 22.1).

La meilleure façon de déterminer votre rythme cardiaque est d'utiliser une montre de sport qui comporte un affichage de vos pulsations. Autrement, vous devez interrompre brièvement votre exercice et compter vos pulsations pendant 15 secondes puis multiplier le chiffre par quatre. Il est important de prendre votre pouls dès que vous arrêtez votre activité physique parce que votre rythme cardiaque diminuera immédiatement. Une fois que vous avez estimé votre rythme cardiaque, continuez votre activité physique de routine.

L'activité physique aérobie idéale est la marche. Quasiment tout le monde peut la pratiquer presque partout. Vous devriez avoir peu de difficultés pour amener votre rythme cardiaque à votre niveau d'entraînement sur une base soutenue. Cela ne doit induire de tensions excessives dans aucune de vos articulations.

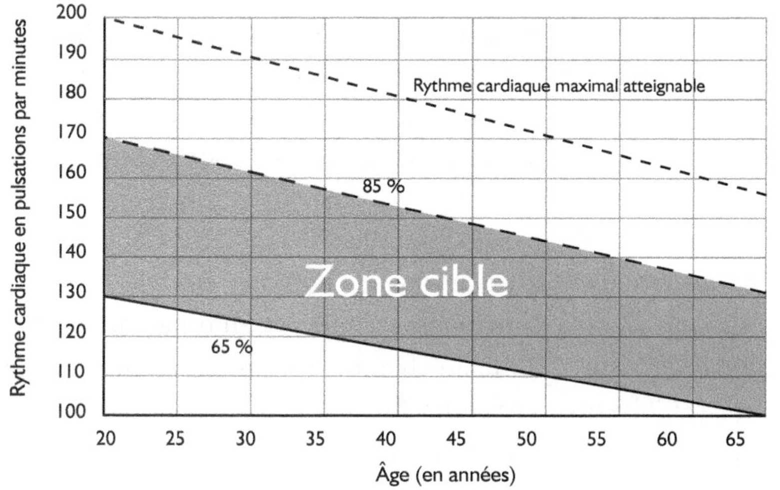

Le rythme cardiaque maximal montre le pic du rythme cardiaque pour la moyenne des individus. Un individu donné peut différer de ces moyennes qui s'appliquent aux deux tiers environ de la population. En dessous du rythme cardiaque maximal, les limites du rythme cardiaque d'entraînement correspondant sont présentés pour chaque âge.

Figure 22.1 Rythme cardiaque maximal et limites du rythme cardiaque d'entraînement (adapté d'un graphique de l'*American Heart Association*).

Précautions à prendre

Il n'y a rien d'inhabituel dans le style ou la technique de la marche requise pour atteindre des résultats. Cependant, il y a quelques précautions à prendre en considération lorsqu'on établit un programme d'activité physique saine et efficace.

Consultez votre médecin. Avant de commencer un programme régulier d'activité physique, consultez votre professionnel de santé qui peut vous conseiller sur certains aspects particuliers concernant votre condition physique et votre santé. Cela est essentiel si vous avez des signes de maladies cardiaques ou d'une autre maladie grave, si vous êtes d'un âge moyen ou même plus âgé ou lorsque vous n'avez pas été physiquement actif auparavant.

Faites un test d'effort. L'*American Heart Association* (Association de cardiologie américaine) recommande un test d'effort lorsque vous avez plus de 40 ans, présentez un ou deux facteurs de risque de maladie coronarienne tels que le sexe masculin, les antécédents familiaux, le tabagisme, l'hypertension, un cholestérol élevé, le diabète, un style de vie sédentaire ou encore lorsque vous avez eu des résultats anormaux à un examen clinique. L'ACSM fait la différence entre les hommes et les femmes dans ses recommandations pour le test d'effort au début d'un programme d'activité physique, ainsi qu'entre les niveaux d'effort. Selon l'ACSM, lorsque vous êtes un homme de moins de 40 ans ou une femme de moins de 50 ans sans symptômes de maladie coronarienne, vous pouvez commencer une activité physique modérée sans test. Cependant, l'ACSM recommande un test d'effort pour tous les hommes au-delà de 40 ans ou les femmes au-delà de 50 ans qui pensent commencer un programme vigoureux[7].

Comme nous en avons discuté au chapitre 15, un test d'effort est un électrocardiogramme (ECG) enregistré continûment pendant 10 à 15 minutes alors que vous faites un effort sur un tapis roulant ou une bicyclette d'appartement, en augmentant progressivement la difficulté. Votre tension sanguine est elle aussi surveillée. Le test se termine lorsque vous êtes trop fatigué pour continuer ou lorsque sont observés des symptômes tels qu'une pression sanguine anormalement élevée, un rythme cardiaque anormal, une respiration courte, une douleur dans la poitrine ou tout autre signe d'inconfort, ou encore une anomalie de l'ECG. Il y a un certain risque dans un test d'effort bien qu'il soit minime lorsque les choses sont conduites correctement par un professionnel de santé entraîné.

PONT TROIS

Avenir de l'activité physique ?

Dans le chapitre 15, « La cause réelle des maladies cardiaques et comment les éviter », nous avons discuté des plans de Rob Freitas pour le remplacement des globules rouges de votre sang par des robots (« respirocytes ») qui seront des milliers de fois plus efficaces que la variété biologique. En ce qui concerne les activités physiques, l'implication sera profonde : votre endurance sera très largement augmentée. Vous serez capable de courir sur de longues distances à une vitesse élevée en ne prenant que quelques respirations occasionnelles. Ce scénario apparaîtra dans les deux décennies à venir, mais Intel est déjà en train de planifier la construction de molécules d'hémoglobine qui transportent dix fois plus d'oxygène que l'hémoglobine naturelle.

Les paralysés sont face à un problème évident lorsqu'il s'agit d'avoir une activité physique, mais de nouveaux développements apportent la promesse de reconstruction des voies neurologiques interrompues chez ceux qui présentent des lésions des nerfs ou de la moelle épinière. On a longtemps cru que la recréation de ces voies nerveuses ne serait possible que chez des patients récemment blessés parce que les nerfs se détériorent progressivement lorsqu'ils ne sont pas utilisés. Cependant, une récente découverte montre la possibilité d'un système neuroprothétique pour des patients présentant des lésions anciennes de la moelle épinière. Des chercheurs de l'Université d'Utah ont demandé à un groupe de patients, quadriplégiques de longue date, de mouvoir leurs membres de toutes sortes de façon puis ils ont observé la réponse de leur cerveau en utilisant une imagerie par résonance magnétique (IRM). Bien que les voies nerveuses en direction des membres aient été inactives pendant de nombreuses années, le schéma d'activité de leur cerveau lorsqu'ils tentaient de mouvoir leurs membres était très proche du schéma observé chez les gens valides.

Cela permet d'envisager de placer des détecteurs dans le cerveau d'un paralysé. Ils seront programmés pour reconnaître les schémas du cerveau associés à des mouvements volontaires puis pour stimuler la séquence appropriée des mouvements musculaires grâce à une communication sans fil (des capteurs du cerveau vers les muscles). Pour ces patients dont les muscles ne fonctionnent plus, il existe déjà des projets de systèmes nano-électromagnétiques (SNEM) qui peuvent se dilater et se contracter pour remplacer les muscles lésés et être activés soit par des vrais nerfs, soit par des nerfs artificiels. Rob Freitas envisage aussi « des nanomoteurs implantables dans les muscles pour les rendre plus puissants ». Nous espérons voir apparaître, au cours de la prochaine décennie, des systèmes conçus selon ces idées.

Ce test est loin d'être parfait. Environ 10 à 20 % des tests d'effort donnent des faux positifs qui indiquent à tort une anomalie du cœur ou des artères et 20 à 40 % donnent des faux négatifs qui ne détectent pas une anomalie. Ainsi, le test d'effort ne reconnaîtra pas toutes les circonstances de blocage artériel ni les indications positives que cela doit donner et il devra être confirmé par d'autres tests médicaux.

Néanmoins, ce peut être un procédé de dépistage utile que votre médecin ou votre entraîneur peut vous demander d'effectuer avant de commencer un programme d'activité physique.

Commencez lentement. Une fois que vous avez l'accord de votre professionnel de santé, l'étape suivante est de vous sentir bien au cours de l'activité physique. L'objectif est de pratiquer cette dernière de façon régulière et de l'effectuer selon une routine prévisible. L'endurance et la vitesse viendront naturellement lorsque votre condition physique s'améliorera.

Ne faites pas d'excès. Vous devez sentir que vous faites un effort ; cependant, si vous ressentez une douleur dans les jambes – par exemple une périostite tibiale – ralentissez et reposez-vous. *Si jamais vous ressentiez une douleur dans la poitrine, arrêtez immédiatement et consultez votre médecin*, parce que ce pourrait être une angine de poitrine indicatrice d'une athérosclérose avancée. Si la douleur perdure, il se pourrait que ce soit un infarctus du myocarde.

Portez de bonnes chaussures. N'utilisez pas des tennis ou des baskets ordinaires, ni même des chaussures de course. Achetez-vous une paire de chaussures de bonne qualité conçues spécifiquement pour la marche.

Augmentez progressivement. Si vous n'êtes vraiment pas en forme, une marche, ne serait-ce que sur un kilomètre, peut être exténuante. Essayez d'en faire juste un petit peu plus chaque jour. Vous engager dans un programme régulier et prévu mais réel et continu est l'étape la plus importante que vous puissiez faire, alors que faire trop et trop vite pourrait vous décourager tellement que vous cesseriez.

Objectif de la marche. Nous recommandons de marcher cinq kilomètres par jour ou plus, cinq jours ou plus par semaine, bien que même quatre jours par semaine d'activité physique aérobie régulière offrent un bénéfice significatif. Une fois que vous aurez acquis l'expérience et une bonne condition physique, vous aurez besoin de 45 à 50 minutes par séance pour continuer à progresser.

Les cinq phases de l'activité physique

1. Étirement. Il est important de commencer par quelques minutes d'étirement (*stretching*), ce qui vous permettra d'améliorer la coordination et le champ de vos mouvements, et contribuera à décontracter votre corps. Les zones les plus importantes à étirer sont les jarrets, le bas du dos, les quadriceps, les tibias, les mollets et les tendons d'Achille. Voir la section ci-dessous pour l'étirement.

2. Échauffement. La deuxième phase est l'échauffement qui implique de marcher d'un pas facile, à environ cinq kilomètres par heure, pendant quelques minutes.

Cela vous permet de prendre de la vitesse en réduisant graduellement la tension de vos muscles et de votre cœur.

3. Activité physique aérobie. La troisième phase qui doit être la phase essentielle de votre activité physique de routine est la phase aérobie, au cours de laquelle vous travaillez avec une rigueur suffisante pour amener votre rythme cardiaque à son niveau d'entraînement. Cela doit prendre au moins 20 minutes pour obtenir un effet d'entraînement sur votre cœur. Pour couvrir au moins 25 kilomètres par semaine (une fois que vous serez suffisamment entraîné pour le faire), vous voudrez probablement marcher à votre niveau d'entraînement pendant 30 à 40 minutes à chaque séance. En général, vous devrez marcher à au moins six kilomètres par heure pour atteindre votre rythme cardiaque d'entraînement.

4. Détente. Après la phase aérobie, détendez-vous en marchant à nouveau à cinq kilomètres par heure pendant quelques minutes. Cela permet à votre rythme cardiaque de revenir progressivement à la normale et empêche une accumulation de sang dans vos jambes et vos pieds.

5. Récupération (étirement). La cinquième et dernière phase demande encore quelques minutes d'étirement pour entretenir les articulations, les muscles et les tendons de vos membres.

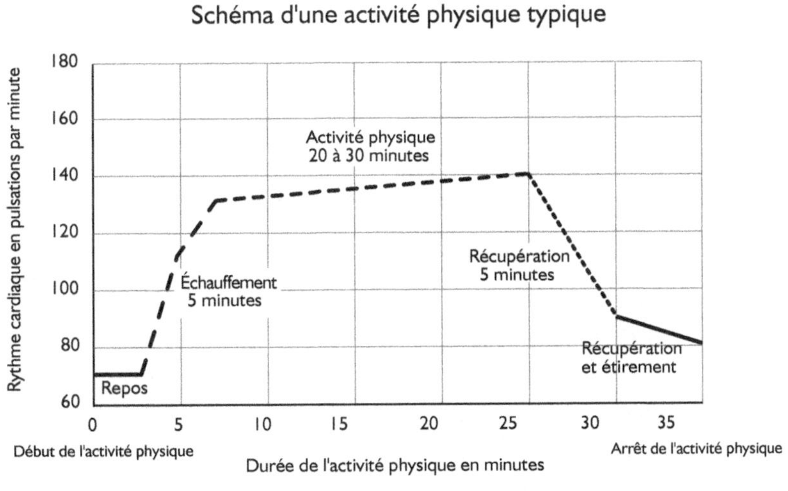

Figure 22.2 Les cinq phases de l'activité physique

Intensifier un activité physique aérobie sans heurts

Il y a toute une série de moyens pour intensifier une activité physique aérobie tout en la maintenant pratiquement sans heurts. Vous pouvez agiter vigoureusement les bras, ce qui augmentera votre rythme cardiaque et aussi votre consommation de calories de 5 à 10 %.

Vous pouvez aussi alterner quelques minutes de marche en grandes foulées rapides avec quelques minutes d'une allure plus modérée. Cela augmente aussi votre rythme cardiaque et rend l'activité plus intéressante. Si vous pouvez marcher sur le sable, vous augmenterez la dépense de calories d'au moins 30 %.

Ou encore, marchez sur une pente à 10 % et vous doublerez presque votre consommation calorique. Bien sûr, il n'y a que dans un dessin d'Escher que vous pouvez monter indéfiniment sans jamais redescendre. Pour atteindre cet objectif dans la vie réelle, vous pourriez utiliser un tapis roulant. Le moyen ultime est de grimper un escalier. Cependant, soyez prudent ; monter des escaliers en métal ou en béton comporte un risque élevé de graves blessures. Une façon plus saine est une machine à grimper les escaliers. En montant deux marches par secondes, une personne de 75 kilos peut brûler plus de 1 000 calories par heure.

Une autre façon très efficace d'augmenter votre rythme cardiaque tout en brûlant des calories est de porter à la main des poids (sauf si vous avez une maladie cardiaque, de l'hypertension ou des problèmes de dos de quelque sorte que ce soit). Utilisez des poids de 500 grammes ou un kilo et contrôlez le mouvement des bras. Ne balancez pas les poids trop amplement.

Tableau 22-1 Dépense de calories par heure de marche

	Calories brûlées en une heure				
Poids (kilos)	4,8 km/h	5,6 km/h	6,4 km/h	7,2 km/h	8 km/h
50	162	201	306	306	413
60	195	241	367	367	496
70	228	281	429	429	578
80	260	322	490	490	661
90	293	362	552	552	744
100	326	402	613	613	827

Calories brûlées en une heure en marchant sur une surface place sans poids dans les mains

Tableau 22-2 Dépense de calories en une heure en marchant sur une surface inclinée

	Calories brûlées par heure		
Poids (kilos)	Surface plane	Pente de 5 %	Pente de 10 %
50	162	229	296
55	179	252	326
60	195	275	355
65	212	298	385
70	228	321	141
75	244	345	445
80	260	367	474
85	276	389	503
90	293	413	533
95	309	435	562
100	326	459	593

Les calories brûlées en une heure en marchant à 3 miles par heure doublent pratiquement avec une pente de 10 %.

Options aérobies sans heurts

Bien que nous ne voudrions en aucun cas décourager quelqu'un qui coure de façon régulière de poursuivre cette excellente activité aérobie, il est important de montrer quelques désavantages du jogging ou de la course. Ce sont, par nature, une série de sauts qui appliquent sur vos pieds et vos jambes une charge égale à trois fois votre poids, ou davantage. La force appliquée sur vos pieds est même plus grande, jusqu'à 30 fois la force de la gravité. Cela envoie une onde de choc à travers tout votre corps, à plus de 300 kilomètres par heure, absorbée par vos os et vos tissus mous[8].

Tout cela adresse un stress cumulé à votre corps, particulièrement les pieds, les hanches, les jambes et les genoux. À la longue, cela peut provoquer des périostites tibiales, des tendinites, des fractures de fatigue, des difficultés orthopédiques ainsi que d'autres problèmes. Un fort pourcentage de coureurs est atteint par ces lésions dont certaines peuvent être graves[9]. Dans une certaine mesure, les possibilités de blessures ont été minimisées par le développement de chaussures de course bien conçues. Nous vous recommandons avec insistance d'être chaussés correctement lorsque vous souhaitez vous adonner à cette forme d'exercice. De plus, il est préférable de courir sur une surface relativement molle, telle que la cendrée, l'herbe ou une piste, de préférence au béton. Cependant, il est hors de doute que vous ne puissiez tirer d'intenses bénéfices aérobies de la course, qui est certainement efficace.

Tableau 22-3 Calories brûlées au cours de différents types d'activité physique

Activité	Par heure Individu de 60 kg	Individu de 75 kg	Individu de 85 kg	Individu de 95 kg
Ski, marche en montagne	897	1 121	1 270	1 420
Squash	694	867	983	1 009
Course (11 km/h)	632	790	895	1 000
Saut à la corde (80 par minute)	537	671	760	850
Nage (crawl rapide)	511	638	723	808
Basket-ball	452	565	640	715
Danse aérobie (intense)	442	552	626	700
Marche (escalade de collines avec une charge de 5 kg)	422	528	598	668
Ski (de randonnée, modéré)	389	487	552	617
Tennis	357	446	505	565
Danse aérobie (moyenne)	337	421	478	534
Bicyclette (15 km/h)	327	409	464	518
Marche (vitesse normale)	262	327	371	415
Canoë (calme)	144	180	204	228
Écriture (assis)	95	119	134	150
Station debout	88	110	125	140
Repas (assis)	75	94	107	119
Repos (couché)	72	90	102	114

Donnée de : W.D. McArdle, F.I. Katch et V.L. Katch. 1991. *Exercice Physiology : Energy Nutrition and Human Performance*. 3rd ed. Philadelphia : Lea and Febiger.

PONT TROIS

Renforcement du squelette

Votre squelette est le système de votre corps qui paie le plus lourd tribut à l'activité physique. La technologie actuelle inclut des médicaments anti-inflammatoires et, dans les cas les plus graves, des interventions chirurgicales. Les deux approches ont de sérieuses limitations. Dans une impressionnante démonstration, une équipe de recherche de la Northwestern University a conçu des molécules qui s'auto-assemblent en une structure possédant les caractéristiques de base d'un os humain à l'échelle du nanomètre[11]. Jeffrey D. Hartgerink, l'auteur principal de l'article décrivant la recherche publiée dans le journal *Science*, dit « Recréer la structure de l'os naturel au niveau nanométrique… est ce que nous nous sommes proposés de faire avec nos expériences et nous avons réussi. » La structure tridimensionnelle inclut des caractères tels que des nanofibres de collagène qui favorisent les apports de calcium et d'autres minéraux, comme dans l'os normal.

Une application prometteuse pour la réparation des fractures osseuses est de remplacer le traitement chirurgical par une simple injection d'un matériel auto-assemblable de la consistance d'un gel dans la zone lésée. Le professeur Sam Stupp, qui conduit le projet, en décrit le but : « Vous commencez avec un liquide, qui est injectable, mais qui grâce à des processus d'auto-assemblage et de minéralisation, devient un matériau dur semblable à l'os. »

Finalement, la nanotechnologie nous permettra de maintenir continûment et de renforcer notre squelette. Des nanorobots interconnectés apporteront la capacité d'augmenter et, finalement, de remplacer vos os en contournant le processus du vieillissement. Le remplacement de parties du squelette nécessite aujourd'hui un traitement chirurgical douloureux, mais son remplacement par des nanorobots en son sein peut être un processus graduel et non invasif. La version 2.0 du squelette humain sera très forte, stable et auto-réparable.

Les bénéfices irrésistibles en ce qui concerne la guérison de maladies et d'incapacités graves permettront à ces technologies d'évoluer rapidement, mais les applications médicales ne représentent que la première phase d'adoption. Lorsque les technologies seront établies, il n'y aura pas de limite à leur utilisation pour réaliser une vaste expansion des capacités humaines. Selon nous, l'expansion de notre potentiel est précisément la marque essentielle de notre espèce.

La natation est elle aussi sans heurts, bien qu'il soit important d'en utiliser une forme appropriée. Un avantage de la natation est qu'il est plus facile de déplacer vos membres dans l'eau en raison de la réduction significative de votre poids apparent. C'est pourquoi la natation et l'aérobie dans l'eau (exercice dans l'eau en utilisant une bouée) sont des formes idéales d'activité physique pour les gens âgés et pour ceux qui souffrent d'infirmités ou encore de lésions des muscles ou des articulations. La natation est également excellente pour les gens actifs qui, en raison d'une blessure, ne peuvent pas continuer leurs séances d'entraînement habituelles. Étant donné que la natation est une forme d'activité aérobie où le poids n'intervient pas, elle est beaucoup moins stressante pour le corps que les autres formes d'activité physique.

Les exercices aérobies peuvent être idéaux, mais nous voudrions encourager les variétés sans heurts. Un instructeur compétent vous guidera dans les étapes appropriées d'étirement, d'échauffement, d'activité physique aérobie et de repos. La danse aérobie est aussi excellente ; se mouvoir en musique peut aider à garder dynamisme et motivation.

La bicyclette est aussi aérobie et sans heurts lorsqu'elle est utilisée correctement. Un désavantage de la bicyclette est le changement rapide d'une forte intensité à un effort faible. Les cyclistes expérimentés sont capables de maintenir une dépense d'énergie presque égale grâce à des changements appropriés de pignons mais cela demande de la pratique. Une activité physique aérobie continue est facile à réaliser sur une bicyclette d'appartement. Lorsque vous faites de la bicyclette à l'extérieur, portez un casque de sécurité et évitez les routes à fort trafic.

Ni douleur, ni lésion

Oubliez « pas de douleur, pas de gain » ; l'activité physique ne doit assurément pas être douloureuse. Il n'y a pas de mal à piquer une suée. En fait, il est difficile d'atteindre votre rythme cardiaque d'entraînement sans transpirer, mais vous devez éviter la douleur. La douleur est démoralisante et, selon son origine, elle peut être l'indication d'une lésion, d'une angine de poitrine ou d'autres maladies qui ne doivent pas être admises. Un test simple pour voir si votre effort est trop grand est le test de la parole. Lorsque vous avez la respiration trop courte pour soutenir une conversation, vous travaillez trop dur et vous devez ralentir.

Enfin, le ski de fond est une forme idéale d'exercice apportant un entraînement tant à la partie supérieure qu'à la partie inférieure du corps. Il est vigoureux et tonifiant, particulièrement dans des champs de neige agréables. Le seul désavantage est qu'il n'est pas toujours possible de le pratiquer. Un autre exercice qui utilise à la fois la partie supérieure et la partie inférieure du corps est l'aviron (dans un bateau ou sur une machine). Ici à nouveau, une forme appropriée est essentielle pour éviter les lésions du bas du dos.

En prendre l'habitude

Après la sécurité, la considération la plus importante dans un programme d'activité physique est la régularité. Nous vous suggérons de prendre un moment dans la journée pour faire une activité physique qui puisse devenir une partie quotidienne de votre routine. Il vaut mieux éviter de pratiquer une activité physique dans les 30 à 45 minutes du repas et de nombreuses personnes trouvent commode de faire leur exercice juste avant le petit-déjeuner, le déjeuner ou le dîner. Il n'est pas non plus idéal de pratiquer votre activité physique juste avant le coucher, notamment si vous avez un mauvais sommeil.

Étant donné qu'il est souhaitable d'avoir une activité physique presque chaque jour et qu'il n'est pas toujours possible de le faire à l'extérieur en raison des caprices du temps, une inscription à un club peut être à la fois instructive et motivante.

C'est aussi une bonne idée d'avoir un certain équipement à la maison. Pour beaucoup de gens, c'est la façon la plus efficace de faire de l'activité physique chaque jour. Bien que ce ne soit pas bon marché, le premier équipement que nous recommandons fortement est un tapis roulant. Lorsque votre activité aérobie essentielle est la marche, avoir votre propre tapis roulant est un moyen idéal d'assurer un programme continu. Par ailleurs, le maintien d'un programme régulier de marche peut être impossible sauf si dans votre région le temps est particulièrement accommodant. La plupart des gens qui pratiquent une activité physique à la maison préfèrent le tapis roulant à la bicyclette d'appartement qui peut devenir fastidieuse.

En fait, l'ennui est la raison majeure qui empêche de maintenir une activité physique au quotidien. Lorsque vous aurez trouvé une activité qui soit bonne pour vous, ce peut être un moment agréable de votre vie quotidienne. La marche peut être un moyen intéressant pour rendre visite à votre voisinage. D'autres moyens susceptibles d'apporter un intérêt peuvent être de pratiquer votre activité physique en compagnie d'amis, d'écouter de la musique ou de regarder la télévision. Vous pouvez considérer votre période d'activité physique comme un temps de réflexion, une occasion de laisser vagabonder vos pensées. Un effort physique associé à une relaxation intellectuelle est une combinaison idéale pour réduire le stress.

Comme moyen de conjurer l'ennui, vous pouvez varier les activités : marcher un jour, faire de la bicyclette un autre. Le point le plus important est que vous développiez un programme qui vous plaise et que vous attendez avec impatience. De nombreuses personnes disent qu'une fois qu'elles se sont habituées à la pratique régulière d'une activité physique, il serait terrible pour elles d'arrêter. Une activité physique aérobie se traduit par la libération d'endorphines, hormones du plaisir qui représentent une récompense supplémentaire et une incitation à maintenir un programme régulier[10].

Une autre raison pour laquelle les gens cessent de pratiquer une activité physique est les contraintes de temps venant d'autres responsabilités. Nous avons tous de nombreuses obligations : le temps passé en famille, les repas corrects, les sollicitations du travail. Néanmoins, il est important de remarquer que le fait de pratiquer une activité physique sera payant pour cela aussi. Les améliorations très importantes de votre niveau d'énergie, de votre aptitude au sommeil et de la sensation de bien-être signifient que vous ne perdez pas votre temps. De fait, les professionnels les plus occupés et les plus demandés, de même que les hommes d'affaires, sont fréquemment les plus diligents en ce qui concerne une activité physique régulière.

Les voyages ne doivent pas non plus vous perturber. Une raison pour laquelle nous recommandons la marche comme pilier de tout programme d'exercice est qu'il n'est pas toujours possible de trouver une bicyclette ou une piscine, sans parler d'un lieu pour faire du ski de fond, alors les possibilités de marcher sont souvent facilement accessibles. Cependant, avec l'intérêt croissant pour le fitness, de nombreux hôtels proposent des salles d'exercice que vous pouvez retenir lorsque vous choisissez un endroit où séjourner.

Comme pour un programme de perte de poids, il est important de suivre le bon chemin et de vous engager dans une pratique continue de votre activité physique. Si vous continuez le programme, vous ne pouvez pas ne pas progresser chaque semaine dans votre endurance et votre bonne condition physique. Constater vos progrès vous incitera à continuer. Cela ne doit pas être ennuyeux. Si vous faites de la marche, notez jusqu'où vous êtes allé et combien de temps cela vous a pris. Vous pouvez même le faire une fois par semaine seulement, pour voir de combien votre capacité s'est améliorée avec le temps.

N'ayez pas d'activité physique si vous êtes malade, particulièrement lorsque vous avez de la fièvre. Si vous manquez une semaine ou plus de votre activité physique, recommencez votre programme avec précaution une fois que vous irez mieux. Vous perdez deux fois plus vite votre condition physique que vous ne la développez et ne soyez donc pas découragés si cela prend du temps pour revenir au niveau auquel vous étiez parvenu avant votre maladie.

Un dernier conseil concernant l'activité physique aérobie : tirez avantage de toutes les occasions d'utiliser votre corps plutôt que le réseau d'appareils qui nous entoure. Utilisez les escaliers plutôt que l'ascenseur. Marchez ou allez à bicyclette vers votre destination, au lieu de sauter dans votre voiture pour de petits déplacements. Il n'y a pas de substitut à votre pratique régulière, mais il y a de nombreux moyens de faire davantage d'exercice.

Activité physique anaérobie

Le deuxième type d'activité physique que nous recommandons est l'activité physique anaérobie, ou entraînement en force. Cela n'est pas seulement destiné aux hommes ; les femmes peuvent en bénéficier aussi, en réduisant leur graisse et en améliorant leur force musculaire sans augmentation significative de la masse des muscles. Vous avez le choix entre des poids ou un appareil de musculation. Initialement, nous vous recommandons de commencer avec cet appareil. La technique d'élévation et l'équilibre sont cruciaux dans l'entraînement musculaire par poids et haltères pour éviter un accident et entraîner les bons muscles. Les poids requièrent plus de technique et d'équilibre et parfois un partenaire.

La plupart des clubs de remise en forme proposent des sessions d'entraînement préparatoires sur des appareils de musculation ainsi que des programmes et des explications concernant les exercices. La plupart des machines modernes sont utilisables pour plusieurs exercices. Trouver un ami ou deux avec lesquels vous pourriez vous entraîner vous rendrait peut-être l'expérience plus agréable et vous apporterait un jugement sur votre technique.

Conseils pour l'entraînement musculaire par poids et haltères

- Faire au moins trois séances par semaine un jour sur deux.
- Assurez-vous que vous connaissez et utilisez correctement la technique d'élévation. N'essayez pas de soulever un poids trop lourd.
- Pensez à respirer correctement. Reposez-vous si vous êtes hors d'haleine.
- Effectuez au moins un groupe d'exercices pour chaque groupe principal de muscles. Faites travailler tout d'abord les groupes de muscles les plus gros, tels que ceux du thorax et du dos, puis les muscles plus petits tel le biceps.
- Utilisez des mouvements lents, précis et contrôlés.
- Faites 8 à 12 répétitions par groupe.
- Variez votre programme et augmentez les poids lorsque vous progressez.

Mesdames, ne vous inquiétez pas ! Les femmes qui suivent un entraînement musculaire par poids et haltères n'auront pas d'hypertrophie musculaire. Après trois à six mois, elles ne peuvent s'attendre qu'à une augmentation de 10 % de leur masse musculaire, selon l'ACSM, mais leur force pourrait augmenter de 30 à 50 %. En fait, l'ACSM attire l'attention sur le fait que les femmes tirent souvent un plus grand bénéfice fonctionnel d'un entraînement musculaire que les hommes parce qu'elles partent habituellement d'un point de départ plus bas. Un programme d'entraînement musculaire tonifiera tout votre corps et vous aidera à perdre du poids. De plus, pour une femme âgée, l'entraînement musculaire peut être un choix de style de vie essentiel qui lui permettra de conserver la force de marcher, de grimper les escaliers et de porter ses courses.

« Généralement, les personnes sédentaires peuvent perdre jusqu'à 10 % de leur masse musculaire, abstraction faite de la graisse, par décennie après l'âge de 30 ans, » dit Edward Laskowski, Docteur en Médecine, spécialiste de médecine sportive et de réhabilitation et codirecteur du *Sports Medicine Center* (Centre de médecine du sport), à la Mayo Clinic, dans le Minnesota. « Si vous ne faites rien pour remplacer cette perte, vous perdez vos muscles et vous augmentez votre graisse, » dit le Dr. Laskowski. « Mais si vous faites de l'entraînement musculaire par poids et haltères, vous pouvez préserver et augmenter votre masse musculaire. C'est comme d'avoir un moteur en V-8 à la place d'un 4 cylindres. Vous avez un plus gros moteur pour brûler plus de calories, parce qu'il faut plus de calories pour le faire tourner. »

Étirement musculaire

L'étirement musculaire (*stretching*) augmente les possibilités de mouvement de vos articulations. L'étirement n'empêche pas les lésions, comme on l'a pensé autrefois. Lorsque vous prenez de l'âge, vos muscles, vos tendons et vos ligaments se raccourcissent. L'entraînement à la flexibilité ou à l'étirement peut ralentir ce processus. De plus, des heures passées derrière un bureau peuvent conduire à toutes sortes de maux et de douleurs, tous dus à des muscles contractés et à une mauvaise posture. À nouveau, l'étirement musculaire tout au long de la journée est la solution.

L'ACSM identifie de nombreux autres bénéfices de l'entraînement à la flexibilité, y compris une meilleure performance physique, une meilleure circulation, une posture améliorée, une libération du stress, ainsi qu'une coordination et un équilibre augmentés.

Voici les conseils de l'ACSM pour établir un programme de flexibilité :

- Échauffement initial pour rendre les muscles souples et plus faciles à étirer.
- Concentration sur les principaux groupes de muscles (parties avant et arrière des jambes, des épaules, de la poitrine, etc.).
- Étirement au moins trois fois par semaine.
- Étirement lent des muscles, jusqu'à sentir une légère tension, mais pas de douleur.
- Tenue de chaque étirement pendant 10 à 30 secondes. Pas d'à-coups.
- Début lent puis renforcement progressif.

Ne pas oublier le régime

Avoir seulement une activité physique n'est pas suffisant. Par exemple, l'activité physique ne réduira pas le taux de la LDL, le mauvais cholestérol, dans votre sang[11]. Il y a un mythe selon lequel vous pouvez manger tout ce que vous voulez si vous avez une activité physique. Mais la liste des coureurs de marathon qui ont eu un infarctus du myocarde soudain et souvent fatal en raison d'une athérosclérose avancée indique clairement que l'activité physique seule n'est pas un antidote des effets dévastateurs d'un régime riche en sucre, amidons simples et graisses malsaines, mais pauvre en nutriments sains. Les recommandations concernant le régime et l'activité physique du Programme de Longévité de Ray & Terry sont synergiques. La somme des bénéfices résultant de l'application de ces deux principes est supérieure aux bénéfices de l'un ou l'autre seul.

23
Stress et équilibre

« Ne vous contentez pas de faire quelque chose !... Asseyez-vous dessus. »

POSTER DE MÉDITATION

« Nous ne cessons pas de jouer parce que nous vieillissons ;
nous vieillissons parce que nous cessons de jouer. »

GEORGE BERNARD SHAW

La crainte des attaques terroristes, la prolifération des armes de destruction massive, les tensions internationales, sans mentionner les aggravations des conditions de transport le matin : il n'est pas étonnant que tout le monde soit à bout de nerfs. Toutefois, le stress n'est pas un phénomène nouveau. Nos ancêtres vivaient dans la crainte d'animaux susceptibles de les attaquer à tout moment, de clans voisins hostiles et de leur plus grand problème : les incertitudes de la prochaine chasse ou de la prochaine récolte. Il y a un siècle ou deux, la vie humaine était encore extrêmement précaire. Une seule infortune telle qu'une maladie infectieuse malheureusement trop commune (rappelez-vous que les antibiotiques sont une innovation relativement récente) entraînait un désastre. Plus récemment, on peut rappeler les bouleversements engendrés par la seconde Guerre Mondiale et se souvenir de la crainte d'un conflit nucléaire généralisé au cours de la Guerre froide. Comme l'a écrit Charles Dickens, la condition humaine, de *tout* temps, se situe de façon inhérente dans les meilleurs *et* les pires moments.

Nous pouvons toujours trouver des raisons pour nous sentir stressés, mais dans nos vies la source prédominante du stress est créée de l'intérieur. En plus des substances que nous introduisons dans notre corps, une gestion constructive des inévitables pressions de la vie est l'objectif le plus important pour maintenir notre santé et profiter de notre existence. Pour paraphraser Franklin D. Roosevelt, nous n'avons rien à craindre, sauf la crainte elle-même (et d'autres émotions stressantes).

C'est une simplification excessive de dire que le stress est mauvais pour vous. Dans de nombreuses circonstances, certaines formes de stress peuvent être très dommageables pour notre santé. D'autres situations que nous considérerions comme très stressantes, peuvent ne pas entraîner de dommages et peuvent même être stimulantes. Considérez les souffrances des populations européennes au cours de la seconde Guerre mondiale, certaines personnes se cachant dans les tunnels du métro alors que leur maison était en feu après un bombardement, d'autres fuyant leur habitation lorsqu'ils étaient pris entre des armées opposées. Cependant, le taux des maladies cardiaques n'a pas augmenté au cours de ces terribles années. Au contraire, il y a eu une très importante réduction des maladies cardiaques dans les pays où le rationnement de la nourriture était imposé pendant l'exacte période de temps où le rationnement était effectif[1]. Les gens étaient obligés de se nourrir de légumes et étaient privés de leur alimentation habituelle avec viande, gâteaux, beurre et crème. Bien que la guerre soit par définition une période de grand conflit, nous constatons que le taux des suicides y est faible et augmente en temps de paix et de stabilité[2].

D'autre part, de nombreuses situations de vie, et peut-être plus important encore, nos réactions à leur encontre, semblent avoir un effet profondément négatif sur notre capacité à résister ou à surmonter les maladies. De nombreuses études ont montré qu'un stress chronique contribue largement aux maladies[3]. Inversement, des études ont montré la capacité qu'a l'esprit d'aider à résister aux maladies et à les vaincre grâce à des méthodes de relaxation telles que la méditation[4].

Qu'est le stress ?

Le stress est la réponse du corps et de l'esprit aux demandes et aux problèmes. Ce n'est pas forcément une mauvaise chose car nous avons besoin d'une certaine dose de problèmes pour éviter l'apathie et l'ennui. Mêmes les changements positifs de notre vie représentent un stress. Le terme *eustress* se réfère à notre réaction à un changement constructif : une promotion dans notre travail, une récompense, un mariage et même un départ en vacances. Le type de stress qui apparaît néfaste à notre santé est l'activation excessive et persistante de notre réponse ancestrale « se battre ou s'enfuir », ou *détresse.*

Lorsque nos ancêtres du paléolithique étaient confrontés à un ennemi menaçant, que ce soit un animal ou un Homme, ils avaient le choix d'affronter le danger ou de s'enfuir, d'où l'expression « *combattre* ou *s'enfuir* ». Le processus commence avec la perception du danger. Une fois que le jugement est fait, le reste est automatique. Une perception du danger par l'amygdale, région du cerveau sensible aux situations de danger et de peur, déclenche une réaction en chaîne de changements neuraux et hormonaux qui prépare l'organisme à l'action. L'hypothalamus envoie des signaux à l'hypophyse pour qu'elle produise de l'ACTH (hormone du stress), qui à son tour stimule le cortex surrénal afin qu'il produise du cortisol. Le cortisol passe dans la circulation sanguine et provoque une augmentation très importante mais temporaire du métabolisme (énergie) et une stimulation des centres de la mémoire dans le cerveau afin que ces derniers travaillent plus rapidement. Un réflexe de la moelle épinière demande aux glandes surrénales de produire de l'adrénaline et de la noradrénaline.

Ces hormones ont un effet très important sur l'organisme. Elles arrêtent presque le processus digestif et augmentent la pression sanguine, le sucre sanguin, le taux du cholestérol, le taux du fibrinogène (qui accélère la coagulation) et le rythme des battements cardiaques et de la respiration. D'autres effets incluent la dilatation des pupilles et la mobilisation des réserves internes d'énergie en vue d'une activité physique extrême[5].

Le mécanisme du combat ou de la fuite est l'une des adaptations qui ont été utiles à la survie de notre espèce dans les époques où notre organisme était en cours d'évolution. Il demeure un mécanisme utile de temps en temps, mais l'activation continuelle et persistante de ce mécanisme est un facteur majeur de maladies cardiaques, de diabète de type 2, d'accidents vasculaires cérébraux, de cancers, de polyarthrite rhumatoïde, de dépression et d'accélération du vieillissement. Lorsque votre organisme est dans un état constant d'urgence, les effets temporaires, tels que l'augmentation de la pression sanguine et du cholestérol et la diminution du flux sanguin vers le foie et les organes digestifs, deviennent chroniques[6]. Comme nous l'avons vu au chapitre 19, des taux élevés de cortisol accélèrent beaucoup de processus du vieillissement.

Une étude de cas

Des spécialistes de Denver ont diagnostiqué chez Woody Strong, alors âgé de 71 ans, un cancer inopérable. On l'a prévenu qu'il n'avait qu'un an à vivre. Après avoir réfléchi à la situation, il est arrivé à la conclusion qu'il n'y avait pas d'autre endroit que le Népal où il préférerait passer sa dernière année, parmi ses nombreux amis. Nombre de Népalais lui avaient donné le nom de « père » en raison de sa gentillesse et de l'aide qu'il leur avait fréquemment apportée en leur fournissant du matériel médical ou scolaire.

Arrivé au Népal, sa « famille » népalaise l'a convaincu de rendre visite à un guérisseur renommé dans une région reculée de l'Everest. Avec un mélange de profond scepticisme et de respect pour le souhait de ses amis, Woody donna son consentement. Pendant les cinq jours qui s'ensuivirent, il subit une intense cérémonie conduite par le guérisseur. Il riait et pleurait et se répandait en sueurs profuses « sans raison ». À la fin de la cérémonie, le lama annonça à Woody qu'il était « guéri ».

Peu après, il retourna à Denver pour un examen de routine. Au grand étonnement de ses cancérologues, le cancer avait subi une « régression spontanée ». Le lama avait dit la vérité – le cancer était parti ! À nouveau, Woody consacra sa vie à construire des écoles et des hôpitaux au Népal.

La personnalité de type A revisitée

La personnalité de type A, qui a gagné en publicité au milieu des années 1970, décrit une personne qui est dure, extrêmement ambitieuse, impatiente, douée de l'esprit de compétition, agressive, travaillant toujours en vue d'une date limite et se comportant généralement comme un bourreau de travail[7]. En revanche, les personnalités de type B sont décrites comme étant détendues, faciles à vivre, résignées et contentes. Des études anciennes ont suggéré qu'avoir une personnalité de type A était un facteur de risque pour le développement des maladies cardiaques. Des études plus récentes ont émis des doutes sur cette assertion, du moins telle qu'elle avait été définie à l'origine. Des recherches contemporaines indiquent que parmi tous les aspects qui constituent le type A classique, les seuls en rapport avec un risque accru de maladies cardiaques sont ceux impliquant la colère, le cynisme et l'hostilité[8]. Les gens soupe au lait et/ou soupçonneux, coléreux, hostiles, sont plus susceptibles de mourir d'une maladie cardiaque. Les autres caractéristiques du type A telles que l'esprit de compétition, l'ambition et même l'acharnement au travail, ne se sont pas révélées être des facteurs de risque.

Une étude publiée dans la revue *Circulation* a rapporté que les gens qui se mettent facilement en colère avaient un risque trois fois plus grand d'infarctus du myocarde ou de mort cardiaque soudaine, comparativement à ceux qui se trouvaient en bas de l'échelle pour la colère[9]. Comme autre exemple, une étude au long terme a été conduite sur un groupe de 118 juristes qui avaient fait le *Minnesota Multiphasic Personality Inventory*, test standard de personnalité, 25 ans plus tôt, alors qu'ils étaient à la faculté de droit[10]. Sur la période de 25 ans qui a suivi, ceux qui avaient les scores d'hostilité les plus élevés avaient un taux de mortalité par maladie cardiaque plus de quatre fois supérieur à celui de ceux qui avaient des scores faibles. Une autre étude très importante a été le suivi sur 25 ans de 255 médecins[11]. Là, les médecins agressifs étaient six fois plus susceptibles de mourir que ceux du groupe qui avaient des scores bas.

Les chercheurs ont découvert un lien semblable entre des personnalités soupçonneuses et un taux de mortalité accru, bien que le caractère soupçonneux soit lié à l'hostilité et à la colère. Une étude publiée en 1987 par la *Duke University* a suivi 500 hommes et femmes à partir d'un âge moyen de 59 ans pendant une période de 15 ans[12]. Les hommes dotés d'une personnalité soupçonneuse étaient deux fois plus susceptibles de mourir que leurs pairs confiants. Les femmes soupçonneuses avaient 29 % de risques supplémentaires de mourir que leurs paires confiantes. De nombreuses études démontrent les bénéfices pour la santé d'une vision positive et confiante de la vie[13].

Les femmes sont stressées différemment

Une étude de l'*UCLA* affirme que les niveaux d'hormones différents entre les hommes et les femmes affectent la cascade du stress[14]. Les hormones libérées chez les femmes comme partie de la réponse au stress incluent l'ocytocine (une hormone femelle de la reproduction), qui a un effet calmant et tend à encourager les comportements « de soin et d'assistance » tels que la protection des enfants et la réunion d'amis. Les œstrogènes augmentent cet effet de l'ocytocine, alors que la testostérone que les hommes produisent en plus grandes quantités que les femmes provoquent l'hostilité. Cela pourrait expliquer pourquoi les taux d'œstrogènes relativement élevés de la femme préménopausique apportent une protection contre les maladies cardiaques et les autres effets à long terme négatifs du stress.

Les quatre motivations : défi, engagement, curiosité et créativité

Plusieurs motivations *constructives* peuvent vous amener à être désireux d'atteindre certains buts. Elles sont au nombre de quatre : le défi, l'engagement, la curiosité et la créativité*. Un défi est un but qui, bien que difficile à atteindre, en vaut la peine car il est positif pour l'individu. L'engagement est la capacité à donner une priorité absolue à l'atteinte d'un but qui soit un véritable défi, afin de voir des progrès vers un objectif plus importants que les sacrifices qui pourraient être requis. La curiosité est un désir de connaissance et d'ouverture à ce qu'offre la vie. La créativité est la capacité de créer la connaissance, d'exploiter sa curiosité pour découvrir de nouvelles merveilles.

Les personnes dotées de ces quatre motivations semblent souvent appartenir au type A, étant donné que leur haut niveau d'engagement et de volonté de répondre à des défis fait qu'ils semblent motivés et durs au travail. Mais leur éthique de travail peut trouver ses racines dans un fort sens de soi et de l'objectif. Les aspects négatifs du type A sont le cynisme, la colère et l'hostilité, un sens persistant d'être traité injustement et le besoin d'être agressif pour obtenir ce qui est dû.

Les événements stressants et leur coefficient de proportionnalité

Les médecins chercheurs Thomas Holmes et Richard Rahe ont étudié comment 5 000 individus réagissaient aux événements de leur vie. Ils ont développé la *Social Readjustment Rating Scale* de Holmes-Rahe, échelle de stress qui classe divers événements allant de la fête de Noël à la mort d'un conjoint. Ils ont trouvé que dans une année donnée, plus votre niveau de stress total est élevé, plus vous êtes susceptible de tomber malade.

* En anglais, ce sont les quatre C : *challenge, commitment, curiosity and creativity.*

Ces estimations représentent les taux moyens de stress que Holmes et Rahe ont été capables d'associer statistiquement aux taux de maladies. Nous avons chacun des capacités différentes de faire face à des changements stressants. Le stress est fondamentalement un phénomène interne. La façon dont nous réagissons aux événements dépend de notre conception et de notre personnalité. Il se pourrait que l'attitude accommodante de la personnalité de type B accepte plus facilement le changement que la personnalité de type A. Cependant, la passivité de certains types B pourrait laisser des situations difficiles s'aggraver, alors qu'une personne de type A solide et ferme pourrait agir plus facilement pour résoudre les problèmes avant qu'ils ne se transforment en dangers aigus tels que les processus dégénératifs largement invisibles que nous traitons dans ce livre. Une personne de type A peut aussi voir les changements comme un défi et utiliser sa créativité pour obtenir un résultat positif à partir d'une situation par ailleurs difficile.

Tableau 23-1 Événements stressants et leur coefficient[16]

Événement	Coefficient
Décès d'un conjoint	100
Divorce	73
Décès d'un membre proche de la famille	63
Blessure personnelle	53
Maladie personnelle	53
Mariage	50
Licenciement	47
Retraite	45
Problèmes de santé d'un membre proche de la famille	44
Décès d'un ami proche	37
Changement de travail	29
Départ des enfants de la maison	29
Réussite exceptionnelle	28
Problèmes avec son patron	23
Vacances	13
Noël	12
Violations mineures de la loi	11

La force de l'esprit

Meyer Friedman, cardiologue et l'un des créateurs du concept du type A, a passé plus de 30 années à étudier le lien entre le comportement, la personnalité et la maladie cardiaque. Friedman a décrit le type A négatif comme une personnalité à une dimension, sans vie spirituelle. Par vie spirituelle, Friedman ne se réfère pas spécifiquement à de fortes croyances religieuses mais bien plutôt à une vie qui a un sens, qui attache de l'importance aux relations humaines et aux autres problèmes sociaux ou culturels qui enrichissent notre vie[15]. Lorsque le dur travail et l'apparente impatience des personnes de type A viennent de problèmes et de croyances profondément enracinés dans leur propre structure de valeurs, cet engagement vers la réussite semble favoriser la santé du cœur. Lorsque le type est le résultat d'une « érosion de la personnalité » qui vient d'un caractère soupçonneux chronique, cela est destructeur.

Cette vue jette une vive lumière sur la raison pour laquelle les années de la seconde Guerre mondiale, aussi stressantes qu'elles l'aient été, ne provoquèrent pas une augmentation des maladies cardiaques. Pendant cette guerre, les populations n'étaient pas des spectateurs passifs. Lors les siècles précédents, la guerre était une activité concernant essentiellement des armées professionnelles. Dans ce siècle, la guerre a été un conflit de sociétés entières. Le défi et l'engagement (*NDT : les deux C, challenge et commitment*) ont certainement caractérisé le comportement de ces populations. Étant donné que nous pouvons considérer la guerre comme étant à l'origine des inventions et d'un élan important vers la création technologique, nous pouvons tout aussi bien inclure la créativité.

Symptômes du stress

Des symptômes physiques accompagnent souvent l'incapacité à réagir au stress de façon constructive. Parmi ces derniers figurent une pression sanguine élevée, des maux de tête, des battements cardiaques rapides, des souffrances et des douleurs, une tension musculaire et des perturbations gastro-intestinales. Les signes en rapport avec la réaction incluent un sommeil difficile, un comportement compulsif en ce qui concerne la nourriture, les médicaments, l'alcool, le sexe ou le jeu, des problèmes de concentration, une tendance aux accidents et un retrait de la société. Les signes émotionnels incluent les cauchemars, les crises de larmes, un sentiment d'inutilité, des angoisses excessives ou compulsives, des sautes d'humeur, de l'agitation et de l'anxiété. Les signes psychiques incluent une impression de vacuité, une perte du sens de la vie et une confusion excessive.

Ceux-ci peuvent apparaître comme des symptômes très généraux puisqu'il qu'il n'y a pas de test simple pour déterminer la façon dont vous répondez au stress. C'est une question d'appréciation, mais c'est un jugement crucial parce que le lien entre notre santé et notre capacité à réagir de façon constructive dans nos vies est maintenant largement confortée par une littérature scientifique toujours plus abondante. La plupart d'entre nous peuvent tirer bénéfice de l'amélioration de l'équilibre entre nos vies et notre capacité à faire face aux problèmes.

Faux moyens de soulager le stress

Avant que nous ne discutions de la façon de prendre en charge les stress de notre vie, passons tout d'abord en revue ce que nous ne devons pas faire, en commençant par l'alimentation. Manger de façon compulsive n'est pas un moyen efficace de réduire le stress. Même si les aliments que vous surconsommez sont sains, cette habitude contribuera à un excès de poids et augmentera le stress de votre système gastro-intestinal. De plus, les aliments que consomment les gens quand ils combattent la tension et l'anxiété tendent à être riches en sucres, en amidons à charge glycémique élevée, en graisses malsaines et en calories. Comme nous en avons tous fait l'expérience, cette approche ne marche pas. Vous pouvez ressentir une certaine satisfaction temporaire lorsque vous mangez, mais ensuite vous pourrez vous sentir physiquement mal à l'aise et avoir des sentiments de faute associés qui s'ajoutent à votre anxiété d'origine.

Puis, sur la liste, on trouve les trois médicaments les plus utilisés abusivement dans la société américaine et dans la plupart des autres sociétés évoluées : la nicotine, l'alcool et la caféine.

La nicotine semble calmer l'anxiété et améliorer la vivacité en stimulant la production de toute une série d'hormones, y compris l'adrénaline. Fumer apporte aussi une sensation buccale agréable associée à nos premiers sentiments de satisfaction lors de l'allaitement. Cependant, le fait de fumer des cigarettes est en rapport, chez les Américains, avec plus de 442 000 décès par an en raison de maladies cardiaques, de cancers du poumon, du larynx et d'autres organes, d'emphysèmes et d'autres problèmes respiratoires ou circulatoires. Même en mettant de côté ces maladies dévastatrices, fumer réduit substantiellement l'oxygène disponible pour les tissus de l'organisme. Et l'assaut constant du monoxyde de carbone, de la nicotine, des goudrons et des douzaines d'autres gaz toxiques diminue dramatiquement notre bien-être. Cette détérioration de pratiquement tous les systèmes de l'organisme s'ajoute manifestement au niveau d'ensemble du stress.

L'alcool vient immédiatement après la nicotine comme drogue la plus utilisée, responsable de plus de 100 000 décès par an. L'abus d'alcool est un facteur de risque majeur de maladies cardiaques. Il peut causer de graves dommages au foie, de l'hypertension, des troubles gastro-intestinaux et des lésions cérébrales ; de plus, il contribue à toutes sortes de cancers.

Une consommation modérée d'alcool est un moyen raisonnable de soulager le stress. Cinq à 10 verres par semaine diminuent le taux des maladies cardiaques. L'alcool fluidifie le sang, rendant ainsi moins probable la formation d'un caillot sanguin susceptible de bloquer une artère. Il peut favoriser la relaxation et raffermir les interactions sociales qui elles aussi sont précieuses. Cependant, les dangers de l'abus d'alcool sont bien connus. L'alcool contient aussi des calories et des substances à charge glycémique relativement élevée.

Bien que l'utilisation occasionnelle d'alcool puisse apporter un sentiment de relaxation et d'euphorie, l'alcool est fondamentalement un dépresseur. Il n'est pas une réponse aux sentiments chroniques de stress et de tension. Toutes tentatives de l'utiliser pour soulager de profonds sentiments d'anxiété et d'isolement ne font vraisemblablement qu'aggraver ces derniers et, de plus, elles altèrent notre capacité à maintenir des relations sociales.

Une utilisation modérée de *caféine* peut être utile pour améliorer la concentration et la vivacité d'esprit. Cependant, les taux élevés de caféine qui se trouvent dans le café, les boissons à base de cola et d'autres boissons sucrées en font la drogue dont nous abusons le plus couramment. Pratiquement toute la population adulte l'utilise et des dizaines de millions d'Américains en abusent : plus de 22 millions d'Américains boivent cinq tasses de café par jour, ou même davantage[18]. La caféine est couramment utilisée pour combattre le manque chronique de sommeil, alors qu'ironiquement c'est une des substances les plus puissantes pour empêcher le sommeil. Bien que de petites doses de caféine augmentent la vivacité d'esprit, des quantités excessives font que les personnes deviennent nerveuses et encore plus fatiguées. La caféine peut provoquer des maux de tête, de l'agitation, des problèmes digestifs, des arythmies cardiaques et de l'hypertension. Boire plusieurs tasses de café peut élever significativement la pression sanguine et l'adrénaline pendant plus de deux heures, ce qui s'ajoute aux effets du stress[19].

La caféine est étonnamment addictive, beaucoup plus qu'on ne le pense généralement. Même de très petites doses peuvent contribuer significativement aux problèmes d'anxiété chronique et d'affolement chez certaines personnes[20]. Un psychiatre spécialiste des troubles de l'affolement indiquait qu'au moins la moitié de ses patients étaient capables d'éliminer leurs symptômes en supprimant la caféine. Il a aussi constaté que même une seule tasse de café ou une boisson sucrée contenant de la caféine pouvait réactiver les troubles d'affolement et l'insomnie. Bien que ce ne soit qu'un rapport anecdotique et non pas une étude scientifique contrôlée, les gens qui souffrent d'anxiété chronique, de troubles d'affolement et d'insomnie doivent au moins tester l'effet de l'élimination de la caféine de leur régime alimentaire.

Notre recommandation est de passer du café au thé, de préférence au thé vert dont le taux de caféine ne représente qu'un quart de celui du café. Le thé contient de la L-thréonine qui favorise une relaxation bénéfique. Les thés noirs et les thés verts contiennent aussi de puissants antioxydants. Étant donné la concentration relativement faible de caféine, il est difficile d'être en overdose de caféine quand on boit du thé.

Un autre groupe de médicaments sur notre liste de faux moyens de soulager le stress est celui des *benzodiazépines*. Ces médicaments sont considérés comme des tranquillisants mineurs et à plus fortes doses comme des hypnotiques, ou somnifères. Les benzodiazépines semblent soulager l'anxiété à court terme et, par conséquent, elles figurent parmi les médicaments les plus communément prescrits aux États-Unis et au Canada. Cependant, sur le long terme, elles créent aussi un tableau chronique d'anxiété accrue et de dépendance à leur égard. Le Valium (diazépam), le Xanax (alprazolam) et le Tranxène (chlorazépate) sont des benzodiazépines tout comme l'antiépileptique Rivotril (clonazépam) et le somnifère Halcion (triazolam).

Bien que ces médicaments puissent avoir un certain effet pour aider quelqu'un pendant une brève période de stress aigu, un usage prolongé peut être inefficace et dangereux. Fréquemment, les benzodiazépines perdent leur efficacité en tant qu'inducteurs du sommeil. Parfois, ils prolongent l'insomnie, transformant alors un problème aigu en un problème chronique. D'autres effets courants incluent un sommeil non réparateur ou discontinu, des cauchemars, une léthargie et une fatigue au cours de la journée[24].

Peut-être plus grave, ces médicaments peuvent conduire à une addiction et provoquer une dépression chronique. Pour chaque anxiolytique, il y a le pour et le contre, mais il y a un large consensus dans la communauté médicale pour admettre qu'un somnifère ou un anxiolytique parfaitement sain et efficace en vue d'une utilisation qui dépasse le court terme n'existe tout simplement pas. Il faut utiliser ces médicaments avec précaution, bien que certains psychotropes soient appropriés dans de nombreux cas tels qu'une dépression clinique, des troubles bipolaires ou d'autres maladies psychiatriques.

L'alcool : un petit peu améliore bien les choses

Une étude effectuée à la *Harvard School of Public Health* (l'École de santé publique de Harvard) qui a suivi 50 000 hommes pendant deux ans a montré un effet protecteur significatif d'une consommation modérée d'alcool[17]. Ceux qui buvaient l'équivalent d'un verre ou deux de vin par jour avaient une réduction de 26 % du risque de maladies cardiaques, comparativement à ceux qui ne buvaient pas d'alcool. Les chercheurs ont attribué cet effet bénéfique à un effet fluidifiant du sang de l'alcool ainsi qu'à la capacité de ce dernier, lorsqu'il est métabolisé dans le foie, de provoquer une augmentation du taux de la HDL-C. À des niveaux de consommation plus élevés, les chercheurs ont retrouvé les effets néfastes habituels de l'alcool, tels que la cirrhose du foie, l'hypertension sanguine et les problèmes de comportement.

Les drogues illicites

Nous avons tout d'abord discuté des problèmes associés aux médicaments légalement accessibles parce que c'est le problème le plus vaste en termes de santé. Du seul fait qu'elles sont illicites, l'usage et l'abus de ces drogues sont moins fréquents. Cependant, nous ne voudrions pas minimiser le problème des drogues illicites, particulièrement celui de la cocaïne. La cocaïne perturbe la régulation de la dopamine, de la noradrénaline et d'autres neurotransmetteurs du cerveau ; cette régulation est vitale pour notre capacité à penser tout autant que pour notre sens du bien-être. Le premier effet biochimique de la cocaïne est dû à une augmentation de la dopamine dans le cerveau, qui se traduit par un fort sentiment de plaisir. Lorsque la dopamine et d'autres neurotransmetteurs sont épuisés dans le cerveau, l'effet devient désagréable.

Les gens tentent souvent de restaurer leur état d'euphorie en prenant encore plus de cocaïne. Ce cycle peut rapidement conduire à une dépendance, particulièrement chez les individus qui présentent une susceptibilité génétique à l'addiction. En fin de compte, un usage intensif et répété peut diminuer de façon permanente l'apport de dopamine au cerveau. À ce stade, une personne a besoin d'une forte dose de drogue uniquement pour atteindre des niveaux de neurotransmetteurs qui ne soient pas seulement ceux de l'agonie. La situation des personnes intoxiquées à la cocaïne est désespérée. Leur régulation de la dopamine et des autres neuromédiateurs est hors de contrôle. Malheureusement, retrouver ce contrôle est très difficile[25].

L'urgence sociale du problème trouve son origine dans l'impact psychologique et comportemental de l'addiction à la cocaïne. Contrairement à l'héroïne qui produit un état de relatif repli sur soi (au moins pendant la période de quatre heures au cours de laquelle le besoin en héroïne de l'intoxiqué est satisfait), la cocaïne se traduit par un état de paranoïa, d'irritabilité et d'agressivité. Cela peut être un état d'esprit dangereux, particulièrement lorsqu'il est associé à un autre attribut de la psychose induite par la cocaïne : la perte de certaines inhibitions telles que celles la violence entre les personnes. Le crime en rapport avec l'addiction à l'héroïne est typiquement économique : un ou une héroïnomane est capable de tout pour se procurer sa prochaine injection. Mais la violence potentielle d'un ou d'une cocaïnomane est pire encore : il (elle) est dangereux(se) avec ou sans drogue.

Quel est le pire des problèmes ? Les drogues licites ou les drogues illicites ? En termes de vies perdues ou simplement d'impact sur la santé ou le bien-être, on devrait dire les drogues licites. Cinquante millions d'américains fument et une utilisation régulière du tabac doit être envisagée comme une toxicomanie. Environ 30 millions d'Américains abusent de l'alcool. Plus de 20 millions d'Américains prennent trop de caféine[26]. Environ 20 millions de prescriptions de médicaments sont abusives, dont certaines seraient en augmentation. Bien évidemment, ces nombres se chevauchent, étant donné qu'en moyenne un toxicomane abuse d'environ deux drogues. Mais le nombre des Américains qui font un usage abusif d'un ou de plusieurs drogues licites est d'environ 75 millions, presque la moitié de la population adulte !

Il y a environ 6 millions d'individus intoxiqués par des drogues illicites « dures » telles que la cocaïne et l'héroïne. Environ 16 millions d'Américains, soit 7,1 % de la population âgée de plus de 12 ans utilisent occasionnellement des drogues illicites. Donc, en comparaison, les implications pour la santé sont plus faibles mais lorsqu'on évalue le problème des drogues illicites, on doit ajouter des composantes telles que la fracture sociale, le crime et la violence.

PONT DEUX

Stress et addiction

Dans le Pont Un de ce chapitre, nous parlons des faux moyens pour soulager le stress que vous devez éviter. Vous savez que pour des dizaines de millions de gens qui, aux États-Unis, ont des problèmes d'addiction, cela est plus facile à dire qu'à faire. Comme nous l'avons vu tout au long de ce livre, nos connaissances progressent rapidement en ce qui concerne les détails des voies moléculaires à la base de tous les processus des maladies et du vieillissement ; la même observation est valable pour l'addiction. Par exemple, des chercheurs de l'Université de Washington à Seattle ont décrit le rôle important joué dans l'addiction à l'alcool par une substance chimique spécifique appelée neuropeptide Y (NY). Dans un article publié dans le journal *Nature*, ils ont montré comment le blocage de NY chez des souris génétiquement modifiées exacerbait considérablement l'abus d'alcool alors que l'augmentation de NY le diminuait[21]. Dans une étude apparentée, le Centre de Recherche Yerkes sur les Primates de l'Université Emory à Atlanta a décrit le rôle du peptide CART (de *cocain and amphetamine regulated transcript*, transcrit régulé par la cocaïne et l'amphétamine) qui semble entrer en interaction avec NY dans le cycle de l'addiction.

La croyance commune est que les alcooliques commencent par une automédication au moyen de médicaments entraînant une addiction tels que l'alcool en raison de sentiments de tension, de dépression ou d'anxiété. Les drogues donnent un soulagement temporaire et, en fin de compte, elles aggravent le mal-être. George Koob, scientifique de l'Institut de Recherche Scripps et l'un des chercheurs les plus écoutés dans ce domaine, a écrit des centaines d'articles sur l'addiction aux drogues qui confirment cette conception[22]. Un alcoolisme important, selon Koob, réduit la sérotonine, la dopamine, le GABA, les opioïdes et les autres substances chimiques du cerveau qui apportent le plaisir et les sentiments de satisfaction apparentés. Dans le même temps, ce comportement augmente le taux du CRF (de *cortisol releasing factor*, facteur de libération du cortisol), substance chimique de stress qui aggrave les sentiments de dépression et d'anxiété. Le résultat en est le cercle vicieux de l'addiction. Avec le temps, la quantité d'alcool ainsi que celle des autres drogues nécessaires pour éviter de profonds sentiments de détresse augmente. Koob a émis l'hypothèse qu'un taux élevé de CRF et un taux diminué de dopamine sont en faveur d'une possible addiction.

Des gènes spécifiques semblent prédisposer un individu à une sensibilité à l'addiction des drogues. Des chercheurs de l'*Oregon Health Sciences University* (Université des sciences de la santé de l'Oregon), à Portland, ont démontré que des souris génétiquement modifiées pour ne plus posséder le gène du récepteur D2 de la dopamine (DRD2) étaient beaucoup moins susceptibles de devenir dépendantes de l'alcool. Le récepteur DRD2 est l'un des récepteurs du cerveau impliqués dans la régulation des sentiments de satisfaction et de récompense. Selon Tamara Phillips, l'auteur qui a conduit l'étude, « Éliminer le récepteur DRD2 diminue de moitié la consommation d'alcool »[23].

On ne trouvera pas vraisemblablement un seul gène ou une seule substance chimique qui, par lui-même ou par elle-même, contrôle l'addiction. David Grandy, coauteur de Phillips, dit que « les recherches ne montrent pas un seul gène « de l'alcool », mais bien plutôt une interaction complexe entre divers récepteurs et systèmes du cerveau. » Cependant, grâce à la puissance croissante des moyens qui nous permettent de déceler des interactions moléculaires précises, nous sommes proches d'une compréhension détaillée de la biochimie de l'addiction. Grâce à un arsenal croissant de méthodes permettant de créer ou d'inhiber des molécules telles que des peptides ou des enzymes pour bloquer l'expression des gènes et finalement pour créer entièrement de nouveaux gènes chez les adultes, nous pouvons nous attendre à l'apparition dans les 5 à 10 années à venir de médicaments efficaces pour combattre l'addiction. Si nous ajoutons à notre liste des substances entraînant une addiction à la nicotine, la caféine et à même certains aliments malsains (tels que les hydrates de carbone à charge glycémique élevée), il est difficile de surestimer l'importance de ce développement.

Nous avons dit qu'un traitement en vue d'un sommeil sain et efficace ou qu'une médication anxiolytique pour une utilisation au long terme n'existent pas encore. Par exemple, les benzodiazépines, largement utilisées, font partie des médicaments qui favorisent une addiction. Une nouvelle génération de médicaments favorisant le sommeil sera vraisemblablement approuvée rapidement ; elle semble être relativement dépourvue d'effets entraînant une addiction et aussi plus efficace. En raison de l'addiction, les somnifères actuels ne sont approuvés que pour une utilisation à court terme. Neurocrine Biosciences Inc. a demandé à la FDA d'approuver son médicament Indiplon à utiliser pendant une période de plusieurs mois. Le médicament Estorra de Sepracor est aussi en quête d'approbation pour une utilisation plus longue que celle des médicaments actuels pour le sommeil. Pfizer prépare un nouveau médicament du sommeil, 200,390, proclamant qu'il allongera l'étape importante d'ondes lentes, ou delta, la phase la plus profonde du sommeil.

Indépendamment de la façon dont on considère ces deux aspects de notre problème de drogue, la perspective la plus importante est de considérer la toxicomanie licite ou illicite comme deux aspects d'un même problème, enraciné dans la même quête, bien que mal orientée, d'un rapide traitement d'une anxiété chronique. Toute discussion sur le « problème de la drogue » qui ignorerait la toxicomanie pour les drogues licites serait inefficace. Un observateur a comparé notre guerre nationale contre les drogues, qui ne prend pas en compte les problèmes les plus évidents de l'addiction au tabac et à l'alcool, à une stratégie navale qui ignorerait les océans Atlantique et Pacifique.

Programme en 12 points de Ray & Terry pour une prise en charge constructive du stress

Après avoir considéré dans son ensemble ce qu'il *ne* faut pas faire, considérons comment transformer le stress en un défi constructif plutôt qu'en une perturbation destructive.

1. Alimentation. Notre recommandation est de suivre les conseils nutritionnels du programme de longévité de Ray & Terry. Mettre fin à l'assaut d'un régime qui empoisonne notre corps et notre esprit évitera une énorme source de stress. La sensation résultante de bien-être et de santé fera son chemin dans la réduction du stress. Vous dormirez mieux. Votre cerveau et vos autres tissus seront mieux oxygénés. Ces bénéfices, ainsi que d'autres que nous avons passés en revue dans ce livre, ont tous un impact majeur sur votre niveau de stress. Suivre nos recommandations nutritionnelles vous permettra aussi d'atteindre ou de maintenir votre poids idéal. Éviter l'excès de poids éliminera d'autres sources chroniques de stress. Bien sûr, être beaucoup moins inquiet en ce qui concerne les maladies cardiaques, les cancers, les accidents vasculaires cérébraux et les autres maladies graves est sans aucun doute une aide.

2. Pas de médicaments entraînant une addiction. L'adoption d'un « régime » pauvre en médicaments entraînant une addiction est en étroite relation avec le premier point. En ce qui concerne la nicotine ainsi que la cocaïne et les autres drogues illicites, « pauvre » veut dire rien. Il faut utiliser les benzodiazépines avec précaution dans des situations d'anxiété aiguës sous contrôle médical. Boire cinq à 10 verres d'alcool par semaine peut comporter un certain bénéfice mais la modération est la clé. La même recommandation s'applique à la caféine, particulièrement en substituant du thé vert au café.

3. Activité physique. Les activités physiques aérobies et l'entraînement musculaire par poids et haltères sont tous deux bénéfiques pour la santé, mais les activités aérobies apportent directement et immédiatement des bénéfices tangibles dans la réduction du stress et la promotion de la relaxation. La libération naturelle d'endorphines (produits chimiques du cerveau qui réduisent le stress) résultant d'un effort continu est une alternative saine aux stimulants et aux dépresseurs artificiels. Nous avons étudié l'activité physique au chapitre 22.

4. Sommeil réparateur. Un sommeil inadéquat ou de mauvaise qualité non seulement contribue à élever le niveau de stress, mais il est un facteur de risque indépendant pour les maladies cardiaques, comme nous en avons discuté au chapitre 15. (Bien évidemment, au début, un stress excessif peut être à l'origine d'une impossibilité de dormir.) Notre programme permettant d'arriver à un cycle de sommeil naturel et sain inclut les points ci-après.

- Donnez une forte priorité à l'obtention d'une quantité et d'une qualité saines de sommeil. Lorsque vous n'avez pas dormi correctement, des problèmes mêmes mineurs semblent très stressants et votre vision des choses est négative. Des chercheurs ont estimé que plus d'un tiers de la population souffre d'un manque de sommeil chronique[27]. Consommer beaucoup de caféine dès le matin ne fera qu'aggraver l'état de stress inhérent à un sommeil inadéquat.
- La quantité optimale de sommeil varie d'un individu à un autre, bien que la norme soit 7 à 8 heures. Lorsque vous aurez cessé de suivre un régime alimentaire toxique et que vous serez en harmonie avec votre corps et ses sensations, vous saurez à quel moment vous avez obtenu un repos adéquat.
- Les autres recommandations de ce livre vous aideront à obtenir un bon sommeil nocturne, particulièrement celles qui concernent la nutrition, l'exercice et (dans ce chapitre) le stress. L'exercice favorise un cycle naturel du sommeil. Toute personne ayant des difficultés à dormir devrait avoir plus d'activité aérobie (mais pas juste avant d'aller se coucher).
- Maintenez un rituel, particulièrement le soir. Habituez-vous à ralentir et à vous engager dans des activités relaxantes, telles que la lecture pour le plaisir, avant d'aller vous coucher. Essayez de conserver le plus possible les mêmes horaires de sommeil.
- Si vous avez des difficultés à dormir, diminuez la caféine ou éliminez-la totalement. Ne consommez pas de caféine après midi.
- Les suppléments utiles pour un sommeil sain sont : (les deux premiers : la L-thréonine et le GABA, sont utiles pour la prise en charge du stress en général) :
  - La L-thréonine, un ingrédient du thé qui provoque la relaxation, est disponible sous forme de supplément.

- Le GABA (et non pas le kawa que nous ne recommandons pas), neurotransmetteur disponible sous forme de supplément, induit un sens naturel du calme et peut favoriser le sommeil. Le dosage recommandé est de 500 milligrammes.
- La mélatonine, hormone qui contrôle l'horloge du sommeil dans l'organisme, présente normalement un pic au moment du coucher, déclenchant alors la fermeture d'autres systèmes de l'organisme et la préparation au sommeil. Avec l'âge, les taux de mélatonine diminuent, ce qui contribue à augmenter la difficulté à s'endormir et à rester endormi. Une supplémentation par de petites quantités de mélatonine peut être très utile pour atteindre un sommeil reposant dans la nuit. Cependant, le dosage habituel en vente libre : 3 milligrammes, est généralement trop fort et il est susceptible de provoquer des somnolences dans la journée qui suit. Nous recommandons un dosage de 200 à 1 000 microgrammes (0,2 à 1 milligramme) de la présentation sublinguale qui va directement au cerveau et évite le passage par le tractus gastro-intestinal, diminuant ainsi les effets au cours de la journée.

5. *Équilibre.* Le stress n'est pas un problème isolé que vous pourrez résoudre en une semaine. La gestion du stress est effectivement un problème de maintien d'équilibre dans votre vie. Par équilibre, nous voulons dire rapports des trois pôles de l'existence : travail, famille/amis et soi-même. Par exemple, si votre travail est d'élever vos enfants, les pôles du travail et de la famille se recouvrent, mais il y a aussi une distinction entre le travail consistant à élever les enfants et la possibilité d'avoir quelques instants d'amour et de partage. Freud disait que les deux grands problèmes de la vie étaient le travail et l'amour, qui sont les deux premiers pôles des trois que nous avons mentionnés. Le troisième pôle, soi-même, se réfère à l'importance de vivre une existence qui soit satisfaisante et positive, de prendre le temps d'évaluer vos valeurs et vos buts pour comprendre vos propres besoins et leur donner la priorité.

Une forme évidente de déséquilibre est représentée par l'excès de travail, mais une dépendance excessive des formes sociales de plaisir, même vos rapports avec votre famille et vos amis, ou des problèmes excessifs avec vos besoins et vos désirs propres (soi-même) à l'exclusion des autres, peut représenter un manque d'équilibre. Un équilibre sain dans votre vie apporte un temps pour les défis, travailler dur, et un temps pour la relaxation, se distraire intensément. Cette recommandation est différente de celles qui sont présentées dans ce livre, en ce sens qu'elle est impossible à quantifier, mais elle est néanmoins importante pour évaluer périodiquement ce problème pour vous-même.

6. Gérez votre temps. La façon dont vous occupez votre temps reflète vos priorités. À titre d'exercice, écrivez vos priorités en termes de travail, de famille, d'amis, d'activité physique, de sport, de relaxation et ainsi de suite. Puis, pendant la semaine suivante, écrivez comment vous avez réellement passé votre temps. Comment votre emploi du temps s'est-il adapté à vos priorités établies ? Sous l'angle de cette sixième recommandation, votre emploi du temps est-t-il la traduction correcte d'un équilibre optimal et agréable entre votre travail, votre famille, vos amis et vous-même ? Sous toutes les pressions de la vie moderne, votre emploi du temps peut s'écarter considérablement de ce que vous désirez et aussi de ce qui est bon. Lorsque vous constatez une discordance, considérez la façon dont vous préféreriez passer votre temps, puis développez une stratégie pour effectuer le changement. Souvent, il n'est pas possible de faire du jour au lendemain des changements significatifs. Vous avez après tout des responsabilités et des obligations qui ne peuvent pas être interrompues. Cependant, avec un planning bien conçu, la plupart des gens ont une possibilité plus grande qu'ils ne le croient à contrôler leur destinée et à rester maître de leur emploi du temps journalier.

Un exercice excellent est de développer un programme qui englobera vos divers objectifs. C'est particulièrement important lorsque vous essayez de faire un changement, par exemple, ajouter un programme régulier d'activité aérobie. Pour éviter un stress inutile, essayez de ne pas surcharger vos horaires ni vos tâches ; les projets et les plans prennent souvent plus de temps que prévu. De plus, laissez un temps libre pour les problèmes et les opportunités qui se présentent. Une vie dont les horaires sont surchargés ne laisse pas de place à la spontanéité.

L'importance d'un horaire est de vous éviter une procrastination qui ne ferait qu'aggraver des situations stressantes. Établissez vos priorités. Vous pouvez décider de quelles responsabilités vous avez besoin ou dont vous voulez vous accommoder. Apprenez aussi à quel moment et de quelle façon dire non. Vous ne pouvez pas toujours plaire à tout le monde !

7. Partez en vacances. Périodiquement, prenez le temps de changer votre routine. Prendre des vacances ne doit pas signifier rester allongé au soleil (bien que cela puisse être ce qui vous plaît). Cela pourrait être de prendre une semaine pour travailler dans votre jardin, peindre le garage, suivre des cours ou même trier de vieux dossiers. Il vous suffira de faire quelque chose de différent.

8. Parlez avec les autres. Selon nous, parler veut dire exprimer vos vrais sentiments et partager régulièrement vos craintes, vos inquiétudes, vos espoirs et vos plaisirs. Il est important d'avoir quelqu'un avec qui vous puissiez réellement parler sans vous inquiéter d'être embarrassé, de faire bonne impression ou de paraître stupide.

Bien évidemment, il n'est pas toujours simple de rencontrer quelqu'un qui puisse tenir ce rôle. C'est parfois un parent, bien que les membres de la famille soient souvent la source des sentiments dont vous avez besoin de parler et qu'ils pourraient avoir du mal à éviter de porter de jugement. Un bon ami peut peut-être vous apporter la confiance et la discrétion nécessaires. Un conjoint, un partenaire ou un amoureux peuvent présenter l'intimité requise et il est certainement souhaitable que vous parliez de vos sentiments dans une telle relation. Cependant, comme dans le cas d'un parent, vous pourriez encore avoir besoin de quelqu'un à qui parler de votre partenaire. Un prêtre ou un professeur, peut-être même votre patron, constituent d'autres possibilités.

Ce rôle peut très souvent être tenu par un thérapeute, un psychiatre, un psychologue, un travailleur social ou un conseiller entraîné à vous apporter ce type de relation d'aide et de compréhension. L'idée de parler à un thérapeute a malheureusement des connotations négatives pour beaucoup de gens. Certains attachent à tort un sentiment de honte à l'idée d'avoir un thérapeute. Une conception courante est que si vous avez des entretiens réguliers avec un thérapeute, cela signifie que vous êtes mentalement malade ou seulement névrosé. Cependant, chez la plupart d'entre nous, la vie est suffisamment complexe et exigeante pour qu'il puisse être utile d'avoir une personne professionnellement entraînée, capable d'objectivité avec laquelle partager nos sentiments et les décisions importantes concernant notre vie. Nous n'hésitons pas à rétribuer une aide pour nos impôts, nos problèmes juridiques, le choix de notre maison, la gestion de notre argent ou de nombreux problèmes semblables. Pourquoi donc ne consulterions-nous pas un professionnel pour ce qui concerne les problèmes les plus importants auxquels nous avons à faire face : prendre en charge nos émotions ? Notre vie intérieure est au moins aussi complexe que nos impôts et elle est bien plus déroutante. La plupart d'entre nous peut bénéficier d'une relation de ce type.

Idées pour vivre plus pleinement

- Soyez conscients des saisons.
- Prenez un peu le soleil chaque jour (environ 5 à 10 minutes).
- Ayez des rêves éveillés (voir l'utilisation par Ray du rêve éveillé décrite dans le chapitre 10).
- Recherchez les endroits tranquilles.
- Recherchez la beauté.
- Ne soyez pas trop attaché aux choses (considérez combien de guerres sont livrées de par le monde).
- Ne vous inquiétez pas trop de ce que les autres pensent de vous (sauf si vous pouvez apprendre quelque chose d'utile sur vous-même en écoutant des critiques fondées et en les acceptant).
- Critiquez très peu (et seulement si vous avez réellement besoin d'aider quelqu'un).
- Continuez d'apprendre.
- Continuez de vous poser des défis.
- Soyez optimistes.
- Soyez reconnaissants (et montrez-le).
- Consacrez-vous à quelqu'un.
- Soyez intègres.
- Acceptez les responsabilités concernant votre bien-être.
- Tenez un journal (cela vous aidera à considérer les problèmes).
- Ne prenez jamais votre retraite mais modifiez la nature de votre travail de temps en temps.
- Conservez un esprit ouvert.
- Le plus important : mettez en pratique les quatre recommandations : défi, engagement, curiosité et créativité (en anglais, les quatre C *: challenge, commitment, curiosity* et *creativity*).

Indépendamment de celui qui est susceptible de tenir ce rôle, nous avons tous besoin de partager nos sentiments les plus intimes. Le seul fait d'exprimer nos sentiments et de les confier à un autre être humain a un impact extrêmement bénéfique, à la condition bien évidente que la personne à qui vous parlez vous écoute attentivement. Cela contribue à révéler des problèmes difficiles. Les sujets mêmes les plus douloureux peuvent commencer à être vus dans un contexte constructif lorsqu'on les exprime. La perception peut se déformer incroyablement lorsque ce type de partage intime est négligé au quotidien.

9. Écoutez. D'un point de vue thérapeutique, il est très important d'écouter, d'écouter attentivement ce que les autres ont à dire. Lorsque des personnes sentiront que vous les écoutez réellement, elles commenceront à s'ouvrir et à partager leurs sentiments intimes. C'est seulement une réponse et un besoin naturel humains. Ne soyez pas préoccupé de ce que vous avez à dire au point que cela vous empêche d'écouter les autres. On dit qu'un homme sage peut apprendre plus d'un fou que d'une autre façon.

Il est plus difficile qu'il paraît d'être un bon auditeur. Le premier problème est tout simplement de permettre à l'autre personne de parler sans l'interrompre et de l'écouter avec une grande attention. Cependant, le défi le plus important est ce que vous faites de l'information que vous recevez. Vous devez garder un esprit ouvert pour tenter de percevoir le monde selon la perspective de l'autre. Même si vous n'êtes pas en accord avec tout ce qui est dit, apportez des réponses qui permettent à l'autre de savoir que vous comprenez ses mots, ses sentiments et ses pensées. L'aspect le plus important d'une écoute créative est l'empathie. Vous en bénéficierez aussi : on dit souvent que vous pouvez vous faire plus d'amis en écoutant les autres qu'en parlant de vous-même.

10. Faites vous masser régulièrement. Il existe de nombreuses écoles de massages thérapeutiques et toutes les formes sont bénéfiques pour soulager le stress physique ou émotionnel. Le shiatsu et le massage par acupression sont basés sur les principes de la médecine chinoise et ils sont réputés corriger les déséquilibres selon les principes des flux d'énergie entre les différents systèmes organiques du corps.

11. Ayez un partenaire dans la vie. Ceux qui ont fait des mariages réussis et durables ou qui sont engagés dans une relation vivent plus longtemps et ont des vies plus saines. Même s'il est plus facile de le dire que de le faire, nous présentons quelques-uns des ingrédients d'un mariage réussi.

- Gardez présent à l'esprit que lors des discussions et des disputes, vous ne pouvez pas vaincre ; c'est soit gagnant-gagnant, soit perdant-perdant.
- Soyez comme le sage bambou et ployez.
- Gardez à l'esprit que votre partenaire est « exceptionnel ».
- Consacrez du temps à votre relation. Vous n'aurez pas d'instants de qualité si vous n'avez pas la quantité.
- Ayez une « vie » en dehors de votre mariage.
- Flirter sainement n'est pas un problème.
- Efforcez-vous d'acquérir de nouvelles choses ensemble.
- Ne cessez pas vos relations sexuelles.

12. Suscitez une réponse de relaxation. La réponse de relaxation a été découverte quand le Dr Herbert Benson, alors directeur de la section d'hypertension du *Boston's Beth Israel Deaconess Hospital* (Hôpital des Diaconesses Beth Israël de Boston), et d'autres chercheurs de la *Harvard Medical School* (École de médecine de Harvard) et du *Beth Israel Hospital* (de l'Hôpital Beth Israel), ont étudié les effets physiques et mentaux de toute une série de méthodes, y compris le yoga et les diverses formes de méditation, destinées à susciter un état de calme. Ils ont découvert une réponse hypothalamique qui se présentait comme le contraire de la réponse « combattre ou fuir » : taux réduit d'adrénaline et de noradrénaline, puis niveau abaissé de la pression sanguine, du sucre sanguin et des rythmes respiratoire et cardiaque[28]. De plus, ils ont découvert qu'utiliser régulièrement ces techniques et susciter cette réponse pouvaient produire une diminution permanente de la pression sanguine, améliorer le sommeil, le fonctionnement gastro-intestinal, le flux du sang et apporter d'autres bénéfices[29]. Une étude chez les personnes âgées a montré que l'utilisation régulière d'une technique de méditation susceptible de susciter une réponse de relaxation se traduisait par une diminution considérable des décès au cours de la période de trois années qu'a duré l'étude, ainsi que par une acuité et une perception mentales considérablement améliorées[30].

La recherche dirigée par Benson a répertorié de nombreuses techniques qui, de façon démontrable et fiable, produisent une réponse de relaxation. L'une de ces techniques est le yoga, qui associe la méditation à des exercices d'étirement et à un contrôle de la respiration. Benson a aussi décrit les bénéfices pour la santé des personnes faisant l'expérience régulière de la réponse de relaxation[31].

Jon Kabat-Zinn est un autre chercheur qui a développé une série de techniques qui provoquent ce qu'il appelle « une réduction du stress basée sur l'attention ». Plus de 10 000 patients du *Medical Center* de l'Université du Massachusetts ont suivi le programme de Kabat-Zinn mis à la mode par une série de livres devenus des best-sellers[32].

Le *yoga* implique de nombreuses connaissances et d'habilité et on peut certainement consacrer de nombreuses années à l'étude et à la pratique de cette école de pensée avant de la maîtriser. De fait, il y a plusieurs écoles de yoga qui constituent cette ancienne tradition. Cependant, simplement pour susciter une réponse de relaxation, il n'est pas nécessaire de devenir un maître dans ces techniques. Un débutant peut en apprendre suffisamment dans une période de temps relativement courte pour commencer à en avoir certains bénéfices.

Une autre technique est le *biofeedback (rétrocontrôle biologique)* qui implique l'utilisation d'un équipement pour apporter un feedback visuel ou auditif reflétant les états internes de tension, tels que la pression sanguine ou le rythme cardiaque. Habituellement effectuées dans une clinique, les techniques de biofeedback se sont montrées efficaces dans le traitement de certains cas d'hypertension, de maux de tête et d'autres maladies où intervient le stress[33].

Une autre méthode est la *visualisation.* Elle implique l'utilisation de tous les sens pour imaginer un résultat désiré. Elle est souvent utilisée par les athlètes pour améliorer leurs performances. Dans son utilisation en tant que méthode de traitement de l'anxiété, on visualise une situation paisible et sereine.

L'apprentissage du yoga, du biofeedback ou de la visualisation dans un livre n'est certainement pas aussi efficace que les conseils d'un praticien avisé. Cependant, nous décrirons ici une technique que Benson a étudié intensivement. C'est une méthode simple qu'il a tirée de la méditation transcendantale et d'autres sources, en se concentrant sur la possibilité de l'appliquer comme traitement du stress. Benson et ses collègues à Harvard ont passé plus de 20 ans à étudier les changements physiologiques produits par cette technique de relaxation, ou par d'autres, ainsi que les bénéfices pour la santé de la pratique d'une réponse de relaxation, terme que Benson a mis à la mode. Par l'étude des religions de l'Orient et de l'Occident et d'autres pratiques qui produisent la réponse, Benson a cherché à trouver et à décrire une méthode simple qui prendrait les composants essentiels nécessaires pour produire les changements physiologiques impliqués.

Comment méditer ?

Trouvez tout d'abord un environnement calme et agréable, de préférence un endroit où vous vous sentez en sécurité et où vous aimez passer du temps. Il est également souhaitable que vous ne soyez pas dérangé par d'autres personnes, le téléphone ou d'autres distractions.

Ensuite, asseyez-vous confortablement et fermez les yeux.

Relaxez vos muscles en commençant par les pieds et en remontant vers le visage.

Prenez conscience de votre respiration. Lorsque vous expirez, dites un mot ou un son qui vous soit personnel. C'est le cœur de la technique et donc cet aspect demande quelque explication. La plupart des sons que vous aimez feront l'affaire bien que nous vous suggérions un son à une ou deux syllabes ne contenant pas de consonnes dures (telles que b, d, g, k, p, q, t, x). Un son approprié pourrait être « oh one » ou « ah one ». (Comparez le « om » utilisé par les Bouddhistes Zen, le « amen » des Chrétiens et des Musulmans, le « omein » du Judaïsme). Une autre possibilité recommandée par Benson lui-même est simplement le mot « one ». Quand vous vous dites le mot, ne le dites pas réellement à haute voix, pensez-y simplement. Laissez le son parler lui-même. Commencez le son dans votre esprit puis laissez-le se répéter de lui-même avec votre respiration. Il est important que votre esprit se sente libre de vagabonder et la répétition de ce son doit être facile. Une fois commencé, ce dernier doit juste se répéter naturellement de lui-même. Si vous remarquez après un moment qu'il s'est arrêté, recommencez calmement. Ne forcez pas le son à se répéter lui-même. Laissez-le faire.

Un aspect fondamental de la méthode est d'avoir une attitude passive. La technique utilisée ici est tout à l'opposé d'une discipline mentale. Elle est considérée comme non concentrative par opposition aux techniques concentratives. Pour les habituées à se discipliner, à la fois physiquement et mentalement, cela peut être déroutant. Ne soyez pas inquiet de savoir si ce que vous faites est bien. Laissez vos pensées aller et venir. Certaines seront agréables, d'autres peut-être pénibles. Elles passeront et vous conduiront à d'autres. La répétition du son associé à votre respiration ne doit pas, elle non plus, être une discipline ; contentez-vous de laisser venir le son et si vous remarquez qu'il s'est arrêté, relancez-le doucement en imaginant qu'il se répète à nouveau lui-même avec votre respiration.

PONT TROIS

Élargir le potentiel humain

En fin de compte, nous aurons la capacité, grâce à des médicaments et à des nanorobots, de vaincre le dysfonctionnement de la régulation des centres du cerveau sièges du plaisir et de la satisfaction à l'origine de l'addiction. La capacité à contrôler directement notre humeur soulève des problèmes philosophiques évidents. Si vous aviez les moyens de contrôler votre sens de la satisfaction indépendamment de vos actions et de votre situation, quelle place cela laisserait-il aux aspects positifs de la motivation et de la recherche d'un objectif ?. Notre conception est que ces techniques émergentes, comme toutes les technologies à travers les siècles, peuvent être et seront probablement utilisées de façon excessive. La possibilité de soulager et de guérir l'enfer de l'addiction ainsi que les graves maladies de l'humeur sera en soi un développement extrêmement positif. Bien qu'intriqués, ces contrôles du centre du plaisir sont relativement grossiers, comparativement à la satisfaction plus profonde, plus complexe et plus subtile à obtenir de l'acte créatif : la création dans la musique, l'art, la littérature, la technologie et les sciences, sans oublier les livres consacrés à la santé ! Pour soulager les troubles de l'addiction et des autres comportements d'autodestruction qui résultent du mauvais fonctionnement des centres du plaisir et de la récompense de nos cerveaux, un grand effort humain sera déployé pour l'atteinte de cet objectif positif.

Nous avons précédemment dit que l'espèce humaine est unique dans sa recherche pour l'extension de ses horizons et le dépassement de ses limites. Elle est aussi la seule espèce qui crée la connaissance. Notre base de connaissances se développe de façon exponentielle et les développements du Pont Trois décrits dans ce livre permettront à ce noble but de continuer tout au long du siècle à venir, qui promet d'être remarquable !

Lorsque vous aurez acquis assez d'expérience pour méditer, le son (parfois appelé mantra, bien que techniquement, mantra soit un mot du sanscrit venu d'une tradition spécifique) deviendra plus indéfinissable et moins clairement articulé. C'est souhaitable – à la longue, le son deviendra juste un « sentiment » de son. Pour faciliter ce processus, il est souhaitable de ne pas dire le(s) mot(s) à voix haute même lorsque vous ne méditez pas.

Lorsque vous trouvez certaines pensées inquiétantes, laissez-les passer. Lorsque ça ne réussit pas, essayez de revenir au son qui se répète lui-même avec votre respiration. Si c'est nécessaire, arrêtez le son, attendez quelques secondes et terminez la méditation en ouvrant progressivement les yeux.

Poursuivez ce processus pendant 15 à 20 minutes. Vous pouvez ouvrir rapidement les yeux pour regarder l'heure si vous voulez, mais n'utilisez pas de réveil. Lorsque vous avez fini, arrêtez le son et restez tranquillement assis, les yeux clos, pendant deux minutes. Ouvrez progressivement les yeux, restez encore assis pendant quelques minutes. Puis levez-vous. Lorsque vous êtes fatigué, vous pourrez vous endormir. Bien que l'objet de la méditation ne soit pas un sommeil supplémentaire, lorsque votre tête s'incline, laissez-vous aller.

Pour être bénéfique à votre santé, la technique doit être pratiquée une ou deux fois par jour. En général, évitez les deux heures qui suivent chacun des repas car la digestion peut interférer avec votre capacité à susciter la réponse désirée. En revanche, vous pouvez pratiquer cette technique de méditation avant un repas.

La clé de la technique est d'adopter une attitude passive. Cela inclut de ne pas vous inquiéter se savoir si vous faites bien et de laissez les pensées, positives ou négatives, vous submerger.

Les recherches de Benson ont mis à jour une vaste gamme de sensations subjectives qui se manifestent au cours de la méditation, bien qu'un sentiment de paix et de tranquillité ne soit pas inhabituel. Cependant la méthode ne cherche pas à susciter des pensées ou des sentiments paisibles et vos sensations peuvent varier d'une séance à une autre ou d'une minute à une autre. Ces recherches ont démontré que les changements physiologiques associés à la réponse de relaxation étaient suscités indépendamment de l'expérience subjective, qu'elle soit ou non calme.

Cette méthode s'oppose à d'autres techniques mentales impliquant une discipline pour que l'esprit se concentre soit sur un son particulier soit même sur l'idée de relaxation.

Ne serait-ce pas tout aussi bien d'utiliser ces 20 minutes pour avoir un peu de sommeil en plus ? Le sommeil lui-même n'est-il pas une technique de relaxation ? Comme nous en avons déjà discuté, il est très important d'avoir une quantité et une qualité de sommeil appropriées qui sont des éléments d'un style de vie qui réponde efficacement au stress. Il est en fait très stressant de pas dormir correctement. Le sommeil et la réponse de relaxation impliquent tous deux des changements physiologiques significatifs et mesurables qui ont été largement étudiés. Cependant, ils ne sont pas identiques. Bien que le sommeil soit nécessaire, en obtenir plus ne permettra pas d'atteindre les changements endocriniens bénéfiques apportés par une réponse de relaxation suscitée régulièrement.

Outre le respect de toutes les recommandations nutritionnelles décrites dans ce livre – prendre de l'exercice, passer du temps avec votre famille, avoir un sommeil réparateur et pratiquer des techniques de relaxation – comment allez-vous trouver le temps de faire autre chose, par exemple gagner votre vie ?

Cela est une bonne question. Prenons les problèmes les uns après les autres.

Au début, les recommandations nutritionnelles peuvent prendre un certain temps lorsque vous apprenez à rompre avec certaines habitudes nutritionnelles et que vous explorez le monde des aliments en accord avec les recommandations qui vous conviennent. Cependant, nous pouvons partager avec vous notre propre expérience et celle de nombreux autres, grâce à laquelle, après une période d'apprentissage et de mise au point, l'observation des recommandations n'implique pas un investissement de temps suivi. On peut penser que vous souhaitez passer du temps avec votre famille ou vos amis. Si vous croyez réellement que vous n'avez ni le désir ni le besoin de relations avec d'autres, vous pouvez souhaiter examiner cette priorité. Le sommeil est aussi une chose dont vous avez besoin et il est contre-productif d'essayer d'en supprimer une partie. De même, nous avons constaté que prendre davantage d'exercice est largement compensé en termes de plus grande énergie, de meilleur sommeil (vous aurez un meilleur sommeil sans passer plus de temps au lit) et d'attitudes plus positives envers chaque défi de la journée.

Les techniques de relaxation font la même promesse. Le temps passé sera récupéré en bénéfices physiologiques, mentaux et émotionnels démontrables qui se manifestent par une efficacité plus grande dans d'autres sphères et une sensation accrue de bien être. Pour cette raison, nous insistons tout d'abord sur la gestion de votre temps. Vous serez surpris de tout ce que vous pourrez accomplir et du temps dont vous disposerez lorsque vous considérerez soigneusement la gestion de votre temps. Les auteurs donnent la priorité à la mise en œuvre de ces recommandations. La plupart des gens gaspillent d'énormes quantités de temps et d'énergie dans des entreprises improductives qui ne contribuent pas à la sensation de bien-être que chacun recherche. Les divers éléments du programme exposé – régime, exercice, équilibre, relaxation – travaillent en synergie. Loin d'interférer avec votre vie, un style de vie sain et bien équilibré vous rendra plus efficace pour atteindre vos buts personnels et pour améliorer votre vie. Il n'y a pas d'alternatives.

Épilogue

Nous espérons que la fin de notre *Voyage fantastique* sera le commencement de votre voyage personnel. Le message que nous avons tenté de faire passer est celui de l'occasion sans précédent qui vous est offerte d'améliorer considérablement votre santé. La santé n'est pas simplement l'absence de maladie. Bien au contraire, c'est l'efficacité à tous les niveaux de votre existence, que vous pouvez toujours améliorer. L'énergie que vous investirez dans cette entreprise vous sera rendue au centuple et vous aidera quels que soient les buts que vous vous êtes fixés dans la vie.

La société a de nombreuses idées, puissantes et largement répandues mais trompeuses, que nous avons tenté de contrer :

- *Le système de santé prendra soin de moi si j'ai un problème.* La réalité : notre système médical est largement engagé dans le traitement des problèmes de santé une fois que ces derniers se présentent comme une maladie avérée. Dans nos écoles de médecine, très peu d'attention est portée à la nutrition et à la prévention des maladies. Lorsqu'on attend que les symptômes de la maladie apparaissent, il est souvent trop tard. Le premier symptôme d'une maladie cardiaque peut être un infarctus du myocarde ; un cancer peut ne pas être évident tant qu'il n'a pas métastasé. Nous avons maintenant les connaissances pour éviter les maladies dégénératives à l'origine de plus de 90 % de l'ensemble des décès et de beaucoup de souffrance, mais la responsabilité d'utiliser ces connaissances vous incombe.

- *Prendre un supplément ou un médicament est un dernier recours.* La réalité : il y a des dizaines de milliers d'années, lorsque notre corps a évolué, il était dans l'intérêt de l'espèce que les hommes (et les autres animaux) ne vivent pas au-delà de leur période de fécondité. Maintenant que nous vivons dans une ère d'abondance et non plus de pénurie, ce programme n'est plus de mise. Nous avons les moyens de ralentir considérablement et, dans de nombreux cas, d'arrêter et d'inverser les maladies dégénératives et les processus du vieillissement, mais cela impose de reprogrammer notre biochimie par la nutrition, les activités physiques et le style de vie, ainsi que de tirer avantage des suppléments et des médicaments. Ce processus deviendra plus facile avec les thérapies et les inventions plus puissantes en cours de développement du Pont Deux et du Pont Trois, mais aujourd'hui, cela nécessite compréhension et effort.
- *Les seules choses dont nous puissions être sûrs sont la mort et les impôts.* La réalité : nous abandonnerons le problème des impôts à un autre livre mais les moyens de prolonger indéfiniment notre longévité sont à notre portée. Bien que nous n'ayons pas encore tous les instruments dont nous avons besoin pour arrêter et inverser l'ensemble des processus du vieillissement, nous avons certainement dès maintenant les moyens de demeurer en bonne santé et de conserver notre esprit jusqu'à la totale explosion des révolutions de la biotechnologie et de la nanotechnologie/intelligence artificielle qui nous apporterons une extension radicale de notre durée de vie.

En ce qui concerne la santé, les connaissances se développent à une vitesse accélérée. Depuis que ce livre a été écrit, de nombreux résultats importants sont apparus chaque semaine. Nous avons retravaillé le texte pour inclure nombre d'entre eux mais nous avons réalisé que si nous continuions à faire cela, le livre ne serait jamais fini. Donc, ce dernier est un instantané dans le temps. Notre mission essentielle a été non pas d'apporter un ensemble intangible de règles, mais bien plutôt de décrire une attitude et une approche globale pour améliorer votre santé fondée sur une recherche continue de découvertes dans un domaine de connaissances en plein développement. Cette recherche sera un fantastique voyage. Nous espérons que vous vous joindrez à nous.

Index

B

D

F

G

H

I

Q

R

S

T

Table des matières

49419 – (IV) – (0,3) – OSB 80° – TRE – MLN
Dépôt légal : mars 2006
Suite du tirage : octobre 2014

Achevé d'imprimer par Dupli-Print
N° d'impression : 2014101806
www.dupli-print.fr

Imprimé en France